求精要诀——Java EE 编程开发案例精讲

袁梅宇　张智斌　何　佳　编著

清华大学出版社
北京

内 容 简 介

Java EE 是当前最流行的 Web 应用主流框架，在企业级应用开发中占主导地位。本书系统地介绍 Java EE 的体系结构、JSP 与 Servlet 在体系结构中的地位、应用服务器和主流开发工具，主要内容包括 Web 应用框架、Servlet、JSP、会话状态、EL 和 JSTL、监听器、过滤器、数据库、MVC 等。

本书讲解详细且通俗易懂，以具体案例应用编程辅助，便于读者理解和自主应用。

本书适合作为 Java EE 应用开发人员的技术参考书，并提供网络 QQ 群学习辅导，读者可以自主学习，本书也适合作为 Web 应用开发技术培训的参考书。

图书在版编目(CIP)数据

求精要诀——Java EE 编程开发案例精讲/袁梅宇，张智斌，何佳编著. --北京：清华大学出版社，(2018.1 重印)
ISBN 978-7-302-40481-1

Ⅰ. ①求…　Ⅱ. ①袁…　②张…　③何…　Ⅲ. ①JAVA 语言—程序设计　Ⅳ. ①TP312

中国版本图书馆 CIP 数据核字(2015)第 129498 号

责任编辑： 魏　莹
封面设计： 杨玉兰
责任校对： 宋延清
责任印制： 沈　露

出版发行： 清华大学出版社
　　　　　网　　　址： http://www.tup.com.cn, http://www.wqbook.com
　　　　　地　　　址： 北京清华大学学研大厦 A 座　　　**邮　　　编：** 100084
　　　　　社 总 机： 010-62770175　　　　　　　　　　**邮　　　购：** 010-62786544
　　　　　投稿与读者服务： 010-62776969，c-service@tup.tsinghua.edu.cn
　　　　　质 量 反 馈： 010-62772015，zhiliang@tup.tsinghua.edu.cn
印 装 者： 北京嘉实印刷有限公司
经　　销： 全国新华书店
开　　本： 185mm×260mm　　**印　　张：** 27.25　　**字　　数：** 663 千字
版　　次： 2015 年 7 月第 1 版　　　　　　　　**印　　次：** 2018 年 1 月第 2 次印刷
印　　数： 3001～3800
定　　价： 54.00 元

产品编号：060253-01

前　言

    Java EE 是最受欢迎的 Web 应用开发框架。近年来，各种 Java EE 技术层出不穷，如 JSF、Struts、Spring、JPA、Hibernate 等，但占据核心地位的仍旧是 JSP 和 Servlet，大学里教的课程大多以这两项技术为主，初学者也可将这两项技术作为起点，而网络上交流最多的也是这两项技术，因此，学习 JSP 和 Servlet 技术有很好的实际意义。

    本书以 JSP 和 Servlet 技术为切入点，结合作者多年进行软件开发的经验，以及多年讲授 Java EE 课程的经验和体会，深入浅出地讲解 JSP 和 Servlet，帮助读者快速入门并掌握一定的开发技能。

    本书以 Servlet 3.1 为基础，使用 Tomcat 8.0 和 Eclipse 3.5 作为开发工具，系统地讲解 Java EE Web 编程涉及的知识和技术诀窍。作者认为，学习编程的最好方式是边看书边实践，大量实践才是通向成功之路的捷径。因此，本书提供大量的案例，读者按照案例训练自己(最好能手工敲入代码)，一定能够在很短的时间内提升自己的思考能力和编程技能。

    本书共分为 14 章，各章内容如下。

    第 1 章：介绍用 Servlet 和 JSP 开发 Java EE Web 应用所需的软件工具和运行环境。

    第 2 章：介绍 Servlet 的工作原理、Servlet 编程、Servlet 生命周期以及 Servlet 部署，并提供大量实例，来说明如何进行 Servlet 编程。

    第 3 章：介绍在 Java EE Web 开发中经常使用的属性和属性范围，详细说明属性在上下文范围、请求范围和会话范围的区别，以及属性的线程安全，还介绍各种监听器，及 Servlet 3.0 新增的异步 Servlet 技术。

    第 4 章：重点介绍会话的用途和基本工作原理，还介绍 Cookies、HttpSession 和 URL 重写的工作原理及编程技术。

    第 5 章：介绍 JSP 的工作原理、JSP 对象、JSP 生命周期、JSP 指令等基本概念，并结合知识点，以具体实践来展示各项核心技术。

    第 6 章：介绍 JavaBeans、JSP 标准动作和表达式语言。

    第 7 章：介绍 JSTL 标准标签库。JSTL 支持通用的、结构化的任务，比如迭代、条件判断、XML 文档操作、国际化标签、SQL 标签。

    第 8 章：介绍自定义标签库的使用，主要介绍标签文件和简单标签，以及标签库重用方法和实例。

    第 9 章：介绍 Java EE Web 应用的开发和部署的核心——Web 配置，主要介绍 Web 组件、欢迎页面、错误页面、初始化参数等的配置。

    第 10 章：讲述 Web 应用安全。以 Tomcat 安全域为例，提供具体实例，来说明如何实现安全的 Web 应用。

    第 11 章：介绍过滤器的基本概念和过滤器的编程步骤、配置和生命周期，并提供典型的过滤器编程案例。

    第 12 章：介绍 Ajax 的基本概念、技术组成以及异步通信方法，通过一些典型案例，说明如何使用 Ajax 编程技术。

第 13 章：介绍如何使用 JDBC 提供的 API 对数据库进行操作，附带介绍高级的 JPA、Hibernate 等对象关系映射技术。

第 14 章：介绍使用最为广泛的 MVC 模式，包括 MVC 设计思想、JSP Model1 和 Model2、微型 MVC、Struts 和 JSF。

在本书的编写过程中，作者力求精益求精，因此本书并不是市面相关书籍的杂烩，而是作者多年从事软件开发经验的汇总，作者的一些经验介绍和案例，都经过反复推敲，确信没有问题后才写进书中。尽管付出了很多努力，但限于作者的知识水平和能力，肯定会有遗漏及不妥之处，敬请读者批评指正。

作者专门为本书设置了读者 QQ 群，群号为 245295017，欢迎读者加入，下载和探讨书中的源代码，抒写读书心得，进行技术交流等。

本书承蒙很多朋友、同事的帮助才得以成文。衷心感谢清华大学出版社的编辑老师在内容组织、排版以及出版方面提出的建设性意见和给予的无私帮助；感谢昆明理工大学提供的宽松的研究环境；感谢读者 QQ 群中的朋友，他们对知识的渴求和读书的强烈愿望常常鞭策着作者；感谢国内外的同行们，作者从他们那里学习到了很多知识；感谢家人对我的支持和理解，他们是我的坚强后盾。感谢购买本书的朋友们，欢迎批评指正，你们的建议和指导将会受到重视，相关的问题会在再版中得到改进。

作　者
于昆明理工大学

目　　录

第 1 章　Java EE 的体系结构

　　本章介绍使用 Servlet 和 JSP 技术开发 Java EE Web 应用所需的软件工具和运行环境，主要内容包括 Java EE 的版本和 Java EE 规范，JSP 和 Servlet 的基本概念，HTML 和 HTTP 的基本概念，Java EE 开发环境的安装和配置，并以实例辅助，说明如何使用相关的工具。掌握这些基本知识可以为后续章节的学习打下良好的基础。

1.1　Java EE 概述

Java EE 已经成为企业级应用开发的主流技术，在 Web 应用开发中占据重要的地位。

自 1998 年 Java EE 诞生开始，经过十多年的发展和改进，Java EE 的用户群逐渐发展壮大，企业纷纷依托 Java EE 作为应用平台，市场需求决定了越来越多的软件开发人员选择学习和使用 Java EE 技术，以提升自己的职场竞争力。

1.1.1　Java EE 版本简介

Java EE 是 Java 企业版的简称，它提供标准的方式来处理企业级的应用。它并不只是包含某个技术的一项规范，而是专门为企业级应用开发而提供的一组规范，是 Java 标准版的扩展，有助于分布式、高可靠性、高可用性应用系统的开发。

2006 年 5 月，Java EE 5 发布，将原来的 J2EE 正式更名为 Java EE，其主要目标是易于开发，极大地简化编程。2009 年 12 月，Java EE 6 发布，进一步简化了平台，扩展了可用性。最新的 Java EE 7 于 2013 年 6 月发布，该版本的新特性主要集中在提高开发人员的生产力、加强对 HTML 5 动态可伸缩应用程序的支持以及进一步满足苛刻的企业需求这三个方面。Java EE 7 使得开发人员编写更少的代码就可以实现强大的功能，并加强了对 HTML 5 的支持，能够满足苛刻的企业需求，同时可以提供更具扩展性、丰富性的功能。

总之，新版本的 Java EE 能让软件开发人员更快地上手，降低学习难度，更容易开发出高质量的代码。

1.1.2　Java EE 规范简介

Java EE 是由一系列规范构成的，规范由 JCP(Java Community Process)制定并且提供其参考实现。Java EE 规范拥有极其丰富的内容，包含了企业级开发技术的方方面面，从如图 1.1 所示的 Java EE 7 架构中可见一斑。

因此，想要完整、全面地学习 Java EE 的全部规范，不仅要花费很多时间，而且不一定能在实际工作中用上。本书建议先学习一些基础的内容，包括 JSP、Servlet 和 JDBC，在能够胜任一些基本的 Web 开发工作之后，再有选择性地学习较为深入的内容，包括 JSF、EJB 和 JPA 等。

现在，让我们对图 1.1 进行初步分析，以便从整体上把握 Java EE 的架构。

Java EE 架构由 4 个容器(Container)构成，容器为 Java EE 应用程序组件提供运行时支持，也就是说，遵守一定标准(或规范)的服务器或客户端就叫作 Java EE 的容器。由于 Java EE 是 Java SE 的扩展，因此，各个容器都以黑色矩形表示 Java SE 的支持。Web 容器和 EJB 容器都是服务器端容器，它们是运行在 Java EE 服务器上的程序。其中，Web 容器管理由网页、Servlet 和 JavaBeans 组件所组成的 Java EE 应用程序的执行，Web 组件及其容器都运行在 Java EE 服务器上。EJB 容器管理企业 Bean 的执行，企业 Bean 及其容器也都运行在 Java EE 服务器上。完整的 Java EE 服务器提供 Web 容器和 EJB 容器，但一些 Java EE 服务器(如 Tomcat)并不提供 EJB 容器，因此无法运行企业 Bean。Application Client 容器和 Applet 容器都是客

户端容器。前者管理应用程序客户端组件的执行，后者管理 Applet 小程序的执行，Applet
是一种 Web 浏览器的 Java 插件。

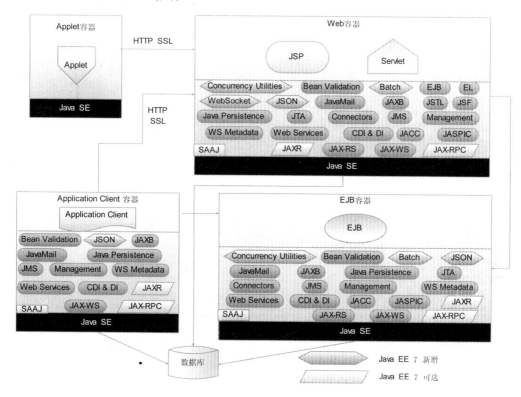

图 1.1　Java EE 7 架构[①]

　　读者千万不要被前面的叙述和众多的规范吓倒，按照 80/20 法则(帕累托法则)，作为普
通开发人员，在几件事情上追求卓越就可以了，不必苦苦追求通晓全部知识。本书仅涉及
到 Web 容器，其他三种容器稍微了解即可；参见图 1.2，这里主要讲述的 Servlet 和 JSP 仅
仅是 Java EE 规范中很小的一个部分。

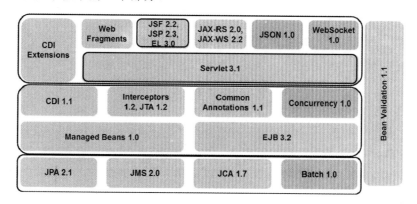

图 1.2　Java EE 7 规范

---

① 来源：Oracle，Java™ Platform, Enterprise Edition (Java EE) Specification, v7

一台计算机安装上了 Web 容器软件，就成了 Web 服务器，这台计算机既可以是高档的专用服务器，也可以是高性能的普通 PC 机。用户使用 Web 浏览器来请求资源，这些资源可以是静态 HTML 页面或动态 JSP 页面，也可以是图片、PDF 文件、音频文件或视频文件等。Web 服务器获取浏览器的请求，查找资源并返回给浏览器。

除非 Web 服务器能够找到资源，否则无法返回给浏览器。网民大都遇到过"404 Not Found"错误，该错误代表 Web 服务器无法找到所请求的资源。

这里所说的"服务器"，既可以指物理机器(硬件)，也可以指 Web 服务器应用(软件)。本书中，可以根据上下文来判断服务器究竟是指硬件还是软件，当实在无法判断时，本书会明确指明是硬件还是软件。

另外，当谈到"客户"时，通常可以指人类用户或浏览器。浏览器指的是诸如 IE、Firefox 等能够与 Web 服务器通信的软件，浏览器能够解释 HTML 代码，并为用户呈现 Web 页面。因此，当使用"客户"一词时，我们通常并不关心到底是指人类用户还是浏览器，但一般来说，客户就是指能够完成用户请求的浏览器应用。

1.1.3 有问必答

1. 我没有 Java 基础，能够学习 Java EE 吗？

答： Java EE 的基础是 Java，如果没有学过 Java，直接学习 Java EE 会很困难。另外，学习 JSP 还需要一点 HTML 的知识，不需要很深，了解即可。

2. 学习 Java EE 是不是都要掌握大量的规范？

答： 没有必要。掌握自己在不远的将来可能用上的部分就可以了，对于其他部分，只要稍微了解即可。

3. 注意到规范中没有 Struts、Hibernate 和 Spring，这是怎么回事？

答： 广受开发人员欢迎的 Struts、Hibernate 和 Spring 的确不是 Java EE 的规范。Struts 归于 Apache 旗下，Struts 1.x 的作者 Craig McClanahan(Apache Struts 框架创始人，Java Studio Creator 的负责人，《Struts in action》的作者，Servlet 2.2、2.3 和 JSP 1.1、1.2 专家组成员，Tomcat 的架构师)后来主要负责 Java Server Faces(JSF)技术规范，没有继续 Struts 后续版本的开发，因此造成 Struts 2.x 与 Struts 1.x 差别很大。Hibernate 属于红帽 JBoss 的中间件产品，Spring 是由 Rod Johnson 创建的开源框架，当前 Spring 由 VMware 公司旗下的 SpringSource 团队维护。

4. 是否成为 Java EE 的规范重要吗？

答： 既重要也不重要。如果成为 Java EE 的规范，说明支持 Java 的各大公司已达成一定的共识，对该项技术的推广无疑会有很多好处，俗话说"一流的公司做标准"。没有成为规范的技术也可以成为行业事实上的标准，得到大量用户的支持。但是，也要看到，大公司的稳定支持才是重要的，看看当年风靡一时的 Delphi、PowerBuilder、JBuilder 等开发工具的现状，相信人们心中自然有答案。

5. 所说的 80/20 法则是不是指 80%的开发人员只要掌握 20%的技术就足够了？

答： 完全正确。剩下 80%的技术只有 20%的顶尖高手才玩得转。

6. 完整的 Java EE 服务器有哪些？怎样选择 Java EE 服务器产品？

答: 支持 EJB 开发的 Java EE 服务器有 GlassFish、JBoss、Weblogic、Websphere、Apache TomEE 等。总体来说，Java EE 服务器分为收费和免费两种，免费版大多是开源的，如果不打算开发 EJB，只打算开发 JSP 和 Servlet 程序，可选用免费而广受欢迎的 Tomcat、Resin 等 Servlet 容器。

7. 如何知道我的 Web 服务器支持哪些规范？

答: 查阅 Web 服务器的产品文档。例如，在 Apache Tomcat 8 的介绍中，可以看到该产品实现了 Servlet 3.1 和 Java Server Pages 2.3。在 Apache TomEE 1.6.0.2 plus 的产品介绍中，可知该产品支持 Servlet、CDI、EJB、JPA、JSF、JSP 等 15 个规范。

1.2　JSP 与 Servlet

本节简单介绍 JSP 与 Servlet 的基本概念，主要介绍这两项技术的功能、工作原理、特点和适用环境，JSP 与 Servlet 是 Java EE Web 开发的核心技术。

1.2.1　JSP

JSP 的全称是 Java Server Pages，是一种使用 Java 语言作为脚本的，在 Web 服务器中动态生成 HTML、XML 或其他格式文档的动态 Web 网页的技术。

JSP 接收 HTTP 请求并产生 HTTP 响应，其功能与 Servlet 相同。JSP 可以将 Java 代码和特定预定义动作嵌入到静态页面中，实现动态网页的功能。JSP 可以使用 JSP 动作标签来调用内建的功能，如动态地插入文件、重用 JavaBean 组件等。JSP 还可以使用 JSTL 标准标签库。另外，用户可以创建自定义标签库，像使用标准 HTML 标签一样使用这些标签库。

JSP 在 Web 服务器中由 JSP 编译器编译成 Java Servlets，JSP 编译器可以将 JSP 翻译成 Servlet 的 Java 源代码并最终编译成字节码。

JSP 的编写与 Servlet 不同，总体来说，JSP 更像 HTML 页面文件，而 Servlet 更接近于 Java 源代码。如果说 JSP 是在 HTML 标签中嵌入 Java 代码或 JSP 动作标签的话，那么，Servlet 则像 Java 代码中嵌入了输出 HTML 标签的语句。

通常，使用诸如 Dreamweaver 等网页制做工具来编写 JSP 文件，这些工具具有"所见即所得"的高效率。因此，如果编写 HTML 标签较多的显示页面，一般采用 JSP。

1.2.2　Servlet

Servlet 的全称是 Java Servlet，没有对应的中文名称。Servlet 是用 Java 编写的服务器端程序，其主要功能是交互式地浏览和修改数据，生成动态 Web 内容。狭义的 Servlet 是指 Java 语言实现的一个接口，广义的 Servlet 是指任何实现了这个 Servlet 接口的类，一般情况下，将 Servlet 理解为后者。

Servlet 运行于支持 Java 的应用服务器中。从实现上讲，Servlet 可以响应任何类型的请求，但绝大多数情况下，Servlet 仅用于扩展基于 HTTP 协议的 Web 服务器。

前面已经讲述过，JSP 规范简化了 Web 页面的编程，但 JSP 在处理涉及到大量逻辑的

HTTP 请求方面并不如 Servlet，后者在基于 MVC 模式的 Web 应用开发中占据重要地位，现阶段流行的 Web 框架技术几乎都无一例外地基于 Servlet，如 Struts、JSF、WebWork 等。

虽然从原理上讲，一些高级的 Web 页面技术(如 JSF)并不要求普通 Web 开发人员了解和使用 JSP 和 Servlet，但是，作为 Java Web 编程的核心，学习和掌握 Servlet 还是很有必要的。其重要意义主要有两条，第一，可以维护企业的遗留 Java Web 项目；第二，如果要深入研究 Web 框架技术，不懂 Servlet 显然寸步难行。

1.2.3　有问必答

1. 既然 JSP 也要翻译成 Servlet，可否直接使用 Servlet 来替代 JSP？

答： 从原理上看，这是可行的。但是，JSP 文件可以直接使用 Dreamweaver 等网页制做工具来编写，在编辑时就能直接看到运行结果。如果使用 Servlet，只能使用 Java 输出语句来输出大量的 HTML 标签，不但十分"丑陋"，而且不利于维护。因此，还是应该按照客观规律来做事的。

2. 本书暗示何时使用 JSP、何时使用 Servlet，主要看到底是 HTML 代码多还是 Java 代码多，这样理解对吗？

答： 可以这样理解，而且一般也是按照这个原则来做的。上一个问题已经解释了使用 Servlet 来替代 JSP 是"丑陋"的，那么使用 JSP 来替代 Servlet 又怎样呢？有的开发人员正是这样做的，直接在 JSP 中嵌入一大堆 Java 代码，免去了编写 Servlet 配置的麻烦。但是，多年的开发工作让绝大多数程序员都认识到，在 JSP 中嵌入 Java 代码绝不是 Web 编程的最佳实践，因此，业界专家都建议不要在 JSP 中嵌入 Java 代码。

EL、JSTL 和各种框架都是为了要编写不带 Java 代码块的页面而开发出来的技术，这些技术的详细情况可参见本书的后续章节。

1.3　HTML 与 HTTP

本节介绍 HTML 和 HTTP。HTML 是构建网页的语言，HTTP 是网页的传输协议，两者结合，构成了 Web 应用开发的基础。

1.3.1　HTML 简介

HTML(Hyper Text Mark-up Language，超文本标记语言)，是目前网络上应用最为广泛的语言，也是构成网页文档的主要语言。

HTML 不是一种编程语言，而是一种专门用于创建 Web 页面的标记语言，它能告诉 Web 浏览程序如何显示 Web 文档(即网页)信息，如何链接各种信息。使用 HTML 语言，可以在其生成的文档中包含其他文档，或者包含图像、声音、视频等，从而形成超文本。本质上，超文本文档本身并不真正包含其他的文档，它仅仅含有指向这些文档的"指针"，这些指针就是超链接。

HTML 是用来制做网页的语言，网页中的每个元素都需要用 HTML 规范的专用标记来定义。标记语言是一种基于源代码解释的访问方式，它的源文件由一个纯文本文件组成，代码由许多元素组成，而前台浏览器通过解释这些元素，来显示各种样式的文档。

通过 HTML，Web 网页设计人员使用各种标记来描述网页内容，可以完成以下功能。

(1) 发布包含标题、文本、表格、列表、图片的在线文档。

(2) 通过单击超链接进行网页间的跳转。

(3) 设计表单，将用户输入的内容提交给服务器进行处理。

(4) 可以嵌入声音、视频等多媒体内容。

HTML 目前的最新版本是 HTML 5，现在仍处于发展阶段。HTML 5 的目标是取代 1999 年所制定的 HTML 4.01 和 XHTML 1.0 标准，以期能在互联网应用迅速发展时，使网络标准符合当代网络应用的需求。

HTML 5 的第一份正式草案已经于 2008 年 1 月 22 日公布。目前 Firefox、Google Chrome、Opera、Safari(版本 4 以上)、Internet Explorer(版本 9 以上)等主流的浏览器都已支持 HTML 5 技术。

2012 年 9 月，W3C 提出计划要发布一个 HTML 5 推荐标准，并在 2016 年底前发布 HTML 5.1 推荐标准。

由于 HTML 5 目前处于草案阶段，因此本书仍然以使用最为广泛的 HTML 4.01 标准来制做网页，不准备过多涉及 HTML 5 的新内容。

1.3.2　HTTP 协议

HTTP(HyperText Transfer Protocol，超文本传输协议)是互联网上应用最为广泛的一种网络协议，设计 HTTP 的最初目的，是为了提供一种发布和接收 HTML 页面的方法。

HTTP 是客户端和服务器端之间进行请求和响应的一个标准。通过使用 Web 浏览器、网络爬虫或者其他的工具，客户端发起一个 HTTP 请求到服务器上的指定端口(默认端口为 80)。一般将该客户端称为用户代理程序。服务器对客户端请求进行响应，服务器上存储着一些资源，如 HTML 文件和图像。一般将这类服务器称为 Web 服务器。

TCP/IP 协议是互联网上最流行的应用，虽然 HTTP 协议并没有规定必须使用 TCP/IP 协议，只要求其下层协议提供可靠的传输，但大多数 HTTP 协议仍然使用 TCP 协议作为其传输层。

HTTP 1.0 是第一个在通信中指定版本号的 HTTP 协议版本，目前仍然广泛采用，尤其是在代理服务器中。当前新版本是 HTTP 1.1，默认采用持久连接，能很好地与代理服务器联合工作，还支持以管道方式同时发送多个请求，以便降低线路负载，提高传输速度。

HTTP 协议使用统一资源定位符 URL 来访问网络资源。URL 的格式如图 1.3 所示。

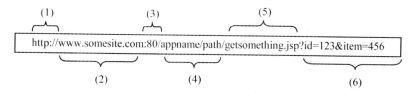

图 1.3　URL 的格式

(1) 协议。可选。告诉服务器采用哪种通信协议。可选的值有 http 和 https。

(2) 服务器。要访问的物理服务器的唯一名称，该名称通过域名服务器映射为唯一的 IP 地址。这里既可以使用服务器名称，也可以使用 IP 地址，但显然服务器名称更容易记忆。

(3) 端口。可选。默认端口为 80，Web 服务器可以根据需要配置端口。

(4) 路径。服务器上所请求资源位置的路径。使用 Unix 目录格式描述 Web 服务器的目录层次，其中，appname 为 Web 应用名称，path 为路径。

(5) 资源。请求文档的名称。可以是 HTML 页面、Servlet、PDF 文件、图像、音频文件或视频文件等服务器提供服务的文档类型。如果本部分省略，大多数服务器会默认查找 index.html 页面或设置的欢迎页面。

(6) 查询字符串。可选。如果为 HTTP GET 请求，额外的参数会作为查询字符串附加到 URL 的末尾，以问号"?"起始，每个参数以"名=值"的形式出现，多个参数间用"&"来分隔。

1.3.3　HTTP 请求和响应

通常，Web 服务器一直使用指定端口(默认为 80 端口)监听客户端的请求。请求由客户端发起，创建一个到服务器指定端口的 TCP 连接。一旦收到请求，服务器会向客户端返回一个状态，比如"HTTP/1.1 200 OK"，以及返回的内容，如请求的文件、错误消息，或者其他信息，这就是服务器端的响应。

HTTP 1.1 协议总共定义了 8 种方法(也叫"动作")来操纵指定的资源，其中，最重要的方法只有两个——GET 方法和 POST 方法，在 Java EE Web 编程中，只需要知道这两个方法就可以了。具体地说，GET 方法向指定的资源发出"显示"请求。GET 方法应该只用于读取数据，而不应当被用于产生"副作用"的操作中，以免因 GET 方法被网络蜘蛛等随意访问而造成意想不到的影响。例如，假如某个 Web 应用使用 GET 方法来修改数据，如果某个网络蜘蛛访问该 GET 方法，就可能永久修改了数据，而这并不是设计者的愿望。

POST 方法向指定资源提交数据，请求服务器进行处理，例如提交表单或者上传文件。通常，在请求报文中包含请求数据，该请求可能会创建新的资源或修改现有资源。

下面举例说明 HTTP 客户端与服务器之间如何进行通信，读者将在 1.3.4 小节中完成该实验。用浏览器请求 www.google.com.hk 时，服务器接收到的请求中会包含如下内容：

```
GET / HTTP/1.1
Host: www.google.com.hk
Connection: keep-alive
User-Agent: Mozilla/5.0 (Windows NT 6.3; WOW64) AppleWebKit/537.1 (KHTML, like Gecko) Chrome/21.0.1180.89 Safari/537.1
Accept: text/html,application/xhtml+xml,application/xml;q=0.9,*/*;q=0.8
X-Chrome-UMA-Enabled: 1
Accept-Encoding: gzip,deflate,sdch
Accept-Language: zh-CN,zh;q=0.8
Accept-Charset: GBK,utf-8;q=0.7,*;q=0.3
Cookie: PREF=ID=1b766cc2a62cc964:U=0f2be3e2fd49427a:FF=1:LD=zh-CN:NW=1:TM=1399880042:LM=1399895087:S=KzfBC9PvJk2FoAO8;
NID=67=mAHuC59mPW7FBlzUfVsMAHOuYXh3ycujJb9WEAEZgqbMyd7aakyUY96-QilIa96_AZfqJQIu8OEUvIL-Vx8iMzk8wliVrneGks_fIeopbWpni67JrMmzLHheBnIPruQB
```

上述内容为请求头，该请求指示信息用于通知 Web 服务器请求方式、客户端类型、客户端的 IP 地址等。在请求头之后，会有一个空行，然后是请求中所提交的数据，称为请求体。请求体的内容根据不同请求类型而变动，如果是 GET 请求，请求数据作为查询字符串直接附在 URL 地址中发送给 Web 服务器，因此请求体为空。如果是 POST 请求，请求体的内容就是所提交的表单数据。

常见的请求头标记如下。

- GET 或 POST：请求类型，后接请求资源、协议和版本。
- Host：主机和端口。
- Connection：是否使用持续连接。
- User-Agent：客户端浏览器的名称。
- Accept：浏览器可接受的 MIME 类型。
- Accept-Encoding：浏览器知道如何解码的数据编码类型。
- Accept-Language：浏览器指定的语言。
- Accept-Charset：浏览器支持的字符编码。
- Cookie：保存的 Cookie 对象。

当 Web 服务器接收到客户端的请求后，由 Web 组件(JSP 或 Servlet)进行处理，处理结束后，Web 组件会向客户端发送 HTTP 响应，HTTP 响应的内容包括响应状态、响应头和响应体三个部分。

例如，对于上述请求，谷歌服务器的响应内容如下：

```
HTTP/1.1 200 OK
Date: Sun, 18 May 2014 02:09:56 GMT
Expires: -1
Cache-Control: private, max-age=0
Content-Type: text/html; charset=UTF-8
Content-Encoding: gzip
Server: gws
X-XSS-Protection: 1; mode=block
X-Frame-Options: SAMEORIGIN
Alternate-Protocol: 443:quic
Transfer-Encoding: chunked
```

上述信息的第一行就是响应状态，内容依次是当前 HTTP 版本号、三位数字组成的状态代码，以及描述状态的短语，彼此由空格分隔。

状态代码的第一个数字代表当前响应的类型，xx 表示两位数字。

- 1xx：消息。请求已被服务器接收，继续处理。
- 2xx：成功。请求已成功地被服务器接收、理解并接受。
- 3xx：重定向。需要后续操作才能完成这一请求。
- 4xx：请求错误。请求含有词法错误或者无法被执行。
- 5xx：服务器错误。服务器在处理某个正确请求时发生错误。

虽然 RFC2616 中已经推荐了描述状态的短语，例如"200 OK"、"404 Not Found"，但是，Web 开发人员仍然能够自行决定采用何种短语，用以显示本地化的状态描述或者自定义信息。

响应头用于指示客户端如何处理响应体，告诉浏览器响应的类型、字符编码和字节大小等信息。

常用的响应头如下。

- Allow：服务器支持哪些请求方法(如 GET、POST 等)。
- Content-Encoding：文档的编码(Encode)类型。只有在解码之后，才可以得到 Content-Type 头指定的内容类型。
- Content-Length：内容的长度。当浏览器使用持久 HTTP 连接时，才需要该数据。
- Content-Type：表示后面的文档属于什么 MIME 类型。
- Date：当前的 GMT 时间。
- Expires：文档过期时间。
- Refresh：表示浏览器应该在多少时间之后刷新文档，以秒计。
- Server：服务器名称。
- Set-Cookie：设置与页面关联的 Cookie。
- WWW-Authenticate：客户应该在 Authorization 头中提供的授权信息类型。

响应头之后紧跟着一个空行，然后接响应体。响应体就是 Web 服务器发送到客户端的实际内容，本例的响应体是 HTML 格式的谷歌网页。除网页外，响应体还可以是诸如 Word、Excel 或 PDF 等其他类型的文档，具体是哪种文档类型，由 Content-Type 指定的 MIME 类型决定。MIME 是多功能 Internet 邮件扩展(Multipurpose Internet Mail Extensions)的英文字首缩写，设计 MIME 的最初目的，是为了在发送电子邮件时附加多媒体数据，让邮件客户程序能根据其类型进行处理。HTTP 协议支持 MIME 类型后，使得 HTTP 传输的不仅是普通的文本，还可以是丰富多彩的各种类型的文档。常用 MIME 类型如表 1.1 所示。

表 1.1　常用的 MIME 类型

文件类型	文件扩展名	MIME 类型
超文本标记语言文本	.html	text/html
XML 文档	.xml	text/xml
XHTML 文档	.xhtml	application/xhtml+xml
普通文本	.txt	text/plain
RTF 文本	.rtf	application/rtf
PDF 文档	.pdf	application/pdf
Microsoft Word 文件	.word	application/msword
PNG 图像	.png	image/png
GIF 图像	.gif	image/gif
JPEG 图像	.jpeg、.jpg	image/jpeg
au 声音文件	.au	audio/basic
MIDI 音乐文件	mid、.midi	audio/midi,audio/x-midi
RealAudio 音乐文件	.ra、.ram	audio/x-pn-realaudio
MPEG 文件	.mpg、.mpeg	video/mpeg
AVI 文件	.avi	video/x-msvideo
GZIP 文件	.gz	application/x-gzip

续表

文件类型	文件扩展名	MIME 类型
TAR 文件	.tar	application/x-tar
任意的二进制数据		application/octet-stream

应当注意，本小节涉及到的术语较多，但并不需要花很多时间去记忆。只要大致看懂，留个印象就可以了。

1.3.4　实践出真知

1. 编写一个简单的 HTML 页面

本实验编写一个简单的 HTML 页面，如果读者已经熟悉 HTML 标签，可以放心地跳过这一部分。

首先，编写如代码清单 1.1 所示的网页文件。由于只涉及到静态网页的内容，因此该文件可以放到任意的文件目录下。

代码清单 1.1　login.html

```html
<html>
    <head>
        <title> 我的登录页面 </title>
        <meta http-equiv="Content-Type" content="text/html; charset=utf-8" />
    </head>

    <body>
        <h1 style="text-align:center"> 我的第一个 HTML 网页 </h1>
        <form action="login.do">
        姓名: <input type="text" name="username" /><br/>
        密码: <input type="password" name="userpwd" /><br/><br/><br/>
        <input type="submit" value="登录" />
        </form>
    </body>
</html>
```

双击该文件，用浏览器打开，效果如图 1.4 所示。

图 1.4　第一个 HTML 网页的效果

login.html 文件的内部使用了很多 HTML 标记标签，这些 HTML 标记标签通常称为 HTML 标签，容易看出，HTML 标签是由尖括号包围的关键词，比如<html>。HTML 标签通常是成对出现的，比如<title></title>；标签对的第一个标签(如<title>)是开始标签，第二个标签(如</title>)是结束标签。

其中，<html>与</html>之间的文本用于描述网页，<head>标签用于定义文档的头部，<title>标签定义文档的标题，<body>与</body>之间的文本是可见的页面内容，<h1>与</h1>之间的文本被显示为标题，<form>标签用于为用户输入创建 HTML 表单。其他 HTML 标签可参考 W3school 的 HTML 教程，网址为 http://www.w3school.com.cn/index.html。

2. 探究 HTTP 请求和响应信息头

本实验使用 360 浏览器的内置功能来研究 HTTP 请求头和响应头，如果读者使用其他浏览器，实验方法也类似。

首先打开 360 浏览器，按一下 F12 键调出开发人员工具，然后在浏览器的地址栏输入谷歌的网址，在开发人员工具中点击 Network 选项卡查看网络，如图 1.5 所示。

图 1.5　用 360 浏览器查看网络

点击开发人员工具中第一栏(Name 栏)的谷歌链接，右边的 Header 选项卡就会出现谷歌的请求头和响应头信息，点击 Request Header 右边的 view source 链接(链接变为 view parsed)，可以看到如图 1.6 所示的请求头信息。

图 1.6　查看请求头

按照上述方法，可以查看如图 1.7 所示的响应头信息。

图 1.7　查看响应头

请读者对照本书前面的相关内容，弄明白 HTTP 请求头和响应头中各条信息的含义。

1.3.5　有问必答

1. 看起来，GET 是一种简单的请求，发送用户数据最好用 POST，对吧？

答： 没错。GET 是最简单的 HTTP 方法，其主要工作就是请求服务器资源，可以用查询字符串附带发送少量用户数据。POST 是功能更为强大的请求，可以视为 GET++。POST 在向服务器请求资源的同时还发送表单数据，甚至上传文件都得用 POST 方法。

2. 需要了解除 GET 和 POST 以外的 HTTP 方法吗？

答： GET 和 POST 方法是每个人都经常用到的方法，其他方法包括 HEAD、TRACE、PUT、DELETE、OPTIONS 和 CONNECT，几乎不用，因此不用了解。

3. HTTP 请求头和响应头看起来比较复杂，编程的时候是否能用上？

答： 有时候是能用上的，尤其是底层代码的编写。

1.4　搭建开发环境

本节介绍 Java EE Web 开发环境的安装与配置，主要介绍 JDK 安装、Web 服务器安装、数据库安装和 IDE 安装，以及如何在 Eclipse 中集成 Tomcat。

1.4.1　JDK 的安装

首先安装 JDK。如果读者已经安装好了 JDK，可跳过本小节。

在浏览器地址栏输入甲骨文公司 Java 标准版开发工具包的下载地址：

http://www.oracle.com/technetwork/java/javase/downloads/index.html

根据自己计算机的 CPU 类型和操作系统下载对应的 JDK。例如，作者的操作系统为 64 位的 Windows 8.1，因此下载 jdk-8u5-windows-x64.exe 安装文件。

当前 JDK 的最新版本为 8，如果不想利用新版的功能，也可选择下载以前的版本。本书并不涉及到新版 JDK 的新增功能，因此 JDK 6.0 以后的任意版本都可用，而不会产生兼容问题。

下载完毕后，双击下载的 JDK 安装文件，进入安装向导。按照向导的提示进行安装，如果没有特殊要求，建议保留默认设置进行安装。如图 1.8 所示。

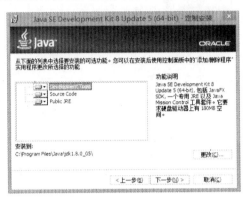

图 1.8　定制安装 JDK

JDK 安装没有什么困难，按照向导一步一步操作就能完成。

有的软件需要通过环境变量才能访问到 JDK，因此设置环境变量是 JDK 安装的重要内容。不同操作系统设置环境变量的方式稍有不同，本书以 Windows 8.1 为例进行说明。在桌面的左下角▦图标上单击鼠标右键，选择"系统"→"高级系统设置"→"环境变量"，调出环境变量窗口，查看是否已经设置了 JAVA_HOME 环境变量，如果已经设置，可单击"编辑"按钮修改，否则单击"新建"按钮，根据自己安装 JDK 的目录设置 JAVA_HOME 环境变量，如图 1.9 所示。

Path 环境变量用于查找来自命令行或终端窗口的可执行文件，如图 1.10 所示，设置 Path 环境变量为"%JAVA_HOME%\bin; %Path%;"，意思是查找 JAVA_HOME 变量所指定的 JDK 安装目录下的 bin 子目录，以及原来 Path 变量所指定的查找目录。注意多个变量值之间用英文分号来分隔，Path 环境变量里一定要加"%Path%"，否则会影响其他应用程序。

图 1.9　设置 JAVA_HOME 环境变量

图 1.10　设置 Path 环境变量

上述步骤做完之后，最好检查一下是否安装正确。进入命令行窗口，键入"java -version"(键入时不要引号)后按 Enter 键，会显示所安装的 JDK 版本，如图 1.11 所示。如果不能正常输出 JDK 版本信息，肯定是哪里配置有问题，需要返回，再次检查。

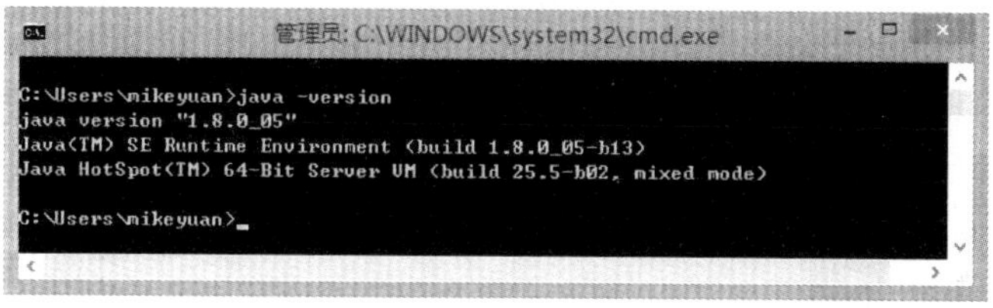

图 1.11　测试 JDK

1.4.2　Web 服务器的安装

这里以广受开发人员喜爱的 Tomcat 为例，讲解 Web 服务器的安装过程。

在浏览器的地址栏中输入"http://tomcat.apache.org/"，选择下载 Tomcat 8.0，应根据自己的计算机操作系统，选择下载相应版本的 Tomcat。由于作者使用 64 位的 Windows 8.1，因此选择点击"64-bit Windows zip"超链接进行下载，下载后的文件是 ZIP 压缩格式，容易使用诸如 WinRAR 等压缩工具解压，假定解压后的目录为 C:\apache-tomcat-8.0.5，则其子目录结构如图 1.12 所示。

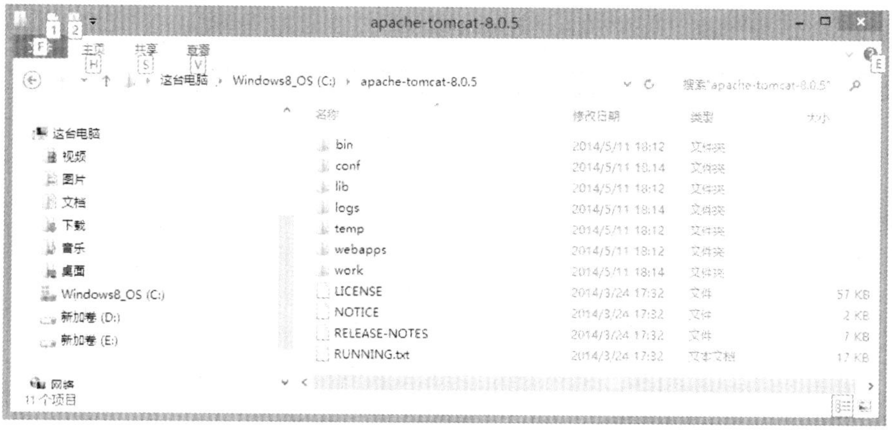

图 1.12　Tomcat 安装目录的结构

了解 Tomcat 目录结构有助于管理 Tomcat，Tomcat 目录列举如下。

- bin：存放启动和关闭 Tomcat 以及做其他管理的脚本文件，主要的文件有两种，即 *.bat 文件和 *.exe 文件。其中，最常用的文件是 startup.bat 和 shutdown.bat，分别用于启动和停止 Tomcat 服务。
- conf：存放 Tomcat 的各种配置文件，如 server.xml、web.xml 和 logging.properties 等。可以在 server.xml 文件中修改 Tomcat 的默认服务端口号，比如，正式上线运行时可将默认的 8080 端口改为 80 端口；可以在 web.xml 文件中修改 Web 应用程序的配置；可以在 logging.properties 文件中修改 Web 服务器输出日志的配置等。
- lib：存放 Tomcat 服务器所需要的 JAR 文件。可以将数据库的 JDBC 驱动文件复制到该目录中，以使用容器管理下的数据源。
- logs：存放 Tomcat 的日志文件。如果 Web 服务器在运行中发现故障，可以查看日志文件以定位故障原因。

- temp：存放临时文件。
- webapps：存放 Tomcat 自带的示例、文档和管理工具。如果要发布新的 Web 应用，可直接将完整的 Web 应用复制到该目录中。
- work：存放 Tomcat 直接将 JSP 文件转换生成的 Servlet 源文件和字节码文件。

Web 服务器安装完毕后，最好测试一下是否能正常工作(读者应完成 1.4.5 小节"实践出真知"中的第一个实验)。

1.4.3 数据库的安装

MySQL 数据库是应用最广泛的开源数据库之一，具有执行性能高、运行速度快、容易使用等特点，其官方主页地址为 http://www.mysql.com/，产品分为 MySQL Community Server (MySQL 社区版)和 MySQL Enterprise Edition(MySQL 企业版)两类，前者免费开源，后者用于商业，需要付费。

本书下载 mysql-5.5.15-win32.msi，为 Windows 环境下的完全安装版本。下载后，双击该文件进行安装，如图 1.13 所示。

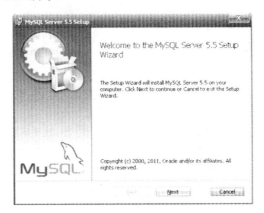

图 1.13　MySQL 安装向导

要注意的是，MySQL 默认的字符集只适合英文和西欧语言，使用中文需要设置多语言字符集，一般选用 UTF8 以支持多语言，如图 1.14 所示。

图 1.14　设置多语言字符集

安装好的 MySQL 仅提供 MySQL 5.5 Command Line Client 命令行窗口，只有对数据库非常熟悉的专业人士才习惯使用，普通开发人员使用起来非常不方便，命令行窗口如图 1.15 所示。

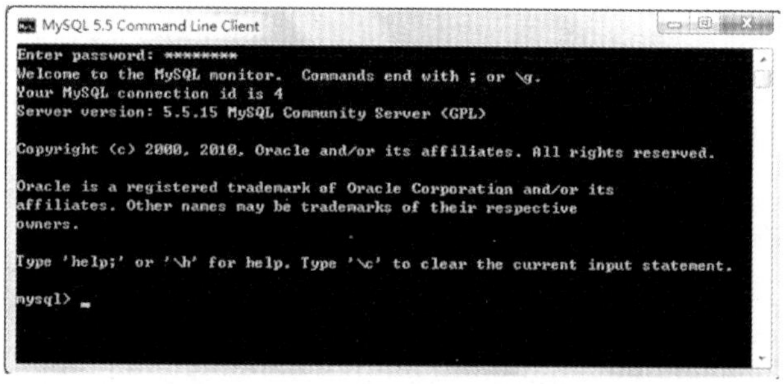

图 1.15　不方便使用的命令行窗口

为此，本书下载使用 Navicat for MySQL 工具，方便查询、修改数据库中的数据，还提供导入、导出数据、转储 SQL 文件等功能，可以轻松管理数据库，如图 1.16 所示。

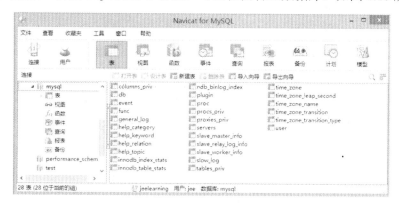

图 1.16　图形化的 MySQL 客户端(Navicat for MySQL)

1.4.4　IDE 的安装

到 Eclipse 官方网站(网址 http://www.eclipse.org/downloads/)下载适合自己操作系统的最新 Eclipse IDE for Java EE Developers，本书下载的是 eclipse-jee-luna-R-win32-x86_64.zip 文件，共 258MB。下载后，用解压缩软件释放到读者想要使用的文件夹中，例如，解压缩到 C:\jee\eclipse 文件夹下。然后双击 eclipse.exe 文件启动。第一次启动时，Eclipse 要求用户指定工作空间 workspace 目录，可以使用默认的 workspace 目录，也可以修改为自己定制的目录。启动后的界面如图 1.17 所示。

单击右上角的  　　 进入 Eclipse 工作台，如图 1.18 所示。我们注意到，工作台右上角的透视图(Perspective)为 Java EE，这是默认的开发 Java EE 应用程序的模式。如果想设置为其他透视图，可从菜单栏中选择 Window → Open Perspective 命令进行设置。

Eclipse 本身不带 Java EE 服务器，需要根据需要配置。图 1.18 下部的 Servers 选项卡中有一串英文链接，点击该链接以创建新服务器，弹出如图 1.19 所示的对话框。

图 1.17　启动后的 Eclipse

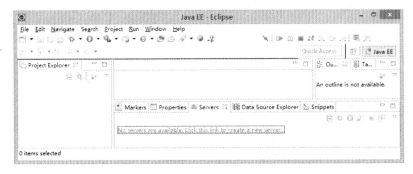

图 1.18　Eclipse 工作台

图 1.19　定义新服务器

选择 Tomcat v8.0 Server，单击 Next 按钮，在新界面中单击 Browse 按钮，导航至 Tomcat v8.0 的安装目录，如图 1.20 所示。单击 Finish 按钮结束设置。

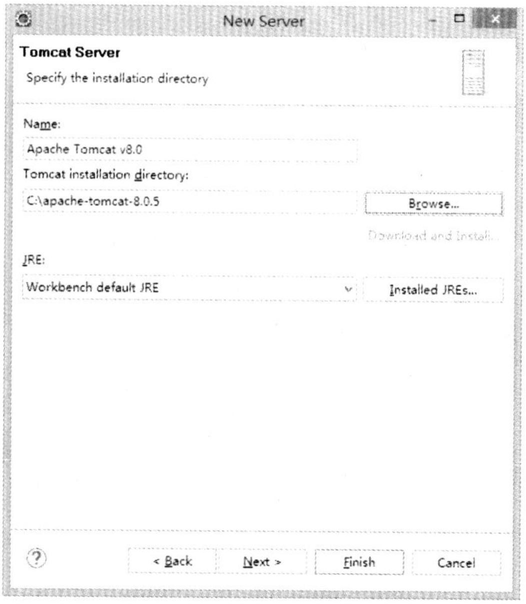

图 1.20　设置 Tomcat 安装目录

这时，Tomcat 服务器图标就会出现在 Servers 选项卡中，在其上单击鼠标右键，可以通过快捷菜单启动、跟踪或停止 Tomcat 的运行，如图 1.21 所示。

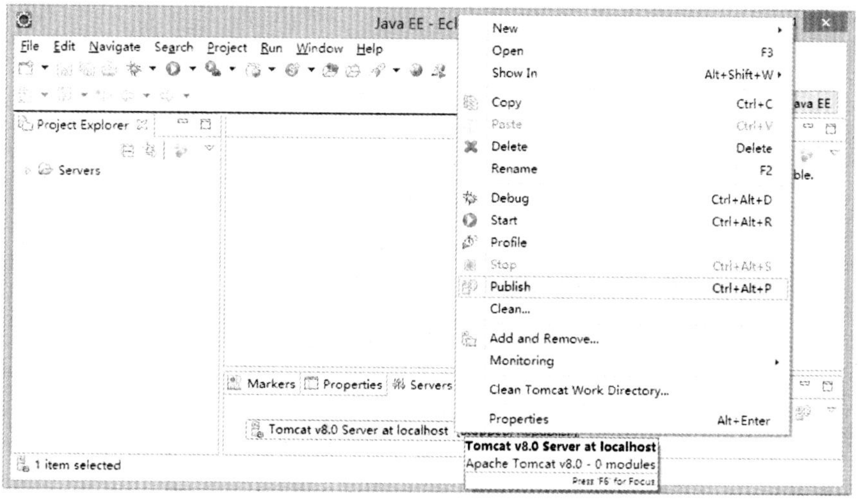

图 1.21　从快捷菜单控制 Tomcat 的运行

1.4.5　实践出真知

1. Tomcat 的启动和停止

打开 Windows 资源管理器，在 Tomcat 的安装目录下，找到 bin 目录，位置类似于本书

的 C:\apache-tomcat-8.0.5\bin。在该目录中有两个批处理文件，即 startup.bat 和 shutdown.bat，用鼠标双击前者，可以启动 Tomcat，同时打开一个命令行窗口，如图 1.22 所示；双击后者，则停止 Tomcat。

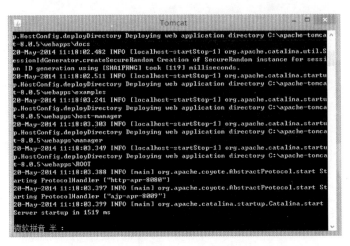

图 1.22　启动 Tomcat 的命令行窗口

　　启动 Tomcat 之后，可以尝试使用浏览器打开 Tomcat 主页，在浏览器地址栏中输入网址 "http://localhost:8080/"，如果能够看到如图 1.23 所示的汤姆猫，那么恭喜，你已经成功地安装了 Web 服务器！

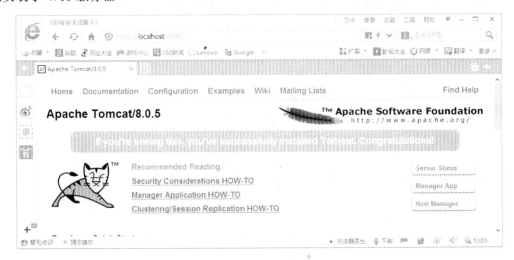

图 1.23　Tomcat 主页

　　注意，如果要关闭 Tomcat 命令行窗口，一定要使用 shutdown.bat 命令来关闭，不能随便点击命令行窗口的 ✕ 来关闭 Tomcat，以免可能造成的不可预料的后果。

2. 测试 Java Web 项目

　　启动 Eclipse，从工作台的菜单栏中选择 File → New → Dynamic Web Project 命令，打开新建动态 Web 项目对话框，输入 "firstjsp" 作为项目名(Project name)，检查运行时目标(Target runtime)为 Apache Tomcat v8.0，动态 Web 模块版本(Dynamic web module version)

为 3.1，保持其他选项不变，然后单击 Finish 按钮结束，如图 1.24 所示。

图 1.24　新建动态 Web 项目

在 Eclipse 左边的项目 Explorer 中可以看到新建 Web 项目的结构，在 WebContent 下单击鼠标右键，选择 New → JSP File 菜单命令，新建一个名称为 index.jsp 的文件，将内容修改为代码清单 1.2 中所给出的代码，如图 1.25 所示。读者当前只需要知道以 "<%=" 开始并以 "%>" 结束的称为 "JSP 表达式"，意思是对所包含的表达式进行求值并显示，其余代码的含义暂时不做讲解，在后面章节的学习中，读者自然会理解。

代码清单 1.2　index.jsp

```
<%@ page language="java" contentType="text/html; charset=utf-8"
  pageEncoding="utf-8"%>
<!DOCTYPE html PUBLIC "-//W3C//DTD HTML 4.01 Transitional//EN"
  "http://www.w3.org/TR/html4/loose.dtd">
<html>
<head>
    <meta http-equiv="Content-Type" content="text/html; charset=utf-8">
    <title>第一个JSP网页</title>
</head>
<body>
    当前时间为: <%=new java.util.Date() %>
</body>
</html>
```

最后，在 index.jsp 文件上单击鼠标右键，从弹出的快捷菜单中选择 Run As → Run on Server 菜单命令，在弹出的对话框中直接单击 Finish 按钮，运行结果如图 1.26 所示。

图 1.25　新建 JSP 文件

图 1.26　运行结果

如果要停止 Tomcat，可直接在 Servers 选项卡里的 Tomcat v8.0 Server at localhost 上单击鼠标右键，从弹出的快捷菜单中选择 Stop 命令。

1.4.6　有问必答

1. JDK 与 SDK 有什么不同？如何决定是使用 JDK 还是使用 SDK？

答： JDK 实质是 Java 标准版的开发工具包，而 SDK 是 Java 企业版的开发工具包。如果要开发仅涉及到 JSP、Servlet 技术的网站，使用 JDK 就足够了，Web 容器中自带有 JSP、Servlet 规范的实现。但如果需要开发 EJB 等涉及到企业级的应用，最好安装 SDK，SDK 中自带 JDK、数据库以及 GlassFish 应用服务器，可满足很多企业级应用的开发要求。

2. 数据库的种类很多，如何决定使用哪种数据库？

答： 数据库的种类的确很多，目前一般都使用关系型数据库产品，客户端与数据库服务器之间经过 JDBC 中间件之后，不同数据库之间的大部分差异一般都会减少很多，因此

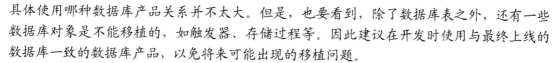

具体使用哪种数据库产品关系并不太大。但是，也要看到，除了数据库表之外，还有一些数据库对象是不能移植的，如触发器、存储过程等。因此建议在开发时使用与最终上线的数据库一致的数据库产品，以免将来可能出现的移植问题。

3. Eclipse 和 MyEclipse 有什么不同？

答： Eclipse 是著名的集成开发环境 IDE，它允许安装第三方开发的插件来扩展和增强自身的功能，而 MyEclipse 就主要是为 Java EE 开发的一种插件集。MyEclipse 将开发者常用到的一些插件都集合起来，提供了一种高级编程环境，可以比较轻松地完成常用框架下的 Java EE 应用开发。Eclipse 免费，但 MyEclipse 收费。由于 MyEclipse 将所有的插件都配置好了，可以直接使用，这样，就使得 MyEclipse 所占硬盘空间较大，对计算机性能要求相对较高。Eclipse 只安装了常用的工具，可以自行下载安装所需的插件，Eclipse 所占硬盘空间较小，灵活程度更高。

4. 听说 JSP 编程中乱码问题很难解决，是这样吗？

答： 对于一些初学者来说确实是这样的。但是，要解决乱码问题并不困难，将 Java 源文件、JSP 文件、XML 文件，以及数据库编码都设置为统一的汉字编码(如 UTF-8)，这样做以后，基本上就能解决绝大部分乱码问题。

5. 除 UTF-8 外，还有哪些汉字编码标准？

答： 还有 GB2312、GBK、GB18030、UTF-16 等编码。GB2312 出现较早，现在几乎不用，GB2312、GBK 直到 GB18030 都属于双字节字符集，其编码方法向下兼容。UTF-8、UTF-16 和 UTF-32 都是 Unicode 编码，在国际上的支持更多，本书推荐使用 UTF-8 编码。

6. 我要怎样做，才能在 Eclipse 中设置默认编码为 UTF-8 呢？

答： 第一，在整个 Workspace 中设置文本文件编码为 UTF-8。具体方法是，从菜单栏中选择 Window → Preferences → General → Workspace，选择 Text file encoding 为 UTF-8 编码。第二，设置创建的 JSP 文件的编码为 UTF-8，以避免每次都要修改编码的麻烦。从菜单栏中选择 Window → Preferences → Web → JSP Files，在 Encoding 提示处选择 ISO 10646/Unicode(UTF-8)作为默认的 JSP 文件编码，这样，每次新建的 JSP 文件就会自动加上 contentType="text/html; charset=utf-8" pageEncoding="utf-8"，避免了重复劳动。

7. 看不出 Tomcat 有什么用处，直接用浏览器打开硬盘上的 JSP 文件不行吗？

答： 想法虽然不错，但是，使用代码清单 1.2 里的 JSP 文件试一下，就知道答案了。

8. 如果使用 Tomcat 以前的版本，会对开发有影响吗？

答： Tomcat 版本都向下兼容，也就是后期版本兼容前期版本。如果使用早期的 Tomcat，就会发现，新建动态 Web 项目时，动态 Web 模块的版本相应就低一些，为 3.0 甚至 2.5 以前的版本。也就是说，如果使用以前的技术进行开发，Tomcat 版本并不太重要，但假如要使用较新的技术去开发，还是用新版本的 Tomcat 好些。

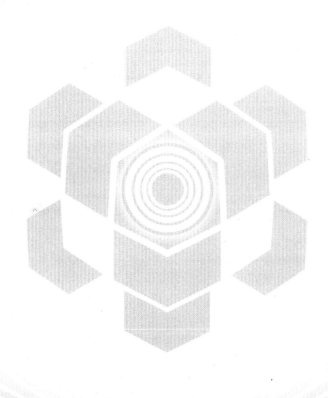

第 2 章 Servlet 编程

  Servlet 是 Java EE 编程的基础，JSP 建立在 Servlet 基础之上，诸如 JSF、Struts、WebWork 和 Spring MVC 等 Web 框架的基础都是 Servlet。

  本章主要介绍 Servlet 的工作原理、Servlet 编程、Servlet 生命周期以及 Servlet 部署，并提供大量实例，来说明如何进行 Servlet 编程。这些技能是 Java EE Web 开发的基石，需要花时间来领会。

2.1 Servlet 概述

Servlet 扩展了 Web 服务器，是一种非常安全的、可移植的、易于使用的 Web 组件。

Servlet 也是一种动态加载的模块，针对向 Web 服务器的资源请求提供服务。Servlet 完全运行在服务器端的 Java 虚拟机上，一般将后者称为 Servlet 容器。

2.1.1 Servlet 的基本概念

(1) Servlet 对服务器的扩展

在第 1 章的 firstjsp 项目中，浏览器获取到的页面是一种动态页面。该动态页面在 HTTP 请求之前并不存在，而是根据某种预先设定的逻辑来动态生成显示页面。

动态页面往往是相对于静态页面而言的，动态页面不是指含有动画的页面，而是指通过执行 Servlet、JSP、.NET 等程序，即时生成客户端网页代码的网页。可以想象一下，如果只使用静态页面，而不执行任何服务器端的脚本或辅助程序，想实时获取服务器的当前时间，是绝无可能办到的。

动态页面具有如下几个特点：

- 动态页面实际上并不是存储在服务器上的独立网页文件。只有当用户发出请求时，服务器才动态组装并返回一个完整的网页。
- 动态页面的内容往往存放在数据库中，根据用户发出的不同请求而提供个性化的网页内容。
- 由于动态页面只是一个显示模板，其显示内容存放在数据库中，没有存在页面上，因此能大大降低网站维护的工作量。

Web 服务器的许多工作都需要与 Web 组件一起协同，才能得以完成。除了上述生成动态页面的功能外，Web 服务器的重要工作还包括保存数据。当用户填写表单并点击提交按钮后，服务器获取用户提交的表单信息，然后对表单信息进行处理，最后往往需要将数据保存到文件或数据库中。由于生成页面和保存数据的多样性，无法制作一个统一的"标准程序"来完成上述工作，因此，单靠服务器本身，无法完成这些复杂多变的工作，需要对 Web 组件进行定制。

Servlet 编程，就是对这种最常用的 Web 组件进行定制，从而扩展服务器的功能。

(2) 揭开 Servlet 的神秘面纱

没有什么方法能比实际构建一个 Servlet 可以更直观地了解什么是 Servlet 的了。对于 Servlet 的新手，也许已经迫不及待地希望实际动手建立并运行一个 Servlet 项目。

首先启动 Eclipse，通过从菜单栏中选择 File → New → Dynamic Web Project 命令，打开新建动态 Web 项目的对话框，输入 "firstservlet" 作为项目名称，保持其他选项不变，然后单击 Finish 按钮结束。

从菜单栏中选择 File → New → Servlet 命令，打开新建 Servlet 的对话框，输入 "com.jeelearning.servlet" 作为包名，输入 "FirstServlet" 作为 Servlet 名称，单击 Finish 按钮结束，如图 2.1 所示。

图 2.1　新建 Servlet 的对话框

新创建的 Servlet 结构如代码清单 2.1 所示。

FirstServlet 类继承 HttpServlet 类，后者是一个抽象类，用于创建具体的 Servlet 子类。由于 HttpServlet 类实现了 java.io.Serializable 接口，因此需要提供 long 型的 serialVersionUID。FirstServlet()方法是默认的构造函数。doGet()方法和 doPost()方法是 Servlet 中的两个最重要的方法，分别处理 HTTP GET 请求和 POST 请求。@WebServlet 是 Servlet 3.0 才开始引入的标注(Annotation)，如果使用该标注，就不再需要在部署描述文件 web.xml 中配置 Servlet 了，这简化了 Servlet 的编程工作。也就是说，如果使用 Servlet 2.5 及以前的版本，只能在 web.xml 文件中配置 Servlet。这里的@WebServlet 标注里的字符串参数告诉容器，如果请求的 URL 是"/FirstServlet"，则由 FirstServlet 类的实例提供服务。

代码清单 2.1　FirstServlet.java

```java
package com.jeelearning.servlet;

import javax.servlet.ServletException;
import javax.servlet.annotation.WebServlet;
import javax.servlet.http.HttpServlet;
import javax.servlet.http.HttpServletRequest;
import javax.servlet.http.HttpServletResponse;

@WebServlet("/FirstServlet")
public class FirstServlet extends HttpServlet {
    private static final long serialVersionUID = 1L;

    public FirstServlet() {
        super();
    }

    protected void doGet(HttpServletRequest request, HttpServletResponse response)
      throws ServletException, IOException {
    }

    protected void doPost(HttpServletRequest request, HttpServletResponse response)
      throws ServletException, IOException {
    }
}
```

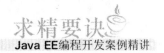

大致了解 FirstServlet 类的结构后，在 doGet()方法中插入几条语句，使 FirstServlet 能够提供 GET 方法的服务，如代码清单 2.2 所示。

其中，第一句调用 response 对象的 setCharacterEncoding()方法，设置响应的字符编码为 UTF-8，第二句调用 response 对象的 setHeader()方法设置响应头，设置 Content-type 为 UTF-8 编码的 HTML 文档。这两条语句使用频率很高，常用于解决汉字的乱码问题。然后，获取担任输出任务的 PrintWriter 对象，调用 PrintWriter 对象的 println()方法输出 HTML 文档。

代码清单 2.2　FirstServlet.java 部分代码

```java
protected void doGet(HttpServletRequest request, HttpServletResponse response)
  throws ServletException, IOException {
    response.setCharacterEncoding("UTF-8");
    response.setHeader("Content-type", "text/html;charset=UTF-8");
    PrintWriter out = response.getWriter();
    Date today = new Date();
    out.println("<html><body>"
      + "当前时间为: " + today
      + "</body></html>");
}
```

运行结果如图 2.2 所示。

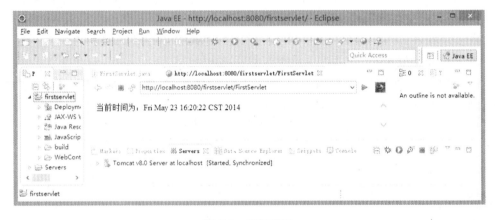

图 2.2　运行结果

注意网址 http://localhost:8080/firstservlet/FirstServlet 的结构，第一个 firstservlet 是动态 Web 项目的名称，第二个 FirstServlet 是@WebServlet 标注指定的 URL。

2.1.2　Servlet 剖析

Java Servlet 是与平台无关的服务器端组件，它运行在 Servlet 容器中。Servlet 容器负责 Servlet 和客户端的通信以及调用 Servlet 的方法，Servlet 和客户端的通信采用"请求/响应"的模式。

Servlet 看起来很像是通常的 Java 程序。一个 Servlet 就是 Java 编程语言中的一个类，用于扩展服务器的功能。虽然 Servlet 可以对包括 HTTP 请求在内的任何类型的请求产生响应，但通常只用来扩展使用 HTTP 协议的 Web 服务器应用程序。

Servlet 的主要功能在于交互式地浏览和修改数据，生成动态的 Web 内容。下面通过一个实例来看一看 Web 容器是如何处理 HTTP 请求的。

(1) 用户点击页面超链接,或者直接在浏览器的地址栏中输入 URL 地址后按 Enter 键,客户端发送对某个 Servlet 的请求至服务器端。

(2) 容器接收到请求,了解是发送给 Servlet 的,于是就创建一个 HttpServletRequest 对象和一个 HttpServletResponse 对象。

(3) 容器通过 HTTP 请求里的 URL 地址,找到所请求的 Servlet,为该请求创建或分配一个线程,并将上一步所创建的请求和响应对象传递给该 Servlet 线程。

(4) 容器调用 Servlet 的 service()方法。根据请求类型,service()方法调用 doGet()方法或 doPost()方法。与 firstjsp 项目一样,本例假设使用 HTTP GET 请求,因此会调用 doGet()方法。

(5) doGet()方法产生一个动态页面,并将页面填充至响应对象。这时,容器仍然能够引用响应对象。

(6) 线程结束,容器将响应对象转换为 HTTP 响应并发回给客户端,然后删除请求和响应对象。

了解以上过程后,不妨回来再看看 doGet()方法的签名,方法的两个参数正是容器所创建的 HttpServletRequest 对象和 HttpServletResponse 对象,如下所示:

```
protected void doGet(HttpServletRequest request, HttpServletResponse response)
  throws ServletException, IOException {}
```

其他的诸如 doPost()等方法都与 doGet()方法的签名一致。

2.1.3　容器的功能

我们已经知道容器拥有对 Servlet 运行的控制权,正是因为容器完成了很多重要的底层服务功能,Web 开发人员才能更好地专注于业务逻辑,不再需要担心编写多线程、安全代码和网络通信底层代码。

容器的主要功能列举如下。

(1) 通信支持

容器为 Servlet 和 Web 服务器的交互提供了一种简单的方法。开发人员不必自己编写程序来建立服务器端 Socket,以监听某个端口、创建输入输出流等。容器知道 Web 服务器的通信协议,Servlet 不必再担心诸如 Apache Web 服务器和 Web 应用程序代码之间的 API。开发人员只需专注于所编写的 Servlet 自身的业务逻辑,如接受并处理网上商店来的订单。

(2) 生命周期管理

容器控制 Servlet 的创建与销毁。它负责加载类、实例化和初始化 Servlet,调用 Servlet 的方法,并对 Servlet 实例进行垃圾收集。正是有了容器,开发人员才不需要过于担心资源管理问题。

(3) 多线程支持

容器自动为每一个接收到的 Servlet 请求创建一个新的 Java 线程。当 Servlet 为处理客户端请求而执行 HTTP 服务的方法之后,该线程完成并销毁。这并不意味着开发人员可以不管线程安全,而是仍然可能遇到线程同步问题。但是,有了服务器负责为多个请求创建和管理线程,仍然替开发人员节省了大量的编码工作。

(4) 声明式安全

有了容器，开发人员只需要使用 XML 部署描述文件来配置 Web 应用的安全性，无需在 Servlet 或其他 Java 类的代码中进行硬编码。想一想声明式安全带来的好处，开发人员可以在 XML 文件中管理和修改安全策略，不再需要修改并重新编译 Java 源文件。

(5) JSP 支持

读者已经大致了解了 JSP 的功能。那么，是谁负责将 JSP 代码翻译成真正的 Java 代码？当然是容器。例如，Tomcat 容器使用 Jasper 2 来完成将 JSP 转换为 Servlet 的工作。

综上所述，由于有了容器的大力支持，才使我们的 Web 编程更加容易。

2.1.4　Servlet API

了解一些 Servlet API 能够帮助编写程序。但并不需要完全记住这些 API，只要能够对 API 的工作方式有所了解就可以了，具体实践时，还可以查阅 Java EE 的 API 文档。

需要了解的 Servlet API 如图 2.3 所示。其中，一个接口(Servlet 接口)和两个类(GenericServlet 类和 HttpServlet 类)是要着重理解的。

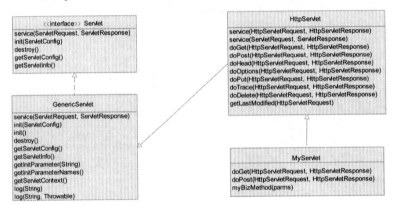

图 2.3　Servlet API 概要

Servlet 接口隶属于 javax.servlet 包，该接口规定所有的 Servlet 必须实现的 5 个方法，前 3 个方法是 Servlet 生命周期方法。

GenericServlet 类隶属 javax.servlet 包，这是一个抽象类，该类实现了大多数所需的基本 Servlet 方法，包括 Servlet 接口的方法。开发人员只要了解其 API 就足够了。

HttpServlet 也是一个抽象类，隶属 javax.servlet.http 包，该类实现了对应 HTTP 协议的各种 service()方法，注意到这些 service()方法的写法——do+HTTP 请求类型，这些方法不接受 ServletRequest 和 ServletResponse 参数，而是要求 HttpServletRequest 和 HttpServletResponse 参数。

用户编制的 Servlet 都是具体类，假设全名为 com.jeelearning.servlet.MyServlet，大部分的 Servlet 操作都由超类完成，自己仅需要重写一些所需的 HTTP 方法。

init()方法、service()方法以及 doGet()/doPost()方法是三种重要的方法，下面分别从何时调用、用途、是否需要重写三个方面阐述这三个方法。

(1) init()方法：当创建 Servlet 实例完成之后，在处理客户端请求之前，容器调用 Servlet

实例的 init()方法。其用途是在处理客户端请求之前，给用户一个编写初始化代码的机会。开发人员有可能需要重写该方法，如果有一些初始化的代码，如获取数据库连接或打开 I/O 流，可以重写 Servlet 类的 init()方法。由于每个 Servlet 对象的 init()方法只执行一次，适合耗时较长的初始化处理以提高性能。如果使用 init()方法初始化资源，可以使用 destroy()方法完成清理资源的工作，如关闭获取的数据库连接或关闭 I/O 流。

(2) service()方法：当第一个客户请求到来时，容器将启动一个新线程，或从线程池分配一个线程，并调用 Servlet 的 service()方法。该方法先查看请求类型，确定是哪种 HTTP 方法(GET、POST 等)之后并调用对应的 doGet()、doPost()等方法。开发人员不需要重写 service()方法，而是重写 doGet()、doPost()等方法，让 HttpServlet 的 service()方法的具体实现来决定该调用对应的哪个方法。

(3) doGet()/doPost()方法：根据客户请求方法的类型(GET、POST 等)，service()方法调用对应的 doGet()或 doPost()等方法。这里仅列出 doGet()和 doPost()方法，是因为开发人员使用这两个方法的可能性很大(约为 99.9999%)。这是专门为开发人员编写处理代码而设计的，也可以从中调用其他对象的方法，这里编写的代码决定 Web 应用的行为。开发人员通过重写某个方法来告诉容器支持哪个 HTTP 方法。例如，如果没有重写 doPost()方法，那就是告诉容器该 Servlet 不支持 HTTP POST 请求。

2.1.5 Servlet 旧版本格式

前面介绍的 firstservlet 项目使用了新的 Servlet 3.1 技术，最重要的革新是直接在 Servlet 源代码中使用标注，不再强求在 web.xml 中配置 Servlet，简化了编程工作。但是，很多时候，Web 程序员不但要使用新技术，还需要面对采用传统技术编写的 Web 项目的维护，因此，本小节使用 Servlet 2.5 版本编写了相同功能的项目，目的就是让读者了解旧的 Servlet 版本，并能编写和维护两种版本的 Servlet。

首先启动 Eclipse，从菜单栏中选择 File → New → Dynamic Web Project 命令，打开新建动态 Web 项目的对话框，输入"anotherservlet"作为项目名称，选择动态 Web 模块版本为 2.5，保持其他选项不变，然后单击 Finish 按钮结束。

从菜单栏中选择 File → New → Servlet 命令，打开新建 Servlet 的对话框，输入"com.jeelearning.servlet"作为包名，输入"AnotherServlet"作为 Servlet 名称，单击 Finish 按钮结束。读者可自行在 AnotherServlet 中编写 doGet()方法体并测试，这里省略该过程。

现在来看看 anotherservlet 与 firstservlet 项目的区别：

● anotherservlet 项目的 WebContent/WEB-INF 下多了一个 firstservlet 项目所没有的 web.xml 文件。

● AnotherServlet 类的前面没有了@WebServlet 标注。

打开 web.xml 文件，其内容由 Eclipse 自动生成，如代码清单 2.3 所示。这是一个 XML 文件，根元素为<web-app>，该元素有 5 个属性，前 3 个属性值都很长，不用特地记忆，开发时拷贝过来或让 Eclipse 自动生成即可，注意到 version 属性的值为"2.5"，与前面选择的动态 Web 模块版本一致。<welcome-file-list>元素列出由子元素<welcome-file>指定的欢迎文件，如果浏览器没有指定资源文件名称，则默认按排列优先顺序呈现欢迎文件之一。

<servlet>元素和<servlet-mapping>元素是配置的重点，将随后重点阐述。

代码清单 2.3　web.xml

```xml
<?xml version="1.0" encoding="UTF-8"?>
<web-app xmlns:xsi="http://www.w3.org/2001/XMLSchema-instance"
 xmlns="http://java.sun.com/xml/ns/javaee"
 xsi:schemaLocation="http://java.sun.com/xml/ns/javaee
 http://java.sun.com/xml/ns/javaee/web-app_2_5.xsd" id="WebApp_ID" version="2.5">
  <display-name>anotherservlet</display-name>
  <welcome-file-list>
    <welcome-file>index.html</welcome-file>
    <welcome-file>index.htm</welcome-file>
    <welcome-file>index.jsp</welcome-file>
    <welcome-file>default.html</welcome-file>
    <welcome-file>default.htm</welcome-file>
    <welcome-file>default.jsp</welcome-file>
  </welcome-file-list>
  <servlet>
    <description></description>
    <display-name>AnotherServlet</display-name>
    <servlet-name>AnotherServlet</servlet-name>
    <servlet-class>com.jeelearning.servlet.AnotherServlet</servlet-class>
  </servlet>
  <servlet-mapping>
    <servlet-name>AnotherServlet</servlet-name>
    <url-pattern>/AnotherServlet</url-pattern>
  </servlet-mapping>
</web-app>
```

　　<servlet>元素将 Servlet 内部名称映射到 Servlet 类的全限定名，其子元素<description>可以对 Servlet 进行描述，子元素<display-name>指定 Web 应用程序的简短显示名称，供 GUI 工具显示。这两个子元素都是可选的，即可有可无。<servlet-name>元素用于将<servlet>与某个<servlet-mapping>元素进行绑定，该元素指定一个内部使用的名称，该名称不为客户端用户所见，仅在<servlet-mapping>元素中使用。<servlet-class>元素指定 Servlet 类的全限定名，但不包含".class"扩展名。

　　<servlet-mapping>元素将 Servlet 内部名称映射到公开的 URL 名称。容器在运行时刻使用该元素，当容器接收到用户请求时，根据 URL 查找到对应 Servlet，然后调用 Servlet 的相应方法。其子元素<servlet-name>应该与某个<servlet>子元素<servlet-name>指定的内部名称一致，另一个子元素<url-pattern>是用户用于访问 Servlet 的 URL 的一个部分。值得注意的是，<url-pattern>元素不是真实的 Servlet 类的名称，而是虚构出来的名称，可使用通配符。

　　可能有的读者觉得 Servlet 配置和映射的概念很复杂，有些难以理解。让我们再把问题以另一种方式陈述一遍，以帮助理解。

　　一个 Servlet 实际上有三个名称，第一个名称是 Servlet 类名，由开发人员开发的 Servlet 类是一个包括包名和类名的全限定 Servlet 类名，该 Servlet 类文件具有真实的路径和文件名。Servlet 部署人员为 Servlet 取一个内部的部署名称，该名称仅限内部使用，是一个虚构的别名，只是为了部署 Servlet 使用，不必与公开的 URL 名称相同，也不必与真实的 Servlet 类文件和路径相同。第三个名称是客户端所知道的 URL 名称，该名称是一个为客户端访问而虚构的别名，这样，客户只需知道 Servlet 对应的 URL，既不知道 Servlet 内部名称，也不知道服务器上 Servlet 类的真实路径和文件名。上述映射关系如图 2.4 所示。

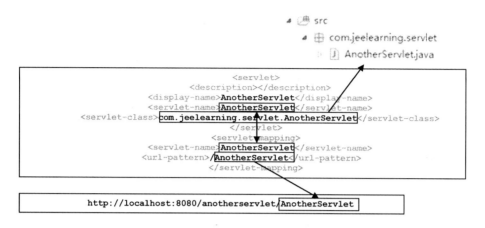

图 2.4　Servlet 配置和映射

为什么要这样做呢？难道使用不让人那么头晕的真实文件名不好吗？答案是这样的：Servlet 名称映射提高了 Web 应用的灵活性和安全性。想象一下，如果将 Servlet 的真实路径和文件名硬编码到 JSP 和 HTML 页面中，并且如果需要重新组织 Web 应用，例如将一些文件移动到不同目录结构中，该怎样办？难道真的需要所有使用 Servlet 的人员都必须知道真实的目录结构吗？

不采用 Servlet 真实路径和文件名的硬编码，而是通过映射 Servlet 名称，不再要求开发人员在改变 Servlet 文件的同时必须到处同步维护引用 Servlet 旧位置的代码，显然是有一定的灵活性的。

就安全性而言，难道真的希望用户确切知道服务器上资源的组织结构吗？如果用户知道真实路径，他们就有可能尝试直接在浏览器中输入想直接访问的资源，从而带来不安全的因素。

2.1.6　有问必答

1. 为什么 Servlet 没有 main()函数？

答： Servlet 没有 main()函数是因为 Servlet 的执行完全由容器控制。比如，用户发出一个 GET 请求，Servlet 容器查找对应的 Servlet 对象，然后调用其 doGet()方法。如果想在 Servlet 或 JSP 运行前的某个地方放置一些逻辑代码，显然，由于没有 Java SE 应用里的 main()函数，只能依靠一种称为监听器(Listener)的 Web 组件。

2. 如果只用 Java，不用 Servlet 和容器，会怎样？

答： 如果根本不使用 Tomcat 等容器，只编写 Java 程序去处理 Web 服务器接收到的动态请求。也就是没有 Servlet，只使用 Java SE 核心库去完成本该由 Servlet 容器完成的工作，的确有点奇思妙想。但是，编写底层代码和构建框架只是少数顶尖高手才能做到的事情，建议花点时间来研究一下 Servlet 规范以及 Tomcat 源代码，相信大部分人都会放弃这个想法，毕竟花费数年的时间去重新发明轮子不会有多大的意义。

3. 我只想学编程，容器、Servlet 一堆概念太费脑子，有用吗？

答： 有个故事告诉我们：画一条线只值 1 美元，而知道在哪画线，则值 9999 美元。

Java EE编程开发案例精讲

4. 注意到只编写了 doGet()方法的方法体，那 doPost()方法呢？

答： 非常细心的读者。如果要让 Servlet 响应 HTTP POST 请求，当然要编写 doPost() 方法的方法体。但是，一般只写一个方法体的代码，而让另一个方法直接调用本方法，就可以达到复用代码的目的。

5. 我很想利用 Servlet 3.1 的新特性，但也想兼容旧版本，该怎么办呢？

答： Servlet 3.1 的新特性主要是采用标注，免去了配置 web.xml 文件的麻烦。兼容旧版本的实质，就是配置 web.xml 文件，这不难，只需要在新建动态 Web 项目时点击 Next 按钮两次，然后选中 Generate web.xml deployment descriptor(生成 web.xml 部署描述文件)复选框即可。这样，你仍然可以像从前那样，使用 web.xml 文件来配置 Web 组件。

6. 我觉得用标注的新版本更好，免去了两地(在 Servlet 源文件和 web.xml 文件中)维护的麻烦。既然这样，为何还要学习 Servlet 的旧版本格式？

答： 学习 Servlet 的旧版本格式有两个原因。第一个原因书中已经讲述过，那就是我们可能需要维护使用旧版本技术编写的遗留程序。第二个原因是，虽然新版本格式免去了两地维护的麻烦，但在某些特定的情况下，例如，我们并不希望将数据库连接字符串等初始参数直接以标注形式写在 Servlet 源文件中，否则不便于维护。可能希望写在 web.xml 文件里以便于修改维护。

7. 我注意到 HttpServlet 和 GenericServlet 没有处在同一个包中，Servlet 有多少个包？

答： 与 Servlet 相关的东西都放在 javax.servlet 包或 javax.servlet.http 包中。很容易看出这两个包的不同，与 HTTP 有关联的都放到 javax.servlet.http 包中，其余的通用 Servlet 类及接口都放到 javax.servlet 包中。

2.2　Servlet 编程

Servlet 的唯一重要工作就是处理请求，因此 Servlet 编程就是围绕处理 HTTP GET 请求或 POST 请求来进行，包括处理 request 和 response 对象。

2.2.1　请求和响应 API

我们已经知道，接收到客户端请求后，容器会创建 request(请求)对象和 response(响应)对象，根据 HTTP 请求类型，调用相应的 doGet()、doPost()等方法，并将 request 对象和 response 对象作为参数传递给这些方法。也就是说，这些方法都需要处理 request 对象和 response 对象。请求和响应 API 如图 2.5 所示，该图只是为了说明继承关系，读者留个印象就可以了，关于各个方法的具体使用，后面会详细讲述。

ServletRequest 接口隶属于 javax.servlet 包，是 HttpServletRequest 接口的父接口，后者隶属于 javax.servlet.http 包，主要处理有关 HTTP 的内容，如 Cookie、Header 和 Session。

HttpServletRequest 接口添加了与 HTTP 协议相关的方法，Servlet 使用这些内容与客户端浏览器进行通信。

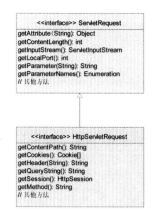
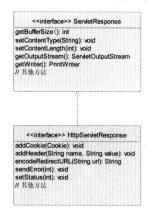

图 2.5 请求和响应 API

ServletResponse 接口隶属于 javax.servlet 包，是 HttpServletResponse 接口的父接口，后者隶属于 javax.servlet.http 包，添加了与 HTTP 协议相关的方法，主要处理有关 HTTP 的内容，如 Error、Cookie 和 Header。

2.2.2 使用 GET 或 POST 请求

(1) GET 和 POST 请求的区别

HTTP GET 和 HTTP POST 是开发 Web 应用的两种最重要的请求方法。两者最重要的区别是 POST 有体(body)，而 GET 没有。

GET 和 POST 都能发送参数，只是 GET 所发送的参数长度受限于请求行。下面通过实例来说明两者的区别。

GET 请求的请求头如下所示：

```
GET /requestresponse/login.do?username=%E5%BC%A0%E4%B8%89&userpwd=123456 HTTP/1.1
Host: localhost:8080
Connection: keep-alive
User-Agent: Mozilla/5.0 (Windows NT 6.3; WOW64)  AppleWebKit/537.1 (KHTML, like Gecko)
Chrome/21.0.1180.89 Safari/537.1
Accept: text/html,application/xhtml+xml,application/xml;q=0.9,*/*;q=0.8
Referer: http://localhost:8080/requestresponse/login.html
Accept-Encoding: gzip,deflate,sdch
Accept-Language: zh-CN,zh;q=0.8
Accept-Charset: GBK,utf-8;q=0.7,*;q=0.3
```

其中，第一行为请求行。第一个单词指定 HTTP 方法，这里是 GET。紧接着的是指向 Web 服务器上资源的路径，问号之后的是查询字符串，在 GET 请求中，如果有参数，可以附在请求 URL 之后。查询字符串百分号之后的两位数字是 16 进制数，这里是汉字"张三"的 URL 编码。最后的是 Web 浏览器与服务器通信的协议版本，这里是 HTTP/1.1。请求行后面的几行都是请求头，包含一些与浏览器相关的信息。注意到 GET 请求在请求头之后没有请求体。

POST 请求的请求头如下所示：

```
POST /requestresponse/login.do HTTP/1.1
Host: localhost:8080
Connection: keep-alive
```

```
Content-Length: 42
Cache-Control: max-age=0
Origin: http://localhost:8080
User-Agent: Mozilla/5.0 (Windows NT 6.3; WOW64) AppleWebKit/537.1 (KHTML, like Gecko)
Chrome/21.0.1180.89 Safari/537.1
Content-Type: application/x-www-form-urlencoded
Accept: text/html,application/xhtml+xml,application/xml;q=0.9,*/*;q=0.8
Referer: http://localhost:8080/requestresponse/login.html
Accept-Encoding: gzip,deflate,sdch
Accept-Language: zh-CN,zh;q=0.8
Accept-Charset: GBK,utf-8;q=0.7,*;q=0.3

username=%E5%BC%A0%E4%B8%89&userpwd=123456
```

第一行也是请求行，但与 GET 不同的是没有查询字符串。请求行后面的几行都是请求头，注意到 Content-Length 表示请求体消息的长度，这里为 42 字节。请求头之后有一个空行，后面紧接请求体。由于参数都放在请求体中，因此不再像 GET 请求那样，这里，其长度不受请求行的限制。

看起来，似乎 GET 和 POST 请求的区别在于所能发送参数数据的长度。真是这样吗？

当使用 GET 请求时，参数数据显示在浏览器地址栏，紧接真实 URL 之后，用问号分隔。显然，如果参数数据含有敏感信息，任何人都不希望这样直接显示在地址栏上。因此，安全性也是要考虑的因素。

如果希望客户能够收藏网页，那么，GET 请求能够收藏，但 POST 请求则不能。

除了长度、安全和收藏，GET 和 POST 请求还有一个关键的区别，那就是它们具体设计来干什么。GET 请求意味着获取信息，进行简单的、周期性的检索。当然，可以使用参数来帮助说明希望服务器送回哪些信息，但最关键的是：GET 请求没有改变服务器上的东西。POST 请求则不然，本身意味着发送需要处理的数据。因此，见到 POST 请求，就要想到"更新"，即，使用 POST 体的数据去改变服务器上的一些东西。

这就带来另一个问题：请求是否是幂等的？下面来说明这个问题。

(2) 非幂等请求

幂等(Idempotent)是指同一件事可做多遍，而不引发不良的副作用。

非幂等(Non-idempotent)请求的含义是发起多次就会对服务器带来负面影响的请求。比如，在网购的场景中，网民看中某件商品，但在结账时，不小心点击提交按钮两次，导致需要将重复购买的商品进行退货的麻烦。

很显然，由于 GET 请求仅仅检索信息而不改变服务器，多次发起 GET 请求并不会对服务器产生任何负面影响，因此在 HTTP 1.1 中，可以认为 GET 请求是幂等的请求。

POST 请求则是非幂等的请求，随 POST 提交的数据大都是要改变服务器信息的，因此使用 doPost()方法要非常小心，采用一些技术手段来避免表单重复提交。限于篇幅，这里就不展开叙述了。

(3) GET 和 POST 请求的编程

POST 请求需要表单，在<form>标签中使用 method 属性指定 HTTP 方法为 POST，使用 action 属性指定表单提交的地址，代码片段如下所示：

```
<form method="post" action="login.do">
    姓名: <input type="text" name="username" /><br/>
```

```
密码: <input type="password" name="userpwd" /><br/><br/><br/>
        <input type="submit" value="登录" />
</form>
```

GET 请求可使用两种方式。

第一种方式直接使用超链接，超链接总是使用 GET 请求，示例如下：

```
<a href="http://localhost:8080/myapp/index.html">点击这里</a>
```

第二种方式使用表单，既可以不指定<form>标签的 method 属性(默认的 HTTP 方法是 GET)，也可以明确指定<form>标签的 method 属性为 GET，示例如下：

```
<form method="get" action="login.do">
        姓名: <input type="text" name="username" /><br/>
        密码: <input type="password" name="userpwd" /><br/><br/><br/>
        <input type="submit" value="登录" />
</form>
```

2.2.3　使用参数

Servlet 编程中的一个重要环节是接收用户的输入参数，然后才能进行后面的处理环节。

接收输入参数的具体方法是调用 request 对象的 getParameter()方法，该方法的输入参数是一个字符串变量，指定参数的名称，该名称对应表单输入组件的 name 属性。例如，对于前面的 login.html，接收参数的代码片段如下：

```
protected void doPost(HttpServletRequest request, HttpServletResponse response)
    throws ServletException, IOException {
        // 获取参数
        String username = request.getParameter("username");
        String userpwd = request.getParameter("userpwd");
        ...
}
```

大部分的表单输入参数都只有单个值，都可以采用上述方法获取参数。但也有例外的情况，如复选框，一个参数可以有多个值。在这种情况下，就不能再使用只返回单个字符串的 getParameter()方法，而是要使用 getParameterValues()方法，返回一个字符串数组。

例如，如果表单使用如下的复选框，用户就可以选择多个值。也就是说，单个参数 hobbies 就可以有多个值，具体值的个数取决于用户选中的选项数：

```
<form method="post" action="login.do">
        爱好: <input type="checkbox" name="hobbies" value="唱歌" />唱歌
        <input type="checkbox" name="hobbies" value="跳舞" />跳舞
        <input type="checkbox" name="hobbies" value="音乐" />音乐
        <input type="checkbox" name="hobbies" value="游泳" />游泳
        <input type="checkbox" name="hobbies" value="足球" />足球
        <br/><br/><br/>
        <input type="submit" value="好" />
</form>
```

在代码中，需要调用返回字符串数组的 getParameterValues()方法。如果要检查用户的选项，就需要遍历整个字符串数组，示例代码如下：

```
protected void doPost(HttpServletRequest request, HttpServletResponse response)
    throws ServletException, IOException {
```

```
    String[] hobbies = request.getParameterValues("hobbies");

    PrintWriter out = response.getWriter();
    out.println("爱好: ");
    for(int i=0; i<hobbies.length; i++) {
        out.println(" " + hobbies[i]);
    }
}
```

代码中的" "是空格字符，在 HTML 中常用来分隔多条信息。

除了 getParameter()方法，还可以使用 getParameterNames()方法获取全部参数的名称，遍历全部请求参数名称的示例代码如下：

```
Enumeration<String> enumParams = request.getParameterNames();
while(enumParams.hasMoreElements()) {
    String paramName = enumParams.nextElement();
    out.println(
      "<br/>参数名称: " + paramName + "-->参数值: " + request.getParameter(paramName));
}
```

getParameterMap()方法可以将全部请求的参数名称和值都放到一个 Map 对象中，使用起来很方便。示例代码如下：

```
Map<String, String[]> params = request.getParameterMap();
for(Map.Entry<String, String[]> entry : params.entrySet()) {
    out.println("<br/>参数名称: " + entry.getKey() + "-->参数值: " + entry.getValue()[0]);
}
```

2.2.4　请求头和响应头

(1)　请求头

HttpServletRequest 接口继承 ServletRequest 接口，HttpServletRequest 对象提供很多获取请求头信息的方法。

getHeader()方法可以获取指定请求头字符串的内容。通常使用如下代码，获取客户端平台和浏览器信息：

```
String browser = request.getHeader("User-Agent");
```

getIntHeader()方法可以获取指定请求头字符串的整数类型信息。通常使用如下代码获取请求体的长度：

```
int size = request.getIntHeader("Content-Length");
```

上面的代码等价于下面的两行代码：

```
String size = request.getHeader("Content-Length");
int sizeNum = Integer.parseInt(size);
```

显然，getIntHeader()方法节省了将 String 转换为 int 的步骤，因而更方便获取返回值为整型的请求头。

getHeaderNames()方法获取请求头名称列表，返回枚举类型。通常使用如下代码来获取请求体的长度：

```
for(Enumeration <String> enumHeaders = request.getHeaderNames();
```

```
enumHeaders.hasMoreElements();) {
    String headerName = (String)enumHeaders.nextElement();
    // 处理代码
}
```

getHeaders()方法可以获取指定请求头的全部值，返回字符串对象的枚举类型。通常使用如下代码获取浏览器可以支持的语言(Accept-Language)：

```
Enumeration<String> langs = request.getHeaders("Accept-Language");
```

对于一些特定的请求头，HttpServletRequest 对象提供一些不带输入参数的方法，以免用户由于输错参数而得不到想要的结果。例如，getContentLength()方法可以获取请求体的长度，与 getHeader("Content-Length")方法的功能一样，但不会有拼错参数的危险。代码如下：

```
int size = request.getContentLength();
```

比较容易混淆的是 getServerPort()、getLocalPort()和 getRemotePort()这三个方法。初看起来，getServerPort()方法似乎很简单，但再看见 getLocalPort()方法，马上就晕了。那么，还是先看简单的 getRemotePort()方法吧，先要弄清楚 Remote 是指服务器还是客户端。

简单的方式是遵循这样的思路：既然是服务器在问，当然"远程"是指客户端，因此 getRemotePort()方法就是要"获取发送请求的客户端或最终代理的端口号"。尽管请求是要发送到服务器所监听的端口，但是服务器会为每个线程分配一个不同的本地端口，这样，一个应用才可以同时处理多个客户的请求。因此，getServerPort()方法可以获取请求原来发送的那个服务器端口，getLocalPort()方法可以获取请求最终分配的那个端口。

由于本书不是 API 大全，其他方法就不一一介绍了，实际工作中用到的时候，读者可自己查阅 API 文档。

(2) 响应头

响应就是服务器将信息发回给客户端，客户端获取这些信息，并进行解析和呈现。HttpServletResponse 接口继承 ServletResponse 接口，HttpServletResponse 对象提供很多获取响应头信息的方法，以便开发人员使用 Response 对象将数据发回给客户端。

setHeader(String name, String value)方法使用给定的名和值来设置响应头。如果头已经设置过，新值将替换旧值。在设置新值之前，可使用 containsHeader(String name)方法来测试响应头是否已经设置过。如下代码设置响应类型 Content-Type 为 HTML 网页：

```
response.setHeader("Content-Type", "text/html");
```

setDateHeader(String name, long date)方法与 setHeader(String name, String value)方法类似，只是设置的是日期类型的响应头，第二个参数为 long 型，该 GMT 格式日期表示从 1970 年 1 月 1 日 0 点 0 分 0 秒开始到指定时间间隔的毫秒数。

如下代码用来阻止浏览器缓存页面：

```
response.setDateHeader("Expires", 0);
```

setIntHeader(String name, int value)方法与 setHeader(String name, String value)方法类似，只是设置的是整数类型的响应头。

如下代码设置 Refresh 响应头，告诉浏览器每过 5 秒后自动刷新页面：

```
response.setIntHeader("Refresh", 5);
```

ServletResponse 接口还提供对应的 addHeader(String name, String value)、addDateHeader (String name, long date)和 addIntHeader(String name, int value)方法，这三个方法与前面对应的三个方法类似，只不过允许响应头有多个值。

此外，ServletResponse 接口的父接口 ServletResponse 还提供一些设置响应头的便捷方式，只带一个输入参数，可以避免把响应头的名称拼写错误难以检查的麻烦。

setContentType(String type)方法设置响应类型。如下代码设置响应类型为 HTML 文档，并设置字符编码为 UTF-8：

```
response.setContentType("text/html;charset=UTF-8");
```

setContentLength(int len)方法设置响应体的长度，即设置 HTTP Content-Length 头。如下代码设置响应体的长度为一个整数：

```
response.setContentLength(1505);
```

setCharacterEncoding(String charset)方法设置字符编码。如下代码设置字符编码为 UTF-8：

```
response.setCharacterEncoding("UTF-8");
```

读者可能已经注意到，设置字符编码的方式有多种，除 setCharacterEncoding()方法外，还可以采用以下两种方法之一来设置字符编码：

```
response.setContentType("text/html;charset=utf-8");
response.setLocale(new Locale("zh", "CN"));
```

更多的方法，可参见 API 文档。

下面讲述如何发送响应体。响应体就是浏览器显示的具体内容，大部分为 HTML 网页，也可以是各种类型的文件。可将响应体分为文本类型和二进制类型两大类，前者使用 PrintWriter 实现字符输出，后者使用 OutputStream 实现二进制字节的输出。

发送文本类型响应体的代码通常写在 doGet()或 doPost()的方法体内，其编程步骤如代码清单 2.4 所示。

代码清单 **2.4 发送文本类型响应体的关键代码**

```
// 设置字符编码和响应类型
response.setCharacterEncoding("UTF-8");
response.setHeader("Content-type", "text/html;charset=UTF-8");

// 获取 PrintWriter 对象
PrintWriter out = response.getWriter();

// 发送文本
out.println("<html><body>");
out.println("其他 HTML");
out.println("</body></html>");

// 需要清空缓存并关闭
out.flush();
out.close();
```

注意获取 PrintWriter 对象语句的写法，没有 getPrintWriter()方法，只有 getWriter()方法。与发送文本类型响应体类似，发送二进制类型响应体的代码通常也写在 doGet()或

doPost()的方法体内，其编程步骤如代码清单 2.5 所示。

代码清单 **2.5** *发送二进制类型响应体的关键代码*

```
// 设置字符编码
request.setCharacterEncoding("UTF-8");
response.setCharacterEncoding("UTF-8");

// 设置响应类型
response.setContentType("application/pdf");

// 获取输出流对象
ServletOutputStream os = response.getOutputStream();

// 循环输出。假设 is 为输入流，bytes 为字节数组，read 为 int 类型
while ((read=is.read(bytes)) != -1) {
        os.write(bytes, 0, read);
}

// 清空缓存并关闭流
os.flush();
os.close();
```

在 Servlet 的代码中，会经常见到调用 setContentType()方法的语句。该方法设置响应类型，意思是告诉浏览器发回的到底是什么东西，以便浏览器能够启动"正确"的应用程序来打开文档，例如，浏览器可直接显示 HTML 文档，也可启动 PDF 阅读器、视频播放器或将响应字节保存为文件等。响应类型实质就是 MIME 类型，在 HTTP 响应中必须包含响应类型头。因此，为了保证 Servlet 顺利工作，开发人员应该养成在调用获取输出流对象(即调用 getWriter()或 getOutputStream()方法)之前，先调用 setContentType()方法的习惯。

2.2.5　文件的上传和下载

(1)　文件上传

支持文件上传是很多 Web 应用基本而常见的需求，在旧版本的 Servlet 规范中，实现文件上传需要使用第三方的外部库，如 Apache Commons FileUpload 和 JSPSmartUpload。当前新的 Java Servlet 规范直接支持文件上传,实现新规范的 Web 容器能够解析多部分(multipart)的请求并通过 HttpServletRequest 对象获取 MIME 附件。

@MultipartConfig 标注位于 javax.servlet.annotation 包中,专用于处理 multipart/form-data 的文件上传。具体来说，使用@MultipartConfig 标注的 Servlet 可调用 request.getPart(String name)或 request.getParts()方法以获取 multipart/form-data 请求的 Part 组件。

@MultipartConfig 标注支持下列可选属性。

- location：文件系统目录的绝对路径。location 属性不支持相对于应用程序上下文的路径。该位置用于正在处理 Part 时，或者当文件大小超过 fileSizeThreshold 阈值时存储暂时文件。location 的默认值为""。
- fileSizeThreshold：文件长度的字节数，超过该阈值文件会暂时存储在磁盘上。默认大小为 0 字节。
- MaxFileSize：上传文件允许的最大长度，以字节为单位。如果上传文件大于该长度，Web 容器将抛出一个 IllegalStateException 异常。默认的长度为 unlimited(无限

制)。

● maxRequestSize：multipart/form-data 请求所允许的最大长度，以字节为单位。如果上传文件的长度总和超过此阈值，Web 容器将抛出一个异常。默认的长度为 unlimited(无限制)。

例如，如果想指定暂时目录 location 为"/tmp"，文件长度阈值 fileSizeThreshold 为 1MB，上传文件最大长度 maxFileSize 为 5MB，请求最大长度 maxRequestSize 为 25MB，则 @MultipartConfig 标注按如下格式指定：

```
@MultipartConfig(location="/tmp", fileSizeThreshold=1024*1024,
maxFileSize=1024*1024*5, maxRequestSize=1024*1024*5*5)
```

除了使用@MultipartConfig 标注将这些属性硬编码到文件上传 Servlet 中，还可以在 web.xml 文件中的 Servlet 配置元素下添加如下子元素：

```
<multipart-config>
    <location>/tmp</location>
    <max-file-size>20848820</max-file-size>
    <max-request-size>418018841</max-request-size>
    <file-size-threshold>1048576</file-size-threshold>
</multipart-config>
```

新的 Servlet 规范支持两个额外的 HttpServletRequest 方法，request.getParts()方法返回全部 Part 对象的集合(Collection)。如果有多个输入文件，则返回多个 Part 对象。因为 Part 对象都有名字，可以调用 getPart(String name)方法来访问特定的 Part 对象。或者，先调用 getParts()方法以返回一个 Iterable<Part>，该迭代器可用于遍历所有的 Part 对象。

Part 接口位于 javax.servlet.http 包中，提供一些使各 Part 内省(Introspection)的方法。这些方法可以完成以下功能：

● 检索 Part 的名称、大小和 content-type。
● 查询用 Part 提交的头。
● 删除 Part。
● 将 Part 写到磁盘。

例如，Part 接口提供 write(String filename)方法写入指定名称的文件。该文件可以保存在由@MultipartConfig 标注的 location 属性指定的目录中。

上传文件的具体实现可参见 2.2.7 小节"实践出真知"。

(2) 文件下载

文件下载的实质，就是发送二进制类型响应体，可参见代码清单 2.5。但是，该代码有一个不足之处：总是试图用浏览器打开要下载的文件，而不直接提示保存。想克服这一缺陷并不困难，只需添加如下一条语句设置响应头即可：

```
// 建议浏览器保存文件。假设 downFilename 是建议保存的文件名
response.setHeader("Content-Disposition", "attachment; filename=" + downFilename);
```

文件下载的具体实现可参见 2.2.7 小节"实践出真知"。

(3) 值得注意的细节

ServletResponse 接口为开发人员提供了两种输出流，ServletOutputStream 对象可用于输出字节，PrintWriter 对象用于输出字符。

使用 PrintWriter 是为了把文本字符数据打印到字符流中。尽管也可以将字符数据输出到 OutputStream，但 PrintWriter 本身就是设计来专门处理字符数据的，更适合用来完成这项工作。常见的输出字符代码如下：

```
PrintWriter writer = response.getWriter();
writer.println("文本和 HTML");
```

ServletOutputStream 可输出包括字符在内的所有字节，实际上，PrintWriter 包装了 ServletOutputStream 并提供较高级别的方法。常见的输出字节代码如下：

```
ServletOutputStream out = response.getOutputStream();
out.write(aByteArray);  // 假设 aByteArray 为字节数组
```

非常有意思的是这两种对象的输出方法，ServletOutputStream 对象需要调用 write()方法输出，而 PrintWriter 对象需要调用 println()方法输出。ServletOutputStream 对象也可以调用 print()方法或 println()方法输出 char、double、float 等类型的数据，但请注意，println()方法会输出换行回车(CRLF)字符，而 print()方法不会。因此，在输出图像等二进制文件时，一定要选择正确的方法，否则，多出的 CRLF 字符会导致输出的文件与源文件有所不同。

另外还要注意的是获取这两种流对象的方式，response.getOutputStream()方法返回 ServletOutputStream 对象，response.getWriter()方法返回 PrintWriter 对象。

不存在 getPrintWriter()和 getOutputWriter()方法。

2.2.6　转发和重定向

转发和重定向是 Web 编程中常用的技能。通常，开发人员可以选择让其他 Web 组件来处理请求并生成响应，这时就面临选择：是使用将请求重定向到一个完全不同的 URL，还是使用转发将请求分派给同一个 Web 应用的其他组件(通常是 JSP)。

重定向的典型过程是这样的。

(1)　用户在浏览器地址栏中输入要访问的 URL，并按 Enter 键。

(2)　请求到达 Web 容器。

(3)　Servlet 决定让另一个完全不同的 URL 来处理请求。

(4)　Servlet 调用 response 对象的 sendRedirect(anotherURLString)方法。

(5)　Web 容器将 HTTP 响应的状态码设为 302(SC_FOUND)，Location 头设为重定向的目的 URL，并发回给浏览器。

(6)　浏览器接收到响应，看见状态码为 302，就去查找 Location 头。

(7)　浏览器使用接收到的 Location 头的值作为新请求的 URL。此时用户能看到浏览器地址栏内容已经改变。

(8)　服务器接收到新请求。尽管请求不是直接由用户发出的，但请求并没有什么特别的差异，服务器会照常处理。

(9)　HTTP 响应也和其他响应一样无异，只不过这已经不是从用户原来请求的 URL 发回来的了。

(10) 浏览器显示新页面。

sendRedirect(String location)方法的 location 输入参数是重定向地址字符串。该字符串可以是绝对的 URL，也可以是相对 URL。Servlet 容器在发送响应之前，必须将相对 URL 转换成绝对 URL。如果输入参数 location 没有先导"/"字符，容器会解释为相对于当前请求 URL 的地址；如果 location 含有先导"/"字符，容器会解释为相对于当前 Servlet 容器的根；如果 location 含有两个先导"/"字符，容器会解释为网络路径引用。

这里再次提醒读者，sendRedirect()方法接受字符串为输入参数，不是 URL 对象。如下所示语句的写法是错误的：

```
sendRedirect(new URL("http://www.oracle.com"));
```

此外，如果已经把一些数据写入到 response 对象之后，就不能再调用 sendRedirect()方法。也就是说，Servlet 必须决定到底是自己处理请求还是调用 sendRedirect()方法让其他 Web 组件来处理请求，不能脚踏两条船。

已经了解重定向之后，再来看看转发的典型过程。

(1) 用户在浏览器地址栏中输入要访问的 URL，并按 Enter 键。

(2) 请求到达 Web 容器。

(3) Servlet 决定让 Web 应用的另一个组件(如 JSP)来处理请求。

(4) Servlet 调用如下语句：

```
RequestDispatcher view = request.getRequestDispatcher("result.jsp");
view.forward(request, response);
```

JSP 接管对 response 对象的处理。

(5) 浏览器按照通常的方式获取响应并显示页面。由于浏览器地址栏没有改变，用户并不知道是由 JSP 生成的响应。

转发和重定向的示例可参见 2.2.7 小节。

2.2.7 实践出真知

1. 探索 GET 和 POST 的区别

在 Eclipse 中，新建一个名称为 requestvsresponse 的动态 Web 项目，将第 1 章的第一个 HTML 网页 login.html 复制到新项目的 WebContent 下。然后，新建一个名称为 doLogin 的 Servlet，修改@WebServlet 标注的内容为"/login.do"，其他代码维持不变，如代码清单 2.6 所示。

代码清单 2.6　DoLogin.java 片段

```
@WebServlet("/login.do")
public class DoLogin extends HttpServlet {
```

运行 Web 项目，启动 360 浏览器，在地址栏中输入 login.html 的地址，按 F12 键调出开发人员工具，在网页中填写表单，如图 2.6 所示。

单击"登录"按钮，可以看到如图 2.7 所示的请求头和查询字符串。对照前面的说明，弄清楚各个 header 的含义。

修改 login.html 文件，在<form>标签中添加 method 属性，属性值为"post"，代码如下所示：

```
<form method="post" action="login.do">
```

保存所做的修改。

图 2.6　运行 Web 项目并填写表单

图 2.7　GET 请求

<form>标签的 method 属性默认值为“get”，因此，如果 method 属性空缺，或者指定 method 属性值为“get”，表单都以 HTTP GET 方式提交。上面所做的不过是明确指定 method 属性值为“post”，从而指定以 HTTP POST 方式提交表单。

重新按照图 2.6 填写表单，别忘了要先刷新一下页面以加载修改后的网页。单击“登录”按钮后，可以看到如图 2.8 所示的请求头和表单数据。注意到这里已经变为“Form Data”(表单数据)，而不是图 2.7 中的“Query String Parameters”(查询字符串)。

读者可以对照前面给出的相关说明，弄清楚 GET 和 POST 的几点区别。

2. 获取表单参数

在 Eclipse 中创建一个名称为“parameters”的动态 Web 项目，新建一个 login.html 文件，内容如代码清单 2.7 所示。

图 2.8　POST 请求

代码清单 2.7　login.html

```html
<html>
 <head>
  <title> 我的登录页面 </title>
  <meta http-equiv="Content-Type" content="text/html; charset=utf-8" />
 </head>

 <body>
  <form method="post" action="login.do">
    姓名: <input type="text" name="username" /><br/>
    密码: <input type="password" name="userpwd" /><br/>
    性别: <input type="radio" name="gender" value="男"/>男
    <input type="radio" name="gender"  value="女"/>女<br/>
    电邮: <input type="text" name="email" /><br/>
    简历: <textarea rows="5" cols="25" name="resume"></textarea><br/>
    爱好: <input type="checkbox" name="hobbies" value="唱歌" />唱歌
    <input type="checkbox" name="hobbies" value="跳舞" />跳舞
    <input type="checkbox" name="hobbies" value="音乐" />音乐
    <input type="checkbox" name="hobbies" value="游泳" />游泳
    <input type="checkbox" name="hobbies" value="足球" />足球
    <br/><br/><br/>
    <input type="submit" value="好" />
  </form>
 </body>
</html>
```

　　然后编写处理 login.html 表单的 Servlet，完整代码如代码清单 2.8 所示。注意只编写了 doPost()方法的处理代码，doGet()方法调用 doPost()方法即可，这几乎已成为惯例。

代码清单 2.8　DoLogin.java

```java
package com.jeelearning.servlet;
import java.io.IOException;
import java.io.PrintWriter;
import javax.servlet.ServletException;
import javax.servlet.annotation.WebServlet;
import javax.servlet.http.HttpServlet;
```

```java
import javax.servlet.http.HttpServletRequest;
import javax.servlet.http.HttpServletResponse;
@WebServlet("/login.do")
public class DoLogin extends HttpServlet {
    private static final long serialVersionUID = 1L;

    public DoLogin() {
        super();
    }
    protected void doGet(HttpServletRequest request, HttpServletResponse response)
      throws ServletException, IOException {
        doPost(request, response);
    }
    protected void doPost(HttpServletRequest request, HttpServletResponse response)
      throws ServletException, IOException {
        // 设置编码
        request.setCharacterEncoding("utf-8");
        response.setCharacterEncoding("utf-8");
        response.setHeader("Content-type", "text/html;charset=utf-8");

        // 获取参数
        String username = request.getParameter("username");
        String userpwd = request.getParameter("userpwd");
        String gender = request.getParameter("gender");
        String email = request.getParameter("email");
        String resume = request.getParameter("resume");
        String[] hobbies = request.getParameterValues("hobbies");

        // 页面输出
        PrintWriter out = response.getWriter();
        out.println("姓名: " + username + "<br/>");
        out.println("密码: " + userpwd + "<br/>");
        out.println("性别: " + gender + "<br/>");
        out.println("电邮: " + email + "<br/>");
        out.println("简历: " + resume + "<br/>");
        out.println("爱好: ");
        for(int i=0; i<hobbies.length; i++) {
            out.println(" " + hobbies[i]);
        }
    }
}
```

运行 Web 项目，在浏览器表单中输入一些测试数据，如图 2.9 所示。

图 2.9　输入表单数据

单击"好"按钮提交表单，Servlet 获取表单数据并显示，如图 2.10 所示。

图 2.10　获取表单数据并显示

虽然本例比较简单，但说明了一般的 Web 应用的处理流程。首先，应该有一个输入表单收集用户的输入，还应该有一个 Servlet，获取用户的输入参数，然后，根据应用的要求进行处理，大多数的应用可能还需要与数据库进行交互，最后将处理结果返回给用户。

很容易看到本例的不足，Servlet 需要完成的工作有获取输入、信息处理和显示，明显负担较重。由于 Servlet 本身是一个 Java 类，擅长处理逻辑性强的工作，但要它来处理显示就显得力不从心，频繁调用 out.println()方法输出 HTML 标签不但十分丑陋，而且不易维护。在后来的学习中，会介绍怎样使用更好的架构来克服这些缺陷。

3. 获取请求头信息

在 Eclipse 中新建一个名称为 headers 的动态 Web 项目，然后新建一个名称为 ReportHeaders.java 的 Servlet，如代码清单 2.9 所示。

代码清单 2.9　ReportHeaders.java

```java
package com.jeelearning.servlet;

import java.io.IOException;
import java.io.PrintWriter;
import java.util.Collections;

import javax.servlet.ServletException;
import javax.servlet.annotation.WebServlet;
import javax.servlet.http.HttpServlet;
import javax.servlet.http.HttpServletRequest;
import javax.servlet.http.HttpServletResponse;

@WebServlet("/reportHeaders")
public class ReportHeaders extends HttpServlet {
    private static final long serialVersionUID = 1L;

    public ReportHeaders() {
        super();
    }

    protected void doGet(HttpServletRequest request,
      HttpServletResponse response) throws ServletException, IOException {
        response.setCharacterEncoding("UTF-8");
        response.setHeader("Content-type", "text/html;charset=UTF-8");
        PrintWriter out = response.getWriter();
        out.println("<html><body>");
        out.println("请求头信息: <br/>");
        for (String name : Collections.list(request.getHeaderNames())) {
            out.printf("%s = %s\n<br/>", name, request.getHeader(name));
```

```
    }
    out.println("</body></html>");
}
protected void doPost(HttpServletRequest request, HttpServletResponse response)
    throws ServletException, IOException {
}
}
```

启动该动态 Web 项目，用 Eclipse 的内置浏览器看到的页面如图 2.11 所示。

图 2.11　运行结果(一)

不同浏览器发出的请求头信息是不同的。360 浏览器得到的请求头信息如图 2.12 所示。

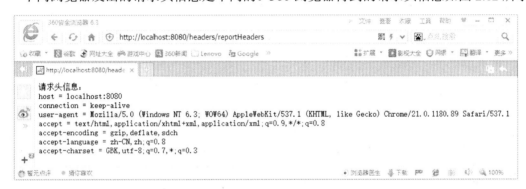

图 2.12　运行结果(二)

4. 文件上传

在 Eclipse 中新建一个名称为"upload"的动态 Web 项目，然后新建一个 index.html 文件，其内容如代码清单 2.10 所示。<input>标签的 type 属性值为 file，这使得用户可以浏览本地文件系统以选择上传的文件。

当选择文件以后，文件作为 POST 请求的一部分发往服务器。有两条强制性规定必须遵守：第一，<form>标签的 enctype 属性值必须为 multipart/form-data；第二，必须使用 POST 请求。

代码清单 2.10　index.html

```
<html>
    <head>
        <title>文件上传</title>
        <meta http-equiv="Content-Type" content="text/html; charset=utf-8" />
    </head>
```

```html
<body>
    <form method="POST" action="upload" enctype="multipart/form-data">
        选择上传文件：
        <input type="file" name="file" id="file" /> <br/></br>
        <input type="submit" value="上传" name="upload" id="upload" />
    </form>
</body>
</html>
```

新建一个名称为 FileUploadServlet.java 的 Servlet 文件，用于处理上传文件，完整代码如代码清单 2.11 所示。

@WebServlet 标注使用 urlPatterns 属性指定 Servlet 映射。@MultipartConfig 标注表示该 Servlet 期望请求使用 multipart/form-data MIME 类型。

processRequest()方法从请求中获取 file 部分，然后调用 getFileName()方法从 file 部分中提取文件名。然后创建一个 FileOutputStream 对象并将上传文件复制到服务器目录中。代码使用 try-catch-finally 结构捕获没找到文件的错误。

代码清单 2.11　FileUploadServlet.java

```java
package com.jeelearning.servlet;

import java.io.File;
import java.io.FileNotFoundException;
import java.io.FileOutputStream;
import java.io.IOException;
import java.io.InputStream;
import java.io.OutputStream;
import java.io.PrintWriter;

import javax.servlet.ServletContext;
import javax.servlet.ServletException;
import javax.servlet.annotation.MultipartConfig;
import javax.servlet.annotation.WebServlet;
import javax.servlet.http.HttpServlet;
import javax.servlet.http.HttpServletRequest;
import javax.servlet.http.HttpServletResponse;
import javax.servlet.http.Part;

@WebServlet(name = "FileUploadServlet", urlPatterns = {"/upload"})
@MultipartConfig
public class FileUploadServlet extends HttpServlet {

    private static final long serialVersionUID = 1L;

    protected void processRequest(HttpServletRequest request,
      HttpServletResponse response)
      throws ServletException, IOException {
        response.setContentType("text/html;charset=UTF-8");
        request.setCharacterEncoding("UTF-8");

        ServletContext servletContext = this.getServletContext();
        String realPath = servletContext.getRealPath("/upload");
        final Part filePart = request.getPart("file");
        final String fileName = getFileName(filePart);

        OutputStream out = null;
        InputStream filecontent = null;
        final PrintWriter writer = response.getWriter();
```

```java
        try {
            out = new FileOutputStream(
                    new File(realPath + File.separator + fileName));
            filecontent = filePart.getInputStream();

            int read;
            final byte[] bytes = new byte[1024];

            while ((read=filecontent.read(bytes)) != -1) {
                out.write(bytes, 0, read);
            }
            writer.println("上传文件 " + fileName + " 到路径 " + realPath);

        } catch (FileNotFoundException fne) {
            writer.println("没有指定上传文件或上传目的路径错误。");
            writer.println("<br/> 错误: " + fne.getMessage());
        } finally {
            if (out != null) {
                out.close();
            }
            if (filecontent != null) {
                filecontent.close();
            }
            if (writer != null) {
                writer.close();
            }
        }
    }
    private String getFileName(final Part part) {
        for (String content : part.getHeader("content-disposition").split(";")) {
            if (content.trim().startsWith("filename")) {
                String filename = content.substring(
                    content.lastIndexOf('\\') + 1).trim().replace("\"", "");
                return filename;
            }
        }
        return null;
    }
    protected void doGet(HttpServletRequest request, HttpServletResponse response)
      throws ServletException, IOException {
      processRequest(request, response);
    }
    protected void doPost(HttpServletRequest request, HttpServletResponse response)
      throws ServletException, IOException {
      processRequest(request, response);
    }
}
```

运行 Web 项目后，显示如图 2.13 所示的表单，用户选择上传文件后，可单击"上传"
按钮上传。

图 2.13　选择上传文件

上传完成后，页面显示如图 2.14 所示的上传结果信息。

图 2.14　上传结果信息

使用资源管理器打开上传结果信息里的路径，可以看到上传的文件，如图 2.15 所示。

图 2.15　上传到服务器的文件

5. 文件下载

在 Eclipse 中新建一个名称为 download 的动态 Web 项目，然后新建一个 index.html 文件，文件使用<a>超链接标签对下载 Servlet 发出 GET 请求，以查询字符串的形式给出要下载的文件名。完整的代码如代码清单 2.12 所示。

代码清单 2.12　index.html

```html
<html>
<head>
    <title> 下载页面 </title>
    <meta http-equiv="Content-Type" content="text/html; charset=utf-8" />
</head>

<body>
    点击<a href="download.do?file=javaeetutorial7.pdf">这里</a>下载
</body>
</html>
```

然后新建一个处理下载的 Servlet，如代码清单 2.13 所示。

代码清单 2.13　DoDownload.java

```java
package com.jeelearning.servlet;

import java.io.IOException;
import java.io.InputStream;
import java.io.OutputStream;

import javax.servlet.ServletContext;
import javax.servlet.ServletException;
import javax.servlet.annotation.WebServlet;
import javax.servlet.http.HttpServlet;
import javax.servlet.http.HttpServletRequest;
import javax.servlet.http.HttpServletResponse;
```

```java
@WebServlet("/download.do")
public class DoDownload extends HttpServlet {
    private static final long serialVersionUID = 1L;

    public DoDownload() {
        super();
    }

    protected void doGet(HttpServletRequest request,
      HttpServletResponse response) throws ServletException, IOException {
        request.setCharacterEncoding("UTF-8");
        response.setCharacterEncoding("UTF-8");
        // 告诉浏览器这是 PDF 文件，而不是 HTML
        response.setContentType("application/pdf");

        ServletContext ctx = getServletContext();
        String downFilename = request.getParameter("file");
        // 建议浏览器保存文件
        response.setHeader(
            "Content-Disposition", "attachment; filename=" + downFilename);
        // 获取输入流
        InputStream is = ctx.getResourceAsStream("/downloads/" + downFilename);

        int read = 0;
        byte[] bytes = new byte[1024];

        // 只是 IO 操作。读输入文件字节，写到输出流
        OutputStream os = response.getOutputStream();
        while ((read=is.read(bytes)) != -1) {
            os.write(bytes, 0, read);
        }
        os.flush();
        os.close();
    }

    protected void doPost(HttpServletRequest request,
      HttpServletResponse response) throws ServletException, IOException {
    }
}
```

运行结果如图 2.16 和 2.17 所示。

图 2.16　下载超链接

图 2.17　文件下载对话框

6. 转发和重定向

在 Eclipse 中，新建一个名称为 "redirectvsdispatch" 的动态 Web 项目。然后，新建一

个 index.html 文件，文件内容如代码清单 2.14 所示。由于没有技术难点，就不展开叙述了。

代码清单 2.14　index.html

```html
<html>
<head>
 <title> 测试重定向和转发 </title>
 <meta http-equiv="Content-Type" content="text/html; charset=utf-8" />
</head>

<body>
 <form method="post" action="redirect.do">
    姓名：<input type="text" name="username" value="张三" /><br/>
    密码：<input type="password" name="userpwd" value="123456"/><br/><br/>
    <input type="submit" value="测试重定向" />
 </form>
 <br/><br/>
 <form method="post" action="dispatch.do">
    姓名：<input type="text" name="username" value="张三" /><br/>
    密码：<input type="password" name="userpwd" value="123456"/><br/><br/>
    <input type="submit" value="测试转发" />
 </form>
</body>
</html>
```

再创建一个 Servlet 文件，如代码清单 2.15 所示。该 Servlet 用于处理 index.html 提交的表单，其中，唯一的看点是调用 response.sendRedirect("redirectresult.jsp")方法重定向到另一个 JSP 文件。

代码清单 2.15　RedirectServlet.java

```java
package com.jeelearning.servlet;

import java.io.IOException;

import javax.servlet.ServletException;
import javax.servlet.annotation.WebServlet;
import javax.servlet.http.HttpServlet;
import javax.servlet.http.HttpServletRequest;
import javax.servlet.http.HttpServletResponse;

@WebServlet("/redirect.do")
public class RedirectServlet extends HttpServlet {
    private static final long serialVersionUID = 1L;

    public RedirectServlet() {
        super();
    }

    protected void doGet(HttpServletRequest request,
      HttpServletResponse response) throws ServletException, IOException {
        doPost(request, response);
    }

    protected void doPost(HttpServletRequest request,
      HttpServletResponse response) throws ServletException, IOException {
        response.sendRedirect("redirectresult.jsp");
    }
}
```

再次创建处理请求转发的 Servlet，如代码清单 2.16 所示。
关键语句是调用 RequestDispatcher 对象的 forward()方法。

代码清单 2.16　DispatchServlet.java

```java
package com.jeelearning.servlet;

import java.io.IOException;

import javax.servlet.RequestDispatcher;
import javax.servlet.ServletException;
import javax.servlet.annotation.WebServlet;
import javax.servlet.http.HttpServlet;
import javax.servlet.http.HttpServletRequest;
import javax.servlet.http.HttpServletResponse;

@WebServlet("/dispatch.do")
public class DispatchServlet extends HttpServlet {
    private static final long serialVersionUID = 1L;

    public DispatchServlet() {
        super();
    }

    protected void doGet(HttpServletRequest request,
      HttpServletResponse response) throws ServletException, IOException {
        doPost(request, response);
    }

    protected void doPost(HttpServletRequest request,
      HttpServletResponse response) throws ServletException, IOException {
        RequestDispatcher view = request.getRequestDispatcher("dispatchresult.jsp");
        view.forward(request, response);
    }
}
```

然后创建一个 redirectresult.jsp 文件，如代码清单 2.17 所示。其中，用 "<%" 和 "%>" 包含起来的称为 JSP 代码块，里面可以插入语法正确的 Java 语句，后面的两句表达式语句的含义前面已经讲述过，这里不再赘述。

代码清单 2.17　redirectresult.jsp

```jsp
<%@ page language="java" contentType="text/html; charset=UTF-8"
  pageEncoding="UTF-8"%>

<!DOCTYPE html PUBLIC "-//W3C//DTD HTML 4.01 Transitional//EN"
  "http://www.w3.org/TR/html4/loose.dtd">

<html>
<head>
<meta http-equiv="Content-Type" content="text/html; charset=UTF-8">
<title> 重定向结果 </title>
</head>
<body>
    <% request.setCharacterEncoding("UTF-8"); %>
    用户名: <%= request.getAttribute("username") %> <br/>
    密码: <%= request.getAttribute("userpwd") %> <br/>
</body>
</html>
```

最后，创建 dispatchresult.jsp 文件，内容与 redirectresult.jsp 文件类似，读者可参见本书的源代码。

现在运行 Web 项目。显示如图 2.18 所示的表单，注意，在 HTML 文件中已经设置了初始值，用户不必输入姓名和密码。

图 2.18　显示表单

单击"测试重定向"按钮，浏览器显示如图 2.19 所示的重定向结果。可以注意到，浏览器地址栏中不是 redirect.do，已经有了变化。并且结果页面已经无法获取原来提交的用户名和密码参数，这些参数都变为空(null)。

图 2.19　重定向结果

回退到图 2.18，单击"测试转发"按钮，浏览器显示如图 2.20 所示的转发结果。可以注意到，浏览器地址栏中保持为提交时的 dispatch.do，转发的结果页面还能够获取原来提交的请求参数。

图 2.20　转发结果

7. 探索转发和重定向请求

还是运行 redirectvsdispatch 项目。

启动 360 浏览器，在地址栏输入"http://localhost:8080/redirectvsdispatch/index.html"并按 Enter 键，然后按 F12 键启动开发人员工具。单击"测试重定向"按钮，然后单击开发人员工具第一栏的第一行"redirect.do"，可以看到如图 2.21 所示的请求头和响应头。阅读请求头可知，开始时 RedirectServlet 接收到的是对 redirect.do 的 POST 请求，附带 42 个字节的表单数据。再看响应头，响应头状态字为"302 Found"，Location 头定义了重定向的目标地址，尽管在程序中的 sendRedirect()方法只给出相对 URL，但在此时，已经转换为绝对 URL。另外，在开发人员工具第一栏，可以清楚地看到发生了两次 HTTP 请求。

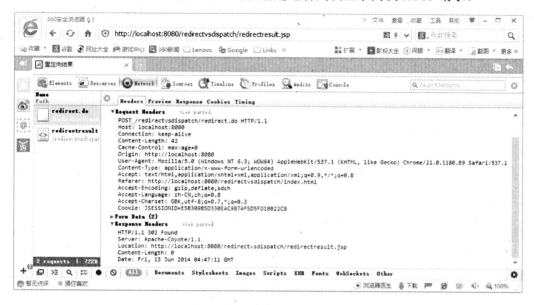

图 2.21　重定向的请求和响应

再来看看请求转发的请求和响应，如图 2.22 所示。

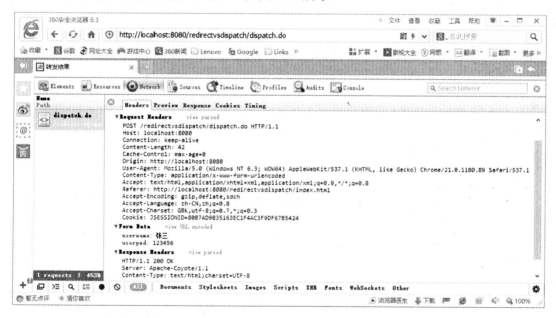

图 2.22　请求转发的请求和响应

容易看出，尽管显示结果页面是由 dispatchresult.jsp 生成的，但在请求头和响应头中，根本看不到这个"无名英雄"的身影，甚至只发生了一次 HTTP 请求，与重定向发生的两次 HTTP 请求迥异。

2.2.8　有问必答

1. HttpServletRequest 接口和 HttpServletResponse 接口都不是具体类，有哪些具体类实现这两个接口呢？

答：开发人员一般不自己创建 HttpServletRequest 对象和 HttpServletResponse 对象，因此大多数时候也用不到具体类。

API 文档说明 HttpServletRequestWrapper 类和 HttpServletResponseWrapper 类是这两个接口的实现类，开发人员可以使用这两个类对 request 和 response 进行修改。但是，我们已经知道，这两个对象都是由容器直接创建并通过 doGet()等方法的参数直接提供，因此，合理的想法是把具体类留给厂商进行实现，开发人员只要求获取的 request 和 response 对象具有 HttpServletRequest 和 HttpServletResponse 的功能就可以了，用不着过多关注具体实现类的名称和类型。换句话说，开发人员只需要知道容器提供的对象具备我们所能调用的方法即可，不用太在意其他的形式。

2. 图 2.5 中，接口继承了接口，这有什么特别的含义吗？

答：与类的继承一样，接口也有自己的继承树。若接口 B 继承接口 A，意味着实现接口 B 的类必须实现两个接口中定义的全部方法。例如，实现 HttpServletRequest 接口的类必须实现 HttpServletRequest 接口和 ServletRequest 接口声明的全部方法。

3. 我对 GenericServlet、ServletRequest 和 ServletResponse 的继承方式有点困惑，它们的子类或子接口的前缀都是 Http，既然这样，为何要设计这样复杂的继承关系？

答：继承关系的确有些复杂，但这样设计还是有道理的。想象一下，除 HTTP 协议之外，还有一些待开发、待使用的协议，将来很有可能有准备使用 Servlet 技术模型但不使用 HTTP 协议的需求，这样就可以直接继承 GenericServlet、ServletRequest 和 ServletResponse。因此，这样设计是为了将来可能的扩展而考虑的。当然，Servlet 目前还只用 HTTP 协议，预留的功能还暂时没有什么用处。

4. 为什么要设置响应类型？难道服务器不可以从文件扩展名直接推断出文件类型？

答：大多数服务器可以，但只针对静态内容而言。很多服务器都可以设置文件扩展名与 MIME 类型的对应关系，但是，如果不存在磁盘文件呢？比如，登录时生成的动态验证码，根本不存在动态验证码图像文件，如果不明确指定，容器是无法知道你要发送的文档类型的。

5. 遇到自己不知道的 MIME 类型怎么办？

答：上网搜一下。

6. 我觉得很不解，为什么 download 项目中不直接让用户点击一个链接到下载文件的超链接？

答：如果存在物理文件，而且不太关心直接暴露文件位置的安全问题，的确可以这样做。但是，如果文件是存放在数据库中的呢？如果需要根据用户输入参数而动态生成字节流(如验证码)呢？如果在访问前需要验证用户的访问权限呢？诸多问题需要考虑，读者可根据实际情况权衡，选择一种合适的方式。

7. 我看了一些参考书，介绍说重定向响应头的状态码为 301，与书上所说的 302 有区别。这是怎么回事呢？

答： 状态码的确是 302，图 2.21 可以给出实证，而且 Java EE 7 的 API 文档也说调用 sendRedirect() 方法给出的响应状态码是 302。状态码 301 和 302 的区别在于前者表示被请求的资源已永久移动到新位置，后者表示请求资源临时从不同 URI 响应请求。

2.3　Servlet 的生命周期

编写 Servlet 程序必须了解 Servlet 的生命周期，理解 Servlet 生命周期是开发健壮的 Servlet 组件的必要条件。

Servlet 生命周期完全由 Servlet 容器掌控，客户端必须通过 Servlet 容器才能请求 Servlet，不能像 Java SE 那样用 new 关键字创建 Servlet 对象，也不能直接调用 Servlet 方法。

2.3.1　Servlet 生命周期的几个阶段

Servlet 运行在 Servlet 容器中，其生命周期由容器来管理。Servlet 的生命周期通过 javax.servlet.Servlet 接口中的 init()、service() 和 destroy() 方法来表示。

Servlet 的生命周期很简单，如图 2.23 所示。其主要状态为"完成初始化"，如果没有完成初始化，那么，Servlet 要么正在进行初始化(执行构造函数或 init() 方法)，要么正在进行销毁(执行 destroy() 方法)，要么就不存在。注意，这里所说的"不存在"，是指 Servlet 实例没有被加载，而不是指那段 Servlet 代码不存在。

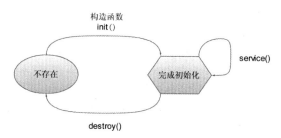

图 2.23　Servlet 的生命周期

一般地，Servlet 的生命周期包含如下 4 个阶段。

(1) 加载和实例化

Servlet 容器负责加载和实例化 Servlet。可以设置为当 Servlet 容器启动时，创建 Servlet 实例；如果没有这样设置，那么在容器接收这个 Servlet 第一个请求时，创建 Servlet 实例。Servlet 容器通过类加载器加载 Servlet 类，然后，调用的是 Servlet 的默认构造函数(即不带参数的构造函数，构造函数也称为构造方法或构造器)来创建 Servlet 的实例。但要注意，用不着去编写 Servlet 类的构造函数，使用编译器提供的默认构造函数即可。

(2) 初始化

Servlet 实例化后，容器会调用 Servlet 的 init() 方法初始化这个对象。初始化的目的，是为了让 Servlet 对象在处理客户端请求前完成一些初始化的工作，如获取数据库连接和配置信息等。每一个 Servlet 的 init()方法只能调用一次，并且必须在容器调用 service()方法之前完成。

(3) 处理请求

Servlet 容器调用 Servlet 的 service()方法处理请求。在 service()方法中，Servlet 实例通过 request 对象获取客户端的相关信息和请求信息，在处理请求进行后，调用 response 对象的方法设置响应信息。

处理请求是 Servlet 生命中花费大部分时间做的工作,每个请求都在独立的线程中运行。根据不同的请求，service()方法去调用对应的方法，如 doGet()、doPost()等。

(4) 服务终止

Servlet 容器在移除 Servlet 实例之前，会调用实例的 destroy()方法，以便该实例有机会释放所使用的资源。服务终止发生在当需要释放内存或者容器关闭时，在 destroy()方法调用之后，容器会释放该 Servlet 实例，以便垃圾收集器进行回收。与 init()方法一样，destroy()方法也只能调用一次。

2.3.2　Servlet 初始化和线程

前面曾经说过"用不着去编写 Servlet 类的构造函数"。很多 Java 爱好者都不理解，因为他们原来的编程习惯就是把初始化代码放到构造函数中。下面解释为什么不能那样做。

容器调用构造函数之后，一个 Servlet 就完成从"不存在"状态到"完成初始化"状态的转移。但构造函数构建的仅仅是普通对象，还不是 Servlet 对象。只有当对象成为 Servlet 之后，才会获得 Servlet 的所有特权，如使用 ServletContext 引用来获取容器信息。如果构造函数中放置一些诸如获取 Web 应用配置信息的代码，肯定会产生运行时错误而失败。因此，一定记住：不要在 Servlet 构造函数中放任何初始化代码，初始化代码只能放在 init()方法中。

2.3.3　理解 Servlet 生命周期对编程的意义

(1) 不要使用实例变量

我们已经知道，每一个 Servlet 只有一个实例，容器为每一个调用分配一个线程。显然，如果使用实例变量，会产生线程安全问题。想象一下这样一个场景：在某个 Web 应用中，由于每个 Servlet 只有一个实例，每个有权限访问某个 Servlet 的客户端都可以修改实例变量，假如这里的实例变量是张三的年龄，如果客户端 A 先将年龄改为 12 岁，客户端 B 再将年龄改为 20 岁，当客户端 A 查看结果后，肯定会很吃惊。因此，Servlet 实例变量除了可用作常量之外，最好不要使用。

(2) 不要使用 init()方法获取数据库连接

很多 Java EE 教材和参考书都告诉我们，可以在 init()方法中获取数据库连接，然后在 destroy()方法中归还给数据库连接池或断开数据库连接。作者要郑重地告诉读者：这是一个流传很广的谬误。作者在项目开发中就发现这种方法不可行，原因如下。

第一，从 Servlet 的生命周期可知，某个 Servlet 自完成初始化后，其实例就一直运行在服务器内存中，处理请求，直至销毁。如果该 Servlet 长时间没有客户端访问(这种情况在深夜是很常见的),数据库端会因为数据库连接很久没有活动超时而断开该连接。第二天清晨,早起上网的用户会发现数据库连接已失效,根本无法使用系统。

第二,数据库连接的数量是有上限的。如果每个 Servlet 都获取一个连接,且直到销毁时才归还或断开连接,显然,如果 Servlet 数量较多,已经达到数据库连接数的上限值,下一个 Servlet 就会因无法获取数据库连接而发生运行时刻错误。

总之,不知是哪一个前辈不小心第一个提出这个错误的"解决方案",使得包括作者在内的 Java EE 实践者通过自己实践才能发现真相。幸运的是,现在数据库有很多框架,使新手容易避免此类错误。

2.3.4 实践出真知

1. 编写 Servlet 验证其生命周期

新建一个动态 Web 项目,名称为"servletlifecycle"。然后创建一个名称为 ServletOne 的 Servlet,编写代码,如代码清单 2.18 所示。

代码清单 2.18 ServletOne.java

```java
package com.jeelearning.servlet;

import java.io.IOException;
import javax.servlet.ServletException;
import javax.servlet.annotation.WebServlet;
import javax.servlet.http.HttpServlet;
import javax.servlet.http.HttpServletRequest;
import javax.servlet.http.HttpServletResponse;

@WebServlet("/ServletOne")
public class ServletOne extends HttpServlet {
    private static final long serialVersionUID = 1L;

    public ServletOne() {
        super();
        System.out.println("执行构造函数...");
    }

    public void init() throws ServletException {
        System.out.println("执行 init()方法...");
    }

    protected void doGet(HttpServletRequest request, HttpServletResponse response)
        throws ServletException, IOException {
        System.out.println("执行 doGet()方法...");
    }

    protected void doPost(HttpServletRequest request, HttpServletResponse response)
        throws ServletException, IOException {
        System.out.println("执行 doPost()方法...");
    }

    public void destroy() {
        System.out.println("执行 destroy()方法...");
    }
}
```

可以看到，代码不过是在 ServletOne 的方法中添加了输出语句，打印当前正在执行的方法名称。

现在执行该 Web 项目，在 Eclipse 下部的 Console 标签页中可以看到控制台的输出，注意到这时候容器并没有加载 ServletOne 实例。

然后，在 Eclipse 自带浏览器的地址栏中输入如下网址并回车：

`http://localhost:8080/servletlifecycle/ServletOne`

再次查看控制台，证实容器先执行构造函数，再执行 init()方法，之后才执行 doGet()方法，如图 2.24 所示。

图 2.24　容器加载 Servlet 的顺序

读者可尝试多次刷新浏览器，肯定会发现每刷新一次浏览器，控制台都会输出一行"执行 doGet()方法..."。如果启动另一个浏览器访问 ServletOne，会发现控制台也只会输出一行"执行 doGet()方法..."，不会创建新的 ServletOne 实例，这说明即使多个客户端访问，也不会增加 Servlet 实例，Servlet 只是单实例的，容器只会为每一个访问 Servlet 的客户端分配一个线程。

现在关闭 Web 服务器，在控制台上可以看到这时候输出了"执行 destroy()方法..."，如图 2.25 所示。

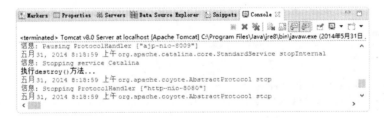

图 2.25　关闭 Web 服务器时的控制台输出

由实验可见，Servlet 的整个生命周期都是由容器控制的，理解这一点才能编写出健壮的 Web 应用程序。

2. 验证 Servlet 的加载时机

本实验使用 loadOnStartup 元素指定是否在容器部署 Web 项目时加载 Servlet 以及加载的先后顺序。

还是使用前面创建的 servletlifecycle 项目。修改 ServletOne 类定义前面的@WebServlet 标注，括号中修改后的元素为 "urlPatterns = "/ServletOne", loadOnStartup = 1"，其中，urlPatterns 指定访问 Servlet 使用的 URL 模式，如果不指定其他诸如 loadOnStartup 等元素，

可以省略 urlPatterns 元素名；loadOnStartup 元素指定 Servlet 的 load-on-startup 顺序，该元素的值为整数，loadOnStartup 元素等价于在 web.xml 中<servlet>的<load-on-startup>子元素。如代码清单 2.19 所示。

代码清单 2.19　ServletOne.java 代码片段

```
@WebServlet(urlPatterns = "/ServletOne", loadOnStartup = 1)
public class ServletOne extends HttpServlet {
```

重新启动 Tomcat 容器，发现即使不访问 ServletOne，在容器启动的同时也会加载 ServletOne 实例，如图 2.26 所示。

图 2.26　容器启动时就加载 Servlet

下面探索 loadOnStartup 元素的值对启动顺序的影响。

再创建一个 Servlet——ServletTwo，编写代码，如代码清单 2.20 所示。可以注意到标注语句标明了 ServletTwo，loadOnStartup 的元素值为 2。

代码清单 2.20　ServletTwo.java

```
package com.jeelearning.servlet;

import java.io.IOException;
import javax.servlet.ServletException;
import javax.servlet.annotation.WebServlet;
import javax.servlet.http.HttpServlet;
import javax.servlet.http.HttpServletRequest;
import javax.servlet.http.HttpServletResponse;

@WebServlet(urlPatterns = "/ServletTwo", loadOnStartup = 2)
public class ServletTwo extends HttpServlet {
    private static final long serialVersionUID = 1L;

    public ServletTwo() {
        super();
        System.out.println("执行 ServletTwo 的构造函数...");
    }

    public void init() throws ServletException {
        System.out.println("执行 ServletTwo 的 init()方法...");
    }

    protected void doGet(HttpServletRequest request, HttpServletResponse response)
      throws ServletException, IOException {
        System.out.println("执行 ServletTwo 的 doGet()方法...");
    }

    protected void doPost(HttpServletRequest request, HttpServletResponse response)
      throws ServletException, IOException {
        System.out.println("执行 ServletTwo 的 doPost()方法...");
    }
```

```
public void destroy() {
    System.out.println("执行 ServletTwo 的 destroy()方法...");
}
}
```

重新启动 Tomcat，发现先加载 ServletOne，后加载 ServletTwo，这是因为 ServletOne 的 loadOnStartup 元素值小于 ServletTwo 的 loadOnStartup 元素值，如图 2.27 所示。

图 2.27　加载 Servlet 的顺序

读者可自行研究这两个 Servlet 的 loadOnStartup 元素的不同取值对加载顺序的影响，肯定会发现如下规律：

● 当 loadOnStartup 元素值为负整数时，Servlet 不随容器启动而加载。
● 当 loadOnStartup 元素值为 0 或正整数时，Servlet 随容器启动而加载。
● loadOnStartup 元素值越小，表示该 Servlet 加载的优先级越高。

在 Java EE 文档中，也明确说明 loadOnStartup 元素的默认值为-1，即 Servlet 不随容器启动而加载。

2.3.5　有问必答

1. 是否需要重写 service()方法？

答：一般不需要。重写 doGet()、doPost()等方法即可。

2. 我需要实践一下，检验你所说的"不要使用 init()方法获取数据库连接"。

答：鼓掌，实践是检验真理的唯一标准。

第 3 章　属性和监听器

　　本章前半部分介绍在 Java EE Web 开发中经常使用的属性和属性范围，详细说明属性在上下文范围、请求范围和会话范围的区别，以及属性的线程安全，这些编程知识是编写"正确"程序的重要保障。

　　本章后半部分介绍各种监听器，并以实例进行说明，方便读者研习。最后还介绍 Servlet 3.0 新增的异步 Servlet 技术，给出异步 Servlet 的编程实例。

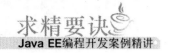
3.1 属　　性

属性的英文名称为 Attribute，在 IT 领域属于常见甚至有点滥用的一个词。在 Java EE Web 编程中，属性是指存放到 ServletContext 对象、HttpServletRequest(或 ServletRequest)对象或 HttpSession 对象中的对象，由于经常用到属性，因此，属性在 Java EE Web 编程中的作用非常重要。例如，在 MVC 模式中，Servlet 通过调用模型方法得到结果，然后将结果以属性的方式放到请求对象中，供 JSP 视图获取并呈现。本节主要介绍属性的作用和范围，以及如何对属性进行编程。

3.1.1 属性概述

属性是一种对象，它可以通过调用 ServletContext 对象、HttpServletRequest(或 ServletRequest)对象和 HttpSession 对象的 setAttribute()方法设置到不同的范围中，通常，这种设置也称为绑定。还可以通过 getAttribute()方法获取属性值。

可以将属性想象为 Java Map 变量中的"名-值"对，其中，名为 String 类型，值为 Object 类型。实际上，我们不知道也不关心容器是如何实现属性的，我们唯一需要关心的是属性存活的范围，即，谁能够看到属性，以及属性能存在多长时间。

更为形象的思路是，将属性想象为贴到公告牌上的纸条，有人将通知贴在公告牌上，供其他人阅读。

那么，关于属性，最为重要的问题是：谁能够访问公告牌？公告牌上的信息能存在多长时间？也就是说，属性的范围如何。

属性的范围将在后面讲述，下面先讲述与属性相关的 API。

(1) 设置及获取属性

ServletContext 接口、HttpServletRequest(或 ServletRequest)接口和 HttpSession 接口都提供如下两个方法，分别用于设置和获取属性：

```
void setAttribute(String name, Object object);
Object getAttribute(String name);
```

例如，在 Servlet 的 doGet()方法或 doPost()方法中，可以使用如下语句来设置和获取 ServletContext 上下文属性：

```
getServletContext().setAttribute("name", "张三");
String name = (String)getServletContext().getAttribute("name");
```

其中：

第一条语句先调用 getServletContext()方法获取 ServletContext 对象，然后调用该对象的 setAttribute()方法设置属性 name 的值为"张三"。第二条语句调用 ServletContext 对象的 getAttribute()方法获取 name 属性值，由于返回类型为 Object，因此通常需要强制类型转换。

(2) 属性 API

ServletContext、HttpServletRequest 和 HttpSession 接口都提供对属性的操作方法，且方法都是一样的。

下面列举访问这三个接口属性的常用方法。

- public void setAttribute(String name, Object value)：设置属性的"名-值"对。如果传入参数 Object 为 null，则删除给定属性，相当于调用 removeAttribute(String name) 方法。
- public Object getAttribute(String name)：获取属性名为 name 的值，返回值为 Object 类型，如果给定名称的属性不存在，则返回 null。
- public void removeAttribute(String name)：删除给定名称的属性。
- public Enumeration<String> getAttributeNames()：返回当前有效范围内的全部属性名称，返回类型为枚举型。

(3) 范围属性编程

在 Servlet 中，如果要设置范围属性，首先要获取 HttpServletRequest、HttpSession 和 ServletContext 对象，然后再调用这些对象的 setAttribute()方法。

由于在 Servlet 的 doGet()方法或 doPost()方法中已经带有 HttpServletRequest 类型的输入参数，可以直接得到 HttpServletRequest 对象，其余的 HttpSession 和 ServletContext 对象可采用如下语句获取：

```
ServletContext servletctx = getServletContext();
HttpSession session = request.getSession();
```

获取这些对象之后，就可以调用属性相关的方法。下面以会话范围的属性操作为例，说明如何对属性进行编程。设置会话范围属性的语句如下：

```
session.setAttribute("属性1", "第一个属性值");
```

如下语句用于获取会话范围的属性：

```
String value = (String)session.getAttribute("属性1");
```

由于 getAttribute()方法返回的是 Object 类型，因此要强制转换为合适的数据类型。
调用 getAttributeNames()方法是为了遍历特定范围的属性，具体可参考如下代码：

```
Enumeration<String> attributes = session.getAttributeNames();
String name, value;
while(attributes.hasMoreElements()) {
    name = attributes.nextElement();
    value = session.getAttribute(name);
    // 其他处理语句
}
```

其中，使用 while 循环遍历枚举类型的属性名称，可以在循环中获取属性名和值，然后进行相应的处理。

删除范围属性有以下两种方法：

```
session.setAttribute("属性1", null);
session.removeAttribute("属性1");
```

其中，第一种方法是调用 setAttribute()方法为给定属性设置一个 null 值，第二种方法是直接调用 removeAttribute()方法删除给定属性。

3.1.2　属性范围

属性有三种范围：上下文(或应用)范围、请求范围和会话范围。

(1)　上下文范围

上下文范围的属性存放在 ServletContext 对象中，Web 应用中的所有组件都能够访问这些属性。

一旦设置了上下文范围的属性，除非删除这些属性，这些属性在 Web 应用程序运行期间都会一直存在，所有客户端都可以通过 Web 组件访问这些属性。

(2)　会话范围

会话范围的属性存放在 HttpSession 对象中，只有能够访问特定 HttpSession 对象的组件才能访问这些属性。

当某浏览器访问某个 Web 网站的页面后，会话开始。容器为每一个会话创建一个 HttpSession 对象，在会话期间，该浏览器可以访问会话范围内的属性。其他客户端浏览器与 Web 网站建立的是另一个会话。

如果客户端重新开启了浏览器，或者因长时间没有访问该网站网页导致会话失效，或者用户选择登出等，则再次访问时，都算作开启另一个新会话，在这种情况下，就无法访问原来已经失效的 HttpSession 对象了。

(3)　请求范围

请求范围的属性存放在 HttpServletRequest 对象中，只有能够访问特定 HttpServletRequest 对象的组件，才能访问这些属性。

在本网页或调用 forward()方法转发的网页或调用 include()方法包含的网页中，都是同一个 HttpServletRequest 对象，都可以访问请求范围的属性。要注意的是，因为请求对象对于每一个客户请求都是不同的，所以对于每一个新的请求，都要重新创建和删除这个范围内的属性。

可见，上下文范围的属性存活时间最长，共享的范围最广；会话范围的属性次之；请求范围的属性存活时间最短，共享范围最窄。

3.1.3　属性的线程安全

由于范围属性是共享资源，可能有多个线程同时访问，这就存在线程安全问题，需要仔细考虑，才能编写出正确的程序。

(1)　线程安全简介

线程安全是编程术语，指某个函数或函数库在多线程环境中被调用时，能够正确地处理各个线程的局部变量，使程序功能正确完成。

一个 Web 应用中可以有多个 Servlet，每一个客户端的访问都会对应一个 Servlet 线程，因此 Web 应用就是一个多线程环境。在这个环境中，由于每个 Servlet 都可以访问上下文范围的属性，导致线程安全成为正确编程的一个重要考虑因素。

例如，对于如下所示的简单的页面访问计数器代码，如果在单机或只有少量浏览器客户端的情况下，可能根本就不会出现任何错误：

```
ServletContext sctx = getServletContext();
// 从上下文范围获取计数器
Integer counter = (Integer)sctx.getAttribute("counter");
// 容错
if (counter == null) {
    counter = 0;
}
// 计数器增 1
sctx.setAttribute("counter", counter + 1);
```

但是，在拥有很多客户端的企业级 Web 应用中，上述代码存在很大的缺陷。例如，设想有两个客户端浏览器同时访问上述计数器，容器肯定为这两个客户端分配两个 Servlet 线程。如果线程 A 和线程 B 都同时获取到计数器对象，假设当前值为 50，线程 A 先将计数值增 1(值为 51)后调用 setAttribute()方法保存到 ServletContext 对象，但是，线程 B 不知道，线程 B 也将将计数值增 1(值为 51)后调用 setAttribute()方法保存到 ServletContext 对象，替换了线程 A 原来的值。按照设计要求，两次访问计数值应该变为 52，但由于并发访问，导致了错误。

当然，可能有人会说，这只是访问计数器，漏计数一两个有什么要紧。但是，如果按照这种思路设计银行转账系统，造成损失的严重性就可想而知。因此，必须采用 Java 的多线程同步控制机制，来协调线程间的资源共享和并发问题。

Java 多线程同步控制机制提供了两种解决方案：synchronized 方法和 synchronized 块。synchronized 方法是在方法声明中加入 synchronized 关键字。语法如下：

```
public synchronized void methodname() {
    // ...
}
```

当调用 synchronized 方法时，该线程对象受到线程监视器的保护，其他调用受保护的 synchronized 方法的尝试都需要等待，直至解除保护为止。

synchronized 方法的缺陷是，将整个方法声明为 synchronized 可能会影响效率，更好的解决方案是使用 synchronized 块。

通过 synchronized 关键字来声明 synchronized 块。语法如下：

```
synchronized(syncObject) {
    //...
}
```

synchronized 块是这样一个代码块，其中的代码必须获得 syncObject 对象的锁方能执行。由于可以针对任意代码块，且可任意指定上锁的对象，故灵活性较高。

(2) 上下文范围的线程安全

Web 应用的所有组件都可以访问 ServletContext 对象，因此，上下文范围属性属于共享资源，需要使用 Java 多线程同步控制机制。

使用 synchronized 关键字修饰 doGet()方法的代码如下：

```
protected synchronized void doGet(HttpServletRequest request,
HttpServletResponse response) throws ServletException, IOException {
    // ...
}
```

上述解决方案的性能很差，因为对 doGet()方法施加同步限制实质是牺牲 Servlet 的并发性，也就是说，Servlet 只能在一个特定时间处理一个客户端请求。另外，还存在一个重大隐患，那就是这种方法只能同步一个特定 Servlet，没法阻止其他 Servlet 对共享资源的访问。例如，如果 ServletA 的一个线程正在运行，ServletA 的另一个线程就会被阻塞，这的确可以保护上下文属性避免被 ServletA 的多个线程同时访问。但是，它没法阻止其他 Servlet(如 ServletB)线程对共享资源的访问。

因此，最佳的做法是使用 synchronized 块，代码如下：

```java
protected void doGet(HttpServletRequest request,
  HttpServletResponse response) throws ServletException, IOException {
    // 非同步代码
    ServletContext sctx = getServletContext();
    synchronized (sctx) {
        // 同步代码块
    }
}
```

上述代码保护上下文属性的方法是同步 ServletContext 对象本身。如果其他线程想要访问 ServletContext 对象，就必须先获取 ServletContext 对象的锁，这就保证了一段时间只有一个线程能够获取或设置上下文范围的属性。另外，如果其他所有的 Servlet 也按照同样的方式同步 ServletContext 对象，这种多线程同步控制机制照样能够正常工作：

另一种稍加变化的代码如下，也能实现相同的功能：

```java
protected void doGet(HttpServletRequest request,
  HttpServletResponse response) throws ServletException, IOException {
    // 非同步代码
    synchronized (getServletContext()) {
        // 同步代码块
    }
}
```

(3) 会话范围的线程安全

到目前为止，我们尚未详细讨论过 HTTP 会话，该话题将在第 4 章讨论。但是，我们已经知道，会话是容器用来保持与客户端的会话状态的一种对象，会话在同一个客户端的多次请求之间保持状态。注意这里是同一个客户端，那容器会为单个客户端分配多个线程而导致线程安全问题吗？

从表面上看，单个客户端在特定时刻只会发出一个请求，也就是说，尽管单个客户端可能会请求多个 Servlet，但某一个特定时刻，会话只有一个线程。因此，似乎会话范围属性能够保证线程安全。

但是，客户还可以在同一个浏览器中打开多个标签页，这些标签页都可以作为同一个会话来访问 Web 资源，这使得会话范围属性不是线程安全的。也就是说，为了保险起见，最好对 HttpSession 对象进行同步，示例代码如下：

```java
protected void doGet(HttpServletRequest request,
  HttpServletResponse response) throws ServletException, IOException {
    // 非同步代码
    HttpSession session = request.getSession();
    synchronized (session) {
        // 同步代码块
    }
}
```

(4) 请求范围的线程安全

请求范围没有线程安全问题，因为每一次的请求都对应一个线程，不存在多个线程同时访问请求范围属性的问题。很多时候，开发人员将变量声明为 doGet()方法或 doPost()方法内的变量，即局部变量，这些局部变量同样没有线程安全问题。

3.1.4　实践出真知

1. 探究三种属性范围的访问限制

新建一个名称为"scopedattributes"的动态 Web 项目。

新建一个如代码清单 3.1 所示的 Servlet，分别设置应用范围属性、会话范围属性和请求范围属性之后，重定向至显示属性的 Servlet。

代码清单 3.1　SetAttributeServlet.java

```java
package com.jeelearning.servlet;

import java.io.IOException;

import javax.servlet.RequestDispatcher;
import javax.servlet.ServletContext;
import javax.servlet.ServletException;
import javax.servlet.annotation.WebServlet;
import javax.servlet.http.HttpServlet;
import javax.servlet.http.HttpServletRequest;
import javax.servlet.http.HttpServletResponse;
import javax.servlet.http.HttpSession;

@WebServlet("/setAttribute")
public class SetAttributeServlet extends HttpServlet {
    private static final long serialVersionUID = 1L;

    protected void doGet(HttpServletRequest request,
      HttpServletResponse response) throws ServletException, IOException {
        response.setCharacterEncoding("UTF-8");
        response.setContentType("text/html;charset=utf-8");
        ServletContext servletctx = getServletContext();
        HttpSession session = request.getSession();

        servletctx.setAttribute("applicationAttribute", "应用范围属性");
        session.setAttribute("sessionAttribute", "会话范围属性");
        request.setAttribute("requestAttribute", "请求范围属性");

        RequestDispatcher view = request.getRequestDispatcher("getAttribute");
        view.forward(request, response);
    }
}
```

显示属性值的 Servlet 如代码清单 3.2 所示。分别调用 ServletContext、HttpServletRequest 和 HttpSession 对象的 getAttribute()方法来获取各范围的属性值并显示。

代码清单 3.2　GetAttributeServlet.java

```java
package com.jeelearning.servlet;

import java.io.IOException;
import java.io.PrintWriter;
```

```java
import javax.servlet.ServletContext;
import javax.servlet.ServletException;
import javax.servlet.annotation.WebServlet;
import javax.servlet.http.HttpServlet;
import javax.servlet.http.HttpServletRequest;
import javax.servlet.http.HttpServletResponse;
import javax.servlet.http.HttpSession;

@WebServlet("/getAttribute")
public class GetAttributeServlet extends HttpServlet {
    private static final long serialVersionUID = 1L;

    protected void doGet(HttpServletRequest request, HttpServletResponse response)
      throws ServletException, IOException {
        response.setCharacterEncoding("UTF-8");
        response.setContentType("text/html;charset=utf-8");
        ServletContext servletctx = getServletContext();
        HttpSession session = request.getSession();
        PrintWriter out = response.getWriter();

        out.println("应用范围属性: ");
        out.println(servletctx.getAttribute("applicationAttribute"));
        out.println("<br />");
        out.println("会话范围属性: ");
        out.println(session.getAttribute("sessionAttribute"));
        out.println("<br />");
        out.println("请求范围属性: ");
        out.println(request.getAttribute("requestAttribute"));
        out.println("<br />");
    }
}
```

下面进行测试。运行 scopedattributes 项目，用 Eclipse 的内置浏览器访问 setAttribute，结果如图 3.1 所示。可以看到，重定向的 Servlet 可以访问三种范围的属性。

图 3.1　访问 setAttribute 的结果

将浏览器地址栏的 setAttribute 修改为访问 getAttribute，然后按 Enter 键。浏览器显示如图 3.2 所示的结果。可以看到，如果直接访问 getAttribute，因为不是同一个请求对象，就无法访问原来的请求范围属性，但仍然可以访问应用范围和会话范围的属性。

图 3.2　访问 getAttribute 的结果

用其他浏览器(如 IE)访问 getAttribute，结果如图 3.3 所示。由于使用新浏览器访问，因此是一个新的会话，且不是同一个请求对象，就无法访问原来的请求范围和会话范围的属性，但仍然可以访问应用范围属性。

图 3.3　用 IE 浏览器访问 getAttribute 的结果

应用范围属性在什么情况下才会失效呢？

答案是重启服务器，在重启服务器后，容器会清空应用范围属性。读者可自己实际检验一下。

2. 会话 API 实践

本实践以会话范围(应用范围和请求范围在编程上也是一样的)为例，尽可能展示如何调用 setAttribute()、getAttribute(name)、getAttributeNames()和 removeAttribute()方法。

编写如代码清单 3.3 所示的 Servlet。其中，首先调用 setAttribute()方法来设置三个属性，然后调用 getAttributeNames()方法获取枚举型的全部属性名称，并循环显示属性名和属性值。下一步是使用两种方法来删除属性 1 和属性 2，最后，再次循环显示会话范围的属性名和属性值。

代码清单 3.3　SessionAttributeServlet.java

```java
package com.jeelearning.servlet;

import java.io.IOException;
import java.io.PrintWriter;
import java.util.Enumeration;

import javax.servlet.ServletException;
import javax.servlet.annotation.WebServlet;
import javax.servlet.http.HttpServlet;
import javax.servlet.http.HttpServletRequest;
import javax.servlet.http.HttpServletResponse;
import javax.servlet.http.HttpSession;

@WebServlet("/sessionAttribute")
public class SessionAttributeServlet extends HttpServlet {
    private static final long serialVersionUID = 1L;

    protected void doGet(HttpServletRequest request, HttpServletResponse response)
      throws ServletException, IOException {
        response.setCharacterEncoding("UTF-8");
        response.setContentType("text/html;charset=utf-8");
        HttpSession session = request.getSession();
        PrintWriter out = response.getWriter();

        out.println("<h4>会话范围属性: </h4>");
        session.setAttribute("属性1", "第一个属性值");
        session.setAttribute("属性2", "第二个属性值");
        session.setAttribute("属性3", "第三个属性值");

        Enumeration<String> attributes = session.getAttributeNames();
```

```
String name;
out.println("<h5>原来的属性: </h5>");
while(attributes.hasMoreElements()) {
    name = attributes.nextElement();
    out.println(name + "--&gt;" + session.getAttribute(name) + "<br />");
}

out.println("<h5>删除属性1和属性2: </h5>");
session.setAttribute("属性1", null);
session.removeAttribute("属性2");

out.println("<h5>删除后的属性: </h5>");
attributes = session.getAttributeNames();
while(attributes.hasMoreElements()) {
    name = attributes.nextElement();
    out.println(name + "--&gt;" + session.getAttribute(name) + "<br />");
}
        }
    }
}
```

运行结果如图3.4所示，可以看到，实验结果符合设计要求，可以设置、删除、获取属性。奇怪的是，循环显示的属性并没有按照设置时的顺序，这是因为getAttributeNames()方法获取到的全部属性名称并没有按照属性设置的先后次序排序，并且我们也不会认为这种顺序有什么特别的意义。

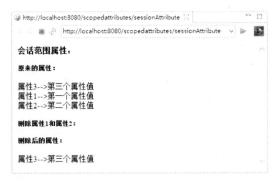

图 3.4　SessionAttributeServlet.java 的运行结果

3. 线程安全实践

还是使用scopedattributes项目。编写如代码清单3.4所示的Servlet，该Servlet实现一个访问计数器，将计数值作为上下文范围的属性存放，在每次访问本Servlet时，计数器都增1并显示当前计数器的值。

代码清单 3.4　ThreadSafeServlet1.java

```java
package com.jeelearning.servlet;

import java.io.IOException;
import java.io.PrintWriter;

import javax.servlet.ServletContext;
import javax.servlet.ServletException;
import javax.servlet.annotation.WebServlet;
import javax.servlet.http.HttpServlet;
import javax.servlet.http.HttpServletRequest;
```

```java
import javax.servlet.http.HttpServletResponse;

@WebServlet("/threadsafe1")
public class ThreadSafeServlet1 extends HttpServlet {
    private static final long serialVersionUID = 1L;

    protected void doGet(HttpServletRequest request,
      HttpServletResponse response) throws ServletException, IOException {
        response.setCharacterEncoding("UTF-8");
        response.setContentType("text/html;charset=utf-8");
        PrintWriter out = response.getWriter();

        out.println("<h4>测试上下文线程安全</h4>");
        ServletContext sctx = getServletContext();
        Integer counter = (Integer)sctx.getAttribute("counter");
        if (counter == null) {
            counter = 0;
        }
        sctx.setAttribute("counter", counter + 1);
        out.println(sctx.getAttribute("counter").toString());
    }
}
```

很容易测试该程序，结果如图 3.5 所示。每次刷新浏览器时，计数器的值都会增 1。

图 3.5　线程安全(版本一)

表面上看，如图 3.5 所示的线程安全(版本一)没有什么缺陷。但是，由于我们只是在单机上运行，没有模拟上千台客户端同时访问同一个 Servlet 的情形，因此无法证明这种方式没有缺陷。

下面在原来 Servlet 的基础上加上一点延时，修改后的 Servlet 代码如代码清单 3.5 所示。

代码清单 3.5　ThreadSafeServlet2.java

```java
package com.jeelearning.servlet;

import java.io.IOException;
import java.io.PrintWriter;

import javax.servlet.ServletContext;
import javax.servlet.ServletException;
import javax.servlet.annotation.WebServlet;
import javax.servlet.http.HttpServlet;
import javax.servlet.http.HttpServletRequest;
import javax.servlet.http.HttpServletResponse;

@WebServlet("/threadsafe2")
public class ThreadSafeServlet2 extends HttpServlet {
    private static final long serialVersionUID = 1L;

    protected void doGet(HttpServletRequest request,
      HttpServletResponse response) throws ServletException, IOException {
        response.setCharacterEncoding("UTF-8");
```

```
        response.setContentType("text/html;charset=utf-8");
        PrintWriter out = response.getWriter();

        out.println("<h4>测试上下文线程安全</h4>");
        ServletContext sctx = getServletContext();
        Integer counter = (Integer)sctx.getAttribute("counter");
        if (counter == null) {
            counter = 0;
        }
        try {
            Thread.sleep(5 * 1000); // 等待5秒
        } catch (InterruptedException e) {
            // 忽略
        }
        sctx.setAttribute("counter", counter + 1);
        out.println(sctx.getAttribute("counter").toString());
    }
}
```

测试后发现，如果同时启动两个浏览器访问 threadsafe2，并且在 5 秒内完成对两个浏览器的刷新，就会发现两个浏览器显示的访问计数器值都相同，且少了一次。读者也可以启动更多的浏览器进行测试。

继续改进，将代码修改为代码清单 3.6，用 synchronized 关键字修饰 doGet()方法，每个 synchronized 方法都必须获得调用该方法的锁方能执行，否则阻塞所属线程。这时，启动多个浏览器进行测试后，发现测试结果重归正常。

代码清单 3.6　ThreadSafeServlet3.java

```
package com.jeelearning.servlet;

import java.io.IOException;
import java.io.PrintWriter;

import javax.servlet.ServletContext;
import javax.servlet.ServletException;
import javax.servlet.annotation.WebServlet;
import javax.servlet.http.HttpServlet;
import javax.servlet.http.HttpServletRequest;
import javax.servlet.http.HttpServletResponse;

@WebServlet("/threadsafe3")
public class ThreadSafeServlet3 extends HttpServlet {
    private static final long serialVersionUID = 1L;
    protected synchronized void doGet(HttpServletRequest request,
      HttpServletResponse response) throws ServletException, IOException {
        response.setCharacterEncoding("UTF-8");
        response.setContentType("text/html;charset=utf-8");
        PrintWriter out = response.getWriter();
        out.println("<h4>测试上下文线程安全</h4>");
        ServletContext sctx = getServletContext();
        Integer counter = (Integer)sctx.getAttribute("counter");
        if (counter == null) {
            counter = 0;
        }
        try {
            Thread.sleep(5 * 1000); // 等待5秒
        } catch (InterruptedException e) {
            // 忽略
```

```
        }
        sctx.setAttribute("counter", counter + 1);
        out.println(sctx.getAttribute("counter").toString());
    }
}
```

更好的方式是使用 synchronized 关键字来声明 synchronized 块，该代码块必须获取 ServletContext 对象的锁方能执行，否则阻塞线程。修改后的 Servlet 如代码清单 3.7 所示。

代码清单 3.7　ThreadSafeServlet4.java

```java
package com.jeelearning.servlet;

import java.io.IOException;
import java.io.PrintWriter;

import javax.servlet.ServletContext;
import javax.servlet.ServletException;
import javax.servlet.annotation.WebServlet;
import javax.servlet.http.HttpServlet;
import javax.servlet.http.HttpServletRequest;
import javax.servlet.http.HttpServletResponse;

@WebServlet("/threadsafe4")
public class ThreadSafeServlet4 extends HttpServlet {
    private static final long serialVersionUID = 1L;
    protected void doGet(HttpServletRequest request,
        HttpServletResponse response) throws ServletException, IOException {
        response.setCharacterEncoding("UTF-8");
        response.setContentType("text/html;charset=utf-8");
        PrintWriter out = response.getWriter();
        out.println("<h4>测试上下文线程安全</h4>");
        ServletContext sctx = getServletContext();
        synchronized (sctx) {
            Integer counter = (Integer)sctx.getAttribute("counter");
            if (counter == null) {
                counter = 0;
            }
            try {
                Thread.sleep(5 * 1000); // 等待5秒
            } catch (InterruptedException e) {
                // 忽略
            }
            sctx.setAttribute("counter", counter + 1);
            out.println(sctx.getAttribute("counter").toString());
        }
    }
}
```

对上述 Servlet 进行测试，会发现不论有多少台客户端同时访问该 Servlet，都不再会产生计数错误的问题。

3.1.5　有问必答

1. 我觉得奇怪，很多书上都说 JSP 有 4 种属性范围，但你却说只有 3 种，这是怎么回事？

答：你说得很对，JSP 的确有 4 种属性范围，多了 page 属性范围，但我们现在讲的是 Servlet，没有 page 属性范围，因此只有 3 种。

2. 是不是 synchronized 关键字的作用就是将多线程的并行变成只能串行？

答： 正是。

3. 是不是考虑过多了，难道真有客户会打开浏览器的多个标签页吗？

答： 也许会的，客户等待页面响应时间过长可能就会重新打开标签页。尽管这种可能性比较小，但作为严谨的开发人员，需要严格要求代码在任何情况下都能正确运行。

4. 使用 synchronized 关键字时需要注意什么？

答： 同步会降低系统的运行效率，使用 synchronized 关键字需要认真仔细考虑。应记住，仅仅对最少量的代码加锁。换句话说，不要对无关的代码加锁，如果可能，应使用 synchronized 块替代 synchronized 方法；并且让 synchronized 块尽量小，以便更快地让出控制权给其他线程。

3.2 监 听 器

在 Java Web 开发中，几乎所有的 Java EE 组件的生命周期都是由 Web 服务器进行管理的。开发人员负责诸如 JSP、Servlet 等组件的开发，然后将这些组件部署到服务器上，由容器来负责这些组件的创建、调用和销毁。如果开发人员想在某个组件创建、销毁或其属性改变时去执行一些特定的任务，就要使用监听器。

3.2.1 监听器概述

Java Web 监听器是 Servlet 规范中定义的一种特殊类，用于监听 Web 应用程序中的 ServletContext、HttpSession 和 ServletRequest 对象的创建与销毁事件(即生命周期)，以及这些对象中的属性的变更、迁移、绑定等事件。

图 3.6 展示了 Servlet 3.1 版本可以使用的监听器。

图 3.6　Eclipse 创建监听器向导

一共有 10 个监听器接口，开发人员可以实现这 10 个接口中的一个或多个，定制自己的监听器。其中，Servlet 上下文事件有两个监听器，HTTP 会话事件有 5 个监听器，Servlet 请求事件有 3 个监听器。

本章只介绍 Servlet 上下文事件和 Servlet 请求事件的监听器，HTTP 会话事件的监听器留待下一章介绍。

3.2.2　监听器编程

(1)　ServletContextListener 监听器

ServletContext 监听器能够监听 ServletContext 对象的创建和销毁事件。编写 ServletContext 监听器有两个步骤。

① 编写实现 javax.servlet.ServletContextListener 接口的监听器类。

② 重写接口中定义的 contextInitialized()方法和 contextDestroyed()方法。

例如，如下所示的 MyServletContextListener 实现了 ServletContextListener 接口并重写了 contextInitialized()方法和 contextDestroyed()方法：

```java
@WebListener
public class MyServletContextListener implements ServletContextListener {

    @Override
    public void contextDestroyed(ServletContextEvent event) {
        // ServletContext 对象销毁时的处理代码
    }

    @Override
    public void contextInitialized(ServletContextEvent event) {
        // ServletContext 对象创建时的处理代码
        ServletContext sc = event.getServletContext();
        ...
    }
}
```

这两个方法都传递 ServletContextEvent 对象作为输入参数，可以通过调用该对象的 getServletContext()方法获取 ServletContext 对象，进而访问上下文范围属性。

(2)　监听器的配置

所有的监听器都需要配置，告知 Web 容器监听器的存在，以便容器能够管理监听器的生命周期。

监听器的配置有两种方式，第一种方式是标注的方式，第二种方式是传统的部署描述文件。本书推荐使用标注的方式，因为这是最为简单的方式。

标注方式十分简单，只需在监听器类定义前加上@WebListener 标注即可，不再需要其他配置。例如：

```java
@WebListener
public class MyServletContextListener implements ServletContextListener {
    ...
}
```

如果采用 Servlet 2.5 以前的版本，或者在 Servlet 3.0 或 3.1 版本中还希望使用传统的 XML 文件进行配置，可以使用部署描述文件。具体方法是，在 web.xml 文件中加入<listener>

元素，在\<listener-class\>子元素中设置监听器的全路径类名。例如：

```
<listener>
    <listener-class>com.jeelearning.MyServletContextListener</listener-class>
</listener>
```

（3）ServletContextAttributeListener 监听器

为了监听 ServletContext 对象属性的变化事件，Servlet 规范提供了 ServletContext 属性监听器的接口和事件，用于编写 ServletContext 属性监听器。

编写 ServletContext 属性监听器有如下两个步骤。

①　编写实现 javax.servlet.ServletContextAttributeListener 接口的监听器类。

②　重写接口中定义的 attributeAdded()、attributeRemoved()和 attributeReplaced()方法。

例如，如下 MyServletContextAttributeListener 实现了 ServletContextAttributeListener 接口，并重写了 attributeAdded()、attributeRemoved()和 attributeReplaced()方法：

```
@WebListener
public class MyServletContextAttributeListener implements
  ServletContextAttributeListener {

    public void attributeAdded(ServletContextAttributeEvent event) {
        // 添加 ServletContext 属性的处理代码
    }

    public void attributeRemoved(ServletContextAttributeEvent event) {
        // 删除 ServletContext 属性的处理代码
    }

    public void attributeReplaced(ServletContextAttributeEvent event) {
        // 替换 ServletContext 属性的处理代码
    }
}
```

上述代码中的 3 个方法都使用 javax.servlet.ServletContextAttributeEvent 作为输入参数，用于获取所改变属性的名和值。

ServletContextAttributeEvent 类是 ServletContextEvent 类的子类，因此它继承了父类的 getServletContext()方法，调用该方法可以获取 ServletContext 对象。

另外，ServletContextAttributeEvent 类还新增了如下两个方法。

● public String getName()：返回发生改变的 ServletContext 属性的名称。

● public Object getValue()：返回发生改变的 ServletContext 属性的值。如果是添加属性或删除属性，返回的是添加或删除的属性值；如果是替换属性，则返回被替换属性的值。

（4）ServletRequestListener 监听器

请求监听器监听 Request 请求对象的创建和销毁事件，一般用于记录日志。Servlet 规范提供了 ServletRequestListener 监听器的接口和事件，用于编写 ServletRequestListener 监听器。

编写 ServletRequestListener 监听器有如下两个步骤。

①　编写实现 javax.servlet.ServletRequestListener 接口的监听器类。

②　重写接口中定义的 requestInitialized()方法和 requestDestroyed()方法。

例如：

```
@WebListener
public class MyServletRequestListener implements ServletRequestListener {

    public void requestDestroyed(ServletRequestEvent sre) {
        // 请求对象销毁时的处理代码
    }

    public void requestInitialized(ServletRequestEvent sre) {
        // 请求对象创建时的处理代码
    }
}
```

由于每次对 Web 容器的请求都会导致请求对象的创建和销毁,请求监听器会频繁运行,因此,如果编写请求监听器,应尽量使任务简单化,以免影响 Web 应用的性能。

请求监听器里的两个方法的输入参数为 javax.servlet.ServletRequestEvent 类型,该类定义了如下两个公有方法。

● public ServletRequest getServletRequest():返回正在改变的 ServletRequest 对象。

● public ServletContext getServletContext():返回本 Web 应用的 ServletContext 对象。

(5) ServletRequestAttributeListener 监听器

为了监听 ServletRequest 对象属性的变化事件,Servlet 规范提供了 ServletRequest 属性监听器的接口和事件,用于编写 ServletRequest 属性监听器。

除非特殊情况,一般很少使用 ServletRequest 属性监听器,因为其监听的事件过于频繁,使用该监听器会影响 Web 应用的性能。

编写 ServletRequest 属性监听器有如下两个步骤。

① 编写实现 javax.servlet.MyServletRequestAttributeListener 接口的监听器类。

② 重写接口中定义的 attributeAdded()、attributeRemoved()和 attributeReplaced()方法。

例如,如下的 MyServletRequestAttributeListener 实现了 ServletRequestAttributeListener 接口,并重写了 attributeAdded()、attributeRemoved()和 attributeReplaced()方法:

```
@WebListener
public class MyServletRequestAttributeListener implements
  ServletRequestAttributeListener {
    @Override
    public void attributeAdded(ServletRequestAttributeEvent srae) {
        // 添加请求属性的处理代码
    }

    @Override
    public void attributeRemoved(ServletRequestAttributeEvent srae) {
        // 删除请求属性的处理代码
    }

    @Override
    public void attributeReplaced(ServletRequestAttributeEvent srae) {
        // 替换请求属性的处理代码
    }
}
```

javax.servlet.ServletRequestAttributeEvent 是 ServletRequestAttributeListener 监听器的三个方法的输入参数。该事件类是 ServletRequestEvent 的子类,继承父类的 getServletRequest()和 getServletContext()两个方法。此外,它还新增了如下两个方法。

- public String getName()：返回在 ServletRequest 中改变的属性名称。
- public Object getValue()：返回添加、删除或修改的属性的值。如果是添加属性或删除属性，返回的是添加或删除的属性值；如果是替换属性，则返回被替换属性的值。

（6）异步 Servlet 监听器

自 Servlet 3.0 版本开始，革新了原来的 Servlet，Tomcat 7.0 版本实现了 Servlet 3.0 标准，新增了请求异步处理的功能。Tomcat 8.0 版本延续了上一个版本的功能，实现的是 Servlet 3.1 标准。

异步方式是网络中最为高效的处理模型，可以实现在保持当前请求的连接的同时，处理其他的请求，当满足特定条件后，再回来处理前面挂起的工作。

异步 Servlet 就是普通 Servlet 加上异步支持。具体地说，就是将@WebServlet 标注的 asyncSupported 属性设置为 true，例如：

```java
@WebServlet(urlPatterns = "/asyncLongRunning", asyncSupported = true)
public class AsyncLongRunningServlet extends HttpServlet {
    protected void doGet(HttpServletRequest request,
      HttpServletResponse response) throws ServletException, IOException {
        // HTTP GET 方法响应处理代码
    }

    protected void doPost(HttpServletRequest request,
      HttpServletResponse response) throws ServletException, IOException {
        // HTTP POST 方法响应处理代码
    }
}
```

如果不使用标注，也可以在 web.xml 文件中，设置<servlet>的<async-supported>子元素的值为 true。

由于实际实现异步的时候需要委托给另一个线程，需要有一个线程池，可以通过 ThreadPoolExecutor 创建线程池，并使用 ServletContextListener 监听器来将线程池保存为上下文范围的属性。

例如，如下代码在 contextInitialized()方法中创建线程池，并保存为上下文范围的属性；在 contextDestroyed()方法中关闭线程池：

```java
@WebListener
public class AppContextListener implements ServletContextListener {

    public void contextInitialized(ServletContextEvent servletContextEvent) {
        // 创建线程池
        ThreadPoolExecutor executor = new ThreadPoolExecutor(100, 200, 50000L,
                TimeUnit.MILLISECONDS, new ArrayBlockingQueue<Runnable>(100));
        servletContextEvent.getServletContext().setAttribute("executor", executor);
    }

    public void contextDestroyed(ServletContextEvent servletContextEvent) {
        // 关闭线程池
        ThreadPoolExecutor executor = (ThreadPoolExecutor)servletContextEvent
                .getServletContext().getAttribute("executor");
        executor.shutdown();
    }
}
```

编写一个实现 AsyncListener 接口的监听器，重写 onStartAsync()、onComplete()、onError() 和 onTimeout()方法：

```
@WebListener
public class AppAsyncListener implements AsyncListener {

    @Override
    public void onComplete(AsyncEvent asyncEvent) throws IOException {
        // 异步处理完成的处理代码
    }

    @Override
    public void onError(AsyncEvent asyncEvent) throws IOException {
        // 出错的处理代码
    }

    @Override
    public void onStartAsync(AsyncEvent asyncEvent) throws IOException {
        // 启动异步方式的处理代码
    }

    @Override
    public void onTimeout(AsyncEvent asyncEvent) throws IOException {
        // 超时的处理代码
    }
}
```

异步 Servlet 通过调用 request 的 startAsync()方法启动，该方法返回 AsyncContext 接口的实例，可以调用 AsyncContext 实例的 setTimeout()方法设置超时，调用 addListener()方法设置 AsyncListener 监听器。如果超时没有处理，容器就会自动断开连接并调用 AsyncListener 监听器的 onTimeout()方法进行处理。如果异步处理正常结束，容器会调用 AsyncContext 实例的 complete()方法正常关闭连接，否则会抛出异常。

要注意的是 onStartAsync()方法，由于 AsyncContext 是在调用 request 的 startAsync()方法后才能获取到，之后才能添加监听器，因此，第一次是不会调用 onStartAsync()方法的，只有在调用 startSync()方法之后，容器才会调用监听器的 onStartAsync()方法。

3.2.3 实践出真知

1. ServletContext 监听器

用 Eclipse 新建一个名称为"contextlistener"的动态 Web 项目。

新建一个如代码清单 3.8 所示的 Java 类，其功能是存储 Web 应用需要使用的常量，Constants 类的两个字符串属性只有 Getter 方法，没有 Setter 方法，是只读属性。

代码清单 3.8 Constants.java

```
package com.jeelearning.bean;

public class Constants {
    private String poweredby;
    private String contact;

    public Constants(String poweredby, String contact) {
        super();
```

```
        this.poweredby = poweredby;
        this.contact = contact;
    }

    public String getPoweredby() {
        return poweredby;
    }

    public String getContact() {
        return contact;
    }
}
```

新建一个如代码清单 3.9 所示的监听器，该监听器实现 ServletContextListener 接口。contextInitialized()方法获取初始化参数，构建 Constants 实例，并作为上下文范围的属性存放在 ServletContext 对象中。

代码清单 3.9　MyServletContextListener.java

```java
package com.jeelearning.listener;

import javax.servlet.ServletContext;
import javax.servlet.ServletContextEvent;
import javax.servlet.ServletContextListener;
import javax.servlet.annotation.WebListener;

import com.jeelearning.bean.Constants;

@WebListener
public class MyServletContextListener implements ServletContextListener {

    @Override
    public void contextDestroyed(ServletContextEvent event) {
        System.out.println("contextDestroyed(ServletContextEvent event)");
    }

    @Override
    public void contextInitialized(ServletContextEvent event) {
        System.out.println("contextInitialized(ServletContextEvent event)");
        ServletContext sc = event.getServletContext();
        String poweredby = sc.getInitParameter("poweredby");
        String contact = sc.getInitParameter("contact");
        Constants constants = new Constants(poweredby, contact);
        sc.setAttribute("constants", constants);
    }
}
```

新建如代码清单 3.10 所示的部署描述文件。其中定义 poweredby 和 contact 两个上下文初始化参数。

代码清单 3.10　WEB-INF/web.xml

```xml
<?xml version="1.0" encoding="UTF-8"?>
<web-app xmlns:xsi="http://www.w3.org/2001/XMLSchema-instance"
 xmlns="http://xmlns.jcp.org/xml/ns/javaee"
 xsi:schemaLocation="http://xmlns.jcp.org/xml/ns/javaee
 http://xmlns.jcp.org/xml/ns/javaee/web-app_3_1.xsd"
 id="WebApp_ID" version="3.1">
    <display-name>Context Listener</display-name>
    <context-param>
```

```
        <param-name>poweredby</param-name>
        <param-value>Java EE 学习训练班</param-value>
    </context-param>
    <context-param>
        <param-name>contact</param-name>
        <param-value>391911679@qq.com</param-value>
    </context-param>
</web-app>
```

新建一个测试用的 Servlet，如代码清单 3.11 所示。代码从 ServletContext 对象中获取监听器设置的变量，并调用对应的 Getter 方法获取和显示其属性。

代码清单 3.11　ContextServlet.java

```java
package com.jeelearning.servlet;

import java.io.IOException;
import java.io.PrintWriter;

import javax.servlet.ServletException;
import javax.servlet.annotation.WebServlet;
import javax.servlet.http.HttpServlet;
import javax.servlet.http.HttpServletRequest;
import javax.servlet.http.HttpServletResponse;

import com.jeelearning.bean.Constants;

@WebServlet("/context")
public class ContextServlet extends HttpServlet {
    private static final long serialVersionUID = 1L;

    protected void doGet(HttpServletRequest request,
      HttpServletResponse response) throws ServletException, IOException {
        response.setCharacterEncoding("UTF-8");
        response.setHeader("Content-type", "text/html;charset=UTF-8");
        PrintWriter out = response.getWriter();

        out.println("测试由监听器设置的上下文属性<br/><br/>");

        Constants constants =
          (Constants)getServletContext().getAttribute("constants");
        out.println("监听器设置的上下文属性: <br/>");
        out.println("Poweredby: " + constants.getPoweredby() + "<br/>");
        out.println("Contact: " + constants.getContact() + "<br/>");
    }
}
```

运行结果如图3.7所示。可以看到，使用ServletContext监听器在初始化时可读取web.xml文件中的参数，并存放为上下文范围属性，方便将来使用。

图 3.7　运行结果(一)

下面为 Web 服务器启动时监听器的 contextInitialized()方法输出到控制台的信息：

```
contextInitialized(ServletContextEvent event)
attributeAdded('constants', 'com.jeelearning.bean.Constants@d30b8e4')
```

当停止 Web 服务器时，监听器的 contextDestroyed()方法输出如下信息：

```
contextDestroyed(ServletContextEvent event)
```

2. ServletContext 属性监听器

还是使用 contextlistener 项目。在项目中新建如代码清单 3.12 所示的监听器，监听器代码很简单，只是输出方法名称、事件名称和事件值信息。

代码清单 3.12　MyServletContextAttributeListener.java

```java
package com.jeelearning.listener;

import javax.servlet.ServletContextAttributeEvent;
import javax.servlet.ServletContextAttributeListener;
import javax.servlet.annotation.WebListener;

@WebListener
public class MyServletContextAttributeListener
  implements ServletContextAttributeListener {

    public void attributeAdded(ServletContextAttributeEvent event) {
        System.out.println("attributeAdded('" + event.getName() + "', '"
                + event.getValue() + "')");
    }

    public void attributeRemoved(ServletContextAttributeEvent event) {
        System.out.println("attributeRemoved('" + event.getName() + "', '"
                + event.getValue() + "')");
    }

    public void attributeReplaced(ServletContextAttributeEvent event) {
        System.out.println("attributeReplaced('" + event.getName() + "', '"
                + event.getValue() + "')");
    }
}
```

新建一个测试用的 Servlet，如代码清单 3.13 所示，使用几条语句来添加、修改和删除上下文范围的属性。

代码清单 3.13　ContextAttributeServlet.java

```java
package com.jeelearning.servlet;

import java.io.IOException;
import java.io.PrintWriter;

import javax.servlet.ServletException;
import javax.servlet.annotation.WebServlet;
import javax.servlet.http.HttpServlet;
import javax.servlet.http.HttpServletRequest;
import javax.servlet.http.HttpServletResponse;

@WebServlet("/attribute")
public class ContextAttributeServlet extends HttpServlet {
```

```java
    private static final long serialVersionUID = 1L;

    protected void doGet(HttpServletRequest request,
        HttpServletResponse response) throws ServletException, IOException {
            response.setCharacterEncoding("UTF-8");
            response.setHeader("Content-type", "text/html;charset=UTF-8");
            PrintWriter out = response.getWriter();

            out.println("测试 ServletContextAttributeListener<br/><br/>");

            out.println("添加上下文范围属性：<br/>");
            getServletContext().setAttribute("myName", "myValue");
            out.println("修改上下文范围属性：<br/>");
            getServletContext().setAttribute("myName", "上下文范围属性值");
            out.println("删除上下文范围属性：<br/>");
            getServletContext().removeAttribute("myName");
        }
    }
```

运行结果如图 3.8 所示。

图 3.8 运行结果(二)

同时，在 Web 服务器控制台还输出如下信息，这是 ServletContext 属性监听器的三个方法在执行时输出的：

```
attributeAdded('myName', 'myValue')
attributeReplaced('myName', 'myValue')
attributeRemoved('myName', '上下文范围属性值')
```

3. ServletRequest 监听器

用 Eclipse 新建一个名称为 requestlistener 的动态 Web 项目，然后新建一个如代码清单 3.14 所示的监听器，其中，requestDestroyed()方法和 requestInitialized()方法都输出所在的方法名称信息，后者还输出远程地址(RemoteAddr)信息。

代码清单 3.14 MyServletRequestListener.java

```java
package com.jeelearning.listener;

import javax.servlet.ServletRequestEvent;
import javax.servlet.ServletRequestListener;
import javax.servlet.annotation.WebListener;

@WebListener
public class MyServletRequestListener implements ServletRequestListener {

    public void requestDestroyed(ServletRequestEvent sre) {
        System.out.println("requestDestroyed(ServletRequestEvent sre)");
    }

    public void requestInitialized(ServletRequestEvent sre) {
```

```
        System.out.println("requestInitialized(ServletRequestEvent sre)");
        System.out.println("RemoteAddr: " + sre.getServletRequest().getRemoteAddr());
    }
}
```

如代码清单 3.15 所示的监听器输出方法名称、事件名称和事件值信息。

代码清单 3.15　MyServletRequestAttributeListener.java

```
package com.jeelearning.listener;

import javax.servlet.ServletRequestAttributeEvent;
import javax.servlet.ServletRequestAttributeListener;
import javax.servlet.annotation.WebListener;

@WebListener
public class MyServletRequestAttributeListener
  implements ServletRequestAttributeListener {
    @Override
    public void attributeAdded(ServletRequestAttributeEvent srae) {
        System.out.println("attributeAdded('" + srae.getName() + "', '"
                + srae.getValue() + "')");
    }

    @Override
    public void attributeRemoved(ServletRequestAttributeEvent srae) {
        System.out.println("attributeRemoved('" + srae.getName() + "', '"
                + srae.getValue() + "')");
    }

    @Override
    public void attributeReplaced(ServletRequestAttributeEvent srae) {
        System.out.println("attributeReplaced('" + srae.getName() + "', '"
                + srae.getValue() + "')");
    }
}
```

新建一个测试用的 Servlet，如代码清单 3.16 所示。其功能是添加、修改和删除请求范围的属性，用于测试监听器的响应。

代码清单 3.16　RequestAttributeServlet.java

```
package com.jeelearning.servlet;

import java.io.IOException;
import java.io.PrintWriter;

import javax.servlet.ServletException;
import javax.servlet.annotation.WebServlet;
import javax.servlet.http.HttpServlet;
import javax.servlet.http.HttpServletRequest;
import javax.servlet.http.HttpServletResponse;

@WebServlet("/requestattribute")
public class RequestAttributeServlet extends HttpServlet {
    private static final long serialVersionUID = 1L;

    protected void doGet(HttpServletRequest request,
      HttpServletResponse response) throws ServletException, IOException {
        response.setCharacterEncoding("UTF-8");
        response.setHeader("Content-type", "text/html;charset=UTF-8");
        PrintWriter out = response.getWriter();
```

```
            out.println("测试 ServletRequestAttributeListener<br/><br/>");

            out.println("添加请求范围属性: <br/>");
            request.setAttribute("myName", "myValue");
            out.println("修改请求范围属性: <br/>");
            request.setAttribute("myName", "请求范围属性值");
            out.println("删除请求范围属性: <br/>");
            request.removeAttribute("myName");
    }
}
```

运行结果如图 3.9 所示。

图 3.9　运行结果(三)

同时，在 Web 服务器控制台还显示如下信息：

```
requestInitialized(ServletRequestEvent sre)
RemoteAddr: 0:0:0:0:0:0:0:1
attributeReplaced('org.apache.catalina.ASYNC_SUPPORTED', 'true')
attributeAdded('myName', 'myValue')
attributeReplaced('myName', 'myValue')
attributeRemoved('myName', '请求范围属性值')
requestDestroyed(ServletRequestEvent sre)
```

　　其中，前两条信息是由 MyServletRequestListener 的 requestInitialized()方法输出的，第 3~7 条信息是由 ServletContext 属性监听器的三个方法在执行时输出的，最后一条信息是由 MyServletRequestListener 的 requestDestroyed()方法输出的。

4. 异步 Servlet

　　用 Eclipse 新建一个名称为 "asyncservlet" 的动态 Web 项目。然后使用上下文监听器在启动 Web 应用时创建线程池，在停止 Web 应用时关闭线程池，如代码清单 3.17 所示。

代码清单 3.17　AppContextListener.java

```
package com.jeelearning.servlet.async;

import java.util.concurrent.ArrayBlockingQueue;
import java.util.concurrent.ThreadPoolExecutor;
import java.util.concurrent.TimeUnit;

import javax.servlet.ServletContextEvent;
import javax.servlet.ServletContextListener;
import javax.servlet.annotation.WebListener;

@WebListener
public class AppContextListener implements ServletContextListener {

    public void contextInitialized(ServletContextEvent servletContextEvent) {
        // 创建线程池
```

```
        ThreadPoolExecutor executor = new ThreadPoolExecutor(100, 200, 50000L,
                TimeUnit.MILLISECONDS, new ArrayBlockingQueue<Runnable>(100));
        servletContextEvent.getServletContext().setAttribute("executor", executor);
    }

    public void contextDestroyed(ServletContextEvent servletContextEvent) {
        // 关闭线程池
        ThreadPoolExecutor executor = (ThreadPoolExecutor)servletContextEvent
                .getServletContext().getAttribute("executor");
        executor.shutdown();
    }
}
```

　　实现如代码清单 3.18 所示的异步请求处理程序。该异步处理程序的主要功能是模拟长时间运行的任务，这是异步方式所要解决的问题。其中，构造方法传入 AsyncContext 对象和需要处理的时间。longProcessing()方法模拟费时的任务，由于是模拟，因此只是等待一段时间后返回，并不真正完成实际任务。在请求和响应时，使用 AsyncContext 对象，在任务完成后调用 AsyncContext 对象的 complete()方法。

　　代码清单 3.18　　AsyncRequestProcessor.java

```
package com.jeelearning.servlet.async;

import java.io.IOException;
import java.io.PrintWriter;

import javax.servlet.AsyncContext;

public class AsyncRequestProcessor implements Runnable {

    private AsyncContext asyncContext;
    private int millis;

    public AsyncRequestProcessor() {
    }

    public AsyncRequestProcessor(AsyncContext asyncCtx, int millis) {
        this.asyncContext = asyncCtx;
        this.millis = millis;
    }

    @Override
    public void run() {
        System.out.println("是否支持异步？"
                + asyncContext.getRequest().isAsyncSupported());
        longProcessing(millis);
        try {
            PrintWriter out = asyncContext.getResponse().getWriter();
            out.write("处理费时：" + millis + " 毫秒");
        } catch (IOException e) {
            e.printStackTrace();
        }
        // 完成处理
        asyncContext.complete();
    }

    private void longProcessing(int millis) {
        // 等待给定时间
        try {
```

```
                    Thread.sleep(millis);
            } catch (InterruptedException e) {
                    e.printStackTrace();
            }
        }
    }
```

AsyncListener 异步监听器如代码清单 3.19 所示。重写的 4 个方法都很简单, 不过是向控制台打印输出一些信息。

代码清单 **3.19　AppAsyncListener.java**

```java
package com.jeelearning.servlet.async;

import java.io.IOException;
import java.io.PrintWriter;

import javax.servlet.AsyncEvent;
import javax.servlet.AsyncListener;
import javax.servlet.ServletResponse;
import javax.servlet.annotation.WebListener;

@WebListener
public class AppAsyncListener implements AsyncListener {

    @Override
    public void onComplete(AsyncEvent asyncEvent) throws IOException {
        System.out.println("AppAsyncListener 监听器 onComplete()方法");
    }

    @Override
    public void onError(AsyncEvent asyncEvent) throws IOException {
        System.out.println("AppAsyncListener 监听器 onError()方法");
    }

    @Override
    public void onStartAsync(AsyncEvent asyncEvent) throws IOException {
        System.out.println("AppAsyncListener 监听器 onStartAsync()方法");
    }

    @Override
    public void onTimeout(AsyncEvent asyncEvent) throws IOException {
        System.out.println("AppAsyncListener 监听器 onTimeout()方法");

        ServletResponse response = asyncEvent.getAsyncContext().getResponse();
        PrintWriter out = response.getWriter();
        out.write("处理超时错误");
    }
}
```

异步 Servlet 的实现代码如代码清单 3.20 所示。

其中, @WebServlet 标注的 asyncSupported 属性设置为 true。然后获取当前时间, 并打印当前的线程名称和 ID。

调用 request 对象的 setAttribute()方法设置 org.apache.catalina.ASYNC_SUPPORTED 属性为 true; 然后, 获取请求参数 time, 该参数用于设置模拟长时间运行任务的耗时; 下一步很重要, 调用 startAsync()方法获取 AsyncContext 对象, 设置监听器和超时, 然后执行异步处理; 最后输出耗时等信息。

代码清单 3.20　AsyncLongRunningServlet.java

```java
package com.jeelearning.servlet.async;

import java.io.IOException;
import java.util.concurrent.ThreadPoolExecutor;

import javax.servlet.AsyncContext;
import javax.servlet.ServletException;
import javax.servlet.annotation.WebServlet;
import javax.servlet.http.HttpServlet;
import javax.servlet.http.HttpServletRequest;
import javax.servlet.http.HttpServletResponse;

@WebServlet(urlPatterns = "/asyncLongRunning", asyncSupported = true)
public class AsyncLongRunningServlet extends HttpServlet {
    private static final long serialVersionUID = 1L;

    protected void doGet(HttpServletRequest request,
      HttpServletResponse response) throws ServletException, IOException {
        response.setCharacterEncoding("UTF-8");
        response.setHeader("Content-type", "text/html;charset=UTF-8");

        long startTime = System.currentTimeMillis();
        System.out.println("AsyncLongRunningServlet 启动:   Name="
                + Thread.currentThread().getName() + "  ID="
                + Thread.currentThread().getId());

        request.setAttribute("org.apache.catalina.ASYNC_SUPPORTED", true);

        String time = request.getParameter("time");
        int millis = 5000; // 默认 5 秒
        try {
            millis = Integer.valueOf(time);
        } catch (NumberFormatException e) {
            // 忽略
        }
        // 最大 10 秒
        if (millis > 10000)      {
            millis = 10000;
        }

        AsyncContext asyncCtx = request.startAsync();
        asyncCtx.addListener(new AppAsyncListener());
        asyncCtx.setTimeout(9000);  // 超时

        ThreadPoolExecutor executor = (ThreadPoolExecutor)request
                .getServletContext().getAttribute("executor");

        executor.execute(new AsyncRequestProcessor(asyncCtx, millis));
        long endTime = System.currentTimeMillis();
        System.out.println("AsyncLongRunningServlet 结束:   Name="
                + Thread.currentThread().getName() + "  ID="
                + Thread.currentThread().getId() + "  耗时="
                + (endTime - startTime) + "毫秒");
    }
}
```

运行结果如图 3.10 所示。其默认处理时间为 5000 毫秒。

图 3.10 运行结果(四)

在服务器控制台中，可以看到如下的信息，由于采用异步方式，因此异步 Servlet 仅花费 37 毫秒(根据环境不同有所差异)处理：

```
AsyncLongRunningServlet 启动：   Name=http-nio-8080-exec-2  ID=30
AsyncLongRunningServlet 结束：   Name=http-nio-8080-exec-2  ID=30  耗时=37 毫秒
是否支持异步？true
AppAsyncListener 监听器 onComplete()方法
```

可以通过在地址栏设置?time=8000 查询字符串来设定处理耗时为 8 秒，即 8000 毫秒。如图 3.11 所示。

图 3.11 设置耗时为 8 秒

在服务器的控制台，可以得到类似的结果信息：

```
AsyncLongRunningServlet 启动：   Name=http-nio-8080-exec-4  ID=33
AsyncLongRunningServlet 结束：   Name=http-nio-8080-exec-4  ID=33  耗时=10 毫秒
是否支持异步？true
AppAsyncListener 监听器 onComplete()方法
```

假如设置处理耗时为 10 秒，如图 3.12 所示。

图 3.12 设置耗时为 10 秒

由于在代码清单 3.20 中调用 setTimeout()设置的超时为 9000 毫秒(即 9 秒)，所以在服务器的控制台会抛出如下的异常：

```
AsyncLongRunningServlet 启动：   Name=http-nio-8080-exec-6  ID=36
AsyncLongRunningServlet 结束：   Name=http-nio-8080-exec-6  ID=36  耗时=0 毫秒
是否支持异步？true
AppAsyncListener 监听器 onTimeout()方法
AppAsyncListener 监听器 onComplete()方法
Exception in thread "pool-1-thread-3" java.lang.IllegalStateException: The request
associated with the AsyncContext has already completed processing.
    at org.apache.catalina.core.AsyncContextImpl.check(AsyncContextImpl.java:515)
    at org.apache.catalina.core.AsyncContextImpl.getResponse(AsyncContextImpl.java:233)
    at com.jeelearning.servlet.async.AsyncRequestProcessor.run(AsyncRequestProcessor.java:27)
    at java.util.concurrent.ThreadPoolExecutor.runWorker(Unknown Source)
    at java.util.concurrent.ThreadPoolExecutor$Worker.run(Unknown Source)
    at java.lang.Thread.run(Unknown Source)
```

3.2.4 有问必答

1. 既然 ServletRequestListener 监听器和 ServletRequestAttributeListener 监听器会影响 Web 服务器的性能，为什么还要提供这些监听器？

答： 作为一个完整的规范，需要考虑并满足各种各样的需求。

2. 我觉得很奇怪，为什么不直接使用一个诸如<listener-type>的元素来告诉容器监听器的类型？还有，容器又是怎样搞清楚哪些监听器是 ServletContextListener 的？

答： 是的，声明监听器并不需要说明监听器类型。容器仅仅依靠检查监听器实现了哪些接口，就知道是哪种监听器。另外，一个监听器类可以实现多个 Listener 接口，集多种监听器于一身。

3. 我很担心，没法记住这么多监听器API，怎么办？

答： 除了 ServletContextListener API 需要多实践之外，其他监听器用得很少，其 API 只要稍微了解即可。

4. 我觉得异步 Servlet 很难，暂时看不懂该怎么办？

答： 异步 Servlet 是 Servlet 3.0 新增的功能，主要是为了提升服务器的处理性能。如果暂时不了解，可以先放一放，等以后有了实际需求再来研究。

第4章 会　话

　　本章重点介绍会话的用途和基本工作原理。会话是 Java EE Web 开发中使用非常频繁的技术，Web 应用需要在用户访问不同的 Web 页面之间，保存一些与用户有关的信息。例如，保存用户登录的账号信息，这样，就不再需要强制要求用户在每次访问不同页面时都要登录。服务器必须记住哪些用户经过认证(即登录)，然后在用户访问网络资源时，核查该用户是否具有相应的权限，即授权。在 Web 应用中，上述功能都是使用会话技术才得以完成的。

4.1　会　话　介　绍

在 Web 应用中，将客户端浏览器从访问 Web 服务器开始，通过请求/响应模式访问同一 Web 网站的各种 Web 页面，一直到访问结束的一系列过程，称为一次会话。

典型的会话应用是购物网站的购物车。用户可以自由挑选各种产品，在用户结账之前，Web 服务器必须能记住用户想要购买的货物清单，这就是购物车。

遗憾的是，Web 服务器设计为连短期记忆都没有。一旦服务器发送响应之后，它马上就忘记刚才是与哪个客户端通信了，如果你再次发出请求，不要指望服务器会记住你是谁。

换句话说，服务器既不能记住以前客户端请求过什么信息，也不能记住曾经发送过什么响应信息。要在客户端的多个请求之间保持会话状态，必须采用一种机制来唯一标识某个用户，并记录其状态。

4.1.1　会话的用途

Web 应用在客户端和服务器端的请求和响应中使用 HTTP 协议，HTTP 协议不保存同一用户以前请求的有关信息，因此 HTTP 协议称为无状态协议。这样设计主要是为性能考虑，Web 服务器仅仅简单处理并响应客户的请求，不了解，也不关心一系列请求是来自同一个用户还是不同的用户，这种无状态的特点，可以使服务器同时为大量的客户服务。

典型的会话应用是前面所说的购物车，会话的另一种典型应用是 Web 应用安全。当用户访问商务网站时，常常要求先登录，登录就是一种对用户身份进行认证的方式。用户登录后，Web 应用准许用户访问自己权限允许访问的资源，这就是授权。当用户访问结束后，用户应该及时登出，以避免其他人进行非法访问。Web 应用通常使用会话来记录用户的登录信息。

4.1.2　会话的工作原理

HTTP 是一种无状态的协议，客户端浏览器连接到 Web 服务器，发送请求并获取响应，然后关闭连接。换句话说，连接只存在于单个的"请求-响应"中。由于连接是非持久性的，服务器不能识别第二次发出请求的客户正是上次请求的客户。就服务器而言，每一次的请求都是从新的客户端发出的，Web 服务器单从网络连接上无法知道使用客户端的用户身份。怎么办呢？

解决方案十分简单，在客户端第一次请求时，Web 服务器生成一种称为"会话标识符"(Session ID，会话 ID)的 ID，并随着响应发送给客户端。在客户端，浏览器保存会话 ID，并在每一个后继请求中，把这个会话 ID 发送给服务器。服务器看到会话 ID，将查找到匹配的会话，就能将会话与请求相关联了。

会话 ID 以 Cookie 的形式保存在客户端。下面具体看一下服务器与客户端交换会话 ID 的过程。

在客户端第一次请求时，服务器产生一个会话 ID，随着响应发送给客户端。

下面是 HTTP 响应头，其中的 JSESSIONID 是由 Tomcat 或 Jetty 等服务器产生的用于会话管理的 Cookie 名称，Cookie 值为 32 位的 16 进制数：

```
HTTP/1.1 200 OK
Server: Apache-Coyote/1.1
Set-Cookie: JSESSIONID=1F99AC42016AF82D40340B8269564A15; Path=/sessionbasics/; HttpOnly
Content-Type: text/html;charset=UTF-8
Content-Length: 36
Date: Wed, 12 Nov 2014 05:08:18 GMT
```

注意，不同 Web 服务器产生的会话标识的名称和位数都不一定相同，需要查看文档来确定。

在随后的每一次请求中，客户端必须将会话 ID 发送给服务器。下面是 HTTP 请求头，可以看到，浏览器把 JSESSIONID 以 Cookie 形式传递给服务器：

```
GET /sessionbasics/newSession HTTP/1.1
Host: localhost:8080
Connection: keep-alive
Cache-Control: max-age=0
Accept: text/html,application/xhtml+xml,application/xml;q=0.9,image/webp,*/*;q=0.8
User-Agent: Mozilla/5.0 (Windows NT 6.3; WOW64)
AppleWebKit/537.36 (KHTML, like Gecko) Chrome/31.0.1650.63 Safari/537.36
Accept-Encoding: gzip,deflate,sdch
Accept-Language: zh-CN,zh;q=0.8
Cookie: JSESSIONID=1F99AC42016AF82D40340B8269564A15
```

这样，服务器就能辨认客户端并维持会话状态了。

Web 服务器一般采用如下三种方式来进行会话状态管理：

● 通过保存在客户端的 Cookies。

● 通过服务器端的 HttpSession 对象，要求客户端开启 Cookie。

● 如果客户端禁用 Cookie，只能通过 URL 重写方式。

4.1.3　有问必答

1. 为什么不使用客户端的 IP 地址来判断用户的身份？

答：由于 IP 地址是请求报文的一部分，Web 服务器容易从请求中获取客户端的 IP 地址。但是，并不能说 IP 地址就能唯一地鉴别用户的身份。在局域网中，IP 地址可能是唯一的。但是在 Internet 下，可能局域网内的主机需要通过代理服务器访问网络，这时，局域网中的多个客户端都使用代理服务器的 IP 地址。服务器得到的地址并不一定是客户端的唯一地址，因此，IP 地址不能唯一标识 Internet 的客户端。

2. 可否使用安全的连接(HTTPS)来唯一标识客户端？

答：可以。如果用户登录(或使用证书)，且连接是安全的，Web 服务器就能唯一标识用户且与 Session 关联。但是，除非安全要求非常高，不要强制用户登录，也不要强制转换为安全协议(HTTPS)，因为这些都会导致很大的开销。因此，HTTPS 只是解决唯一标识客户端问题的一种昂贵方案，无法普及。

3. 是否可以把会话 ID 理解为"通行证"？

答：非常有创意的想法，理解得非常到位。

4. 如果我在客户端伪造一个会话 ID，服务器会不会察觉？

答： 想法很有意思，但不可行。要知道，在服务器端会保存所有会话的会话 ID，接收到会话 ID 后，会进行比对，比对正确的才会认定你是原来通信的那个客户。除非你碰巧猜中了留底的某个会话表标识符。但是，对于 32 位长度的 ID，猜中的概率太小，几乎为零。

4.2 Cookies

Cookies 是指很多服务器网站为了辨别用户身份而储存在客户端的本地数据，如果是敏感数据，通常需要经过加密。

Cookies 实现一种客户端与服务器进行简单信息交互的方式，在 Web 应用开发中应用非常广泛。Cookies 为贝尔实验室的 D. Kristol 和网景公司的 L. Montulli 于 1997 年 2 月定义，参见 RFC2109(网址为 http://www.w3.org/Protocols/rfc2109/rfc2109)。

4.2.1 什么是 Cookies

Cookies 是 Web 服务器保存在客户端的小型文本文件，包含有若干"名-值"对，可以保存用户的会话信息。按照存储在客户端的位置，可分为内存 Cookies 和硬盘 Cookies。

内存 Cookies 由浏览器维护，保存在内存中，浏览器关闭后就消失了，存活时间短暂。硬盘 Cookies 保存在硬盘里，存活时间较长。硬盘 Cookies 可以通过浏览器提供的功能用手工进行删除，此外，Cookies 有一个过期时间，过期后，将删除硬盘 Cookie。

由于 HTTP 是无状态的协议，服务器不知道用户上次的行为。在典型的网上购物场景中，用户会浏览多个页面，购买不同商品，但由于 HTTP 的无状态性，不采取其他手段，服务器因不知道用户买了什么商品而无法结账。Cookies 可用于弥补 HTTP 的无状态性，服务器通过设置或读取 Cookies 中包含的信息，维持客户端与服务器的会话状态。当客户选购了某项商品后，服务器在向用户发送网页的同时，还发送记录该项商品的 Cookie 信息。用户继续访问其他页面，客户端浏览器会将 Cookies 发送给服务器，服务器就知道该客户选购的商品了。继续上述过程，每次选购商品，服务器就在 Cookies 中追加新的商品信息。服务器读取了客户端记录的 Cookie 信息，就可以结账。

Cookies 的另一个典型应用是保存用户的登录信息。当用户输入用户名和密码登录一个网站时，如果用户勾选"下次自动登录"选项，那么，下次访问同一网站时，会发现无需输入用户名和密码就已经登录了。这是因为上次登录时，服务器以 Cookies 形式发送用户的登录凭据到客户端并保存在硬盘上。以后登录时，服务器通过验证登录凭据，就可以让用户直接登录了。一些商务网站通过设置 Cookies 的过期时间，来让用户自己选择保存密码的期限，如一周、一个月、一年等。

4.2.2 Cookies 的工作原理

我们已经知道，Cookie 是一小段文本信息，伴随客户端请求和服务器响应在 Web 服务器和浏览器之间进行传递。

如果某个 JSP 网页或 Servlet 想要记录什么信息，就可以发送 Set-Cookie 信息头给浏览

98

器，每个 Set-Cookie 头包含一个 Cookie 的"名-值"对，"名-值"对之间用等号(=)连接，可能还设置有本 Cookie 的存活时间。

例如，下面的信息是服务器发送给浏览器的响应头：

```
HTTP/1.1 200 OK
Server: Apache-Coyote/1.1
Set-Cookie: name=%E5%BC%A0%E4%B8%89; Expires=Mon, 10-Nov-2014 13:31:28 GMT
Set-Cookie: pwd=abc; Expires=Mon, 10-Nov-2014 13:31:28 GMT
Content-Type: text/html;charset=UTF-8
Content-Length: 39
Date: Mon, 10 Nov 2014 13:01:28 GMT
```

以后，如果该用户再次请求 Web 服务器站点的页面，浏览器就会在本地硬盘上查找与请求 URL 关联的 Cookies。如果 Cookies 存在，浏览器就会将 Cookies 和页面请求一起发送到 Web 服务器，这样，服务器就可以知道浏览器的历史信息。

下面的请求头信息中，包含了浏览器发送回服务器的 Cookies：

```
GET /cookietest/GetCookies.do HTTP/1.1
Host: localhost:8080
Connection: keep-alive
Accept: text/html,application/xhtml+xml,application/xml;q=0.9,image/webp,*/*;q=0.8
User-Agent: Mozilla/5.0 (Windows NT 6.3; WOW64)
AppleWebKit/537.36 (KHTML, like Gecko) Chrome/31.0.1650.63 Safari/537.36
Accept-Encoding: gzip,deflate,sdch
Accept-Language: zh-CN,zh;q=0.8
Cookie: name=%E5%BC%A0%E4%B8%89; pwd=abc
```

如果不特别指定的话，Cookies 往往与 Web 站点关联，而不是与特定页面或 Servlet 关联。因此，无论浏览器请求 Web 站点中的哪一个页面，浏览器与服务器都会自动交换 Cookies 信息。用户访问不同 Web 服务器时，不同 Web 服务器都会向用户浏览器发送不同的 Cookies，浏览器会识别并分别存储来自不同站点的 Cookies。

另外，不同浏览器存储 Cookies 的方式各不相同，因此，假如用户使用同一台计算机的不同浏览器访问同一个 Web 站点，接收到的重复 Cookies 信息可能存储在计算机的不同硬盘位置。

可以设置 Cookies 的存活时间，即有效期。当用户再次访问 Web 站点时，浏览器将删除过期 Cookies。如果没有设置 Cookies 的存活时间，浏览器仍然会创建 Cookies，只不过不会存储在硬盘上，而是把 Cookies 暂时放到内存中。当用户关闭浏览器时，这些 Cookies 就会丢失。这类非持久性 Cookies 适合存放只需短期存储的信息，或者存放由于安全原因不允许写入客户端硬盘的敏感信息。

4.2.3 Cookies API

Servlet 规范提供了 javax.servlet.http.Cookie 类，并且，在 HttpServletRequest 接口和 HttpServletResponse 接口中，分别定义了获取客户端的 Cookies 对象和保存 Cookies 到浏览器的方法。

(1) Cookie 类 API

- public Cookie(String name, String value)：用给定的"名-值"对构建 Cookie 对象。一旦创建 Cookie，其 name 不可更改。

- public void setDomain(String domain)：设置 Cookie 对象可访问的域名。域名以英文句点起始，指定该 Cookie 能被 DNS 指定的服务器访问。Cookie 默认只返回给发送自身的服务器。
- public String getDomain()：获取本 Cookie 对象的域名。
- public void setMaxAge(int expiry)：设置 cookie 对象的最大存活时间，单位为秒。参数若 expiry 为正整数，表明在 expiry 秒之后 Cookie 过期；expiry 若为负整数，表明 Cookie 不需要持久化存储，浏览器关闭时就删除该 Cookie 对象；expiry 为零，则删除 Cookie。
- public int getMaxAge()：获取 Cookie 对象的最大存活时间。默认返回-1，表明 Cookie 存活直至浏览器关闭。
- public void setPath(String uri)：指定 Cookie 对象的路径，只有访问该路径下的 Web 资源客户端才会返回 Cookie。Cookie 能被指定目录(及子目录)下的所有页面访问。Cookie 路径必须包含设置 Cookie 的 Servlet，例如，路径为/catalog，使得该 Cookie 能为服务器在/catalog 路径下的所有目录里的页面所访问。
- public String getPath()：返回浏览器能发回 Cookie 的服务器路径。
- public void setSecure(boolean flag)：通知浏览器是否只能在诸如 HTTPS 或 SSL 的安全协议下才能发送 Cookie。默认为 false。
- public boolean getSecure()：如果浏览器只能在安全协议下才能发送 Cookie，返回 true，否则返回 false。
- public String getName()：返回 Cookie 的名称。
- public void setValue(String newValue)：设置 Cookie 的新值。
- public String getValue()：获取 Cookie 的当前值。
- public int getVersion()：获取 Cookie 协议的版本。0 表示原始网景 Cookie 规范，1 表示 RFC2109 规范。
- public void setVersion(int v)：设置 Cookie 协议的版本。

(2) 读取客户端 Cookies

通过调用 HttpServletRequest 接口的 getCookies()方法读取客户端的 Cookie 对象数组。该方法定义如下：

```
Cookie[] getCookies();
```

getCookies()方法返回客户端通过请求对象发送的全部 Cookie 对象的数组，如果没有发送 Cookie，则返回 null。

API 没有提供获取指定名称的 Cookie 对象的方法，也就是不存在 getCookie(String name) 方法，只能在获取数组之后通过编程取得目标 Cookie 对象。

如下代码片段首先获取 Cookies 数组，然后通过一个 for 循环，查找数组中 Cookie 名称为 username 的元素，找到后打印用户姓名：

```
Cookie[] cookies = request.getCookies();
for (int i=0; i<cookies.length; i++) {
    Cookie cookie = cookies[i];
    if (cookie.getName().equals("username")) {
        String userName = cookie.getValue();
```

```
        out.println("你好" + userName);
        break;
    }
}
```

（3）保存 Cookies

通过调用 HttpServletResponse 接口的 addCookie()方法，将 Cookie 对象通过响应对象发送到客户端浏览器进行保存。该方法定义如下：

```
void addCookie(Cookie cookie);
```

addCookie()方法添加指定的 Cookie 到响应对象，可以多次调用本方法，以便设置多个 Cookie。

如下代码片段演示如何创建一个 Cookie 并发送到客户端保存的过程：

```
// 创建新的 Cookie
Cookie cookie = new Cookie("username", name);
// 设置 Cookie 在客户端存活的时长，这里设置为 30 分钟
cookie.setMaxAge(30*60);
// 将 Cookie 对象发送至客户端
response.addCookie(cookie);
```

4.2.4　Cookies 的缺点

Cookies 使用简单，简化了会话跟踪的编程。但 Cookies 也存在如下缺点。

（1）保存在客户端的 Cookies 会在每个 HTTP 请求中都要附带发送，导致网络传输数据增大，影响性能。

（2）在 HTTP 请求中以明文发送 Cookies，除非使用安全协议(HTTPS)，否则会有安全问题。

（3）Cookies 的大小限制在 4KB(新版放松至 8 KB)左右，难以保存复杂的会话跟踪信息。

（4）用户可以改变浏览器的设置，启用或禁用 Cookies。如果用户禁用 Cookies，服务器就无法将 Cookies 保存至客户端，从而无法使用 Cookies 来跟踪会话状态。

（5）安装在客户端的 Cookies 具有安全缺陷。一些浏览器自带或安装开发者工具包允许用户查看、修改或删除特定网站的 Cookies 信息。黑客可能采用跨站点脚本技术盗取用户的 Cookies 信息，可能给用户造成经济或其他损失。

4.2.5　实践出真知

1. Cookies 实践

在 Eclipse 中新建一个名称为 cookietest 的动态 Web 项目，在 WebContent 目录下新建一个 setcookies.html，文件内容如代码清单 4.1 所示。该页面用一个表单来收集用户输入的姓名和密码信息，然后提交给一个 Servlet 处理，将姓名和密码保存到客户端。

代码清单 4.1　setcookies.html

```
<!DOCTYPE html>
<html>
<head>
<meta charset="UTF-8">
```

```
<title>Cookies 测试</title>
</head>
<body>
    <form action="SetCookies.do" method="POST">
        姓名: <input type="text" name="name"> <br />
        密码: <input type="password" name="pwd" /> <br />
        <input type="submit" value="提交" />
    </form>
</body>
</html>
```

SetCookies 类是一个 Servlet,它接收 setcookies.html 传来的用户输入的姓名和密码参数,然后分别为姓名和密码创建 Cookie 对象,并设置两个 Cookies 的过期日期为 30 分钟,将两个 Cookies 添加到响应头中,最后,在浏览器上显示姓名和密码信息。完整的代码如代码清单 4.2 所示。

代码清单 4.2 SetCookies.java

```java
package com.jeelearning.servlet;

import java.io.IOException;
import java.io.PrintWriter;
import java.net.URLEncoder;

import javax.servlet.ServletException;
import javax.servlet.annotation.WebServlet;
import javax.servlet.http.Cookie;
import javax.servlet.http.HttpServlet;
import javax.servlet.http.HttpServletRequest;
import javax.servlet.http.HttpServletResponse;

@WebServlet("/SetCookies.do")
public class SetCookies extends HttpServlet {
    private static final long serialVersionUID = 1L;

    protected void doPost(HttpServletRequest request,
      HttpServletResponse response) throws ServletException, IOException {
        // 设置字符编码
        request.setCharacterEncoding("UTF-8");
        response.setCharacterEncoding("UTF-8");

        // 获取姓名和密码参数
        String paramName = request.getParameter("name");
        String paramPwd = URLEncoder.encode(request.getParameter("pwd"), "UTF-8");

        // 为姓名和密码创建 Cookies
        Cookie name = new Cookie("name", URLEncoder.encode(paramName, "UTF-8"));
        Cookie pwd = new Cookie("pwd", URLEncoder.encode(paramPwd, "UTF-8"));

        // 设置两个 Cookies 的过期日期为 30 分钟
        name.setMaxAge(30 * 60);
        pwd.setMaxAge(30 * 60);

        // 在响应头中添加两个 Cookies
        response.addCookie(name);
        response.addCookie(pwd);

        // 设置响应内容类型
        response.setContentType("text/html; charset=UTF-8");
```

```
            PrintWriter out = response.getWriter();
            out.println("姓名: " + paramName + "<br>");
            out.println("密码: " + paramPwd + "<br>");
        }
    }
```

　　需要注意的是，为了支持汉字，在代码中调用 URLEncoder.encode()方法将 Cookie 值的字符串转换为 application/x-www-form-urlencoded MIME 的格式，如果不进行转码，Cookie 只能使用英文。

　　代码清单 4.3 是获取 Cookies 的 Servlet，它调用 request 对象的 getCookies()方法获取 Cookies 数组，然后使用一个 for 循环遍历 Cookies 数组，并打印每个 Cookie 的名称和值。由于保存 Cookie 值时进行转码，这里需要调用 URLDecoder.decode()方法进行解码。

　　代码清单 4.3　GetCookies.java

```java
package com.jeelearning.servlet;

import java.io.IOException;
import java.io.PrintWriter;
import java.net.URLDecoder;

import javax.servlet.ServletException;
import javax.servlet.annotation.WebServlet;
import javax.servlet.http.Cookie;
import javax.servlet.http.HttpServlet;
import javax.servlet.http.HttpServletRequest;
import javax.servlet.http.HttpServletResponse;

@WebServlet("/GetCookies.do")
public class GetCookies extends HttpServlet {
    private static final long serialVersionUID = 1L;

    protected void doGet(HttpServletRequest request,
      HttpServletResponse response) throws ServletException, IOException {
        Cookie cookie = null;
        Cookie[] cookies = null;

        // 设置字符编码
        request.setCharacterEncoding("UTF-8");
        response.setCharacterEncoding("UTF-8");

        // 获取 Cookies 数组
        cookies = request.getCookies();

        // 设置响应内容类型
        response.setContentType("text/html; charset=UTF-8");

        PrintWriter out = response.getWriter();
        if (cookies != null) {
            out.println("<h4>查找 Cookies 名称和值</h4>");
            for (int i=0; i<cookies.length; i++) {
                cookie = cookies[i];
                out.print("名称: " + cookie.getName() + " —》 ");
                out.print("值: "
                        + URLDecoder.decode(cookie.getValue(), "UTF-8") + " <br/>");
            }
        } else {
```

```
                out.println("<h4>未找到 Cookies</h4>");
            }
        }
    }
```

删除 Cookies 的 Servlet 代码如代码清单 4.4 所示。代码调用 request 对象的 getCookies() 方法获取 Cookies 数组，然后使用一个 for 循环遍历 Cookies 数组，在循环中使用 if 语句判断是否需要删除的 Cookies，如果需要，则调用 setMaxAge(0)方法设置最大存活时间为 0，最终通知浏览器删除目标 Cookies。

代码清单 4.4　DelCookies.java

```java
package com.jeelearning.servlet;

import java.io.IOException;
import java.io.PrintWriter;
import java.net.URLDecoder;

import javax.servlet.ServletException;
import javax.servlet.annotation.WebServlet;
import javax.servlet.http.Cookie;
import javax.servlet.http.HttpServlet;
import javax.servlet.http.HttpServletRequest;
import javax.servlet.http.HttpServletResponse;

@WebServlet("/DelCookies.do")
public class DelCookies extends HttpServlet {
    private static final long serialVersionUID = 1L;

    protected void doGet(HttpServletRequest request,
      HttpServletResponse response) throws ServletException, IOException {
        Cookie cookie = null;
        Cookie[] cookies = null;

        // 设置字符编码
        request.setCharacterEncoding("UTF-8");
        response.setCharacterEncoding("UTF-8");

        PrintWriter out = response.getWriter();

        // 获取 Cookies 数组
        cookies = request.getCookies();

        // 设置响应内容类型
        response.setContentType("text/html; charset=UTF-8");

        if (cookies != null) {
            out.println("<h4>Cookies 名称和值</h4>");
            for (int i=0; i<cookies.length; i++) {
                cookie = cookies[i];
                if ("name".equals(cookie.getName())
                  || "pwd".equals(cookie.getName())) {
                    cookie.setMaxAge(0);
                    response.addCookie(cookie);
                    out.print("已删除的 cookie: " + cookie.getName() + "<br/>");
                }
                out.print("名称: " + cookie.getName() + " —》 ");
                out.print("值: "
                    + URLDecoder.decode(cookie.getValue(), "UTF-8") + " <br/>");
```

```
        }
    } else {
        out.println("<h4>未找到 Cookies </h4>");
    }
}
}
```

完成上述编码后，现在对 Web 项目进行测试。

在浏览器中浏览 setcookies.html 页面，并输入姓名为张三，密码为 abc，如图 4.1 所示。然后单击"提交"按钮。

图 4.1　在 setcookies.html 页面中输入姓名和密码信息

SetCookies 获取输入参数，转码后创建 Cookies 对象，将 Cookies 对象发送给客户端浏览器保存，然后显示参数信息，如图 4.2 所示。

图 4.2　保存 Cookies

在浏览器地址栏中输入"http://localhost:8080/cookietest/GetCookies.do"，访问获取 Cookies 的 Servlet，运行结果如图 4.3 所示。

图 4.3　读取 Cookies

最后，测试删除 Cookies 的 Servlet，运行结果如图 4.4 所示。不要以为在页面上显示 Cookies 的"名-值"对就没有删除 Cookies，实际此时 Cookies 已经不存在了，重新读取 Cookies 就可证明这点。

图 4.4　删除 Cookies

2. 探索 Cookies 的底层传输过程

使用上一个实践的结果进行测试。

启动 360 浏览器(或其他浏览器)，按 F12 键启用开发人员工具。然后在地址栏中输入"http://localhost:8080/cookietest/setcookies.html"网址，在页面表单上填写姓名和密码，然后单击"提交"按钮，将提交的数据交给保存 Cookies 的 Servlet 处理。

图 4.5 显示保存 Cookies 的响应头，可以看到 Web 服务器通过 Set-Cookie 信息头来设置要保存的 Cookie，由于要同时保存两个 Cookies，因此有两行 Set-Cookie。

图 4.5　保存 Cookies 的响应头

然后读取 Cookies，如图 4.6 所示。可以看到，请求头中的 Cookie 一行内将所保存的 Cookies 全部发回给 Web 服务器，因此服务器能够读取到 Cookies 信息。

图 4.6　读取 Cookies 的请求头

4.2.6　有问必答

1. 学习 Cookies 让我感觉头大，能不能简单地总结一下 Cookies 的概念？

答： 应当了解如下几点。第一，Cookies 不过是长度很短的、由名-值对组成的、在服务器和客户端之间传递的数据。第二，服务器通过响应对象发送 Cookies 给客户端，客户端在随后的请求中都将 Cookies 发送回服务器。第三，客户端浏览器关闭后，会话 Cookies 不复存在，但可以通过设置，将 Cookies 保存到硬盘。

2. Cookies 实质就是 HTTP 头, 对吧?

答: 不正确。如果要在响应对象中添加信息头, 应将名称和值的字符串作为 addHeader() 方法的参数, 例如:

```
response.addHeader("name", "value");
```

但如果要在响应对象中添加 Cookie, 需要先调用 Cookie 的构造方法构建 Cookie 对象, 然后将 Cookie 对象作为参数传递, 例如:

```
Cookie cookie = new Cookie("name", value);
response.addCookie(cookie);
```

3. 我不了解 Cookies 中的 "域" 概念, 能多讲一点吗?

答: Cookies 是不能跨域访问的。这意味着浏览器不会将 Web 站点 A 的 Cookies 提交给 Web 站点 B, Cookies 的隐私安全机制能够禁止 Web 站点非法获取其他站点的 Cookies。默认情况下, 相同一级域名下的两个二级域名如 www.somsite.com 和 songs.somesite.com 不能交互使用 Cookies, 因为两者的域名不严格相同。如果想让所有的 somsite.com 下的二级域名都能共享 Cookies, 就需要设置 Cookies 的 domain 参数, 例如:

```
cookie.setDomain(".somsite.com");        // 设置域名
```

应注意, setDomain()方法的参数必须以点 "." 开始。

4.3   HttpSession

我们已经知道, Web 服务器通过会话 ID 跟踪会话状态。HttpSession 接口是 Java 平台的会话管理机制的实现规范, 具体实现取决于 Web 服务器提供商, 实现该接口的对象就是会话对象。会话对象保存在服务器上, 对于每次会话过程, 都要创建一个会话对象, 维持每一个客户的会话状态信息。

4.3.1   HttpSession 的基本概念

Web 服务器并不需要跟踪所有的连接会话, 因此, 开发人员需要通过编程来告诉容器是否需要创建会话对象。别担心, 要做的只是一点点工作, 容器会负责几乎所有的繁重工作, 例如, 生成会话 ID, 创建新的 Cookie 对象, 将会话 ID 填充到 Cookie 对象中, 并将 Cookie 作为响应的一部分发送给客户端, 将会话 ID 与现有的会话进行比对, 将当前请求与会话进行关联等。

(1) HttpSession 的工作原理

在 Servlet 中, 只需要如下一条语句, 就可以让容器在响应中发送会话 Cookie 对象:

```
HttpSession session = request.getSession();
```

只要运行这一条语句, 容器就会自己完成剩下的诸如新建会话对象、产生会话 ID 等工作。如果是第一次调用请求对象的 getSession()方法, 就会让容器将会话 Cookie 随响应发送给客户端。但是, 这不能保证客户端一定会接收并保存 Cookie, 因为用户可以选择禁用 Cookie。

在 JSP 中，默认在将 JSP 转换为 Servlet 时都会生成如下两条语句：

```
javax.servlet.http.HttpSession session = null;
...
session = pageContext.getSession();
```

因此，JSP 默认支持会话，除非在 page 指令中将 Session 属性设置为 false 时，页面才不会自动生成隐含的 session 对象，只能编码创建 HttpSession 的实例。

如果在随后的服务器与客户端交互中需要获取会话 ID，也需要编写如下一条语句：

```
HttpSession session = request.getSession();
```

读者不用惊奇，这里的确没有写错，还是使用发送会话 Cookie 一模一样的语句。这里只是得到 HttpSession 接口的实现对象，如果要获取会话 ID，还需要调用 HttpSession 对象的 getId()方法。

下面以伪代码的形式描述 getSession()方法的执行过程：

```
IF (请求对象包含会话 ID 的 Cookie)
     查找匹配该标识符的会话
ELSE IF (请求对象没有包含会话 ID 的 Cookie) OR (查找不到匹配该标识符的会话)
     创建新的会话对象
```

上述伪代码表明，不论原来有没有会话对象，getSession()方法都会返回一个会话对象，既可能是原来的会话对象，也可能是新的会话对象。因此，HttpSession 接口还提供一个 isNew()方法，该方法在客户端尚未响应会话 ID 前返回 true。

如下代码片段展示如何通过调用 isNew()方法来判断是否是新建的会话：

```
HttpSession session = request.getSession();

if (session.isNew()) {
    out.println("新朋友");
} else {
    out.println("欢迎回来！");
}
```

如果要求只获取原来已经创建过的会话对象，而不再自动创建新的会话对象，需要调用 request.getSession(false)方法。参数 false 的含义是仅返回已经存在的会话，如果会话不存在，则返回 null。另外，getSession(true)方法与前面的 getSession()方法功能完全一致。

如下代码片段展示了如何判断会话对象是否已经存在：

```
HttpSession session = request.getSession(false);

if (session == null) {
    out.println("原来没有创建过 session，无法获取。");
} else {
    out.println("成功获取 session。");
}
```

(2) HttpSession 接口

调用 getSession()方法会返回会话对象，该对象是实现 HttpSession 接口的类的实例。Servlet 规范仅规定 HttpSession 接口，该接口的实现类由具体的容器厂商负责。

一旦获取会话对象之后，最为常用的是调用 setAttribute()方法将会话范围的属性设置到会话中，或者调用 getAttribute()方法从会话中获取会话范围的属性。另外，HttpSession 接口有下列重要方法。

- long getCreationTime()：返回会话的创建时间。本方法用于查询会话存活的时长，主要用于限制在一定时间内必须完成的会话。

- long getLastAccessedTime()：返回最后一次请求的时间。本方法用于查询客户最后一次访问的时间，可用于决定是否应该调用 invalidate()方法终止会话。

- void setMaxInactiveInterval(int interval)：指定会话失效的时间间隔(单位为秒)。当客户端在特定失效时长内不再请求服务器时，会导致会话失效。用于减少过期会话占用服务器内存。

- int getMaxInactiveInterval()：获取会话失效的时间间隔(单位为秒)。用于判断当客户端一直不请求服务器时，需多长时间会话才会失效。

- void invalidate()：结束会话，包括解除 Session 对象中绑定的会话属性。当客户在网店结账或登出时，可调用该方法结束会话，之后会话 ID 将不再存在，并将会话范围属性从 Session 对象中删除。

(3) 会话失效

服务器将会话对象放在内存中，会占用一定的内存资源。表面上看，单个会话占用的资源不会多，但如果同时与服务器交互的客户端数量很大，每一个会话都需要一个会话对象，加起来会占用很多资源。因此，当会话结束后，需要能够及时释放所占用的资源。

结束会话的方式有多种。例如，用户访问网站，开启了会话，然后改变主意上了另外的网站。或者用户正在上网，但浏览器崩溃了。或者用户上网，购买了一些商品，然后结账离开等。

由于 HTTP 是无状态的协议，服务器无法知道哪些客户已经离开，或者浏览器是否崩溃等。那服务器怎么知道何时可以安全地关闭会话呢？

第一种思路是设置一个超时限制。当客户端最后一次访问服务器之后，很长时间都没有再次访问，那么就可以安全地关闭会话。这种方式最大的问题是究竟多长时间算足够"长"，如果定的超时时间太短，可能用户还在浏览的时候会话就关闭了，导致用户多次登录才能完成比如购物这类交易，这种不好的经历可能会造成客户的流失。反过来，如果定的超时时间太长，不但会造成服务器负载过大，还可能因用户忘记关闭浏览器而导致账号被盗用的安全问题。因此，需要能够根据应用的要求来设置会话的超时限制。

就技术而言，有两种方法来设置会话超时，一种是在 web.xml 文件中配置，另一种是直接编码。

例如，在 web.xml 中的<session-config>元素下设置超时为 20 分钟，配置代码如下：

```
<session-config>
    <session-timeout>20</session-timeout>
</session-config>
```

如果需要改变特定会话的超时时间，可以直接调用 setMaxInactiveInterval()方法。例如，下面的语句同样设置超时为 20 分钟：

```
session.setMaxInactiveInterval(20*60);
```

这样，只影响调用的那个会话实例，不影响其他会话。

除了超时限制外，还可以让用户自己关闭会话。具体方法是，在页面上设置一个登出按钮，在按钮的事件处理代码中添加如下一条语句：

```
session.invalidate();
```

执行这条语句会立即关闭会话，并解除 Session 对象中绑定的全部属性。

4.3.2 会话生命周期

会话有自己的生命周期，会话由容器创建和消毁，在应用中可以添加、删除或替换会话属性，在分布式的应用中，会话可以被去活(将内存中的会话对象持久化到硬盘文件)，然后迁移到另一个虚拟机中激活(将硬盘文件读入到内存会话对象)。

(1) 会话监听器

与会话生命周期相关的监听器一共有 5 个，都位于 javax.servlet.http 包中。下面分别介绍这 5 个监听器。

① HttpSessionListener 接口

当 HttpSession 生命周期变更时，该接口会接收到通知。

HttpSessionListener 接口有如下两个方法。

* void sessionCreated(HttpSessionEvent se)：当容器完成创建会话时，触发该事件。
* void sessionDestroyed(HttpSessionEvent se)：当会话即将消毁时，触发该事件。

② HttpSessionAttributeListener 接口

当 HttpSession 属性变更时，该接口会接收到通知。

HttpSessionAttributeListener 接口有如下 3 个方法。

* void attributeAdded(HttpSessionBindingEvent event)：当属性添加到会话时，触发该事件。
* void attributeRemoved(HttpSessionBindingEvent event)：当属性从会话中删除时，触发该事件。
* void attributeReplaced(HttpSessionBindingEvent event)：当会话中的属性替换时，触发该事件。

③ HttpSessionBindingListener 接口

当实现该接口的对象绑定到会话或从会话中解除绑定时，该对象会接收到通知。

HttpSessionBindingListener 接口有如下两个方法。

* void valueBound(HttpSessionBindingEvent event)：在对象绑定到会话时，通知该对象并识别会话。
* void valueUnbound(HttpSessionBindingEvent event)：在对象即将从会话中解除绑定时，通知该对象并识别会话。

④ HttpSessionActivationListener 接口

绑定到会话的对象须监听容器事件，如会话即将去活以及会话即将激活。容器可能需要在多个虚拟机间迁移,规范要求通知绑定到会话且实现 HttpSessionActivationListener 接口的全部属性。

HttpSessionActivationListener 接口有如下两个方法。

* void sessionWillPassivate(HttpSessionEvent se)：会话即将去活的通知。

- void sessionDidActivate(HttpSessionEvent se)：会话完成激活的通知。

⑤　HttpSessionIdListener 接口

当 HttpSession ID 变更时，需要接收通知的接口。

HttpSessionIdListener 接口有如下一个方法，改变某个会话中的会话 ID 后的通知：

```
void sessionIdChanged(HttpSessionEvent event, String oldSessionId)
```

这 5 个监听器接口的方法都以 HttpSessionEvent 或 HttpSessionBindingEvent 作为输入参数，HttpSessionEvent 类只有一个重要方法——getSession()，该方法返回会话对象。

HttpSessionBindingEvent 是 HttpSessionEvent 类的子类，继承了 getSession()方法，还新增了 getName()方法和 getValue()方法，前者返回绑定或解除绑定的属性的名称，后者返回添加、删除或替换的属性的值。

为了接收通知事件，实现类必须在 Web 应用部署描述符 web.xml 文件中声明监听器，或者对监听器类使用@WebListener 标注，或者调用 ServletContext 对象的 addListener()方法进行注册。

在 web.xml 文件中声明监听器的格式如下：

```
<listener>
    <listener-class>com.jeelearning.listener.SessionCounter</listener-class>
</listener>
```

@WebListener 标注的格式如下：

```
@WebListener
public class SessionCounter implements HttpSessionListener {
    ...
}
```

(2)　监听器编程示例

属性监听器的格式如下所示：

```
package com.jeelearning.listener;

import javax.servlet.annotation.WebListener;
import javax.servlet.annotation.*;

@WebListener
public class AttributeListener implements HttpSessionAttributeListener {

    public void attributeAdded(HttpSessionBindingEvent event) {
        // 添加属性事件处理代码
    }

    public void attributeRemoved(HttpSessionBindingEvent event) {
        // 删除属性事件处理代码
    }

    public void attributeReplaced(HttpSessionBindingEvent event) {
        // 替换属性事件处理代码
    }
}
```

该监听器跟踪会话对象中任意属性的添加、删除和替换操作。为了简单起见，使用 @WebListener 标注声明监听器。如果不使用标注，可以在 web.xml 文件中声明监听器。监听器类实现 HttpSessionAttributeListener 接口，因而必须实现该接口中的三个方法，即 attributeAdded()方法、attributeRemoved()方法和 attributeReplaced()方法。

另一种监听器由属性类实现。例如，如下的 BindingListener 监听器本身是一个属性类，它监听影响自己的重要事件，这里监听的事件有两种，一是绑定到会话，二是从会话中解除绑定：

```java
package com.jeelearning.listener;

import javax.servlet.http.*;

public class BindingListener implements HttpSessionBindingListener {
    public void valueBound(HttpSessionBindingEvent event) {
        // 绑定值事件处理代码
    }

    public void valueUnbound(HttpSessionBindingEvent event) {
        // 解除绑定值处理代码
    }
}
```

注意，上述监听器是一个属性类，实现 HttpSessionBindingListener 接口，不需要使用 @WebListener 标注，也不需要在 web.xml 文件中声明。其他监听器必须使用@WebListener 标注或者在 web.xml 文件中声明。

4.3.3 实践出真知

1. 测试是否是新建的会话

用 Eclipse 新建一个名称为 sessionbasics 的动态 Web 项目，然后新建一个 Servlet，代码如代码清单 4.5 所示。首先调用 request 对象的 getSession()方法来获取一个旧的或者新建一个新的 Session 对象，然后调用 Session 对象的 isNew()方法，来判断是否为新建的 Session。

代码清单 4.5　NewSession.java

```java
package com.jeelearning.servlet;

import java.io.IOException;
import java.io.PrintWriter;

import javax.servlet.ServletException;
import javax.servlet.annotation.WebServlet;
import javax.servlet.http.HttpServlet;
import javax.servlet.http.HttpServletRequest;
import javax.servlet.http.HttpServletResponse;
import javax.servlet.http.HttpSession;

@WebServlet("/newSession")
public class NewSession extends HttpServlet {
    private static final long serialVersionUID = 1L;

    protected void doGet(HttpServletRequest request,
      HttpServletResponse response) throws ServletException, IOException {
        response.setContentType("text/html;charset=UTF-8");
        response.setCharacterEncoding("UTF-8");
        PrintWriter out = response.getWriter();
        out.println("测试 session 属性<br>");
```

```
        HttpSession session = request.getSession();

        if (session.isNew()) {
            out.println("新朋友");
        } else {
            out.println("欢迎回来! ");
        }
    }
}
```

如果是第一次访问该 Servlet，页面显示"新朋友"，如图 4.7 所示。

图 4.7　第一次访问

单击浏览器的刷新按钮，第二次以后的页面都会显示"欢迎回来！"，表明服务器已经知道这是同一个会话，如图 4.8 所示。

图 4.8　第二次以后的访问

2. 获取以前创建的会话

还是在 sessionbasics 项目下，新建一个如代码清单 4.6 所示的 Servlet。注意到 getSession() 方法带了一个布尔型参数，即 request.getSession(false)，其含义是返回以前创建的会话对象，如果不存在，则返回 null。后面的 if 语句判断是否获取到会话对象。

代码清单 4.6　ExistingSession.java

```
package com.jeelearning.servlet;

import java.io.IOException;
import java.io.PrintWriter;

import javax.servlet.ServletException;
import javax.servlet.annotation.WebServlet;
import javax.servlet.http.HttpServlet;
import javax.servlet.http.HttpServletRequest;
import javax.servlet.http.HttpServletResponse;
import javax.servlet.http.HttpSession;

@WebServlet("/existingSession")
public class ExistingSession extends HttpServlet {
    private static final long serialVersionUID = 1L;

    protected void doGet(HttpServletRequest request,
        HttpServletResponse response) throws ServletException, IOException {
        response.setContentType("text/html;charset=UTF-8");
        response.setCharacterEncoding("UTF-8");
        PrintWriter out = response.getWriter();
        out.println("测试 session<br>");
```

```
        HttpSession session = request.getSession(false);

    if (session == null) {
        out.println("原来没有创建过 session，无法获取。");
    } else {
        out.println("成功获取 session。");
    }
    }
}
```

运行 Web 项目，在浏览器中浏览 Servlet，如果原来没有创建会话对象，浏览器的显示如图 4.9 所示。

图 4.9 无法获取原有的会话

如果已经创建过会话对象，浏览器的显示如图 4.10 所示。

图 4.10 成功获取了会话

3. 会话属性监听器

用 Eclipse 新建一个名称为 sessionevent 的动态 Web 项目，然后新建一个如代码清单 4.7 所示的监听器。该监听器监听会话的生命周期事件，当新建会话时，会话计数 activeSessions 增 1；当消毁会话时，会话计数 activeSessions 减 1。监听器提供一个静态的 getActiveSessions() 方法，获取计数器的值。

代码清单 4.7 SessionCounter.java

```java
package com.jeelearning.listener;

import javax.servlet.annotation.WebListener;
import javax.servlet.http.HttpSessionEvent;
import javax.servlet.http.HttpSessionListener;

@WebListener
public class SessionCounter implements HttpSessionListener {
    static private int activeSessions;

    public SessionCounter() {
    }

    public void sessionCreated(HttpSessionEvent event) {
        activeSessions++;
        System.out.println("创建会话。ID=" + event.getSession().getId());
    }
```

```java
    public void sessionDestroyed(HttpSessionEvent event) {
        activeSessions--;
        System.out.println("消毁会话。ID=" + event.getSession().getId());
    }

    public static int getActiveSessions() {
        return activeSessions;
    }
}
```

然后，再新建一个如代码清单 4.8 所示的会话属性监听器。监听器实现 attributeAdded()、attributeRemoved() 和 attributeReplaced() 方法，每个方法都打印出变动属性的名称和值。

代码清单 4.8　AttributeListener.java

```java
package com.jeelearning.listener;

import javax.servlet.annotation.WebListener;
import javax.servlet.http.HttpSessionAttributeListener;
import javax.servlet.http.HttpSessionBindingEvent;

@WebListener
public class AttributeListener implements HttpSessionAttributeListener {

    public AttributeListener() {
    }

    public void attributeAdded(HttpSessionBindingEvent event) {
        System.out
            .println("添加属性: " + event.getName() + "-->" + event.getValue());
    }

    public void attributeRemoved(HttpSessionBindingEvent event) {
        System.out
            .println("删除属性: " + event.getName() + "-->" + event.getValue());
    }

    public void attributeReplaced(HttpSessionBindingEvent event) {
        System.out
            .println("替换属性: " + event.getName() + "-->" + event.getValue());
    }
}
```

测试属性监听器的 Servlet 如代码清单 4.9 所示。代码比较简单，不过是添加两个会话范围的属性，然后删除一个属性，每次都打印出绑定到当前会话的属性名称和值。

代码清单 4.9　TestAttributeListener.java

```java
package com.jeelearning.servlet;

import java.io.IOException;
import java.io.PrintWriter;
import java.util.Enumeration;

import javax.servlet.ServletException;
import javax.servlet.annotation.WebServlet;
import javax.servlet.http.HttpServlet;
import javax.servlet.http.HttpServletRequest;
import javax.servlet.http.HttpServletResponse;
import javax.servlet.http.HttpSession;
```

```java
import com.jeelearning.listener.SessionCounter;

@WebServlet("/testAttributeListener")
public class TestAttributeListener extends HttpServlet {
    private static final long serialVersionUID = 1L;

    protected void doGet(HttpServletRequest request,
      HttpServletResponse response) throws ServletException, IOException {
        response.setContentType("text/html;charset=UTF-8");
        response.setCharacterEncoding("UTF-8");
        PrintWriter out = response.getWriter();

        HttpSession session = request.getSession();

        out.println(
          "<h4>测试 HttpSessionListener 和 HttpSessionAttributeListener</h4>");

        out.println("<b>当前活动会话总数: </b>");
        out.println(SessionCounter.getActiveSessions() + "<br>");

        // 添加属性
        session.setAttribute("name1", "value1");
        session.setAttribute("name2", "value2");

        out.println("<b>添加两个属性后的会话范围属性: </b><br>");
        Enumeration<String> e = session.getAttributeNames();
        while (e.hasMoreElements()) {
            String name = (String) e.nextElement();
            out.println(name + "-->" + session.getAttribute(name) + "<br>");
        }

        // 删除属性
        session.removeAttribute("name2");

        out.println("<b>删除一个属性后的会话范围属性: </b><br>");
        e = session.getAttributeNames();
        while (e.hasMoreElements()) {
            String name = (String) e.nextElement();
            out.println(name + "-->" + session.getAttribute(name) + "<br>");
        }
    }
}
```

运行 Web 项目, 从浏览器中访问 URL 为/testAttributeListener 的 Servlet, 具体运行结果如图 4.11 所示。

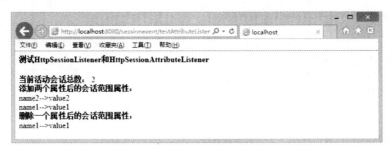

图 4.11　运行结果

同时, 在服务器的控制台中, 可以看到如下所示的输出:

创建会话。ID=ECE43A3A92962E92F3EF9EAFE1468A63
添加属性：name1-->value1
添加属性：name2-->value2
删除属性：name2-->value2

第一行为会话计数监听器的输出，后面三行为属性监听器的输出。

读者很容易通过添加一些代码，就可以测试替换属性的输出，这留给读者做练习。

4. 会话绑定监听器

还是使用前面的 sessionevent 动态 Web 项目，然后新建一个如代码清单 4.10 所示的监听器，该监听器实现 valueBound()方法和 valueUnbound()方法。注意到这是一个属性类，因此没有使用@WebListener 标注。

代码清单 4.10　BindingListener.java

```java
package com.jeelearning.listener;

import java.util.Date;
import javax.servlet.http.HttpSessionBindingEvent;
import javax.servlet.http.HttpSessionBindingListener;
public class BindingListener implements HttpSessionBindingListener {
    public void valueBound(HttpSessionBindingEvent event) {
        System.out.println("[" + new Date() + "] " + event.getName() + " 绑定到 "
                + event.getSession().getId());
    }
    public void valueUnbound(HttpSessionBindingEvent event) {
        System.out.println("[" + new Date() + "] " + event.getName()
                + " 从 " + event.getSession().getId() + " 解除绑定 ");
    }
}
```

新建一个如代码清单 4.11 所示的 Servlet，在代码中调用会话对象的 setAttribute()方法设置属性，属性值为 BindingListener 对象。这样，容器在绑定或解除绑定该对象时，就会分别调用该对象的 valueBound()方法和 valueUnbound()方法。

代码清单 4.11　TestBindingListener.java

```java
package com.jeelearning.servlet;

import java.io.IOException;
import java.io.PrintWriter;
import javax.servlet.ServletException;
import javax.servlet.annotation.WebServlet;
import javax.servlet.http.HttpServlet;
import javax.servlet.http.HttpServletRequest;
import javax.servlet.http.HttpServletResponse;
import javax.servlet.http.HttpSession;
import com.jeelearning.listener.BindingListener;

@WebServlet("/testBindingListener")
public class TestBindingListener extends HttpServlet {
    private static final long serialVersionUID = 1L;
    protected void doGet(HttpServletRequest request,
        HttpServletResponse response) throws ServletException, IOException {
            response.setContentType("text/html;charset=UTF-8");
            response.setCharacterEncoding("UTF-8");
            PrintWriter out = response.getWriter();
```

```
HttpSession session = request.getSession();
session.setAttribute("BindingListener", new BindingListener());
out.println("<h4>测试 HttpSessionBindingListener</h4>");
    }
}
```

运行该 Web 项目，访问 URL 为/testBindingListener 的 Servlet，在服务器控制台中可以看到如下所示的输出：

```
创建会话。ID=CBDC5C1CE813C5328D6DBB1A927BC278
[Mon Nov 17 15:48:13 CST 2014] BindingListener 绑定到 CBDC5C1CE813C5328D6DBB1A927BC278
添加属性：BindingListener-->com.jeelearning.listener.BindingListener@69ffbe3a
```

其中，第一行由代码清单 4.7 的监听器输出，第二行由 BindingListener 监听器输出，第三行由代码清单 4.8 的监听器输出。可见，多个监听器可以一起工作，各司其责。

刷新浏览器，服务器控制台更新输出，如下所示：

```
[Mon Nov 17 15:51:12 CST 2014] BindingListener 绑定到 CBDC5C1CE813C5328D6DBB1A927BC278
[Mon Nov 17 15:51:12 CST 2014] BindingListener 从 CBDC5C1CE813C5328D6DBB1A927BC278
解除绑定
替换属性：BindingListener-->com.jeelearning.listener.BindingListener@570274a0
```

4.3.4 有问必答

1. 除了调用 request.getSession()方法获取 Session 对象，还有其他方法吗？

答： 最常用的方式就是调用 request.getSession()方法。此外，还可以通过会话事件对象 (HttpSessionEvent)获取 Session 对象。监听器类既不是 Servlet，也不是 JSP，但监听器需要监听何时某个属性对象添加到 Session 中或由 Session 中移除。因此，事件处理方法需要 HttpSessionEvent 参数或 HttpSessionBindingEvent 参数，这两个事件都提供 getSession()方法。例如，实现 HttpSessionListener 接口的监听器类需要编写如下方法：

```
public void sessionCreated(HttpSessionEvent event) {
    HttpSession session = event.getSession();
    // 事件处理代码
}
```

2. getSession()方法和 getSession(true)方法完全一致，为什么要提供两种同样的方法？

答： 因为绝大部分时候都使用 getSession()方法，没有参数可以书写简单些，如果方法参数为 true，估计程序员还得想想该方法到底会不会新建会话，造成不必要的迷惑。

3. 看起来，会话迁移有些困难，具体实现是否与容器厂商有关？

答： 正确。在服务器集群中进行负载均衡才有可能需要会话迁移，Java EE 规范并不要求容器厂商都支持分布式应用，因此这些概念只要大概了解就可以了。

4. 貌似带有 Binding 字样的监听器接口的方法参数就是 HttpSessionBindingEvent，其他都是 HttpSessionEvent。是这样吗？

答： 大部分都是这样的，但有个例外。HttpSessionAttributeListener 接口中的方法参数是 HttpSessionBindingEvent 对象。要是能指定一个 HttpSession**Attribute**Event 类作为参数就好了，可惜专家不听。

5. 这些生命周期事件处理 API 的确让人眼花缭乱，在实际项目中能用上吗？

答: 当然能用上。比如，实现 HttpSessionListener 接口的生命周期监听器，很容易知道当前在线的用户数。

4.4 URL 重写

如果客户端禁用 Cookie，就无法在随后的请求中将服务器发来的会话 ID 以 Cookie 形式发送给服务器，服务器无从知道客户端的身份，导致无法维持会话状态。URL 重写就是针对这种情况的解决方案。

4.4.1 URL 重写的工作原理

本节介绍 URL 重写的工作原理。

(1) URL 重写原理

如果禁用 Cookies，并使用前面介绍过的 NewSession.java 示例，这时，由于客户端无法发回会话 ID，不管请求多少次，isNew()方法总是返回 true。同一个客户端的多次请求，服务器都以为是新的会话，都会生成新的会话 ID，并以 Set-Cookie 响应头的形式发送给客户端，最终，客户端和服务器之间无法跟踪会话信息。

在客户端禁用 Cookies 的条件下，客户端和服务器只能通过其他手段来交换会话 ID 信息。幸运的是，Java EE 规范早就考虑到客户端可能会拒绝 Cookies，为此制定了解决方案，但要求程序开发人员稍微多做一些工作。

当 HTTP 请求中无法附带 Cookies 时，只有将会话 ID 附在请求的 URL 地址之后，这种方式称为 URL 重写。Tomcat 服务器的 URL 重写格式是:

```
URL + ;jsessionid=1234567890abcdefghijklmnopqrstuv
```

其中，jsessionid 的值就是会话 ID。

记住 URL 重写是为了在服务器和客户端之间交换会话 ID，因此，客户端的每次请求都需要将会话 ID 附在 URL 的末尾。当服务器接收到这类请求时，简单地取出请求 URL 末尾的多余部分，就能获取会话 ID，从而找到对应的会话。

URL 重写原理如图 4.12 所示。

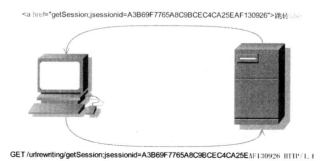

图 4.12 URL 重写原理

(2) URL 重写的重要方法

URL 重写是通过响应对象实现的，HttpServletResponse 接口定义了如下所示的两个常用的方法。

- String encodeURL(String url)：通过包含会话 ID 的方式对 URL 编码，如果不需要编码，则返回原来的 URL。本方法由服务器软件厂商具体实现，包括实现判断是否需要对会话 ID 进行编码的逻辑，例如，如果浏览器支持 Cookies，或者已关闭会话追踪，URL 编码就没有必要。

- String encodeRedirectURL(String url)：对指定 URL 编码以便在 sendRedirect()方法中使用，如果不需要编码，则返回原来的 URL。与 encodeURL()方法一致，本方法也是由服务器软件厂商具体实现，需要实现判断是否进行 URL 编码的逻辑。

(3) URL 重写编程

URL 重写有两种方式。

第一种是在 JSP 页面(或 Servlet)使用超链接链到另一个 JSP 页面(或 Servlet)，这时，需要调用 encodeURL()方法指定要跳转的页面，关键代码如下：

```
out.println("<a href=\"" + response.encodeURL("getSession") + "\">跳转</a>");
```

URL 重写的第二种方法是调用 encodeRedirectURL()方法对重定向的目标进行 URL 编码，它与 sendRedirect()方法联合使用。例如：

```
String targeturl = response.encodeRedirectURL("getSession");
response.sendRedirect(targeturl);
```

(4) URL 重写的两个陷阱

① 开发人员永远不要试图自己去编码实现"jsessionid"，不要自己去构建类似下面的请求头：

```
POST /context/something.do; jsessionid=0123456789abcdefghijklmnopqrstuv
```

因为分号(;)和"jsessionid="都只是 Tomcat 服务器实现 URL 重写的机制，其他的服务器厂商可能以其他方式附加会话 ID。不管服务器采用什么分隔符，当容器看到自己用到的分隔符后，它就会知道这就是附加的"额外信息"，也就是说，容器知道如何识别并解析这些"额外信息"。如果开发人员自己硬编码实现 URL 重写机制，可能导致代码不可移植，不兼容将来的容器版本。

② 不要试图在请求对象中以参数形式接收会话 ID。例如，以下语句是错误的：

```
String sid = request.getParameter("jsessionid");
```

因为如下的 HTTP 请求头不存在：

```
POST / context/something.do HTTP/1.1
User-Agent:Mozilla/5.0
JSESSIONID: 0123456789abcdefghijklmnopqrstuv
```

真正的"jsessionid"位于 Cookie 头中，例如：

```
POST / context/something.do HTTP/1.1
User-Agent:Mozilla/5.0
Cookie:JSESSIONID=0123456789abcdefghijklmnopqrstuv
```

(5) URL 重写总结

① 在输出响应时，URL 重写将会话 ID 附在所有的 URL 之后。

② 在随后的请求中，会话 ID 会作为额外信息跟随请求 URL 一起发送到服务器。

③ 如果客户端浏览器禁用 Cookies，服务器会自动启用 URL 重写。URL 重写要求开发人员对所有的 URL 进行编码。

④ URL 编码有两个方法：encodeURL()和 encodeRedirectURL()。

⑤ 对于静态 HTML 页面，无法自动进行 URL 重写。因此，如果需要会话跟踪，必须采用动态生成的页面。

4.4.2 实践出真知

1. URL 重写实践

用 Eclipse 新建一个名称为 urlrewriting 的动态 Web 项目，然后编写一个如代码清单 4.12 所示的 Servlet，在 doGet()方法体中，调用 getSession()方法获取或新建一个 Session 对象，然后打印会话 ID，并调用 encodeURL()方法，按照 URL 重写的格式将会话 ID 附在 URL 之后，合成一个跳转的目的地址超链接。

代码清单 4.12　NewSession.java

```java
package com.jeelearning.servlet;
import java.io.IOException;
import java.io.PrintWriter;
import javax.servlet.ServletException;
import javax.servlet.annotation.WebServlet;
import javax.servlet.http.HttpServlet;
import javax.servlet.http.HttpServletRequest;
import javax.servlet.http.HttpServletResponse;
import javax.servlet.http.HttpSession;
@WebServlet("/newSession")
public class NewSession extends HttpServlet {
    private static final long serialVersionUID = 1L;
    protected void doGet(HttpServletRequest request,
      HttpServletResponse response) throws ServletException, IOException {
        response.setContentType("text/html;charset=UTF-8");
        response.setCharacterEncoding("UTF-8");
        PrintWriter out = response.getWriter();
        HttpSession session = request.getSession();
        out.println("<!DOCTYPE html><html><body>");
        out.println("SessionID=" + session.getId() + "<br>");
        out.println("<a href=\"" + response.encodeURL("getSession") + "\">跳转</a>");
        out.println("</body></html>");
    }
}
```

新建一个如代码清单 4.13 所示的 Servlet，用于获取已有的会话对象并显示会话 ID。

代码清单 4.13　GetSession.java

```java
package com.jeelearning.servlet;
import java.io.IOException;
import java.io.PrintWriter;
import javax.servlet.ServletException;
import javax.servlet.annotation.WebServlet;
import javax.servlet.http.HttpServlet;
```

```
import javax.servlet.http.HttpServletRequest;
import javax.servlet.http.HttpServletResponse;
import javax.servlet.http.HttpSession;
@WebServlet("/getSession")
public class GetSession extends HttpServlet {
    private static final long serialVersionUID = 1L;
    protected void doGet(HttpServletRequest request,
      HttpServletResponse response) throws ServletException, IOException {
        response.setContentType("text/html;charset=UTF-8");
        response.setCharacterEncoding("UTF-8");
        PrintWriter out = response.getWriter();
        out.println("测试 session<br>");
        HttpSession session = request.getSession(false);
        if (session == null) {
            out.println("原来没有创建过 session，无法获取。");
        } else {
            out.println("成功获取 session。SessionID=" + session.getId() + "<br>");
        }
    }
}
```

下面进行 URL 重写的测试。

首先，运行 Web 项目，并在浏览器中禁止 Cookies。本书使用 IE 浏览器，因为 IE 浏览器容易禁止 Cookies，其他浏览器不一定能够真正禁止 Cookies，可能导致实验不成功。

打开 IE 浏览器，从菜单中选择"工具"→"Internet 选项"命令，打开 Internet 选项对话框，切换至"隐私"选项卡，将左上角的滑块拉动到最上边，以阻止所有 Cookie，单击"确定"按钮确认修改。如图 4.13 所示。

图 4.13　禁止 Cookies

在 IE 浏览器中按 F12 键，启用开发人员工具；然后按 F5 键，启用网络流量捕获。在地址栏中输入"http://127.0.0.1:8080/urlrewriting/newSession"以访问创建会话的 Servlet。

注意，这里必须使用 127.0.0.1 或本机的 IP 地址，不能使用 localhost，否则浏览器可能因无法禁止 Cookies 而导致实验不成功。

在开发人员工具中查看响应头，如图 4.14 所示。可以看到，由于客户端第一次访问，因此服务器生成一个会话 ID，并使用 Set-Cookie 响应头尝试发送给客户端浏览器。服务器不了解，也不关心浏览器是否已经禁止 Cookies。

图 4.14　查看响应头

图 4.14 显示了当前的会话 ID，把鼠标放在"跳转"超链接上，可以看到 URL 重写的格式，例如：

```
http://127.0.0.1:8080/urlrewriting/getSession;jsessionid=
8094D9C4CC032581EB9504388193CE47
```

由于会话 ID 是由服务器产生，每次生成的会话 ID 会不同。如果客户端与服务器成功建立会话，那么会话 ID 肯定不会变化。由于已经禁止 Cookies，客户端与服务器无法成功建立会话。单击浏览器的刷新按钮，每次刷新，会话 ID 都会发生变化，证明禁止 Cookies 导致无法建立会话。

现在单击"跳转"超链接，可以看到如图 4.15 所示的页面。

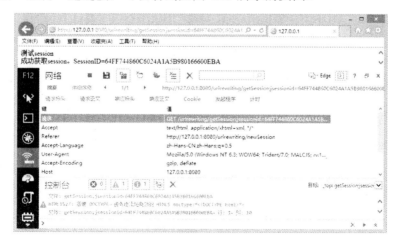

图 4.15　跳转之后的请求头

注意观察两点：第一是浏览器的地址栏，可以看到，地址已经成为 URL 重写的格式，即正常 URL 后附有会话 ID；第二是观察开发人员工具里的响应头，确认会话 ID 是通过 GET 请求的 URL 发送给服务器的，请求头中没有 Cookie 信息。

现在，点击浏览器的刷新按钮多次。由于使用 URL 重写，会话成功建立，获取到的会话 ID 也不会再变化。

最后，尝试一下修改会话 ID。在浏览器地址栏中把 jsessionid 后的会话 ID 值随意修改为任意值，然后按 Enter 键，企图欺骗服务器，让服务器以为是原来的会话。但是，图 4.16 显示无法获取会话，读者思考一下，这是怎么回事呢？

图 4.16　无法获取会话

2. URL 重写与重定向

本实践探索 encodeRedirectURL()方法的使用。如果重定向到另一个 URL，且希望使用会话跟踪，就需要调用响应对象的 encodeRedirectURL()方法对目标 URL 编码。

还是使用 urlrewriting Web 项目，编写一个如代码清单 4.14 所示的 Servlet。Servlet 输出会话 ID 信息，但不会显示，因为下一步就重定向到另一个页面。后面的语句调用响应对象的 encodeRedirectURL("getSession")方法对当前路径的 getSession 资源进行 URL 编码，然后调用 sendRedirect()方法重定向。

代码清单 4.14　Redirect.java

```java
package com.jeelearning.servlet;

import java.io.IOException;
import java.io.PrintWriter;

import javax.servlet.ServletException;
import javax.servlet.annotation.WebServlet;
import javax.servlet.http.HttpServlet;
import javax.servlet.http.HttpServletRequest;
import javax.servlet.http.HttpServletResponse;
import javax.servlet.http.HttpSession;

@WebServlet("/redirect")
public class Redirect extends HttpServlet {
    private static final long serialVersionUID = 1L;

    protected void doGet(HttpServletRequest request,
      HttpServletResponse response) throws ServletException, IOException {
        response.setContentType("text/html;charset=UTF-8");
        response.setCharacterEncoding("UTF-8");
        PrintWriter out = response.getWriter();

        HttpSession session = request.getSession();
        out.println("SessionID=" + session.getId() + "<br>");

        String targeturl = response.encodeRedirectURL("getSession");
```

```
        response.sendRedirect(targeturl);
    }
}
```

运行该 Web 项目，在 IE 浏览器地址栏输入"http://127.0.0.1:8080/urlrewriting/redirect"网址并按 Enter 键，可以看到如图 4.17 所示的运行结果。由于是重定向，页面显示和浏览器地址栏都已经改变为目标 Servlet。

图 4.17　运行结果

3. 探索 encodeURL()和 encodeRedirectURL()

encodeURL()方法和 encodeRedirectURL()方法的功能相似，都是对目标 URL 编码。如果仔细阅读 API 文档，会发现两者的说明几乎没有区别。

在网上也有多种说法，莫衷一是，归结起来有两种主流说法。

一种解释是说"两者对于是否要重写 URL 的判断逻辑稍有不同"。

第二种解释是"encodeURL()是本应用级别的，但 encodeRedirectURL()是跨应用的"，而且反复强调"在调用 response.sendRedirect(response.encodeRedirectURL(url))时一定要使用 encodeRedirectURL()"。

如果要搞清楚这两者的区别，有必要去读容器 Response 实现类的源代码。如果是 Tomcat，需要读 org.apache.catalina.connector.Response 类的源代码。

本实践不准备按照这个思路去做，而是基于一种简单的考虑：既然 encodeURL()方法和 encodeRedirectURL()方法都返回字符串类型，那么直接给定一些合法的 URL 字符串作为这两个方法的输入参数，看看返回值到底有什么区别。基于这种思路，给定的 URL 字符串包括：相对 URL、绝对 URL、空字符串、本网站的另一应用、其他网站，编写的 Servlet 如代码清单 4.15 所示。由于几乎都是重复的代码，因此没有必要详细解释。

代码清单 4.15　Encode.java

```java
package com.jeelearning.servlet;

import java.io.IOException;
import java.io.PrintWriter;

import javax.servlet.ServletException;
import javax.servlet.annotation.WebServlet;
import javax.servlet.http.HttpServlet;
import javax.servlet.http.HttpServletRequest;
import javax.servlet.http.HttpServletResponse;
import javax.servlet.http.HttpSession;

@WebServlet("/encode")
public class Encode extends HttpServlet {
    private static final long serialVersionUID = 1L;

    protected void doGet(HttpServletRequest request,
```

```
            HttpServletResponse response) throws ServletException, IOException {
    response.setContentType("text/html;charset=UTF-8");
    response.setCharacterEncoding("UTF-8");
    PrintWriter out = response.getWriter();
    out.println("<h4>测试encodeURL()和encodeRedirectURL()</h4>");

    HttpSession session = request.getSession();
    out.println("SessionID=" + session.getId() + "<br><br>");

    out.println("<b>目标URL为\"getSession\"" + "</b><br>");
    out.println(response.encodeURL("getSession") + "<br>");
    out.println(response.encodeRedirectURL("getSession") + "<br>");

    out.println("<b>目标URL为request.getContextPath()
            + \"/getSession\"" + "</b><br>");
    out.println(response.encodeURL(request.getContextPath()
            + "/getSession") + "<br>");
    out.println(response.encodeRedirectURL(request.getContextPath()
            + "/getSession") + "<br>");

    out.println("<b>目标URL为\"\"" + "</b><br>");
    out.println(response.encodeURL("") + "<br>");
    out.println(response.encodeRedirectURL("") + "<br>");

    out.println("<b>目标URL为\"/cookietest/GetCookies.do\"" + "</b><br>");
    out.println(response.encodeURL("/cookietest/GetCookies.do") + "<br>");
    out.println(response.encodeRedirectURL("/cookietest/GetCookies.do") + "<br>");

    out.println("<b>目标URL为\"http://www.gfsoso.com/\"" + "</b><br>");
    out.println(response.encodeURL("http://www.gfsoso.com/") + "<br>");
    out.println(response.encodeRedirectURL("http://www.gfsoso.com/") + "<br>");
    }
}
```

测试结果如图4.18所示。

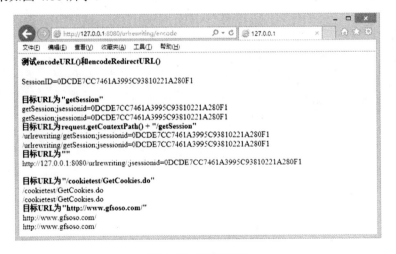

图 4.18　测试结果

可以看到，在大多数情况下，encodeURL()方法和 encodeRedirectURL()方法的返回值都是一模一样的，只有在目标 URL 为空字符串时有所不同。encodeURL()方法返回当前目录的 URL 编码，但 encodeRedirectURL()方法返回空字符串。

看来，两个方法都进行 URL 编码处理。如果目标 URL 在本应用内，则在 URL 路径之后附加上 ";jsessionid=xxx"；否则直接返回传入的目标 URL。为什么会这样？唯一的解释是出于安全性考虑，这两个方法都检查目标 URL 是否在本应用内，如果不在，就不会将会话 ID 附在 URL 后，避免其他网站盗取会话。

实验结果证明，encodeURL()方法和 encodeRedirectURL()方法只有在输入参数为空字符串时才有区别，但由于把空字符串作为 URL 的情形基本没有必要，这种差别可以忽略不计。二者之间的区别更多是习惯上的，而不是技术本质上的。既然这样，那还是遵从习惯，使用重定向时，用 encodeRedirectURL()方法，其他情形则使用 encodeURL()方法。

4.4.3　有问必答

1. 如果客户端禁用 Cookies，接收到 Set-Cookie 响应头后，浏览器会不会报警？

答：不会。如果客户端不能接收 Cookies，浏览器只是忽略 Set-Cookie 响应头，既不会报警，也不会在随后的请求中发送会话 ID。

2. 容器怎么知道不能使用 Cookies？何时决定使用 URL 重写？

答：当容器调用 getSession()方法，但没有从客户端的请求中看到会话 ID 时，容器只能认为这是一个新会话，试图与客户端建立新会话。此时，容器的确不知道 Cookies 是否可用。因此，在第一次响应时，容器应该尝试同时使用 Cookies 和 URL 重写。但如果在后来的交互中，容器"看到"客户端以 Cookies 方式传来的会话 ID，这时，一切都明白了，容器以后可以只使用 Cookies 方式，不再使用 URL 重写。

3. 为什么第一次要尝试同时使用 Cookies 和 URL 重写？为什么不先试试 Cookies？在没有收到 Cookies 回应时再去尝试 URL 重写。

答：这种逻辑是错误的。如果容器从客户端没有获取到会话 ID，就无法知道这到底是某个客户端的第一次请求还是同一个客户端的第二次请求。如果是后者，容器再次甚至多次尝试 Cookies 也终归无用，因为几乎肯定客户端已经禁用 Cookies 了。应记住，容器识别客户端的唯一方式是客户端回送的会话 ID。

想象一下同时使用 Cookies 和 URL 重写的场景。当容器调用 request.getSession()方法，且决定与客户端开启新的会话时，它就会同时在响应中采用 URL 重写和 Set-Cookie 头。如果客户端能接收 Cookies，客户端在发出下一个请求时，会同时将包含会话 ID 的 Cookies 与经 URL 编码的请求地址一起发送给容器。容器从请求中获取了会话 ID，了解到客户端支持 Cookies，于是决定可以不再用 URL 编码。

4. 既然 URL 重写可用于动态生成的页面，当然也可用在 JSP 中，对吗？

答：正确。JSP 可用多种方式使用 URL 重写，JSTL 专门提供<c:url>标签，参见第 7 章。

5. 这么说，URL 重写不适用于静态页面吗？

答：是的。会话 ID 显然不能硬编码，因为只有在运行时，才知道具体的 ID，因此使用 URL 重写，要求是所有的页面都是动态产生的。使用 URL 重写时，必须在响应中通过 URL 编码动态产生各种 URL，且必须在运行时刻处理。当然，这会对服务器性能产生负面影响。

第 5 章 JSP 编程

生成 HTML 响应页面一般有两种方式。

第一种是使用 Servlet 技术来生成动态页面，这种技术直接使用 Java 输出代码输出 HTML 标签，其缺点是既不适用于页面复杂的情形，也不利于页面的修改。

第二种技术就是本章要讲述的 JSP，它使用 Java 代码作为服务器端的脚本，可以使用 Dreamweaver 等网页制作工具来编写，直观方便。另外，部署时直接将 JSP 文件放在 Web 应用的目录下即可，不需要编译，也不需要额外的配置，比编写 Servlet 方便。

本章介绍 JSP 工作原理、JSP 对象、JSP 生命周期、JSP 指令等基本概念，并结合知识点以具体实践来展示各项核心技术，使读者更容易掌握 JSP 编程的核心技术。

5.1 JSP 初步

JSP 全称为 Java Server Pages，是一种动态网页开发技术。其特点是使用 JSP 标签，在 HTML 网页中插入 Java 代码。JSP 标签以 "<%" 开始，并以 "%>" 结束，通常，称这样的格式为小脚本(Scriptlet)。

5.1.1 JSP 简介

使用 JSP 技术开发动态 Web 项目是目前流行的选择。JSP 以 Java 技术为基础，因此同样具有 "一次编写，到处运行" 的优点，同一个 JSP 应用可以运行在不同的平台上，并且还有很多开源项目可以集成，丰富 Web 应用。

JSP 是一种文本文件，最终会由容器编译为 Java Servlet。JSP 主要用于实现动态 Web 应用程序的用户界面部分。网页开发人员通过 HTML、XHTML、XML 以及嵌入 JSP 操作和命令来编写 JSP。

JSP 标签可以实现多种功能，比如访问数据库、记录用户填写的表单信息、访问 JavaBeans 组件等，还可以在不同的网页中传递控制信息和共享信息。JSP 通过网页表单获取用户输入数据、访问数据库及其他数据源以获取数据，然后动态地创建网页。

全部程序操作都是在服务器端执行，客户端得到的是动态生成的 HTML 页面。因此，JSP 技术实质是一种服务器端的技术。

5.1.2 简单的 JSP 页面

了解 JSP 的最佳方式，就是亲自动手编写一个 JSP 页面。

使用 Eclipse 新建一个名称为 "jspbasics" 的动态 Web 项目，在 WebContent 目录下新建一个 "sayHello.jsp" 文件，文件内容如代码清单 5.1 所示。

使用<%@和%>包围起来的语句称为 JSP 指令，为将 JSP 转换为 Servlet 的转换阶段提供整个页面的信息，JSP 指令不会产生任何页面输出。JSP 小脚本使用<%和%>包围，在小脚本中可以编写任意的 Java 代码，小脚本在一个 JSP 页面中可以多次出现。JSP 指令和小脚本都是 JSP 元素，用于生成网页的动态部分，其余的 HTML 标签称为模板数据，用于生成网页的静态部分。

代码清单 5.1 sayHello.jsp

```
<%@ page language="java" contentType="text/html; charset=UTF-8"
  pageEncoding="UTF-8"%>
<%@ page import="java.util.*,java.text.*"%>
<!DOCTYPE html PUBLIC "-//W3C//DTD HTML 4.01 Transitional//EN"
  "http://www.w3.org/TR/html4/loose.dtd">
<html>
<head>
<meta http-equiv="Content-Type" content="text/html; charset=UTF-8">
<title>根据当前时间打印不同问候语</title>
</head>
<body>
<%
```

```
Calendar now = Calendar.getInstance();
int hour = now.get(Calendar.HOUR_OF_DAY);
SimpleDateFormat sdf = new SimpleDateFormat("HH:mm:ss");
out.print("当前时间是: " + sdf.format(now.getTime()) + "<br/>");
if (hour < 12) {
%>
    早上好!
<%
} else if (hour < 18) {
%>
    下午好!
<%
} else {
%>
    晚上好!
<%
}
%>
</body>
</html>
```

从代码清单 5.1 可以看到，JSP 由 JSP 元素和模板数据组成。动态页面的功能必须由诸如小脚本的 JSP 元素完成，静态 HTML 标签与小脚本等 JSP 元素混合在同一个页面文件中，给 Web 应用的维护造成了很大的困难。读者也许会发现，混合了<%和%>的 if - else if - else 分支语句比较难于阅读。因此，尽管 JSP 支持小脚本，但页面中 Java 代码块的危害逐渐为人们所重视，业界倡导编写不带 Java 代码块的 JSP 页面(参见本书第 6 章)。

sayHello.jsp 页面的运行结果如图 5.1 所示。

图 5.1　sayHello.jsp 的运行结果

5.1.3　JSP 的工作原理

(1)　JSP 的工作原理

JSP 页面是由 JSP 容器进行管理的。JSP 页面的生命周期包括转换阶段和执行阶段。

转换阶段主要完成将 JSP 页面转换为 Servlet 的过程，一般是在容器接收和处理客户端对 JSP 页面的请求时完成，也可以在部署 JSP 页面时完成。容器最终都会为每个 JSP 页面创建对应的 Servlet。

执行阶段也称为请求处理阶段。容器调用虚拟机，执行编译生成的 Servlet 字节码，来完成对 HTTP 请求和响应的处理。

JSP 页面的工作原理如图 5.2 所示。当客户端浏览器请求一个 JSP 文件(如 index.jsp)时，如果容器决定转换，则会将该 JSP 文件转换为 Java 源文件(如 index_jsp.java)。在转换过程中，如果发现 JSP 文件有语法错误，将中断转换过程，并向服务端和客户端输出出错信息；如果转换成功,容器就会将转换后的 Java 源文件编译成相应的.class 文件(如 index_jsp.class)，然后加载该.class 文件到内存。

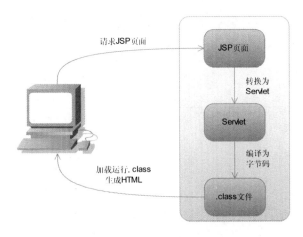

图 5.2　JSP 页面的工作原理

在执行阶段，容器创建该 Servlet 的实例，并执行该实例的 jspInit()方法。每个 Servlet 只创建一个实例，因此 Servlet 是单实例的，在 Servlet 的生命周期中只执行一次 jspInit()方法。然后，容器会创建并启动一个新的线程，新线程调用实例的 jspService()方法。对于每一个请求，容器都会创建一个新的线程来处理该请求。如果有多个客户端同时请求该 JSP 文件，则容器会创建多个线程，每个线程对应一个客户端请求。客户端浏览器在调用 JSP 文件时，容器会将浏览器的请求和响应封装为 HttpServletRequest 和 HttpServletResponse 对象，然后调用 Servlet 实例的 jspService()方法，并将这两个对象作为 jspService()方法的输入参数进行传递。jspService()方法执行后，会将动态生成的 HTML 内容返回给客户端。

(2)　JSP 转换文件

在开发时，不需要查看 JSP 转换为 Servlet 的转换文件，如果 JSP 文件编写正确，容器肯定会转换成正确的 Servlet 源文件并编译为正确的字节码(.class)文件。但是，了解 Servlet 转换文件能够帮助学习。一旦了解了容器将何种 JSP 元素转换成 Servlet 的哪些部分，肯定对 JSP 开发有更深的了解。

查看 JSP 转换文件要注意两点：第一，并不是所有的 JSP 容器都保留容器生成的 Servlet 源代码，有的容器只保留编译好的.class 文件。这时候，要查看源代码只有反编译。第二，在读 Servlet 源代码时，肯定会遇到很多不很熟悉的 API，不必担心，大多数你不认识的都是与 Web 服务器厂商具体实现相关的类和接口，可以简单选择忽略，只需要重点关注容器如何转换自己编写的 JSP 元素，如小脚本、声明等即可。

下面以 Tomcat 8.0 为例，说明容器转换 JSP 的过程。转换后的 Servlet 源文件可在 Tomcat 安装目录下的 work 子目录下查找，一般位于 Catalina\localhost\{Web 应用名}\org\apache\jsp 目录。Servlet 源文件的命名规则是"JSP 文件名_jsp.java"，例如，index.jsp 转换为 index_jsp.java。转换过程如下。

①　容器首先查看 JSP 指令，了解在转换过程中所需要的信息。

②　创建 HttpServlet 的子类。对于 Tomcat 8.0，所生成的 Servlet 继承 org.apache.jasper. runtime.HttpJspBase 并实现 org.apache.jasper.runtime.JspSourceDependent 接口，例如：

```
public final class index_jsp extends org.apache.jasper.runtime.HttpJspBase
    implements org.apache.jasper.runtime.JspSourceDependent {}
```

③　如果 page 指令中含有 import 属性，容器在类文件的 package 语句后面写入 import
语句，package 语句定义为：

```
package org.apache.jsp;
```

④　如果有 JSP 声明，容器将 JSP 声明作为成员变量写到类文件中，通常写在类声明
之后，_jspInit()方法之前。

⑤　容器构建 service()方法。其真实名称为_jspService()，该方法由重写 service()方法的
Servlet 父类调用，且接受 HttpServletRequest 和 HttpServletResponse 参数。在_jspService()
方法体中，容器首先声明和实例化 JSP 隐含对象。

⑥　最后，容器将模板数据(HTML)、小脚本和表达式混杂放到_jspService()方法体中。
一般调用 out.write()输出模板数据，小脚本则按照原样放置。

下面介绍转换生成 Servlet 的 API。

容器通过转换生成的类必须实现 javax.servlet.jsp.HttpJspPage 接口，如果要查找 API，
就得查看 HttpJspPage 接口 API。

需要注意的是，Tomcat 的 org.apache.jasper.runtime.HttpJspBase 是该厂商自己的实现，
HttpJspBase 类同样也实现了 HttpJspPage 接口。

JSP 开发人员需要了解如下 3 个主要方法。

- void jspInit()：JSP 页面初始化时调用 jspInit()方法。页面开发人员可以通过重写该
  方法，以获取在 web.xml 中设置的初始化参数。
- void jspDestroy()：当即将销毁 JSP 页面时调用 jspDestroy()方法。页面开发人员可
  以重写该方法。
- void _jspService(HttpServletRequest request, HttpServletResponse response) throws
  ServletException, IOException：此方法对应 JSP 页面的 body，该方法由 JSP 容器自
  动定义，并由 Servlet 的 service()方法调用，每一个请求对应一个运行在单独线程
  的_jspService()方法。容器传递请求对象和响应对象给该方法。

页面开发人员不能重写该方法。

(3)　Tomcat 的生产模式

服务器自动将 JSP 文件转换为 Servlet 源文件并编译为字节码。服务器(如 Tomcat)默认
在 JSP 页面第一次被请求时启动转换，在第二次之后的请求都直接进入执行阶段。这就是
JSP 页面首次请求运行较慢的原因，多次访问后就会感觉速度较快了。

这就带来两种改进 Tomcat 服务器运行效率的思路。

第一种思路就是进行预编译(pre-compile)，也就是在部署之前，先将所有的 JSP 文件都
编译一遍。遗憾的是，并不是所有的服务器厂商都实现了这一功能，如果要预编译，很多
时候，都需要用 ant 工具写一段代码，使用 JSPC 来编译 Web 应用，具体可参见：

```
http://tomcat.apache.org/tomcat-8.0-doc/jasper-howto.html
```

第二种思路是将 Tomcat 由普通的开发模式设置为生产模式，这样，Tomcat 服务器就不
会耗费时间来经常查看哪些 JSP 文件需要转换了，从而可以提高运行效率。

本书讲述第二种思路。

在开发模式下，容器经常检查 JSP 文件的时间戳，以决定是否进行转换。检查时间戳

的开销很大，影响 Web 服务器的性能，所以 Web 项目在上线运行后，建议修改为生产模式。上线运行一般将最终的 Web 项目部署在 Tomcat 下，部署人员需要修改 web.xml 文件，该文件位于 Tomcat 安装目录下的 conf 子目录下。用任意的文本编辑器打开 web.xml 文件，在大约第 232 行，有如下一段配置语句：

```
<servlet>
    <servlet-name>jsp</servlet-name>
    <servlet-class>org.apache.jasper.servlet.JspServlet</servlet-class>
    <init-param>
        <param-name>fork</param-name>
        <param-value>false</param-value>
    </init-param>
    <init-param>
        <param-name>xpoweredBy</param-name>
        <param-value>false</param-value>
    </init-param>
    <load-on-startup>3</load-on-startup>
</servlet>
```

要改变 Tomcat 的运行模式，需要用<init-param>元素添加初始参数，与此相关的有 3 个参数——checkInterval、development 和 modificationTestInterval。

首先看 development 参数，该参数值为布尔型，指定是否为开发模式，默认为 true。将该值设置为 false 就可以切换为生产模式。生产模式不会检查 JSP 文件的时间戳，来决定是否重新编译，因此 JSP 文件被修改后，只能通过重启 Tomcat 服务器才会生效。

在生产模式下，可以通过配置 checkInterval 参数来让 Tomcat 每过一段时间去检查 JSP 文件的时间戳，以决定是否进行重新编译。虽然这种方式有一定的延迟，但也能达到刷新 JSP 就重新编译的效果。如果这个间隔设置过小，仍然对性能有负面影响。这种方式与开发模式有些区别，这种重新编译可以称为后台编译(Background Compile)，并不阻塞客户端的请求，只是每过一段时间就触发重新编译。checkInterval 的默认值为 0，单位为秒。只有当 development 参数设置为 false 且 checkInterval 参数大于 0 时，才会启用后台编译。

在开发模式中，检查 JSP 页面的间隔也可以通过设置 modificationTestInterval 参数进行调节。该参数的默认值为 4，单位为秒。也就是说，在检查某个 JSP 页面的时间戳后的 4 秒内，即便有客户端请求该 JSP 页面，也不检查时间戳，当然也不会触发重新编译。如果 modificationTestInterval 参数值设为 0，则每次访问 JSP 都会检查时间戳。

5.1.4　JSP 的基本元素

JSP 由 JSP 元素和模板数据组成。JSP 元素包括指令元素、动作元素和脚本元素。模板数据指不需要容器处理、直接发送给客户端的非 JSP 元素的其他内容，如 HTML。

1. 指令元素

指令元素用来设置整个 JSP 页面相关的属性，如网页的编码方式和脚本语言。
JSP 有 3 种指令：page 指令、include 指令和 taglib 指令。
(1) page 指令
page 指令为容器提供当前页面的使用说明，如脚本语言、error 页面、缓存需求等。一个 JSP 页面可以包含多个 page 指令。

page 指令的语法格式如下：

```
<%@ page attribute="value" %>
```

page 指令一般要放在 JSP 页面的第一行，如下所示为 Eclipse 自动产生的 page 指令：

```
<%@ page language="java" contentType="text/html; charset=UTF-8" pageEncoding="UTF-8"%>
```

以上语句指定 JSP 的脚本语言为 Java，生成 HTML 的内容类型为 text/html，页面字符集编码为 UTF-8。

page 指令通过属性来说明 JSP 页面。page 指令的属性如下。

① language 属性

定义 JSP 页面所用的脚本语言，其属性值只有一个：java，表示脚本的语法必须符合 Java 语言规范。

由于 language 属性的默认值就是唯一值 java，因此，可以不指定该属性。

② info 属性

info 属性定义 JSP 页面的描述信息，属性值可以是任意字符串，在 JSP 小脚本中可以通过调用 Servlet.getServletInfo()方法获取 info 属性值。

③ import 属性

import 属性用于在 JSP 页面中引入 Java 类定义，其作用与 Java 语言的 import 语句相同。该属性可以在 page 指令中多次出现。

一个 import 属性可以导入中间用逗号分隔的多个 Java 类定义，例如：

```
<%@ page import="java.util.*,java.text.*"%>
```

为了使代码清晰，也可以使用多个 page 指令导入多个 Java 类定义，例如：

```
<%@ page import="java.util.* "%>
<%@ page import="java.text.*"%>
```

还可以在同一个 page 指令中重复使用 import 属性，例如：

```
<%@ page import="java.util.* " import="java.text.*"%>
```

上述三种方法的作用完全相同。

另外，有一些 Java 类不需要导入就可以使用，下面是转换后的 Servlet 的部分源代码：

```
import javax.servlet.*;
import javax.servlet.http.*;
import javax.servlet.jsp.*;
```

说明不需要导入就可使用的类有 javax.servlet.*、javax.servlet.http.*和 javax.servlet.jsp.*。

④ contentType 属性

contentType 属性指定发送给浏览器的内容类型，属性值可以是 text/plain(纯文本类型)、text/html(HTML 页面)等合法的 MIME 类型。

例如，生成 HTML 的 contentType 属性可以这样设置：

```
<%@ page contentType="text/html" %>
```

也可以在设置内容类型的同时，指定内容文本的字符集编码方式，例如：

```
<%@ page contentType="text/html; charset=UTF-8" %>
```

⑤ pageEncoding 属性

pageEncoding 属性指定 JSP 页面的字符编码，默认值为 ISO-8859-1，如果要设置为汉字编码，推荐使用 UTF-8。例如：

```
<%@ page pageEncoding="UTF-8"%>
```

⑥ Session 属性

Session 属性指定 JSP 页面是否使用 session 对象，默认值为 true。设置为 false 时，页面不会自动生成隐含的 Session 对象，只能自己编码创建 HttpSession 的实例。

⑦ errorPage 属性

errorPage 属性指定错误处理页面。在当前页面发生运行错误时，会自动转发到错误处理页面进行显示。这样，用户就能看到人性化的错误显示，而不是一大堆 Exception 英文。

例如，指定在当前页面发生错误时转发至 error.jsp 页面的指令格式如下：

```
<%@ page errorPage="error.jsp"%>
```

⑧ isErrorPage 属性

isErrorPage 属性指定当前页面是否为错误处理页面。只有其属性值为 true 时，才能使用 JSP 隐含对象 exception，通过 exception 对象可以获取出错原因。

错误处理页面需要使用如下的 page 指令：

```
<%@ page isErrorPage="true"%>
```

⑨ buffer 属性

buffer 属性设置响应缓存，可以设置为固定大小(sizeKB)或没有缓存(none)，如果省略该属性，默认的缓存大小为 8KB。

例如，设置缓存为 10KB 的指令如下：

```
<%@ page buffer="10KB"%>
```

设置无缓存的指令如下：

```
<%@ page buffer="none"%>
```

⑩ autoFlush 属性

autoFlush 属性设置是否自动清空缓存，默认值为 true。如果设置为 false，在缓存满后，不会自动清空，再次写入时将抛出异常。

⑪ isELIgnored 属性

isELIgnored 属性指定是否执行 EL 表达式。当该属性值设置为 true 时，会禁止计算 EL 表达式，也就是将 EL 表达式视为静态文本。

⑫ isScriptingEnabled 属性

isScriptingEnabled 属性指定能否使用脚本元素，默认值为 true，表明可以使用小脚本程序、表达式和声明。如果设置为 false，且在 JSP 中使用了小脚本程序、EL 表达式或声明，则会在转换阶段报错。

如果想要限制使用小脚本程序、EL 表达式或声明，设置指令如下：

```
<%@ page isScriptingEnabled="false"%>
```

要注意的是，新版本的 JSP 规范已经取消了 isScriptingEnabled 属性，只能在 web.xml 文件中用<script-invalid>元素指定脚本元素是否有效。例如，如下设置屏蔽所有 JSP 页面的脚本元素：

```
<web-app ...>
    ...
    <jsp-config>
        <jsp-property-group>
            <url-pattern>*.jsp</url-pattern>
            <script-invalid>true</script-invalid>
        </jsp-property-group>
    </jsp-config>
    ...
</web-app>
```

(2) include 指令

在 Web 开发中，经常会遇到很多 JSP 页面都需要显示的内容，如果在每个 JSP 页面都编写这部分内容，会造成很大的重复代码冗余。如果这些内容需要修改，大量页面都需要同步修改，会造成重复工作量过大。因此，通常将公共的内容抽取出来，放到单独的文件中，然后使用包含机制，将公共部分插入到 JSP 页面。这样，如果要修改公共部分，只需要修改单独文件即可，方便维护。

JSP 使用 include 指令在转换阶段包含指定的源文件。JSP 编译器在遇到 include 指令时，就读入要包含的文件，将包含内容与 JSP 页面合成为一个 JSP 文件，然后转换为 Servlet。

include 指令的语法如下：

```
<%@ include file="相对路径的url"%>
```

其中，file 属性指定被包含文件的相对 URL，被包含文件可以不是 JSP 文件，可以是 HTML 文件或文本文件。如果 file 属性没有指定文件的路径信息，表明被包含文件与 JSP 页面位于同一个目录下。

假如页面头部都显示同样的内容，就可以将这部分内容放到单独的文件中(例如 header.html)，其他页面使用 include 指令包含头部文件，格式如下：

```
<%@ include file="header.html"%>
```

(3) taglib 指令

在开发 JSP 页面时，经常遇到需要判断是否显示某些内容，循环显示集合对象中的元素，如果使用 Java 小脚本程序实现，就会造成 JSP 页面复杂，难以维护。JSP 提供扩展标签的机制，开发人员可以开发自定义标签，并将多个相关的自定义标签组成标签库，页面设计人员通过 taglib 指令来使用标签库中的自定义标签。

标签库的定义和使用将在第 7 章和第 8 章做详细介绍，这里仅需要了解 taglib 指令的基本使用格式。

使用 taglib 指令的基本语法如下：

```
<%@ taglib prefix="prefixOfTag" uri="tagLibraryURI" %>
```

或者：

```
<%@ taglib prefix="prefixOfTag" tagdir="tagDir" %>
```

其中，在 taglib 指令中使用 prefix 属性指定标签前缀，使用 uri 属性指定标签库的唯一名称，或者使用 tagdir 属性指定标签文件的目录。

在 JSP 页面中使用标签库的一般格式为<标签前缀:标签名称>，其中，标签前缀就是 taglib 指令的 prefix 属性值，标签名称是标签库中具体标签的名称。

2. 动作元素

JSP 动作元素为 JSP 页面执行阶段提供信息，JSP 动作元素须遵循 XML 元素的格式。JSP 动作元素可以完成动态包含文件、重用 JavaBean 组件、重定向到另一页面等常见任务。

动作元素必须符合 XML 元素格式，即，元素必须有起始和结束；元素可以嵌套子元素，但不可以交叉。例如：

```
<jsp:action_name attribute="value" />
```

其中，JSP 动作前缀统一使用 jsp，动作名称由 JSP 规范确定，属性的名和值按"名-值"对的方式编写。

JSP 2.0 规范定义了 20 种动作元素，可分为如下 5 类。

- 从 JSP 1.2 引入的动作：<jsp:include>、<jsp:forward>、<jsp:param>、<jsp:plugin>、<jsp:params>和<jsp:fallback>。
- 访问 JavaBean 的动作：<jsp:useBean>、<jsp:setProperty>和<jsp:getProperty>。
- 用于 JSP 文档的动作：<jsp:root>、<jsp:declaration>、<jsp:scriptlet>、<jsp:text>和<jsp:output>。
- 动态产生 XML 元素的动作：<jsp:attribute>、<jsp:body>和<jsp:element>。
- 用于标签文件的动作：<jsp:invoke>和<jsp:doBody>。

所有的动作要素都有两个共有属性：id 属性和 scope 属性。其中，id 属性是动作元素的唯一标识，可以在 JSP 页面中引用。动作元素创建的 id 值可以通过 PageContext 来调用。scope 属性用于识别动作元素的生命周期。id 属性和 scope 属性有直接关系，scope 属性定义了相关联 id 对象的生命周期。scope 属性有 4 个可能的值：page、request、session 和 application。

下面分别介绍常用动作元素的语法和具体使用。

(1) <jsp:include>和<jsp:param>动作元素

<jsp:include>动作元素可以在当前页面包含静态和动态的文件。该动作把指定文件插入正在生成的页面。

不带参数的<jsp:include>动作的语法格式如下：

```
<jsp:include page="relative URL" flush="true" />
```

其中，page 属性指定当前要包含的页面的相对路径 URL。flush 属性值为布尔型，默认值为 false，其值为 true 时，表示在包含资源前清空缓存。

带有参数请求的<jsp:include>动作的语法格式如下：

```
<jsp:include page="relative URL" flush="true" >
    <jsp:param name="param_name" value="param_value" />
</jsp:include>
```

其中，嵌套在<jsp:include>动作中的<jsp:param>动作可以出现多次，为<jsp:include>动作提供参数。name 属性指定参数的名称，value 属性指定参数的值。除了用于<jsp:include>

动作之外，<jsp:param>动作还可用于<jsp:forward>和<jsp:params>动作，为后者提供参数。

　　<jsp:include>动作与<%@ include%>指令的功能很相似，但也存在一些区别。

　　<%@ include%>指令是编译阶段的指令，即，所包含文件的内容是在编译时插入到 JSP 文件中的。因此，如果只修改了被包含文件，但没有修改 JSP 页面，这时可能就不会重新编译，而是直接执行已经存在的字节码文件。因此，对于不经常修改的被包含文件，可以使用<%@ include%>指令；但如果被包含文件需要经常修改，还是最好使用<jsp:include>动作。另一个区别是，<jsp:include>动作使用 page 属性来指定被包含页面，而<%@ include%>指令使用 file 属性来指定被包含文件。

　　(2) <jsp:useBean>、<jsp:setProperty>和<jsp:getProperty>动作元素

　　<jsp:useBean>、<jsp:setProperty>和<jsp:getProperty>动作元素是 JSP 为了简化调用 JavaBeans 而设立的，这使得不用编写 Java 小脚本，只需使用标签，就可以使用 JavaBeans。

　　<jsp:useBean>动作的语法格式如下：

```
<jsp:useBean id="name" class="package.class" />
```

　　其中，class 属性指定 Bean 的带路径的类名称。

　　然后，可以通过<jsp:setProperty>和<jsp:getProperty>动作来读写 Bean 的属性。

　　<jsp:setProperty>动作用来设置已经实例化的 Bean 对象的属性，有两种用法。第一种用法是在<jsp:useBean>的后面使用<jsp:setProperty>。不管<jsp:useBean>找到现有的 Bean，还是新创建一个 Bean 实例，<jsp:setProperty>都会执行。例如：

```
<jsp:useBean id="myName" ... />
    ...
<jsp:setProperty name="myName" property="someProperty" .../>
```

　　第二种用法是把<jsp:setProperty>动作放入<jsp:useBean>的内部，如下所示：

```
<jsp:useBean id="myName" ... >
    ...
    <jsp:setProperty name="myName" property="someProperty" .../>
</jsp:useBean>
```

　　这时，<jsp:setProperty>动作只有在新建 Bean 实例时才会执行，如果使用现有实例，则不执行<jsp:setProperty>动作。

　　<jsp:getProperty>动作读取指定 Bean 属性的值，转换成字符串，然后输出。

　　<jsp:getProperty>动作的语法格式如下：

```
<jsp:useBean id="myName" ..., />
...
<jsp:getProperty name="myName" property="someProperty" .../>
```

　　上述三个动作元素的详细使用及示例可参见第 6 章。

　　(3) <jsp:forward>动作元素

　　<jsp:forward>动作结束当前页面的执行，并从当前页面把请求转发到另外的页面。

　　<jsp:forward>动作在服务器端完成，因此，并不改变浏览器地址栏的 URL。

　　<jsp:forward>动作只有一个 page 属性，其属性值为要转发的目标地址。可以使用<jsp:param>动作来指定参数列表。

　　<jsp:forward>动作的语法格式如下：

```
<jsp:forward page="relative URL" />
```

如果使用<jsp:param>动作来指定参数列表，格式如下：

```
<jsp:forward page="relative URL">
    <jsp:param name="param_name" value="param_value" />
</jsp:forward>
```

代码清单 5.2 根据虚拟机内存使用占比是否大于 50%转发到不同的页面。首先获取空闲内存和总内存，然后计算内存使用占比，最后根据占比是否大于 50%进行不同的跳转。

代码清单 5.2   forward.jsp

```
<%@ page language="java" contentType="text/html; charset=UTF-8"
 pageEncoding="UTF-8"%>
<!DOCTYPE html PUBLIC "-//W3C//DTD HTML 4.01 Transitional//EN"
 "http://www.w3.org/TR/html4/loose.dtd">
<html>
<head>
<meta http-equiv="Content-Type" content="text/html; charset=UTF-8">
<title>&lt;jsp:forward&gt;动作</title>
</head>
<body>
    <h4>本例根据虚拟机内存使用占比是否大于 50%转发到不同的页面</h4>
    <h4>你不会看到以上信息，因为页面已经跳转</h4>
    <%
    double freeMem = Runtime.getRuntime().freeMemory();
    double totlMem = Runtime.getRuntime().totalMemory();
    double percent = freeMem / totlMem;
    if (percent < 0.5){
    %>
        <jsp:forward page="lessthanhalf.jsp" />
    <%
    } else {
    %>
        <jsp:forward page="morethanhalf.html" />
    <%
    }
    %>
</body>
</html>
```

forward.jsp 的运行结果如图 5.3 所示。

图 5.3   forward.jsp 的运行结果

3. 脚本元素

在模板数据和动作元素中，都可以使用脚本元素。JSP 有 4 种脚本元素类型：声明、小脚本、表达式和 EL 表达式。

（1）声明

JSP 页面可以声明变量和方法，转换为 Servlet 之后，这些声明的变量和方法会成为 Servlet 类的成员变量和成员方法，因此，仅在当前页面有效。

JSP 声明的语法格式如下：

```
<%! declaration1; declaration2; ... %>
```

声明变量的例子如下：

```
<%! int i = 0; %>
<%! int a, b, c; %>
```

在 JSP 中也可以声明方法。下面的语句声明一个返回将变量 i 加倍的 doubleNum()方法：

```
<%! int num = 100; %>
<%!
int doubleNum() {
    num = num * 2;
    return num;
}
%>
```

(2)　小脚本

JSP 小脚本用于在 JSP 页面中编写 Java 程序，小脚本可以包含任意数量的 Java 语句、变量、方法或表达式，要求这些 Java 程序符合 Java 语言规范。小脚本程序的语法格式如下：

```
<% Java 语句; %>
```

小脚本可以放在 JSP 页面的任意位置，在一个 JSP 页面中可以嵌入多个小脚本，这些小脚本都属于一个方法内，因此，小脚本中定义的变量都是方法内的局部变量，可以在其他小脚本中使用。

如果在 JSP 页面中嵌入过多的小脚本，会导致 JSP 页面复杂，难以阅读和维护。因此，现代的 Web 开发都崇尚不使用 Java 代码块的页面开发。

(3)　表达式

JSP 表达式元素是符合 Java 语法的表达式，在执行后返回 String 类型的结果，并将结果输出到 JSP 表达式语句所在的位置。

如果在转换阶段不能将表达式的值转换为 String 类型，会发生转换处理错误。如果在运行时容器发现表达式的求值结果不能转换为 String 类型，则抛出运行时异常。

JSP 表达式的语法格式如下：

```
<%= 表达式 %>
```

需要注意的是，表达式的开始符号<%=之间不能有空格，表达式末尾不能有分号。
如下代码可以显示当前日期：

```
<%= new java.util.Date() %>
```

(4)　EL 表达式

EL 表达式是 JSP 2.0 引入的新的脚本元素，使用 EL 表达式，可以非常方便地访问存储在 JavaBean 中的数据。EL 表达式既可以用于算术表达式，也可以用于逻辑表达式。在 EL 表达式内，可以使用整型数、浮点数、字符串、常量 true 和 false 以及 null。

EL 表达式允许指定一个表达式来表示属性值。一个简单的表达式语法如下：

```
${expr}
```

其中，expr 就是表达式。在 EL 表达式中，通用的操作符是".""和"[]"。这两个操作符允许通过隐含的 JSP 对象访问各种各样的 JavaBean 属性。

如果在 JSP 页面中使用 page 指令指定 isELIgnored 属性值为 true，可以禁止使用 EL 表达式。禁止使用 EL 表达式的 page 指令如下：

```
<%@ page isELIgnored ="true|false" %>
```

详细的 EL 表达式说明和示例可参见第 6 章。

5.1.5　JSP 的注释

JSP 的注释主要有两个作用，一是注释代码内容，二是去掉暂时不用的代码。JSP 注释有 HTML 格式注释、JSP 代码注释和 Java 语言注释 3 种。

(1) HTML 格式注释

HTML 格式注释可直接用在 JSP 页面中，具体方法是使用<!--和-->包围注释内容。例如：

```
<!-- 这是 HTML 格式注释 -->
```

由于容器对 HTML 格式注释不做任何处理，在浏览器端可通过查看 HTML 源文件看到注释内容。

(2) JSP 代码注释

JSP 代码注释主要为开发人员使用而设计，其功能是去掉暂时不用的代码段。JSP 代码注释使用<%--和--%>包围需要注释的代码，这种注释后的代码在浏览器中无法看到，JSP 编译时会忽略这部分注释，因此在容器自动转换生成的 Java 源代码中也没有这部分内容。

JSP 代码注释的格式如下：

```
<%-- 这是开发人员专用注释 --%>
```

JSP 代码注释的优先级是最高的，可以屏蔽 JavaScript 和 HTML 代码，也就是说，如果使用<%--和--%>包围<%和%>的代码，将会忽略<%和%>之间的代码。因此开发人员应该尽可能使用这种注释方式。

使用 JSP 代码注释去掉多行代码的示例如下：

```
<%--
<%
    out.println("注释后，本条语句不会执行! ");
%>
--%>
```

(3) Java 语言注释

由于 Java 小脚本内编写的是 Java 代码，因此可以使用 Java 语言的注释机制。使用 Java 语言注释的内容在浏览器端不可见，但 JSP 编译时，会按原样照搬这部分注释，因此，在容器自动转换生成的 Java 源代码中，会保留这部分内容。

在 Java 小脚本内使用 Java 语言的单行注释示例如下：

```
<%
    // 这是 Java 语言单行注释
%>
```

在 Java 小脚本内，可以使用 Java 语言的多行注释符(/*和*/)来注释多行代码，示例如下：

```
<%
    /* 这是 Java 语言多行注释
    续行注释 */
%>
```

5.1.6 实践出真知

1. 查看 JSP 转换为 Servlet 的源代码

使用代码清单 5.1 的 sayHello.jsp 文件，在 Eclipse 中运行该文件所在的 Web 项目，在浏览器中访问 sayHello.jsp，确保容器已经对该 JSP 文件进行了转换。

然后，在当前 Web 项目所在的 workspace 中查找 sayHello_jsp.java 文件，转换后的 Servlet 一 般 位 于 .metadata\.plugins\org.eclipse.wst.server.core\tmp0\work\Catalina\localhost\jspbasics \org\apache\jsp 目录下，该文件的内容如代码清单 5.3 所示。

可以看到，文件的最上部是 Tomcat 容器的注释，然后是包名——org.apache.jsp。随后是若干 import 语句，由于在 JSP 中用 page 指令导入 java.util.*和 java.text.*，因此这里多出了额外的两条 import 语句。如果在 JSP 中使用 JSP 声明定义了变量或方法，容器会把所定义的变量或方法作为 sayHello_jsp 类的成员变量或成员方法。由于 JSP 文件没有使用 JSP 声明，因此这里只是一些固定的内容。随后是_jspInit()方法和_jspDestroy()方法，这两者都是 JSP 的生命周期方法。在_jspService()方法中，容器首先声明一大堆局部变量，包括经常用到的 Session 和 out 等隐含对象。在随后的 try-catch-finally 结构中，首先尝试实例化隐含对象，然后调用一大堆 out.write()方法输出 JSP 里的 HTML 和表达式，小脚本都是照原样搬到对应位置。当然，如果发生运行时刻错误，会捕获这些错误并进行处理。

代码清单 5.3 sayHello_jsp.java

```java
/*
 * Generated by the Jasper component of Apache Tomcat
 * Version: Apache Tomcat/8.0.5
 * Generated at: 2014-11-06 12:53:49 UTC
 * Note: The last modified time of this file was set to
 *     the last modified time of the source file after
 *     generation to assist with modification tracking.
 */
package org.apache.jsp;

import javax.servlet.*;
import javax.servlet.http.*;
import javax.servlet.jsp.*;
import java.util.*;
import java.text.*;

public final class sayHello_jsp extends org.apache.jasper.runtime.HttpJspBase
  implements org.apache.jasper.runtime.JspSourceDependent {

    private static final javax.servlet.jsp.JspFactory _jspxFactory =
        javax.servlet.jsp.JspFactory.getDefaultFactory();

    private static java.util.Map<java.lang.String,java.lang.Long> _jspx_dependants;
```

```
    private javax.el.ExpressionFactory _el_expressionfactory;
    private org.apache.tomcat.InstanceManager _jsp_instancemanager;

    public java.util.Map<java.lang.String,java.lang.Long> getDependants() {
        return _jspx_dependants;
    }

    public void _jspInit() {
        _el_expressionfactory = _jspxFactory.getJspApplicationContext(getServletConfig()
                            .getServletContext()).getExpressionFactory();
        _jsp_instancemanager = org.apache.jasper.runtime.InstanceManagerFactory
                            .getInstanceManager(getServletConfig());
    }

    public void _jspDestroy() {
    }

    public void _jspService(final javax.servlet.http.HttpServletRequest request,
      final javax.servlet.http.HttpServletResponse response)
      throws java.io.IOException, javax.servlet.ServletException {

        final javax.servlet.jsp.PageContext pageContext;
        javax.servlet.http.HttpSession session = null;
        final javax.servlet.ServletContext application;
        final javax.servlet.ServletConfig config;
        javax.servlet.jsp.JspWriter out = null;
        final java.lang.Object page = this;
        javax.servlet.jsp.JspWriter _jspx_out = null;
        javax.servlet.jsp.PageContext _jspx_page_context = null;

        try {
            response.setContentType("text/html; charset=UTF-8");
            pageContext = _jspxFactory.getPageContext(this, request, response,
                        null, true, 8192, true);
            _jspx_page_context = pageContext;
            application = pageContext.getServletContext();
            config = pageContext.getServletConfig();
            session = pageContext.getSession();
            out = pageContext.getOut();
            _jspx_out = out;

            out.write("\r\n");
            out.write("\r\n");
            out.write("<!DOCTYPE html PUBLIC \"-//W3C//DTD HTML 4.01 Transitional//EN\"
                    \"http://www.w3.org/TR/html4/loose.dtd\">\r\n");
            out.write("<html>\r\n");
            out.write("<head>\r\n");
            out.write("<meta http-equiv=\"Content-Type\"
                    \content=\"text/html; charset=UTF-8\">\r\n");
            out.write("<title>根据当前时间打印不同问候语</title>\r\n");
            out.write("</head>\r\n");
            out.write("<body>\r\n");
            out.write("\t");

            Calendar now = Calendar.getInstance();
            int hour = now.get(Calendar.HOUR_OF_DAY);
            SimpleDateFormat sdf = new SimpleDateFormat("HH:mm:ss");
            out.print("当前时间是: " + sdf.format(now.getTime()) + "<br/>");
            if (hour < 12) {
                out.write("\r\n");
                out.write("\t早上好! \r\n");
```

```
        out.write("\t");
      } else if (hour < 18)  {
        out.write("\r\n");
        out.write("\t 下午好! \r\n");
        out.write("\t");
      } else {
        out.write("\r\n");
        out.write("\t 晚上好! \r\n");
        out.write("\t");
      }
      out.write("\r\n");
      out.write("</body>\r\n");
      out.write("</html>");
    } catch (java.lang.Throwable t) {
      if (!(t instanceof javax.servlet.jsp.SkipPageException)) {
        out = _jspx_out;
        if (out!=null && out.getBufferSize()!=0)
          try { out.clearBuffer(); } catch (java.io.IOException e) {}
        if (_jspx_page_context != null) _jspx_page_context.handlePageException(t);
        else throw new ServletException(t);
      }
    } finally {
      _jspxFactory.releasePageContext(_jspx_page_context);
    }
  }
}
```

以上是转换后的源代码的概况。如果将来在 JSP 开发中遇到一些疑难问题，也许可以通过查看源代码来定位错误原因。

2. 探索 Tomcat 的生产模式

本次实践以 Tomcat 为例，讲述开发模式与生产模式的区别，以及如何进行配置。

首先，进入到 Tomcat 的安装目录，在 webapps 目录下新建一个 jspbasics 目录，将 Eclipse 的同名 Web 项目下的 WebContent 子目录里的文件及目录全部复制到 webapps\jspbasics 下。复制之后的目录结构如图 5.4 所示。这样就手工完成了 Web 项目的部署。

图 5.4 复制之后的目录结构

由于没有更改过 web.xml 文件，因此默认的还是开发模式。

然后，双击 bin 目录下的 startup.bat 文件，启动 Tomcat。这时，使用 Windows 资源管理器定位到 Tomcat 安装目录下的 work\Catalina\localhost\jspbasics 子目录，发现该目录为空，这是因为还没有访问 sayHello.jsp，因此尚未启动转换过程。

用浏览器访问 http://localhost:8080/jspbasics/sayHello.jsp 地址，注意到第一次访问会启动转换过程，因此稍等片刻后才能看到页面显示。再次查看 jspbasics 子目录，发现在其下已经创建了 org\apache\jsp 子目录，且自动生成了源代码和字节码文件，如图 5.5 所示。

图 5.5　容器生成的源代码和字节码文件

读者可以用任意文本编辑器打开 webapps\jspbasics 下的 sayHello.jsp 文件，修改 JSP 文件后存盘。然后刷新图 5.5 中的目录，查看修改日期，就知道容器没有自动转换。刷新一下浏览器，确保能看到 JSP 文件修改后的效果，这时，再次查看图 5.5 的目录，发现源代码和字节码文件的修改日期已经更改了，证明容器已经启动了转换过程。如果将完成转换称为"生效"，那么可以将开发模式简单地称为"刷新页面生效"。

现在探索 Tomcat 的生产模式。

用任意的文本编辑器打开 Tomcat 安装目录下的 conf\web.xml 文件，在大约第 243 行的 <load-on-startup>元素前，插入如下所示的配置语句：

```
<servlet>
  <servlet-name>jsp</servlet-name>
  <servlet-class>org.apache.jasper.servlet.JspServlet</servlet-class>
  ...
  <init-param>
    <param-name>development</param-name>
    <param-value>false</param-value>
  </init-param>
  <init-param>
    <param-name>checkInterval</param-name>
    <param-value>0</param-value>
  </init-param>
  <load-on-startup>3</load-on-startup>
</servlet>
```

其中，将 development 参数设置为 false，表示生产模式，checkInterval 参数设置检查 JSP 文件时间戳的间隔时间，为 0 则不启用后台编译。

保存修改后的 web.xml 文件，重新启动 Tomcat。修改并保存 JSP 文件，再次刷新浏览器，发现修改没有生效，也就是说，Tomcat 服务器并没有转换。因此，生产模式下的 checkInterval 参数值为 0 是很高效的模式，服务器不再检查 JSP 文件时间戳。要使修改后的 JSP 文件生效，必须重启服务器。

再次修改 web.xml 文件，将 checkInterval 参数设置为 15，以启用后台编译。保存 web.xml 文件，再次重新启动 Tomcat。然后修改 JSP 文件并保存，刷新浏览器。这时，读者还是很遗憾地发现 JSP 页面的修改仍然没有生效。且耐心等待约 15 秒钟。再次刷新浏览器，好了，这次应该看到 JSP 页面的修改效果，修改生效了。

综合上述，开发模式是刷新页面生效；生产模式是刷新页面也不生效，如果不启用后台编译，只有重启服务器才会生效，否则，须等待 checkInterval 参数值设定的时间后，才会生效。

读者可自行探索 modificationTestInterval 参数对开发模式的影响。

最后提醒读者，实验后，别忘记复原 web.xml 文件。否则，习惯刷新页面生效的开发模式的开发人员可能会误以为生产模式出了什么故障。

3. 探索 JSP 的生命周期

理解 JSP 底层功能的关键，就是去理解 JSP 页面遵守的生命周期。

JSP 生命周期就是从创建到消毁的整个过程，类似于 Servlet 生命周期，区别在于 JSP 生命周期还包括将 JSP 文件编译成 Servlet 的阶段。

以下是 JSP 生命周期中的 4 个阶段。

(1) 编译阶段：Servlet 容器编译 Servlet 源文件，生成 Servlet 字节码文件。

(2) 初始化阶段：加载与 JSP 对应的 Servlet 类，创建其 Servlet 实例，并调用其初始化方法。

(3) 执行阶段：调用与 JSP 对应的 Servlet 实例的服务方法。

(4) 消毁阶段：调用与 JSP 对应的 Servlet 实例的消毁方法，然后消毁 Servlet 实例。

我们已经了解了编译阶段、初始化阶段、执行阶段和消毁阶段是每个 JSP 页面的重要生命周期，下面通过一个实例，来展示 JSP 的生命周期。

用 Eclipse 新建一个名称为 "jsplifecycle" 的 Web 动态项目，然后新建一个如代码清单 5.4 所示的 JSP 文件。

首先用 JSP 声明来定义 3 个变量——initCount、serviceCount 和 destroyCount，分别表示初始化次数、服务次数和消毁次数。

然后，声明 jspInit()和 jspDestroy()这两个生命周期方法，在调用这两个方法时，分别使初始化次数和消毁次数加 1。在响应请求时，使服务次数加 1。

代码清单 5.4　lifecycle.jsp

```
<%@ page language="java" contentType="text/html; charset=UTF-8"
  pageEncoding="UTF-8"%>

<!DOCTYPE html PUBLIC "-//W3C//DTD HTML 4.01 Transitional//EN"
  "http://www.w3.org/TR/html4/loose.dtd">

<html>
<head>
<meta http-equiv="Content-Type" content="text/html; charset=UTF-8">
<title>JSP 生命周期</title>
</head>
<body>

<%!
private int initCount = 0;
private int serviceCount = 0;
private int destroyCount = 0;
%>

<%!
public void jspInit() {
    initCount++;
    System.out.println("jspInit(): JSP 初始化了" + initCount + "次");
```

```
    }

    public void jspDestroy() {
        destroyCount++;
        System.out.println("jspDestroy(): JSP 消毁了" + destroyCount + "次");
    }
%>

<%
serviceCount++;
System.out.println("_jspService(): JSP 共响应了" + serviceCount + "次请求");
%>

    <h4><%="初始化次数 : " + initCount%></h4>
    <h4><%="响应客户请求次数 : " + serviceCount%></h4>
    <h4><%="消毁次数 : " + destroyCount%></h4>

</body>
</html>
```

运行该 Web 项目，图 5.6 给出了请求 3 次后的运行结果。可见，JSP 初始化之后，就一直等到客户端的请求。

图 5.6　lifecycle.jsp 的运行结果

停止 Web 服务器的运行，在控制台可以看到类似于下面的信息：

```
jspInit(): JSP 初始化了 1 次
_jspService(): JSP 共响应了 1 次请求
_jspService(): JSP 共响应了 2 次请求
_jspService(): JSP 共响应了 3 次请求
...
jspDestroy(): JSP 消毁了 1 次
```

在服务器停止服务后，JSP 实例被消毁。每个 JSP 的初始化和消毁都只是一次，我们再次看到，JSP 是单实例的。

4. 查看 JSP 注释

用 Eclipse 新建一个名称为"jspcomment"的动态 Web 项目，然后编写如代码清单 5.5 所示的 JSP 文件，文件中含有 JSP 的 3 种注释。

代码清单 5.5　testComment.jsp

```
<%@ page language="java" contentType="text/html; charset=UTF-8"
  pageEncoding="UTF-8"%>
<!DOCTYPE html PUBLIC "-//W3C//DTD HTML 4.01 Transitional//EN"
  "http://www.w3.org/TR/html4/loose.dtd">
<html>
<head>
<meta http-equiv="Content-Type" content="text/html; charset=UTF-8">
```

```
<title>JSP 各种注释</title>
</head>
<body>
    <h3>JSP 各种注释</h3>
    <ol>
        <li>HTML 格式注释</li>
        <!-- 这是 HTML 格式注释 -->
        <li>开发人员专用注释</li>
        <%-- 这是开发人员专用注释 --%>
        <li>多行代码注释</li>
        <%--
        <%
            out.println("注释后，本条语句不会执行！");
        %>
        --%>
        <li>Java 语言单行注释</li>
        <%
            // 这是 Java 语言单行注释
        %>
        <li>Java 语言多行注释</li>
        <%
            /* 这是 Java 语言多行注释
            续行注释 */
        %>
    </ol>
</body>
</html>
```

运行 JSP 文件，testComment.jsp 的运行结果如图 5.7 所示。

图 5.7　testComment.jsp 的运行结果

查看如图 5.8 所示的 HTML 源代码，可以看到，除 HTML 格式注释外，其余注释都不输出到浏览器。

图 5.8　查看 HTML 源代码

查找到转换后的 Servlet 源代码，可以在 Eclipse 的 workspace 下查找 testComment_jsp.java 文件，打开该文件，内容如图 5.9 所示。

可以看到，Java 语言单行注释和 Java 语言多行注释都会出现在源代码中，但开发人员专用注释就不会出现。

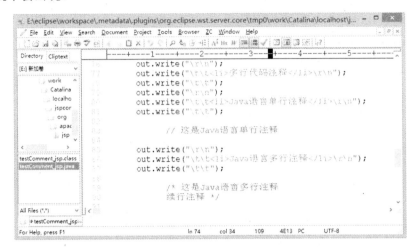

图 5.9　查看转换的 Servlet 源文件

5.1.7　有问必答

1. 我觉得好神奇，容器怎么知道哪些 JSP 文件需要转换呢？

答： 容器根据 JSP 源文件和.class 文件的时间戳来决定是否转换 JSP 文件。基本规则是：当接收到对某个 JSP 页面的请求时，检查该 JSP 页面与对应.class 文件的时间戳，如果 JSP 页面较新或.class 文件不存在，则重新编译并覆盖旧的.class 文件，否则不进行转换。

2. 我都有些糊涂了，一会说 Web 服务器，一会说容器，还说 JSP 容器或 Servlet 容器，这些都是指同一个东西吗？

答： 对，这几个术语可以不加区分。

3. 看来<jsp:include>动作比<%@ include%>指令优越一些，因为前者能动态决定是否编译，维护上带来很多方便。那还有使用<%@ include%>指令的必要吗？

答： 一般说来，应该尽可能地使用<jsp:include>动作。但<%@ include%>指令还是有存在意义的，例如，需要在所包含的文件中定义 JSP 页面要用到的变量或方法时，只能使用<%@ include%>指令。

例如，被包含页面为 included.jsp，其文件内容只是定义了一个 num 变量：

```
<%! int num=0; %>
```

在 JSP 文件中，使用<%@ include%>指令进行包含。这时，不能使用<jsp:include>动作，否则在下一句 JSP 表达式会报错。因为未定义 num 变量，不能转换成 Servlet。

包含 included.jsp 的 JSP 文件内容如下：

```
<html>
 <body>
   <%@ include file="included.jsp" %>
   <%= num %>
 </body>
</html>
```

4. 既然可以用 JSP 表达式来替代脚本中的 out.println() 方法，为什么还要有 out 对象呢？

答：的确可以不在 JSP 页面中使用 out 对象，但还是有可能需要将 out 对象传递给其他一些方法，以便能直接访问输出流。

5. 为什么不单独设立一个 import 指令？<%@ import …%> 难道不比 <%@ page import …%> 简单吗？

答：有道理，可惜规范制订专家没有这么去想。JSP 规范只规定了三条指令，这些指令都有属性用作进一步的说明。例如，<%@ page import …%> 指令的含义是 "page 指令中的 import 属性"。

6. 看来，只有第一个请求 JSP 页面的客户要花费一些时间来等待服务器响应。那为什么不配置一下服务器，让服务器预先进行转换及编译呢？

答：尽管只是第一个客户需要花时间等待，很多服务器软件开发商的确提供了预编译 JSP 的方式，使得第一个客户也不用等待。但这取决于软件开发商，JSP 规范只是建议容器提供 JSP 预编译的功能，因此不是所有的 JSP 容器都提供这一功能。

5.2　JSP 对象

JSP 页面可以创建、访问和修改服务器端的对象，对象存在一定的有效范围。JSP 定义了 9 个无需声明即可使用的隐含对象，也称为内置对象。这些 JSP 隐含对象是容器为每个页面都提供的 Java 对象，开发者可以直接使用它们而不用显式声明。JSP 隐含对象可以方便地访问请求、响应和会话等信息。

5.2.1　对象的有效范围

JSP 对象按照作用范围的不同，可以分为页内有效、请求有效、会话有效和应用有效 4 种不同的有效范围，分别对应 4 个 JSP 隐含对象：pageContext、request、session 和 application。本小节讲述不同有效范围对 Web 编程的影响。

(1) API 概述

pageContext、request、session 和 application 对象对属性的操作方法都是一样的，下面列举最常用的几个方法。

- public void setAttribute(String name, Object value)：保存属性的 "名-值" 对。如果传入参数 value 为 null，则删除给定属性，相当于调用 removeAttribute(String name) 方法。
- public Object getAttribute(String name)：获取属性名为 name 的值，返回值为 Object 类型，如果给定名称的属性不存在，则返回 null。
- public void removeAttribute(String name)：删除指定名称的属性。
- public Enumeration<String> getAttributeNames()：返回当前有效范围内的全部属性，返回类型为枚举型。pageContext 对象没有该方法，可用 public Enumeration<String> getAttributeNamesInScope(int scope) 方法替代。

除上述共同的方法之外，pageContext 对象还增加了如下 4 个常用方法，可以访问所有有效范围的属性：

```
public void setAttribute(String name, Object value, int scope)
public Object getAttribute(String name, int scope)
public void removeAttribute(String name, int scope)
public Enumeration<String> getAttributeNamesInScope(int scope)
```

上述 4 个方法与前述 4 个对象的共同方法功能类似。其中，参数 scope 为 PageContext 类定义的常量，取值可以是 PAGE_SCOPE、REQUEST_SCOPE、SESSION_SCOPE 和 APPLICATION_SCOPE，分别对应 4 种范围。因此，pageContext 对象就可以通过指定 scope 参数来访问不同有效范围的属性。

(2) 页内有效

页内有效是指只能在当前页面访问所创建的属性，页内有效属性的引用都存储在 pageContext 对象中。

在同一个页面内，testscoped.jsp 可以测试属性值的传递，如代码清单 5.6 所示。网页首先调用 setAttribute()方法设置属性，然后再调用 getAttribute()获取属性值并显示。

代码清单 5.6　testscoped.jsp

```
<%@ page language="java" contentType="text/html; charset=UTF-8"
 pageEncoding="UTF-8"%>
<!DOCTYPE html PUBLIC "-//W3C//DTD HTML 4.01 Transitional//EN"
 "http://www.w3.org/TR/html4/loose.dtd">
<html>
<head>
<meta http-equiv="Content-Type" content="text/html; charset=UTF-8">
<title>测试四种有效范围</title>
</head>
<body>
    <h5>依次将第13行和第16行的pageContext更改为request、session和application,看看效果</h5>
    <h4>设置XX有效属性</h4>
    <%
        pageContext.setAttribute("name", "张三");
    %>
    <h4>获取XX有效属性</h4>
    <%="name: " + pageContext.getAttribute("name")%>
</body>
</html>
```

testscoped.jsp 的运行结果如图 5.10 所示。

图 5.10　testscoped.jsp 的运行结果

可见，在同一个页面中，使用 pageContext 对象可以传递参数。读者可按照代码清单 5.6 中的提示，分别将 pageContext 更改为 request、session 和 application，一定会发现 4 个有效范围的运行结果没有任何区别。代码中的"XX 有效"泛指页内有效、请求有效、会话有效和应用有效这 4 种范围。

　　下面测试在不同页面设置下获取属性。将代码清单 5.6 中的设置属性和获取属性这两个功能分开，分别放到 scopedSet.jsp 和 scopedGet.jsp 页面中。在代码清单 5.7 中设置名称为 name 的属性，然后用<jsp:forward>动作转发至 scopedGet.jsp 页面。

代码清单 5.7　scopedSet.jsp

```
<%@ page language="java" contentType="text/html; charset=UTF-8"
 pageEncoding="UTF-8"%>
<!DOCTYPE html PUBLIC "-//W3C//DTD HTML 4.01 Transitional//EN"
 "http://www.w3.org/TR/html4/loose.dtd">
<html>
<head>
<meta http-equiv="Content-Type" content="text/html; charset=UTF-8">
<title>XX 有效范围</title>
</head>
<body>
    <h5>依次将第 13 行和 scopeGet.jsp 的第 11 行的 pageContext 更改为 request、session 和
application，看看效果</h5>
    <h4>设置 XX 有效属性</h4>
    <%
        pageContext.setAttribute("name", "张三");
    %>
    <h4>转发至另一页面</h4>
    <jsp:forward page="scopedGet.jsp" />
</body>
</html>
```

代码清单 5.8 中的 JSP 获取有效属性并显示。

代码清单 5.8　scopedGet.jsp

```
<%@ page language="java" contentType="text/html; charset=UTF-8"
 pageEncoding="UTF-8"%>
<!DOCTYPE html PUBLIC "-//W3C//DTD HTML 4.01 Transitional//EN"
 "http://www.w3.org/TR/html4/loose.dtd">
<html>
<head>
<meta http-equiv="Content-Type" content="text/html; charset=UTF-8">
<title>XX 有效范围</title>
</head>
<body>
<h4>获取 XX 有效属性</h4>
<%="name: " + pageContext.getAttribute("name") %>
</body>
</html>
```

运行 Web 项目，从浏览器的地址栏访问 scopedSet.jsp，得到如图 5.11 所示的运行结果。

图 5.11　scopedSet.jsp 的运行结果(一)

可以看到，参数值没有传递过来(参数值为 null)。因此，使用 pageContext 对象设置的属性只能在同一个页面内获取，其他页面无法获取。

(3) 请求有效

请求有效的作用范围是从客户端发出请求开始到服务器处理结束，并返回响应的整个过程。在这个过程中，如果使用转发方式跳转多个页面，也可以访问这些页面里的请求有效属性。所有请求有效的属性都存储在 request 对象中，在请求结束时，请求有效属性就会失效。

修改代码清单 5.7 和代码清单 5.8 的文件，将两个文件中的 pageContext 更改为 request，重新启动并运行项目，运行结果如图 5.12 所示。可见，请求有效的作用范围可以跨越用转发方式跳转的多个页面。

图 5.12 scopedSet.jsp 的运行结果(二)

由于使用转发，因此，尽管页面是 scopedGet.jsp 的显示，但地址栏仍然显示的是 scopedSet.jsp 的地址。

现在，将地址栏修改为 scopedGet.jsp，得到如图 5.13 所示的结果。由于上一次的请求已经结束，原来的请求有效对象已经失效，因此，新一轮的请求无法访问上一轮请求的请求有效对象。

图 5.13 scopedGet.jsp 的运行结果(一)

(4) 会话有效

会话是指客户端浏览器与某个服务器之间持续连接的过程。在这个过程中，可以将一些需要多次往返的状态信息作为属性存储在 session 对象中，这些属性就是会话有效属性。只有当客户端退出登录或会话超时后，这些属性才会失效。

会话的经典应用场景是购物车，在电子商务应用中，需要服务器记住购物车的内容，在客户结账前，允许客户随意地在不同页面选购商品。

再次修改代码清单 5.7 和代码清单 5.8 的文件，将这两个文件中的 pageContext 更改为 session，重新启动并运行项目，运行结果如前面的图 5.12 所示。可见，会话有效的作用范围可以跨越用转发方式跳转的多个页面。

现在，将地址栏修改为 scopedGet.jsp，得到如图 5.14 所示的结果。可见，只要在同一个会话中，一直都可以访问会话有效的属性。

图 5.14　scopedGet.jsp 的运行结果(二)

重新开启另一个浏览器，在地址栏输入如图 5.14 所示的地址，并按 Enter 键，访问 scopedGet.jsp 页面。这时，由于已经是另一个会话，就不能访问前一个会话有效范围的属性，结果如前面的图 5.13 所示。

需要注意的是，如果在同一个浏览器中新建一个选项卡，该选项卡与前一个选项卡还是处在同一个会话范围。如果要开启新会话，必须开启另一个浏览器，或者关闭浏览器后重新开启。

另外，如果要使用会话有效的属性，页面 page 指令的 session 属性值就不能为 false，该属性值默认为 true。因此，不设置该属性默认就是启用会话。

(5)　应用有效

应用有效的作用范围是从服务器开始服务直到服务器停止服务为止。在同一个 Web 应用中，由不同 JSP 页面创建并存储在 application 对象中的属性，都是应用有效的属性。应用有效的属性可以为同一个 Web 应用中的所有 JSP 页面所访问，application 对象的类型是 javax.servlet.ServletContext。

由于应用范围的影响时间长，注意不要过多使用，以免服务器负载过大。

再次修改代码清单 5.7 和代码清单 5.8 的文件，将两个文件中的 pageContext 更改为 application，重新启动并运行项目，运行结果如前面的图 5.12 所示。可见，应用有效的作用范围可以跨越用转发方式跳转的多个页面。

现在，将地址栏修改为 scopedGet.jsp，得到如前面的图 5.14 所示的结果。可见，在同一个会话中，一直都可以访问应用有效的属性。

然后，重新开启另一个浏览器，在地址栏输入如图 5.14 所示的地址，并按 Enter 键，访问 scopedGet.jsp 页面，还可以获取到应用有效的属性。

重新启动 Web 服务器，再次访问 scopedGet.jsp 页面，运行结果如前面的图 5.13 所示。这时，应用有效的属性随着服务器停止服务而失效，因此无法获取该属性值。

5.2.2　JSP 的隐含对象

除了 5.2.1 小节介绍的 4 个 JSP 隐含对象，还有 response、out、config、page 和 exception 这 5 个对象，这些隐含对象的描述可参见表 5.1。

表 5.1　JSP 隐含对象一览

对　　象	描　　述
request	HttpServletRequest 类的实例
response	HttpServletResponse 类的实例
out	JspWriter 类的实例，用于把结果输出到网页上

对　象	描　述
session	HttpSession 类的实例
application	ServletContext 类的实例，与应用上下文有关
config	ServletConfig 类的实例
pageContext	PageContext 类的实例，提供对 JSP 页面所有对象以及命名空间的访问
page	Object 类的实例，类似于 Java 类中的 this 关键字
exception	Throwable 类的实例，代表发生错误的 JSP 页面中对应的异常对象

下面详细介绍这 9 个隐含对象。

(1) request 对象

request 对象是 javax.servlet.http.HttpServletRequest 类的实现对象，在 request 对象中，除了包含请求有效的变量外，还包含客户端的 Cookies 和 HTTP 信息头等信息。request 对象在 JSP 小脚本中可以直接使用，不需要声明和定义。当请求由 Servlet 转发到 JSP 时，JSP 与 Servlet 会共用同一个 request 对象。

request 对象的常用方法如下。

- Object getAttribute(String name)：返回指定属性名称的属性值，如果属性不存在，则返回 null。
- Enumeration<String> getAttributeNames()：返回本次请求的所有属性名称的枚举对象。
- String getCharacterEncoding()：返回本次请求体的字符编码方式，如果没有指定字符编码，则返回 null。
- void setCharacterEncoding(String env) throws UnsupportedEncodingException：设置用于本次请求体的字符编码方式。本方法必须在读取请求参数或调用 getReader() 方法读取输入之前调用，否则没有效果。
- int getContentLength()：返回请求体的长度(字节数)。如果长度未知，或者大于 Integer.MAX_VALUE，则返回-1。
- String getContentType()：返回请求体的 MIME 类型，如果类型未知，则返回 null。
- ServletInputStream getInputStream() throws IOException：返回请求体的二进制数据流。读取请求体时，只能调用本方法和 getReader()方法中的一个，而不能同时调用两者。
- String getParameter(String name)：返回指定请求参数的字符串值，如果参数不存在，则返回 null。
- Enumeration<String> getParameterNames()：返回本次请求的全部参数名称的枚举对象。
- String[] getParameterValues(String name)：返回指定参数名称的字符串数组对象，如果参数不存在，则返回 null。
- Map<String, String[]> getParameterMap()：返回本次请求的全部参数，返回类型为 java.util.Map。

- String getProtocol()：返回请求的协议名称和版本，如 HTTP/1.1。
- String getScheme()：返回本次请求的通信协议，如 HTTP、HTTPS 或 FTP。
- String getServerName()：返回服务器的主机名或 IP 地址。
- int getServerPort()：返回服务器的端口号。
- BufferedReader getReader() throws IOException：使用 BufferedReader 获取请求体的字符数据。
- String getRemoteAddr()：返回发送请求的客户端或最后代理服务器的 IP 地址。
- String getRemoteHost()：返回发送请求的客户端或最后代理服务器的全限定主机名。
- void setAttribute(String name, Object o)：将给定属性存储到本请求对象中。
- void removeAttribute(String name)：删除指定名称的属性。
- Locale getLocale()：返回由 Accept-Language 头得到的区域设置。
- String getRealPath(String path)：返回指定路径的真实路径。已过时，使用 ServletContext.getRealPath(String path)替代。
- ServletContext getServletContext()：获取 Servlet 上下文。

代码清单 5.9 为使用 request 对象的示例，展示了 HttpServletRequest 类的很多方法的具体使用。

代码清单 5.9　request.jsp

```
<%@ page language="java" contentType="text/html; charset=UTF-8"
  pageEncoding="UTF-8"%>
<!DOCTYPE html PUBLIC "-//W3C//DTD HTML 4.01 Transitional//EN"
  "http://www.w3.org/TR/html4/loose.dtd">
<html>
<head>
<meta http-equiv="Content-Type" content="text/html; charset=UTF-8">
<title>request 对象示例</title>
</head>
<body>
<h1>request 对象示例</h1>
<hr/>
请求方法：<%=request.getMethod() %><br>
请求 URI: <%=request.getRequestURI() %><br>
请求协议：<%=request.getProtocol() %><br>
Servlet 路径: <%=request.getServletPath() %><br>
路径信息: <%=request.getPathInfo() %><br>
查询字符串: <%=request.getQueryString() %><br>
内容长度: <%=request.getContentLength() %><br>
内容类型: <%=request.getContentType() %><br>
<hr/>
服务器名称: <%=request.getServerName() %><br>
服务器端口<%=request.getServerPort() %><br>
<hr/>
远程用户: <%=request.getRemoteUser() %><br>
远程地址: <%=request.getRemoteAddr() %><br>
远程主机: <%=request.getRemoteHost() %><br>
区域设置: <%= request.getLocale() %><br>
使用的浏览器: <%=request.getHeader("User-Agent") %><br>
<hr/>
<form>
```

```
        <input type="text" name="msg" />
        <input type="submit" value="提交" />
</form>
表单提交的值: <%=request.getParameter("msg") %><br>
</body>
</html>
```

运行 request.jsp, 在网页表单的文本输入框中输入一些信息(如"张三"), 再单击提交按钮, 浏览器的显示结果如图 5.15 所示。

图 5.15 request.jsp 的运行结果

(2) response 对象

response 对象用于向客户端浏览器发送响应, 是 javax.servlet.http.HttpServletResponse 类的实例。调用 response 对象的 sendRedirect()方法可以实现请求重定向。

response 对象的常用方法如下。

- void addCookie(Cookie cookie): 添加给定 Cookie 到响应对象。
- boolean containsHeader(String name): 返回布尔型, 指示给定名称的响应头是否已经设置。
- String encodeURL(String url): 通过包含 Session ID 的方式对 URL 编码。
- String encodeRedirectURL(String url): 对给定参数进行 URL 编码, 以便在 sendRedirect()方法中使用。
- void sendRedirect(String location) throws IOException: 发送重定向响应给客户端, 并清除缓存。本方法可接受相对 URL, 但容器会在发送响应给客户端之前先转换为绝对 URL。
- ServletOutputStream getOutputStream() throws IOException: 返回一个适合写二进制数据到响应对象的 ServletOutputStream 对象。
- PrintWriter getWriter() throws IOException: 返回一个能发送字符文本到客户端的 PrintWriter 对象。
- void setCharacterEncoding(String charset): 设置发送给客户端响应的字符编码, 如 UTF-8。
- void setContentType(String type): 设置发送给客户端响应的内容类型, 例如 text/html;charset=UTF-8。

- void setContentLength(int len)：设置响应的内容的长度，本方法设置 HTTP 的 Content-Length 信息头。

(3) out 对象

out 对象是 javax.servlet.jsp.JspWriter 类的实例，用于向客户端浏览器输出信息。

大多数时候，都不需要在 JSP 中直接使用 out 对象，只需要将输出的文字内容作为模板数据直接放在 JSP 中即可。容器将 JSP 页面转换为 Servlet 时，会自动地将模板数据生成对应的 out.print()或 out.println()语句进行输出。

在有些情况下，如循环、分支结构中，一般会直接使用 out.print()或 out.println()语句来显示数据，而不使用模板数据。这是因为如果使用模板数据，会导致若干个<%或%>混杂在 Java 语句块中，从而使代码难以读懂。

out 对象的常用方法如下。

- public void clear() throws IOException：清除缓存中的输出内容。如果当前缓存为空，则抛出 IOException 异常。
- public void clearBuffer() throws IOException：清除当前缓存中的输出内容。与 clear() 方法不同，如果当前缓存为空，也不会抛出 IOException 异常。本方法仅清除当前缓存内容并返回。
- public void close() throws IOException：清空缓存，并关闭输出流。
- public int getBufferSize()：返回 JspWriter 所用的缓存大小。
- public int getRemaining()：返回缓存中未用的字节数。
- public void flush() throws IOException：强制输出，清空输出流。
- public void print(String s) throws IOException：打印字符串。
- public void println(String x) throws IOException：打印字符串和换行。

(4) session 对象

session 对象的类型为 javax.servlet.http.HttpSession 接口，主要用于存储用户的会话状态。通常将会话状态作为属性存放在 session 对象中，在浏览器的后续请求中，可以访问这些会话有效的属性。

商务网站中常用登录和登出进行会话控制。当用户登录之后，一般在 session 对象中存放一些登录信息，使得我们能够核查登录身份并授权访问敏感资源；登出时，往往调用 session 对象的 invalidate()方法，使当前会话失效，且删除登录信息，如果还要访问敏感资源，就只能重新登录。

为了防止用户因忘记登出而造成财产或其他无形资产的损失，通常可以调用 session 对象的 setMaxInactiveInterval()方法来设置会话的持续时间，如果在会话持续时间以内用户没有访问网站的操作，就会自动终止会话。

每个会话都会在服务器端生成一个唯一的标识，这就是会话 ID，客户端一般将会话 ID 保存 Cookie 中，登出、会话超时或关闭浏览器都会导致 Cookie 中会话 ID 的清除，从而要求用户重新登录。

session 对象的常用方法如下。

- long getCreationTime()：返回 Session 的创建时间，单位为从 1970 年 1 月 1 日到现在流失的毫秒数。

- String getId()：返回创建 Session 时设置的唯一标识。
- long getLastAccessedTime()：返回该 Session 中客户端最后一次发送请求的时间。
- ServletContext getServletContext()：返回本 Session 所属的 ServletContext 对象。
- void setMaxInactiveInterval(int interval)：设置本 Session 失效的时间，单位为秒。
- int getMaxInactiveInterval()：返回本 Session 失效的时间，单位为秒。
- void invalidate()：使 Session 失效，且解除绑定到本 Session 的对象。
- boolean isNew()：返回是否为新建的 Session。

更多的会话概念和示例可参见第 4 章。

(5) application 对象

application 对象是 javax.servlet.ServletContext 接口的实现实例，可以在同一个 Web 应用的不同 Web 组件(Servlet 或 JSP)中共享信息。当 Web 应用启动后，会自动创建 application 对象，在 Web 应用停止时，会自动清除该对象。

application 对象的主要功能，是保存整个 Web 应用中各个 Web 组件间需要共享的信息。application 对象的常用方法如下。

- String getContextPath()：获取当前 Web 应用的上下文路径。
- ServletContext getContext(String uripath)：返回指定 URL 相关的 ServletContext 对象。
- int getMajorVersion()：返回 Servlet API 的主要版本号。
- int getMinorVersion()：返回 Servlet API 的次要版本号。
- String getMimeType(String file)：返回指定文件的 MIME 类型，如果不知道 MIME 类型，则返回 null。
- Set<String> getResourcePaths(String path)：返回指定路径的资源列表。
- URL getResource(String path) throws MalformedURLException：返回映射到给定路径的资源的 URL。
- InputStream getResourceAsStream(String path)：将给定路径的资源作为 InputStream 对象返回。
- RequestDispatcher getRequestDispatcher(String path)：改方法可以返回给定路径资源的 RequestDispatcher 对象，该对象用于转发请求。
- RequestDispatcher getNamedDispatcher(String name)：该方法返回给定 Servlet 名称的 RequestDispatcher 对象，该对象用于转发请求。
- void log(String msg)：将给定信息写到 Servlet 日志文件，通常记录事件日志。
- String getRealPath(String path)：获取给定虚拟路径关联的真实路径。
- String getServerInfo()：返回 Servlet 容器的名称及版本。
- String getInitParameter(String name)：返回应用范围的给定名称的初始化参数值，如果参数不存在，则返回 null。
- Enumeration<String> getInitParameterNames()：返回应用范围的初始化参数的名称的枚举。
- boolean setInitParameter(String name, String value)：设置本 ServletContext 下的初始化参数。
- String getServletContextName()：返回 Web 应用的名称，该名称在 web.xml 中用

`<display-name>`元素定义。

代码清单 5.10 展示了一个使用 application 对象的示例，示例调用了 application 对象的一些常用方法。

代码清单 5.10　application.jsp

```
<%@ page language="java" contentType="text/html; charset=UTF-8"
 pageEncoding="UTF-8"%>
<!DOCTYPE html PUBLIC "-//W3C//DTD HTML 4.01 Transitional//EN"
 "http://www.w3.org/TR/html4/loose.dtd">
<html>
<head>
<meta http-equiv="Content-Type" content="text/html; charset=UTF-8">
<title>application 对象</title>
</head>
<body>
    <br> Servlet 容器的名称及版本: <%=application.getServerInfo()%><br>
    <br> 虚拟路径/application.jsp 关联的真实路径:
     <%=application.getRealPath("/application.jsp")%><br>
    <br> Servlet API 的主要版本号: <%=application.getMajorVersion()%><br>
    <br> Servlet API 的次要版本号: <%=application.getMinorVersion()%><br>
    <br> 给定路径/application.jsp 的 URL:
     <%=application.getResource("/application.jsp")%><br>
    <br> Web 应用的名称: <%=application.getServletContextName()%><br>
    <br>
</body>
</html>
```

application.jsp 的运行结果如图 5.16 所示。

图 5.16　application.jsp 的运行结果

(6)　config 对象

config 对象是 javax.servlet.ServletConfig 接口的实现实例，可用于获取 Web 应用配置描述文件 web.xml 的配置信息，在初始化时，Servlet 容器会将一些信息传递给 Servlet(JSP 会转换为 Servlet)。

config 对象的常用方法如下。

● String getServletName()：返回本 Servlet 实例的名称。

● ServletContext getServletContext()：返回调用者所在的 ServletContext 环境的引用。

● String getInitParameter(String name)：获取给定名称的初始化参数。

● Enumeration<String> getInitParameterNames()：将全部 Servlet 初始化参数名称作为字符串枚举对象返回。

通常 JSP 不需要配置，但如果必要，JSP 也可以配置初始化参数。这时，Web 项目中必须要有 web.xml 配置文件，配置代码如代码清单 5.11 所示。

为 JSP 配置初始化参数与普通 Servlet 相似。唯一的不同是在<servlet>元素中要嵌套<jsp-file>元素，<jsp-file>元素指定要配置初始化参数的 JSP 文件，其含义是：初始化参数由该 JSP 文件转换的 Servlet 处理。如果为 JSP 定义<servlet>配置，必须定义该 JSP 文件的<servlet-mapping>。因此配置文件中定义了<servlet-mapping>元素，<servlet-name>子元素必须与<servlet>元素下的同名子元素一致，<url-pattern>子元素定义 JSP 文件的 URL。

代码清单 5.11　web.xml

```xml
<?xml version="1.0" encoding="UTF-8"?>
<web-app xmlns:xsi="http://www.w3.org/2001/XMLSchema-instance"
 xmlns="http://xmlns.jcp.org/xml/ns/javaee"
 xsi:schemaLocation="http://xmlns.jcp.org/xml/ns/javaee
 http://xmlns.jcp.org/xml/ns/javaee/web-app_3_1.xsd"
 id="WebApp_ID" version="3.1">
    <display-name>jspimplicitobjects</display-name>
    <servlet>
        <servlet-name>MyConfig</servlet-name>
        <jsp-file>/config.jsp</jsp-file>
        <init-param>
            <param-name>publisher</param-name>
            <param-value>清华大学出版社</param-value>
        </init-param>
    </servlet>
    <servlet-mapping>
        <servlet-name>MyConfig</servlet-name>
        <url-pattern>/config.jsp</url-pattern>
    </servlet-mapping>
</web-app>
```

在 JSP 文件中，需要使用 JSP 声明重写 jspInit()方法，代码如代码清单 5.12 所示。

当 JSP 作为 Servlet 开始其生命时，容器会调用 jspInit()方法。在 jspInit()方法体中，由于身份已经是 Servlet，因此可以调用继承的 getServletConfig()方法来获取 ServletConfig 对象。后面的编码比较简单，获取初始化参数，并放到应用有效范围的属性中。最后使用 JSP 表达式输出获取的初始化参数。

代码清单 5.12　config.jsp

```jsp
<%@ page language="java" contentType="text/html; charset=UTF-8"
 pageEncoding="UTF-8"%>
<!DOCTYPE html PUBLIC "-//W3C//DTD HTML 4.01 Transitional//EN"
 "http://www.w3.org/TR/html4/loose.dtd">
<html>
<head>
<meta http-equiv="Content-Type" content="text/html; charset=UTF-8">
<title>config 对象</title>
</head>
<body>
    <%!public void jspInit() {
        ServletConfig sc = getServletConfig();
        String publisher = sc.getInitParameter("publisher");
        ServletContext sctx = getServletContext();
        sctx.setAttribute("publisher", publisher);
    }%>
    <%="出版社: " + application.getAttribute("publisher")%>
```

```
</body>
</html>
```

config.jsp 文件的运行结果如图 5.17 所示。

出版社: 清华大学出版社

图 5.17 config.jsp 页面的运行结果

(7) pageContext 对象

pageContext 对象是 javax.servlet.jsp.PageContext 类的实例, 可以获取与页面相关的所有信息。PageContext 是一个抽象类, 具体实现可根据需要进行扩展。JSP 实现类通过调用 JspFactory.getPageContext()方法获取 PageContext 实例, 调用 JspFactory.releasePageContext() 方法释放该实例。

pageContext 对象的常用方法如下。

- public abstract HttpSession getSession(): 返回当前的会话对象(HttpSession)。
- public abstract Object getPage(): 返回当前页的 page 对象(javax.servlet.Servlet)。
- public abstract ServletRequest getRequest(): 返回当前的请求对象(ServletRequest)。
- public abstract ServletResponse getResponse(): 这个方法用来返回当前的响应对象 (ServletResponse)。
- public abstract Exception getException(): 返回当前的 exception 对象。
- public abstract ServletConfig getServletConfig(): 返回当前的 config 对象。
- public abstract ServletContext getServletContext(): 返回当前的 ServletContext 对象。
- public abstract void forward(String relativeUrlPath) throws ServletException, IOException: 用于重定向到另一个页面。
- public abstract void include(String relativeUrlPath) throws ServletException, IOException: 包含另一个页面。
- public abstract void include(String relativeUrlPath, boolean flush) throws ServletException, IOException: 包含另一个页面。如果 flush 参数为 true, 在处理被包含页面之前, 先清空当前 JSP 的 JspWriter 实例 out 的缓冲区数据; 否则, 不先行清空 out 的缓冲区数据。
- public void setAttribute(String name, Object value): 保存属性的 "名-值" 对。如果传入参数 Object 为 null,则删除给定属性,相当于调用 removeAttribute(String name) 方法。
- public Object getAttribute(String name): 获取属性名为 name 的值, 返回值为 Object 类型, 如果指定名称的属性不存在, 则返回 null。
- public void removeAttribute(String name): 删除给定名称的属性。
- public void setAttribute(String name, Object value, int scope): 保存给定范围属性的 "名-值" 对。
- public Object getAttribute(String name, int scope): 获取指定范围和属性名的值。
- public void removeAttribute(String name, int scope): 删除指定范围和属性名的属性。

- public Enumeration<String> getAttributeNamesInScope(int scope)：返回指定范围内的全部属性，返回类型为枚举型。

(8) page 对象

page 对象指向当前的 JSP 页面，类似于 this 关键字。page 对象是 Object，实质上对应 javax.servlet.Servlet 接口的实现实例。

page 对象的常用方法如下。

- ServletConfig getServletConfig()：返回 ServletConfig 对象，包含本 Servlet 的初始化和启动参数。
- String getServletInfo()：返回 Servlet 的信息，如作者、版本和版权。

代码清单 5.13 是一个获取 Servlet 信息的示例。在 page 指令中，可以设置一些诸如作者、版本和版权的信息，调用 Servlet 对象的 getServletInfo()方法就可以获取这些信息。由于 page 对象本身是一个 Object，需要强制转换为 Servlet，才能调用所需的方法。

代码清单 5.13 page.jsp

```
<%@ page info="作者: mikeyuan  版本: 1.0" language="java"
 contentType="text/html; charset=UTF-8" pageEncoding="UTF-8"%>
<!DOCTYPE html PUBLIC "-//W3C//DTD HTML 4.01 Transitional//EN"
 "http://www.w3.org/TR/html4/loose.dtd">
<html>
<head>
<meta http-equiv="Content-Type" content="text/html; charset=UTF-8">
<title>page 对象</title>
</head>
<body>
    <h4>page 指令的 info 属性为: </h4>
    <pre><%=((Servlet)page).getServletInfo()%></pre>
</body>
</html>
```

page.jsp 的运行结果如图 5.18 所示。

图 5.18　page.jsp 的运行结果

(9) exception 对象

exception 对象是 java.lang.Exception 类的实例，只能在 JSP 的 page 指令的 isErrorPage 属性值为 true 的错误处理页中使用封装了本页面出现的异常的信息。

exception 对象的常用方法如下。

- public String getMessage()：返回异常的详细信息。
- public String getLocalizedMessage()：获取本地化的异常信息，默认实现返回 getMessage()方法的结果。
- public String toString()：返回异常的简短描述信息。
- public void printStackTrace()：打印异常和追踪信息到标准错误流。

- public void printStackTrace(PrintStream s)：打印异常和追踪信息到指定的输出流。
- public void printStackTrace(PrintWriter s)：打印异常和追踪信息到指定的 PrintWriter。

代码清单 5.14 为运行会抛出异常的 JSP，page 指令的 errorPage 属性指定错误处理页。

代码清单 5.14　testErrorPage.jsp

```
<%@ page language="java" contentType="text/html; charset=UTF-8"
 pageEncoding="UTF-8" %>

<%@ page errorPage="error.jsp" %>
<!DOCTYPE html PUBLIC "-//W3C//DTD HTML 4.01 Transitional//EN"
 "http://www.w3.org/TR/html4/loose.dtd">

<html>
<head>
<meta http-equiv="Content-Type" content="text/html; charset=UTF-8">
<title>测试错误页</title>
</head>
<body>
    <h4>这行文字不会显示，下面代码会抛出零除错误</h4>
    <%= 100 / 0 %>
</body>
</html>
```

错误处理页的内容如代码清单 5.15 所示，调用 exception 对象的 getMessage() 方法显示错误原因。

代码清单 5.15　error.jsp

```
<%@ page language="java" contentType="text/html; charset=UTF-8"
 pageEncoding="UTF-8" %>

<%@ page isErrorPage="true" %>
<!DOCTYPE html PUBLIC "-//W3C//DTD HTML 4.01 Transitional//EN"
 "http://www.w3.org/TR/html4/loose.dtd">

<html>
<head>
<meta http-equiv="Content-Type" content="text/html; charset=UTF-8">
<title>错误页</title>
</head>
<body>
    错误原因：<%= exception.getMessage() %>
</body>
</html>
```

testErrorPage.jsp 的运行结果如图 5.19 所示。可以注意到，浏览器地址栏的地址没有变为错误处理页的地址，由此可以断定页面的跳转方式为转发。

图 5.19　testErrorPage.jsp 的运行结果

5.2.3 实践出真知

JSP 访问量统计

有时候，需要知道某个页面的访问次数，这时，可以在页面上添加页面访问计数器，每次从客户端请求该页面，访问计数器都会累加。

访问计数器有多种实现方式，本次实践尝试用三种不同的编程方法实现计数器。

首先来看第一种访问计数器。利用 application 隐含对象以及相关的 getAttribute()和 setAttribute()方法来实现。计数的基本原理是，在 application 中设置一个 hitCounter 属性，以保存当前访问的计数值，每次访问页面时，读取计数器的当前值，累加 1 后，重新放到 application 对象中，下一次访问时，重复上述过程，每次都可以把新的计数值显示在页面上。

如代码清单 5.16 所示，首先调用 application 对象的 getAttribute()方法获取 hitCounter 的值，判断是否是第一次访问，以便显示不同的欢迎信息。然后将访问计数值放到 application 对象中，最后显示当前的访问量。代码使用 synchronized 块实现线程安全。

代码清单 5.16　hitscount1.jsp

```jsp
<%@ page language="java" contentType="text/html; charset=UTF-8"
  pageEncoding="UTF-8"%>
<!DOCTYPE html PUBLIC "-//W3C//DTD HTML 4.01 Transitional//EN"
  "http://www.w3.org/TR/html4/loose.dtd">
<html>
<head>
<meta http-equiv="Content-Type" content="text/html; charset=UTF-8">
<title>JSP访问量统计</title>
</head>
<body>
<%
synchronized (application) {
    Integer hitsCount = (Integer)application.getAttribute("hitCounter");
    if (hitsCount==null || hitsCount==0) {
        /* 第一次访问 */
        out.println("欢迎访问我的网站! ");
        hitsCount = 1;
    } else {
        /* 再次访问 */
        out.println("欢迎再次访问我的网站! ");
        hitsCount += 1;
    }
    application.setAttribute("hitCounter", hitsCount);
%>
<h4>访问量: <%= hitsCount %></h4>
<% } %>
</body>
</html>
```

由于将访问计数值放到 application 对象中，因此，在其他任意的页面都可以得到这个计数值，可以说这个计数值具有"全局"的范围。

运行 Web 项目，hitscount1.jsp 首先显示欢迎信息。如果刷新网页，或者重新打开一个浏览器访问 hitscount1.jsp，访问量每次都会累加 1，且第二次以后的欢迎信息与第一次不同，如图 5.20 所示。

图 5.20　hitscount1.jsp 的运行结果

　　第二种访问计数器采用另一种方法——JSP 声明，<%! int count = 0; %>语句把计数值 count 声明为 JSP 页面的成员变量。完整代码如代码清单 5.17 所示，后面程序的逻辑与 hitscount1.jsp 类似，就不再赘述了。这里考一考读者：如果将 JSP 声明的<%!改为<%，变为 Java 小脚本，程序还能正常工作吗？

代码清单 5.17　hitscount2.jsp

```
<%@ page language="java" contentType="text/html; charset=UTF-8"
  pageEncoding="UTF-8"%>
<!DOCTYPE html PUBLIC "-//W3C//DTD HTML 4.01 Transitional//EN"
  "http://www.w3.org/TR/html4/loose.dtd">
<html>
<head>
<meta http-equiv="Content-Type" content="text/html; charset=UTF-8">
<title>JSP 访问量统计</title>
</head>
<body>
    <%! int count = 0;%>
    <%
        synchronized (this) {
            if (count == 0)    {
                /* 第一次访问 */
                out.println("欢迎访问我的网站! ");
            } else {
                /* 再次访问 */
                out.println("欢迎再次访问我的网站! ");
            }
    %>
    <h4>
        访问量: <%= ++count %></h4>
    <% } %>
</body>
</html>
```

　　第三种访问计数器采用 JavaBeans 技术，首先完成一个如代码清单 5.18 所示的简单 Bean，私有的 count 变量设置为静态的、全局唯一的变量，以便在整个应用范围内访问。对应的公有 getCount()方法将计数值增 1，然后返回。可以注意到代码中有 synchronized 关键字，是为了解决在多线程环境下的同步问题。

代码清单 5.18　Counter.java

```
package com.jeelearning.beans;
public class Counter {
    private static int count;
    public static synchronized int getCount() {
        count++;
        return count;
    }
}
```

JSP 页面代码如代码清单 5.19 所示，首先使用 page 指令引入 Counter 类定义，然后就可以通过调用 Counter.getCount()方法获取当前的访问计数值了。

代码清单 5.19　hitscount3.jsp

```jsp
<%@ page language="java" contentType="text/html; charset=UTF-8"
  pageEncoding="UTF-8"%>
<%@ page import="com.jeelearning.beans.*" %>
<!DOCTYPE html PUBLIC "-//W3C//DTD HTML 4.01 Transitional//EN"
  "http://www.w3.org/TR/html4/loose.dtd">
<html>
<head>
<meta http-equiv="Content-Type" content="text/html; charset=UTF-8">
<title>JSP 访问量统计</title>
</head>
<body>
    <%
        int count = Counter.getCount();
        if (count == 1)  {
            /* 第一次访问 */
            out.println("欢迎访问我的网站！");
        } else {
            /* 再次访问 */
            out.println("欢迎再次访问我的网站！");
        }
    %>
    <h4>访问量: <%= count %></h4>
</body>
</html>
```

hitscount2.jsp 和 hitscount3.jsp 的运行结果与 hitscount1.jsp 类似。

如果想知道这三种方法有什么不同，不妨分别将三个 JSP 页面复制为 hitscount11.jsp、hitscount22.jsp 和 hitscount33.jsp，然后用不同浏览器访问，分别访问 hitscount1.jsp 和 hitscount11.jsp，读者会发现这两个页面会共享同一个计数值，而 hitscount2.jsp 和 hitscount22.jsp 则不会共享计数值。这是为什么？

三种方法都使用 if-else 结构判断是否为第一次访问，并据此显示不同的欢迎信息。目前，我们除了使用 JSP 小脚本外，别无他法，第 6 章将讲述如何编写不带 Java 代码块的页面，能够圆满地解决这个问题。

5.2.4　有问必答

1. 我注意到 out 对象的类型是 JspWriter，与从 HttpServletResponse 对象中获取的 PrintWriter 对象不同，为什么？

答：非常细心的读者。out 对象与 Servlet 中从 HttpServletResponse 对象得到的 PrintWriter 对象略有不同。但是，JspWriter 类和 PrintWriter 类都是从 java.io.Writer 类继承而来，因此大部分还是一样的，不同点是 JspWriter 类增加一些缓冲的功能。

2. 我有些糊涂，一会说 application，一会说 ServletContext，好像这两者又是一样的。这是怎么回事啊？

答：的确有些费脑筋。这里列出如表 5.2 所示的表格，以便能够更清楚地看出 4 种有效范围在 Servlet 和 JSP 中调用 setAttribute()方法的差别。

表 5.2 不同有效范围中的 setAttribute()方法

有效范围	Servlet 调用方式	JSP 调用方式
应用有效	getServletContext().setAttribute("name", value);	application.setAttribute("name", value);
请求有效	request.setAttribute("name", value);	request.setAttribute("name", value);
会话有效	request.getSession().setAttribute("name", value);	session.setAttribute("name", value);
页面有效	没有对应方法	pageContext.setAttribute("name", value);

　　可以看到，对于"应用有效"，JSP 有 application 隐含对象，Servlet 只能先调用 getServletContext()方法获取 ServletContext 对象；"请求有效"的 Servlet 和 JSP 的调用都是一样的；对于"会话有效"，JSP 有 session 隐含对象，Servlet 只能先调用 request.getSession()方法获取会话对象；对于"页面有效"，JSP 有 pageContext 隐含对象，Servlet 没有页面概念，因此没有对应的方法。

　　比较容易混淆的是：JSP 有 pageContext 对象，但没有 applicationContext 对象或 servletContext 对象。Servlet 能调用 getServletContext()方法，但没有 getApplication()方法。当看到 context，要想到 application。这些容易混淆的概念也许是一些 Web 开发人员的噩梦。

第 6 章　编写不带 Java 脚本元素的页面

在 Java EE Web 应用发展的初期，除了使用 Servlet 技术以外，普遍是在 Java Server Pages(JSP)的源代码中，采用 HTML 与 Java 代码混合的方式进行开发。因为这两种方式不可避免地要把表现与业务逻辑代码混合在一起，都给前期开发与后期维护带来很大的困难。

本章分为两个部分，前一部分介绍 JavaBeans 和 JSP 标准动作，后一部分介绍表达式语言，采用这两项技术能够帮助读者编写更为合理的 Web 应用程序。另一项重要的相关技术 JSTL 将在第 7 章介绍。

6.1　JavaBeans 与 JSP 标准动作

　　JavaBeans 是 Java Web 开发的重要可重用组件，使用它可以简化 JSP 页面的开发，提高代码的可读性和可维护性。JavaBeans 是成熟的 Java 组件技术，在 JSP 中专门为使用 JavaBeans 提供了相关的标签，表达式语言 EL 也支持访问 JavaBeans，使用这些技术可以避免在 JSP 页面中编写 Java 脚本，提高了代码的质量。

6.1.1　JavaBeans 介绍

　　JavaBeans 是特殊的 Java 类，JavaBeans 是 Java 平台的可重用组件，能提供一定的通用功能，可以在 Java 应用中重复使用，组合使用 JavaBeans 组件可以快速生成新的应用。

　　(1)　JavaBeans 的编码约定

　　JavaBeans 必须遵循一些编码约定，包括实现 Serializable 接口并且提供默认的无参构造函数。具体地说，一个 JavaBean 类的编码规定包括：

- 提供一个公有的(public 修饰)默认的无参构造函数。
- 需要序列化且实现 Serializable 接口。
- 所有属性都是私有的(private 修饰)。
- 提供一系列公有的 Getter 和 Setter 方法。

　　读取属性值的方法称为 Getter，Getter 方法命名为 get 加上首字母大写的属性名，返回值类型为对应属性的类型。

　　例如，如果 JavaBean 的成员属性为 private String name，读取 name 属性值的 Getter 方法是“public String getName()”。但如果属性类型为 boolean，除使用前面的命名方式外，也可以将方法命名为 is 加上首字母大写的属性名。例如，如果 JavaBean 的成员属性为 private boolean starsales，读取 starsales 属性值的 Getter 方法可以是“public boolean getStarsales()”，也可以是“public boolean isStarsales()”。

　　设置属性值的方法称为 Setter，其方法命名为 set 加上首字母大写的属性名，没有返回值，方法的参数类型为对应属性的类型。例如，如果 JavaBean 的成员属性为 private String name，设置 name 属性值的 Setter 方法是“public void setName(String name)”。

　　(2)　JavaBeans 示例

　　代码清单 6.1 是一个简单的 JavaBean，该 Bean 满足前面所讲的 JavaBean 类的编码规定。也就是说，PersonBean 实现了 Serializable 接口，提供了一个公有的无参构造函数 PersonBean()，两个属性(name 和 age)都是私有的，且提供对这两个属性的 Getter 和 Setter 方法。

　　代码清单 6.1　PersonBean.java

```
package com.jeelearning.bean;

public class PersonBean implements java.io.Serializable
{
    // 私有属性
    private String name = null;
```

```
        private int age = 0;
        // 公有无参构造函数
        public PersonBean() {
        }
        // Getter 和 Setter 方法
        public String getName(){
            return name;
        }
        public int getAge(){
            return age;
        }
        public void setName(String name){
            this.name = name;
        }
        public void setAge(Integer age){
            this.age = age;
        }
    }
```

定义了 JavaBean 之后，就可以创建 Bean 实例，获取对象引用，以及调用对象的方法。

6.1.2　使用 JSP 标准动作访问 JavaBeans

本节介绍如何使用 JSP 标准动作访问 JavaBeans。

（1）从一个实例说起

现代 Web 应用开发流行的 MVC 模式最为常见的场景是：Servlet 控制器与模型进行交互，将获取到的数据存放到请求范围的属性中，然后再转发至 JSP 视图。

如果将上述场景用代码进行实现，则 Servlet 控制器的主要代码如下：

```
protected void doPost(HttpServletRequest request,
  HttpServletResponse response) throws ServletException, IOException {
    request.setCharacterEncoding("UTF-8");
    request.setAttribute("name", "张三");
    RequestDispatcher view = request.getRequestDispatcher("result.jsp");
    view.forward(request, response);
}
```

在上述代码中，控制器可以从模型中获取数据，然后将数据设置到请求范围的属性中，以便视图访问。这里为了简化，没有从模型中获取数据，而是直接将数据设置给请求范围的属性。

在 JSP 视图中，如果属性值为字符串，或者属性值为重写 toString() 方法的一个对象，可以直接从请求对象中调用 getAttribute() 方法获取属性值并显示。代码如下：

```
<html><body>
    <h4> 直接获取请求对象的属性</h4>
    姓名：<%= request.getAttribute("name")%>
</body></html>
```

以上示例过于简单，传递的属性只是一个简单的字符串。如果要传递一个 JavaBean 对象，上述代码需要做相应的改动。首先，在 Servlet 控制器中，从模型中获取到的数据应该是一个 JavaBean 实例，如下代码调用 request 对象的 setAttribute() 方法设置 person 对象：

```
protected void doPost(HttpServletRequest request,
  HttpServletResponse response) throws ServletException, IOException {
```

```
        request.setCharacterEncoding("UTF-8");
        PersonBean person = new PersonBean();
        person.setName("李四");
        request.setAttribute("person", person);
        RequestDispatcher view = request.getRequestDispatcher("result.jsp");
        view.forward(request, response);
}
```

然后，在JSP视图中，使用Java小脚本获取传入的PersonBean对象，然后调用该对象的getName()方法输出获取到的姓名。代码如下：

```
<html><body>
    <h4>使用Java小脚本</h4>
    <% PersonBean p = (PersonBean) request.getAttribute("person"); %>
    获取的人名：<%= p.getName()%>
</body></html>
```

注意上述JSP使用了Java小脚本。我们已经知道，使用Java代码块会妨碍代码的可读性，影响编写高质量的代码。为了支持编写不带Java小脚本的页面，JSP提供3个JSP标准动作(useBean、getProperty和setProperty动作)来访问JavaBean。下面使用JSP标准动作(useBean动作和getProperty动作)重新编写上述JSP实现的功能：

```
<html><body>
    <h4>使用JSP标准动作</h4>
    <jsp:useBean id="person" class="com.jeelearning.bean.PersonBean" scope="request" />
    获取的人名：<jsp:getProperty name="person" property="name"/>
</body></html>
```

可以看到，上述JSP已经没有Java代码，只有两个标准动作标签，与HTML标签类似，页面设计人员会感到非常亲切。下面讲述与JavaBeans相关的3个标准动作标签。

(2) useBean动作

① useBean动作的格式

useBean动作的格式如下：

```
<jsp:useBean id="变量名" class="全路径类名" scope="范围" />
```

其中，id属性指定JavaBean对象的变量名，相当于setAttribute()方法的第一个参数；class属性指定JavaBean的全路径类名；scope属性指定Bean对象的范围，可用的选项有page、request、session和application，默认的scope为page范围。

使用useBean动作取得JavaBean对象的引用之后，就可以在JSP页面中随时访问该JavaBean对象了。

② useBean动作的Java翻译

如果<jsp:useBean>没有找到id属性值命名的属性对象，该动作就会创建一个对象。这种工作方式与request.getSession()方法类似，都是先查找现存对象，如果找不到，就创建一个新的对象。

对于JSP页面中的如下<jsp:useBean>动作标签：

```
<jsp:useBean id="person" class="com.jeelearning.bean.PersonBean" scope="request" />
```

如果打开翻译后的Servlet源代码，可以在_jspService()方法中找到如下的Java代码。为了方便阅读，在代码中添加一些帮助理解的注释：

```
// 根据 id 属性值声明变量。该变量可以让 JSP 的其他部分访问
com.jeelearning.bean.PersonBean person = null;
// 试图获取在 useBean 动作标签中指定范围内的属性，并将结果赋给 id 变量
person = (com.jeelearning.bean.PersonBean)_jspx_page_context.getAttribute(
        "person", javax.servlet.jsp.PageContext.REQUEST_SCOPE);

// 检查在指定范围内是否存在指定名称的属性
if (person == null) {
    // 如果属性不存在，就新建一个对象并赋给 id 变量
    person = new com.jeelearning.bean.PersonBean();
    // 最后将新对象作为属性放置到指定范围内
    _jspx_page_context.setAttribute("person", person,
      javax.servlet.jsp.PageContext.REQUEST_SCOPE);
}
```

上述代码的 if 语句检查 id 属性和 scope 属性所指定的 Bean 对象是否存在，如果不存在，就创建一个由 class 属性指定类的实例，并将新对象赋给 id 变量，然后将新对象作为属性放置到指定范围内。

（3）setProperty 动作

setProperty 动作用于设置通过 useBean 动作取得的 Bean 对象的属性。setProperty 动作的格式如下：

```
<jsp:setProperty name="变量名" property="属性名" value="值"/>
```

其中，name 属性指定 Bean 对象的名称；property 属性指定要设置的属性名，value 属性指定要设置的 Bean 对象的属性值。

例如，如果要将 person 变量中的 name 属性设置为 "王五"，可以这样编写 setProperty 动作：

```
<jsp:useBean id="person" class="com.jeelearning.bean.PersonBean" scope="request" />
<jsp:setProperty name="person" property="name" value="王五"/>
```

上述语句存在一个问题：如果 Bean 已经存在，JSP 页面就会重新设置 Bean 的属性值。如果希望只设置新建的 Bean 属性值，可以使用带标签体的 useBean 动作。

如下代码片段将<jsp:setProperty>动作标签放到<jsp:useBean>动作标签的内部，这样，setProperty 动作就成为条件成立才执行的语句：

```
<jsp:useBean id="person" class="com.jeelearning.bean.PersonBean" scope="request">
    <jsp:setProperty name="person" property="name" value="王五"/>
</jsp:useBean>
```

也就是说，只有当新建 Bean 对象时才设置 Bean 属性，否则，如果所指定范围和 id 的 Bean 已经存在，那么标签体就不会运行，因此不会重置 Bean 属性。

打开上述代码翻译后的 Servlet 源代码，可以在_jspService()方法中找到如下所示的 Java 代码片段：

```
// 根据 id 属性值声明变量。该变量可以让 JSP 的其他部分访问
com.jeelearning.bean.PersonBean person = null;
// 试图获取在 useBean 动作标签中指定范围内的属性，并将结果赋给 id 变量
person = (com.jeelearning.bean.PersonBean)_jspx_page_context.getAttribute(
        "person", javax.servlet.jsp.PageContext.REQUEST_SCOPE);
// 检查在指定范围内是否存在指定名称的属性
if (person == null) {
```

```
// 如果属性不存在，就新建一个对象并赋给id变量
person = new com.jeelearning.bean.PersonBean();
// 将新对象作为属性置到指定范围内
_jspx_page_context.setAttribute("person", person,
        javax.servlet.jsp.PageContext.REQUEST_SCOPE);
// 如下部分是useBean动作的标签体
org.apache.jasper.runtime.JspRuntimeLibrary.introspecthelper(
    _jspx_page_context.findAttribute("person"), "name", "王五", null, null, false);
}
```

上述最后一条语句(粗体字代码)有些奇怪，本来盼望的语句是类似这样的：

```
person.setName("王五");
```

但这的确是翻译后的真实代码。Tomcat 调用 introspecthelper()方法，这是一个更为通用的设置属性的方法，前 3 个输入参数分别为 Bean 对象、属性名称和属性值。

(4) getProperty 动作

getProperty 动作用于获取 Bean 对象的属性值。getProperty 动作的格式如下：

```
<jsp:getProperty name="变量名" property="属性名" />
```

其中，name 属性指定 Bean 对象的名称；property 属性指定要获取的属性名。

例如，如果要获取 person 变量中的 name 属性，可以这样编写 getProperty 动作：

```
<jsp:getProperty name="person" property="name"/>
```

上述代码翻译后的 Servlet 源代码如下：

```
// 查找指定属性，强制转换为 Bean 对象并调用其 get 方法
out.write(org.apache.jasper.runtime.JspRuntimeLibrary.toString(
            (((com.jeelearning.bean.PersonBean)_jspx_page_context
            .findAttribute("person")).getName())));
```

6.1.3　JSP 标准动作再讨论

与 JavaBeans 相关的 JSP 标准动作还有稍微复杂一些的概念，本节讨论如何使用继承的 JavaBeans、从表单中获取数据以及 Bean 属性不为基本类型的处理。

(1) 使用 type 属性

现代编程技术推崇面向接口编程。也就是说，在开发系统时，主体构架使用接口，接口构成系统的骨架，通过更换接口的实现类来更换系统的不同实现。

可能有读者不太理解上述含义，我们以实例进行说明。还是使用前面的 PersonBean，新增一个继承 PersonBean 的 EmployeeBean，定义如下：

```
public class EmployeeBean extends PersonBean {
    private static final long serialVersionUID = 1L;
    private float salary;

    public float getSalary() {
        return salary;
    }
    public void setSalary(float salary) {
        this.salary = salary;
    }
}
```

应注意，这里的 PersonBean 不是接口，只是一个父类。但可以根据需要，将 PersonBean 设计为一个接口或一个抽象类，不影响我们试图说明的问题。

在 useBean 动作中加入 type 属性，所得到的语句如下：

```
<jsp:useBean id="person" type="com.jeelearning.bean.PersonBean"
  class="com.jeelearning.bean.EmployeeBean" scope="page" />
```

上述语句翻译得到的 Servlet 代码如下：

```
com.jeelearning.bean.PersonBean person = null;
person = (com.jeelearning.bean.PersonBean)_jspx_page_context.getAttribute(
          "person", javax.servlet.jsp.PageContext.PAGE_SCOPE);
if (person == null) {
    person = new com.jeelearning.bean.EmployeeBean();
    ...
```

可以看到，useBean 动作标签的 type 属性对应变量的类型，class 属性对应实例化的子类。这里的 type 属性值可以是类、抽象类或接口。但是，class 属性值必须是 type 的子类或具体实现类。

按照面向接口编程的思想，type 相当于接口，class 相当于具体实现类。type(接口或父类)应该相对固定，只是通过更换 class(子类或实现类)来更换不同实现。如果只指定 type 属性，不指定 class 属性，useBean 动作语句如下：

```
<jsp:useBean id="person" type="com.jeelearning.bean.PersonBean" scope="page" />
```

上述语句的语法是正确的，但能否正常工作，还需要满足一定的条件。当 page 范围内已经存在 person 属性时，能够正常工作，否则会抛出异常。

(2) 直接获取表单数据

使用 useBean 动作很容易获取表单数据。

假如表单定义如下：

```
<form action="collector.jsp" method="post">
    姓名：<input type="text" name="empName" /><br/>
    工资：<input type="text" name="empSalary" /><br/>
    <input type="submit" value="提交" />
</form>
```

那么，可以采用如下的 JSP 表达式方式获取请求参数：

```
<jsp:useBean id="person" type="com.jeelearning.bean.PersonBean"
    class="com.jeelearning.bean.EmployeeBean">
    <jsp:setProperty name="person" property="name"
      value="<%=request.getParameter(\"empName\")%>" />
</jsp:useBean>
```

显然，这种方式看起来一点也不直观，无法摆脱 Java 小脚本。

使用 param 属性可以对上述代码改进，param 属性使用请求参数设置 Bean 属性值。例如：

```
<jsp:useBean id="person" type="com.jeelearning.bean.PersonBean"
  class="com.jeelearning.bean.EmployeeBean">
    <jsp:setProperty name="person" property="name" param="empName" />
</jsp:useBean>
```

上述代码所使用的 param 属性值(empName)对应表单的姓名输入字段的 name 属性值。这样就避免了使用 Java 小脚本。

尽管上述代码已经很好了，但还可以做得更好。如下表单的输入字段的 name 属性值的命名与 EmployeeBean 的属性名一致：

```
<form action="collector1.jsp" method="post">
    姓名: <input type="text" name="name" /><br/>
    工资: <input type="text" name="salary" /><br/>
    <input type="submit" value="提交" />
</form>
```

也就是说，EmployeeBean 有两个属性——name 和 salary，而表单的姓名和工资两个输入字段的 name 属性也分别为 name 和 salary。

接收输入的 JSP 包含如下代码，以便 EmployeeBean 对象接收表单的输入参数：

```
<jsp:useBean id="person" type="com.jeelearning.bean.PersonBean"
    class="com.jeelearning.bean.EmployeeBean">
    <jsp:setProperty name="person" property="name" />
</jsp:useBean>
```

可以注意到，setProperty 动作的 property 属性对应输入表单的姓名字段的 name 属性，这样就不再需要指定 value 属性或 param 属性了。

上述代码只能接收姓名字段输入，如果还要接收工资字段输入，就还需要新增一条 <jsp:setProperty>动作标签。以此类推，多少个输入字段对应多少个<jsp:setProperty>动作标签，虽然已经简化了很多，但还略显麻烦。

如果能够满足所有请求参数名称都完全对应 Bean 的属性名称，还可以做到只用一个 <jsp:setProperty>动作标签就能接受表单的全部字段输入，具体做法是将 property 属性值设为星号(*)，代码片段如下所示：

```
<jsp:useBean id="person" type="com.jeelearning.bean.PersonBean"
    class="com.jeelearning.bean.EmployeeBean">
    <jsp:setProperty name="person" property="*" />
</jsp:useBean>
```

可以注意到，上述代码不但能够接受姓名字段的字符串输入，还能接受工资字段 float 类型的输入。<jsp:setProperty>标签接受字符串或基本类型(如 int、long 等)的输入，并自动转换为相应的数据类型。

(3) Bean 属性不为字符串或基本类型的处理

我们已经知道，当 Bean 属性为字符串或基本类型时非常容易处理，Bean 相关标准动作标签甚至提供自动类型转换的功能。但是，当 Bean 属性既不是字符串，也不是基本类型时，情况就变得有些复杂。

假定 ToyBean 中有属性 name，ChildBean 中有属性 name 和 toy，其中，name 为 String 类型，toy 为 ToyBean 类型。这时，如果使用下述代码构建一个 Bean，其 toy 属性不是字符串或基本类型，而是另一 Bean 对象：

```
protected void doPost(HttpServletRequest request,
    HttpServletResponse response) throws ServletException, IOException {
        request.setCharacterEncoding("UTF-8");
```

```
    ChildBean person = new ChildBean();
    person.setName("赵六");

    ToyBean toy = new ToyBean();
    toy.setName("玩具汽车");
    person.setToy(toy);

    request.setAttribute("person", person);

    RequestDispatcher view = request.getRequestDispatcher("needEL.jsp");
    view.forward(request, response);
}
```

那么，显然可以使用如下所示的 Java 小脚本来获取小孩的玩具名称：

玩具名: <%= ((ChildBean)request.getAttribute("person")).getToy().getName() %>

但是，如果使用如下所示的 JSP 标准动作：

```
<jsp:useBean id="person" type="com.jeelearning.bean.ChildBean" scope="request" />
玩具名: <jsp:getProperty name="person" property="toy" />
```

JSP 页面将显示类似如下的结果：

玩具名: com.jeelearning.bean.ToyBean@1af37307

由此看来，<jsp:getProperty>标准标签只能访问 Bean 自身的属性，而不能访问嵌套的属性。怎么办？难道只能退回到黑暗的 Java 小脚本时代？答案是否定的，技术只能进步。

使用 EL 表达式语言(Expression Language)很容易解决嵌套属性的问题，只需要使用点(.)操作符。例如，要获取小孩的玩具名称，可使用如下 EL 表达式：

玩具名: ${person.toy.name}

我们将在下一节讲述 EL 表达式语言。

6.1.4　实践出真知

1. 简单 JavaBean 示例

用 Eclipse 新建一个名称为"jspusebean"的动态 Web 项目，然后，新建一个如代码清单 6.2 所示的 JavaBean。该 Bean 只有一个属性——name，还有相应的 Getter 和 Setter 方法。

代码清单 6.2　PersonBean.java

```
package com.jeelearning.bean;

import java.io.Serializable;

public class PersonBean implements Serializable {
    private static final long serialVersionUID = 1L;
    private String name;

    public PersonBean() {
        super();
    }

    public String getName() {
        return name;
    }
```

```
    public void setName(String name) {
        this.name = name;
    }
}
```

然后，新建一个如代码清单 6.3 所示的 Servlet。该 Servlet 模拟 MVC 模式中的控制器，将获取到的数据放到请求对象中，然后转发给 JSP 视图进行显示。

代码清单 6.3　TestForward.java

```java
package com.jeelearning.servlet;

import java.io.IOException;

import javax.servlet.RequestDispatcher;
import javax.servlet.ServletException;
import javax.servlet.annotation.WebServlet;
import javax.servlet.http.HttpServlet;
import javax.servlet.http.HttpServletRequest;
import javax.servlet.http.HttpServletResponse;

import com.jeelearning.bean.PersonBean;

@WebServlet("/testForward")
public class TestForward extends HttpServlet {
    private static final long serialVersionUID = 1L;

    protected void doGet(HttpServletRequest request,
      HttpServletResponse response) throws ServletException, IOException {
        request.setCharacterEncoding("UTF-8");
        request.setAttribute("name", "张三");

        PersonBean person = new PersonBean();
        person.setName("李四");
        request.setAttribute("person", person);

        RequestDispatcher view = request.getRequestDispatcher("result.jsp");
        view.forward(request, response);
    }
}
```

JSP 视图内容如代码清单 6.4 所示。

对于传递进来的 String 对象，可以直接获取请求对象的属性；对于 JavaBean 对象，可以使用 Java 小脚本或者使用 JSP 标准动作先获取 JavaBean 对象，然后调用 get 方法或 jsp:getProperty 动作来获取 Bean 对象的属性。

代码清单 6.4　result.jsp

```jsp
<%@page import="com.jeelearning.bean.PersonBean"%>
<%@ page language="java" contentType="text/html; charset=UTF-8"
  pageEncoding="UTF-8"%>
<!DOCTYPE html PUBLIC "-//W3C//DTD HTML 4.01 Transitional//EN"
  "http://www.w3.org/TR/html4/loose.dtd">
<html>
<head>
<meta http-equiv="Content-Type" content="text/html; charset=UTF-8">
<title>获取请求对象里的属性</title>
</head>
<body>
```

```
<h4> 直接获取请求对象的属性 </h4>
姓名：<%= request.getAttribute("name")%>

<!-- 当获取到的属性为 JavaBean 对象时，可以使用两种方式 -->
<h4> 方式一，使用 Java 小脚本 </h4>
<% PersonBean p = (PersonBean) request.getAttribute("person"); %>
获取的人名：<%= p.getName()%>

<h4> 方式二，使用 JSP 标准动作</h4>
<jsp:useBean id="person" class="com.jeelearning.bean.PersonBean" scope="request" />
获取的人名：<jsp:getProperty name="person" property="name"/>

</body>
</html>
```

Web 项目的运行结果如图 6.1 所示。可以看到，使用 Java 小脚本和使用 JSP 标准动作都可以获取 JavaBean 的属性。

图 6.1　运行结果

现在查看 jsp:useBean 动作和 jsp:getProperty 动作翻译后的 Java 源代码。在 Eclipse 安装目录下找到 result_jsp.java 文件并打开，可以找到如代码清单 6.5 所示的代码片段。对照前面的说明，不难弄懂哪些代码是由哪个动作翻译得到的，从而可以更好地理解这些动作。

代码清单 6.5　result_jsp.java 代码片段

```
com.jeelearning.bean.PersonBean person = null;
person = (com.jeelearning.bean.PersonBean)_jspx_page_context.getAttribute(
        "person", javax.servlet.jsp.PageContext.REQUEST_SCOPE);
if (person == null) {
    person = new com.jeelearning.bean.PersonBean();
    _jspx_page_context.setAttribute("person", person,
      javax.servlet.jsp.PageContext.REQUEST_SCOPE);
}
out.write("\r\n");
out.write("\t 获取的人名：");
out.write(org.apache.jasper.runtime.JspRuntimeLibrary.toString(
  (((com.jeelearning.bean.PersonBean)_jspx_page_context
    .findAttribute("person")).getName())));
```

2. useBean 标签的 type 属性

还是使用上一个实验的 jspusebean 项目。新建一个继承 PersonBean 的 EmployeeBean，添加 salary(工资)属性以及相应的 Getter 和 Setter 方法。

代码如代码清单 6.6 所示。

代码清单 6.6　EmployeeBean.java

```java
package com.jeelearning.bean;

public class EmployeeBean extends PersonBean {
    private static final long serialVersionUID = 1L;
    private float salary;

    public float getSalary() {
        return salary;
    }
    public void setSalary(float salary) {
        this.salary = salary;
    }
}
```

然后新建一个 usingtype.jsp 页面，如代码清单 6.7 所示。

<jsp:useBean>标签的 type 属性值为父类 PersonBean，class 属性值为子类 EmployeeBean，使用标签体设置 Bean 的初始化值。

代码清单 6.7　usingtype.jsp

```jsp
<%@ page language="java" contentType="text/html; charset=UTF-8"
 pageEncoding="UTF-8"%>
<!DOCTYPE html PUBLIC "-//W3C//DTD HTML 4.01 Transitional//EN"
 "http://www.w3.org/TR/html4/loose.dtd">
<html>
<head>
<meta http-equiv="Content-Type" content="text/html; charset=UTF-8">
<title>测试使用type属性</title>
</head>
<body>
    <jsp:useBean id="person" type="com.jeelearning.bean.PersonBean"
     class="com.jeelearning.bean.EmployeeBean" scope="page">
        <jsp:setProperty name="person" property="name" value="张三"/>
    </jsp:useBean>
    <jsp:setProperty name="person" property="salary" value="1234" />
    <jsp:getProperty name="person" property="name" />
    <jsp:getProperty name="person" property="salary" />
</body>
</html>
```

最后再新建一个 typewithoutclass.jsp 页面，代码如代码清单 6.8 所示。

<jsp:useBean>标签只设置了 type 属性，没有设置 class 属性。按照前面所述，只有 scope 属性指定的范围存在 Bean 对象才会正常运行，否则出错。因此，在<jsp:useBean>标签之前使用小脚本先设置 Bean 对象，这样，<jsp:useBean>标签体的<jsp:setProperty>不会被执行到。

代码清单 6.8　typewithoutclass.jsp

```jsp
<%@ page language="java" contentType="text/html; charset=UTF-8"
 pageEncoding="UTF-8"%>
<!DOCTYPE html PUBLIC "-//W3C//DTD HTML 4.01 Transitional//EN"
 "http://www.w3.org/TR/html4/loose.dtd">
<html>
<head>
<meta http-equiv="Content-Type" content="text/html; charset=UTF-8">
<title>测试在useBean标签中只使用type属性而不使用class属性</title>
</head>
<body>
```

```
<%
    com.jeelearning.bean.PersonBean p = new com.jeelearning.bean.PersonBean();
    p.setName("张三");
    pageContext.setAttribute("person", p);
%>

<jsp:useBean id="person" type="com.jeelearning.bean.PersonBean" scope="page">
    <jsp:setProperty name="person" property="name" value="李四" />
</jsp:useBean>
<jsp:getProperty name="person" property="name" />
</body>
</html>
```

下面进行测试，首先测试 usingtype.jsp 页面，运行结果如图 6.2 所示。可以看到，使用<jsp:setProperty>和<jsp:getProperty>标签可以正确设置和获取 Bean 的属性。

图 6.2　usingtype.jsp 页面的运行结果

然后测试 typewithoutclass.jsp 页面，运行结果如图 6.3 所示。可以看到，由于在<jsp:useBean>标签之前 person 变量已经存在，因此标签体内的<jsp:setProperty>标签并没有执行，获取的属性仍然是张三。

图 6.3　typewithoutclass.jsp 页面的运行结果

如果将代码清单 6.8 里的 Java 小脚本注释起来并保存，再次浏览 typewithoutclass.jsp 页面，由于<jsp:useBean>标签只定义了 type 属性，没有定义 class 属性，因此不能实例化 Bean 对象，会抛出如下所示的 InstantiationException 异常：

```
java.lang.InstantiationException: bean person not found within scope
```

3. 使用 JavaBean 获取表单输入

还是使用上一个实验的 jspusebean 项目。新建如代码清单 6.9 所示的 input.jsp 页面。

可以注意到，表单中的姓名和工资输入字段的 name 属性值有意命名为与 EmployeeBean 的属性名不一样。

代码清单 6.9　input.jsp

```
<%@ page language="java" contentType="text/html; charset=UTF-8"
  pageEncoding="UTF-8"%>
<!DOCTYPE html PUBLIC "-//W3C//DTD HTML 4.01 Transitional//EN"
  "http://www.w3.org/TR/html4/loose.dtd">
<html>
<head>
<meta http-equiv="Content-Type" content="text/html; charset=UTF-8">
<title>输入员工信息</title>
</head>
```

```
<body>
<form action="collector.jsp" method="post">
    姓名：<input type="text" name="empName" /><br/>
    工资：<input type="text" name="empSalary" /><br/>
    <input type="submit" value="提交" />
</form>
</body>
</html>
```

然后新建如代码清单 6.10 所示的 JSP，用于接受并显示表单传来的参数。代码中采用 Java 小脚本和 param 属性两种方式来接受输入参数。

代码清单 6.10 collector.jsp

```
<%@ page language="java" contentType="text/html; charset=UTF-8"
  pageEncoding="UTF-8"%>
<!DOCTYPE html PUBLIC "-//W3C//DTD HTML 4.01 Transitional//EN"
  "http://www.w3.org/TR/html4/loose.dtd">
<html>
<head>
<meta http-equiv="Content-Type" content="text/html; charset=UTF-8">
<title>获取表单信息</title>
</head>
<body>
    <% request.setCharacterEncoding("UTF-8"); %>

    <!-- 方案一，采用 Java 小脚本 -->
    <jsp:useBean id="person" type="com.jeelearning.bean.PersonBean"
      class="com.jeelearning.bean.EmployeeBean">
        <jsp:setProperty name="person" property="name"
          value="<%=request.getParameter(\"empName\")%>" />
    </jsp:useBean>

    <%--
    <!-- 方案二，采用 param 属性 -->
    <jsp:useBean id="person" type="com.jeelearning.bean.PersonBean"
      class="com.jeelearning.bean.EmployeeBean">
        <jsp:setProperty name="person" property="name" param="empName" />
    </jsp:useBean>
    --%>

    <!-- 显示 -->
    <jsp:getProperty name="person" property="name" />
</body>
</html>
```

如代码清单 6.11 所示的表单做了一点改进，表单中的姓名和工资输入字段的 name 属性值有意命名为与 EmployeeBean 的属性名一模一样。

代码清单 6.11 input1.jsp

```
<%@ page language="java" contentType="text/html; charset=UTF-8"
  pageEncoding="UTF-8"%>
<!DOCTYPE html PUBLIC "-//W3C//DTD HTML 4.01 Transitional//EN"
  "http://www.w3.org/TR/html4/loose.dtd">
<html>
<head>
<meta http-equiv="Content-Type" content="text/html; charset=UTF-8">
<title>输入员工信息</title>
</head>
<body>
```

```
<form action="collector1.jsp" method="post">
    姓名：<input type="text" name="name" /><br/>
    工资：<input type="text" name="salary" /><br/>
    <input type="submit" value="提交" />
</form>
</body>
</html>
```

这样，在代码清单 6.12 中的<jsp:setProperty>标签就没有必要指定 param 属性和 value 属性了。

代码清单 6.12　collector1.jsp

```
<%@ page language="java" contentType="text/html; charset=UTF-8"
  pageEncoding="UTF-8"%>
<!DOCTYPE html PUBLIC "-//W3C//DTD HTML 4.01 Transitional//EN"
  "http://www.w3.org/TR/html4/loose.dtd">
<html>
<head>
<meta http-equiv="Content-Type" content="text/html; charset=UTF-8">
<title>获取表单信息</title>
</head>
<body>
    <% request.setCharacterEncoding("UTF-8"); %>

    <!-- 不用指定 param 和 value 属性 -->
    <jsp:useBean id="person" type="com.jeelearning.bean.PersonBean"
      class="com.jeelearning.bean.EmployeeBean">
        <jsp:setProperty name="person" property="name" />
    </jsp:useBean>

    <!-- 显示 -->
    <jsp:getProperty name="person" property="name" />
</body>
</html>
```

如果 input2.jsp 采用代码清单 6.11 的代码，只是修改<form>标签的 action 属性值为 collector2.jsp，collector2.jsp 如代码清单 6.13 所示，则<jsp:setProperty>标签指定 property 属性为*，使得 EmployeeBean 实例能够接受与自身属性同名的输入参数。

代码清单 6.13　collector2.jsp

```
<%@ page language="java" contentType="text/html; charset=UTF-8"
  pageEncoding="UTF-8"%>
<!DOCTYPE html PUBLIC "-//W3C//DTD HTML 4.01 Transitional//EN"
  "http://www.w3.org/TR/html4/loose.dtd">
<html>
<head>
<meta http-equiv="Content-Type" content="text/html; charset=UTF-8">
<title>获取表单信息</title>
</head>
<body>
    <% request.setCharacterEncoding("UTF-8"); %>

    <!-- 指定 property 属性为* -->
    <jsp:useBean id="person" type="com.jeelearning.bean.PersonBean"
      class="com.jeelearning.bean.EmployeeBean">
        <jsp:setProperty name="person" property="*" />
    </jsp:useBean>
```

```
          <!-- 显示 -->
          <jsp:getProperty name="person" property="name" />
          <jsp:getProperty name="person" property="salary" />
</body>
</html>
```

读者可自行测试 input.jsp 和 input1.jsp。这里仅测试 input2.jsp，在如图 6.4 所示的表单中输入姓名和工资，然后单击"提交"按钮。

图 6.4　输入表单

图 6.5 中的显示证实，EmployeeBean 实例能够正确接受表单输入。

图 6.5　接受并显示输入参数

6.1.5　有问必答

1. **为什么不直接调用 JavaBean 的带参数构造函数？那样肯定比通过 setProperty 动作来设置 Bean 属性值简单。**

答：答案很简单，JavaBean 没有带参数的构造函数。Java 类可以有带参数的构造函数，但 Bean 没有这样要求。再次温习一下 Bean 的要求：提供一个公有的默认的无参构造函数，实现 Serializable 接口，所有属性都是私有的，提供一系列公有的 Getter 和 Setter 方法。

2. **<jsp:setProperty>标准动作标签能够将表单中输入的字符串自动转换为 JavaBean 属性的适当基本数据类型，但如果用户有意输入错误值会怎样？例如，在工资字段中输入"abc"。**

答：如果不能正确转换，很显然会产生运行时刻错误。但是，作为 Web 应用开发人员，应该验证用户输入，不能让未经验证的输入直接填充 Bean 对象，更不能直接存数据库。

3. **我觉得 Bean 标准动作标签并不比小脚本容易理解，对吗？**

答：如果你是 Java 编程人员，那么你说的有点道理。但是，Bean 标准动作标签并不是为编程人员设置的，而是为页面设计人员设置的。使用 Bean 相关标签，页面设计人员只需要知道 Bean 的基本信息(如属性名、范围、全路径类名等)就可以设计页面，根本不需要知道 Bean 的细节。因此，页面设计人员肯定会觉得 Bean 标准动作标签更容易。

4. **注意到在前面(6.1.2 节)讲解中使用 doPost()方法，但在实践(6.1.4 节)中却使用 doGet()方法。为什么？**

答：在 MVC 模式中，Servlet 控制器的确是使用 doPost()方法。但实践中为了简化，只是强调视图如何获取并显示数据的过程，因此使用 doGet()方法更简单一些。

5. 在 6.1.4 节多次使用<% request.setCharacterEncoding("UTF-8"); %>小脚本，难道不可以不用小脚本来避免汉字乱码吗？

答： 如果要避免汉字乱码，最好的方式是使用本书第 11 章将会讲述的字符编码过滤器，但这里由于不打算使用尚未讲述的知识，因此暂且使用小脚本。另外，还可以使用 JSTL 的 requestEncoding 标签来指定请求编码。

6.2 表达式语言

JSP 表达式语言(Expression Language，EL)的功能是替代 JSP 页面中的复杂代码，它既容易访问 EL 隐含对象，也容易访问 JavaBean 的属性。JSP EL 既可以用来创建算术表达式，也可以用来创建逻辑表达式。在 JSP EL 表达式内，可以使用整型数、浮点数、字符串、常量 true、false 以及 null。

6.2.1 EL 剖析

EL 的语法非常简单。初学者常常觉得困惑的是，有的 EL 语句看起来非常像 Java，但其效果却根本不同。有的语句用在 Java 中根本不可行，但却可以用在 EL 中，反之亦然。

因此，本书的忠告是，不要试图将 Java 语言的文法规则套用在 EL 中，只是将 EL 想象为不用 Java 就能访问 Java 对象的一种方式，这样就更容易摆脱 Java 对 EL 学习的影响。

EL 表达式总是以 "${" 开始，以 "}" 结束，例如：

```
${EL expression}
${left.right} 或者 ${left["right"]}
```

其中，left 可以是 EL 隐含对象，也可以是 page、request、session 和 application 四种范围中任意一个范围的属性，还可以是数组或列表(List)。right 可以是 Map 对象的 key 或 Bean 对象的属性等。

(1) EL 隐含对象

EL 隐含对象共计 11 种，其中，范围对象有 4 种：pageScope、requestScope、sessionScope 和 applicationScope，参数对象有 2 种：param 和 paramValues，请求头对象有 2 种：header 和 headerValues，Cookie 对象有 1 种：cookie，初始化参数有 1 种：initParam，页面上下文对象有 1 种：pageContext。

除 pageContext 外，EL 隐含对象的命名与 JSP 小脚本中的隐含对象都不相同。另外，pageContext 是容器中真实的 pageContext 对象的引用，因此它实质是一个 JavaBean 对象，而其余的隐含对象都是 Map 对象。Map 为 Java 保存 "名-值" 对的集合类型，如 Hashtable 和 HashMap 等。

(2) 点(.)操作符

使用点操作符，左边的变量只能是 EL 隐含对象或范围属性，也就是只能是 java.uil.Map 对象或 Bean 对象。如果左边的变量是 Map 对象，那么右边只能是 Map 的键；如果左边的变量是 Bean 对象，那么右边只能是 JavaBean 的属性。例如，${bean.name}的左边是 JavaBean，右边是 JavaBean 的属性，该表达式实质是调用 bean 对象的 getName()方法。

(3) []操作符

点操作符要求 EL 左边的变量是 EL 隐含对象或范围属性，相比之下，[]操作符更为强大和灵活。也就是说，能使用点操作符的地方，肯定可以使用[]操作符，但能使用[]操作符的地方却不一定能使用点操作符。

使用[]操作符，假如 EL 的形式为：

```
${{left["right"]}
```

则 left 除了可以是 Map 对象或 JavaBean 对象以外，还可以是 List 对象或数组，这样，right 就可以是一个数值，也可以是能够求值为数值的任意表达式，还可以是任意的标识符。注意，这里所说的任意标识符可以不符合 Java 的命名规则，例如，表达式：

```
${website["aaa.bbb"]}
```

使用[]操作符是正确的，因为 "aaa.bbb" 可以是 Map 对象的键。

但显然如下 EL 表达式表达的是完全不同的意思：

```
${website.aaa.bbb]}
```

再如，表达式${user["my-name"]}就无法使用点操作符。

6.2.2　EL 运算符

如果需要在 EL 中进行数值计算或逻辑运算，可以使用 EL 运算符。但是应记住，JSP 只是用于显示响应的视图，而不是完成很大运算量的工作。如果需要，可在模型和控制器中完成，还可以使用 JSTL 或 EL 函数。

因此，EL 运算符只是用于超小型规模的运算。这里介绍 EL 算术运算符、EL 逻辑运算符和 EL 关系运算符。

(1) EL 算术运算符

EL 算术运算符有 5 个，参见表 6.1。

表 6.1　EL 算术运算符

算术运算符	说　明	运算结果	示　例
+	加法	数值	${ 12 + 5 }
-	减法	数值	${ 12 - 5 }
*	乘法	数值	${ 12 * 5 }
/ 或 div	除法	数值	${ 12 / 5 } 或 ${ 12 div 5 }
% 或 mod	求余数	数值	${ 12 % 5 } 或 ${ 12 mod 5 }

(2) EL 逻辑运算符

EL 逻辑运算符有 3 个，参见表 6.2。

(3) EL 关系运算符

EL 关系运算符有 6 个，参见表 6.3。

另外，EL 还有一个特殊的 empty 运算符，该运算符判断操作数是否为空。若操作数为 null，或为空的集合类型、空数组或长度为 0 的空字符串，表达式都返回 true，否则返回 false。

表 6.2　EL 逻辑运算符

逻辑运算符	说　明	运算结果	示　例
&& 或 and	逻辑与	true / false	${ A && B } 或 ${ A and B }
|| 或 or	逻辑或	true / false	${ A || B } 或 ${ A or B }
! 或 not	逻辑非	true / false	${ !A } 或 ${ not A }

表 6.3　EL 关系运算符

关系运算符	说　明	运算结果	示　例
== 或 eq	等于	true / false	${ 3 == 3 } 或 ${ 3 eq 3 }
!= 或 ne	不等于	true / false	${ 5 != 5 } 或 ${ 5 ne 5 }
< 或 lt	小于	true / false	${ 3 < 5 } 或 ${ 3 lt 5 }
> 或 gt	大于	true / false	${ 3 > 5 } 或 ${ 3 gt 5 }
<= 或 le	小于等于	true / false	${ 3 <= 5 } 或 ${ 3 le 5 }
>= 或 ge	大于等于	true / false	${ 3 >= 5 } 或 ${ 3 ge 5 }

EL 还支持类似 Java 的 "?:" 三元运算：

```
${test? expression1 : expression2}
```

当 test 为 true 时，返回表达式 expression1 的值，否则返回表达式 expression2 的值。

6.2.3　EL 函数

有时候 JSP 标准和 EL 表达式中找不到想要实现的功能，只需要一点点简单的 Java 代码，又不想后退至 Java 小脚本，这时，可以考虑 EL 函数。EL 函数用于编写简单的 EL 表达式来调用 Java 类中的静态方法，方法的返回值就是表达式的求值结果。

编写 EL 函数的一般步骤如下。

(1)　编写具有公有静态方法的 Java 类

Java 类中，供调用的 EL 函数必须是公有(public)静态(static)的方法，该方法可以有输入参数，并且应该有返回类型，毕竟从 JSP 页面调用某个函数就是为了返回一些作为表达式一部分或需要打印的东西。

例如，如下 Java 类中有一个公有的静态的 reverse 方法，输入参数为 String 类型，返回类型为 String：

```java
package com.jeelearning.el;

public class Functions {
    public static String reverse(String text) {
        return new StringBuilder(text).reverse().toString();
    }
}
```

(2)　编写标签库描述符(TLD)文件

TLD 文件为 EL 函数提供一种描述定义函数的 Java 类与调用函数的 JSP 之间的映射关

系。这样，函数名称可以不同于真实方法名称，因为 TLD 文件中已经映射了这种对应关系。一般可将 TLD 文件放在 WEB-INF 目录中，其文件后缀名必须是.tld。

例如，如下 TLD 文件描述这种映射关系：

```
<?xml version="1.0" encoding="UTF-8" ?>
<taglib ...>
    <tlib-version>1.0</tlib-version>
    <short-name>myfunctions</short-name>
    <uri>http://www.jeelearning.com/myfunctions</uri>
    <function>
        <description>将给定字符串反转</description>
        <name>reverse</name>
        <function-class>com.jeelearning.el.Functions</function-class>
        <function-signature>
            java.lang.String reverse(java.lang.String)
        </function-signature>
    </function>
</taglib>
```

其中，<uri>元素对应 JSP 文件的 taglib 指令；<name>元素为 EL 函数名称，该名称不必与真实方法同名；<function-class>元素声明真实方法所在的 Java 类的全路径名称；<function-signature>元素描述方法的签名，注意，这里的参数类型和返回类型都必须是全路径的类名。

(3) 在 JSP 中调用函数

首先，在 JSP 页面中使用 taglib 指令告诉容器想要使用哪一个标签库。例如：

```
<%@ taglib prefix="my" uri="http://www.jeelearning.com/myfunctions"%>
```

其中，prefix 属性指定标签的前缀，uri 属性值必须 TLD 文件中的<uri>元素值一致。

然后在 JSP 中使用 EL 表达式来调用函数。这一步很简单，假如 poem 为一个字符串变量，如下 EL 表达式调用自定义的 EL 函数：

```
${my:reverse(poem)}
```

其中，冒号之前的前缀必须是 taglib 指令中 prefix 的属性值，冒号之后的函数名称必须是 TLD 文件定义的<name>元素值。

6.2.4 EL 的隐含对象

EL 有 11 个隐含对象，除 pageContext 为 Bean 对象以外，其余对象都是 Map 对象。

(1) 请求参数

EL 的请求参数有两种，开发人员如果知道某个参数名称只有一个参数，可以使用 param 隐含对象；如果给定的参数名称可能对应多于一个参数值，应使用 paramValues 对象。

例如，对于如下的表单：

```
<form action="paramresult.jsp" method="post">
    姓名: <input type="text" name="name" /><br />
    性别: <input type="text" name="gender" /><br />
    第一志愿: <input type="text" name="aspiration" /><br />
    第二志愿: <input type="text" name="aspiration" /><br />
    <input type="submit" value="提交" />
</form>
```

在 JSP 页面中可以使用 param 或 paramValues 对象来获取参数。由于 name 和 gender 都只有一个参数值，但 aspiration 可能有两个参数值，因此，通常前者使用 param 对象，后者使用 paramValues 对象。例如：

```
\${param.name}: ${param.name}<br />
\${param.gender}: ${param.gender}<br />
\${param.aspiration}: ${param.aspiration}<br />
\${paramValues.aspiration[0]}: ${paramValues.aspiration[0]}<br />
\${paramValues.aspiration[1]}: ${paramValues.aspiration[1]}<br />
\${paramValues.name[0]}: ${paramValues.name[0]}<br />
\${paramValues.name[1]}: ${paramValues.name[1]}<br />
```

要注意的是，可以使用${param.aspiration}获取多个参数值的参数，但只能获取第一个值。也可以使用${paramValues.name[1]}来获取单个参数值的参数，但显然获取到的值为空。

(2)　请求头

使用 header 隐含对象来访问 HTTP 协议标头，如果同一标头名称对应多个值，可以使用 headerValues 来取得这些值。

例如，可以使用如下 Java 小脚本来获取 host 标头：

```
Host 为: <%=request.getHeader("host")%>
```

类似地，可以使用 EL 表达式完成同样功能：

```
Host 为: ${header["host"]}
Host 为: ${header.host}
```

更多的请求头示例如下：

```
\${header["host"]}: ${header["host"]}<br />
\${header["accept"]}: ${header["accept"]}<br />
\${header["user-agent"]}: ${header["user-agent"]}<br />
\${headerValues["Cookie"][0]}: ${headerValues["Cookie"][0]}<br />
\${headerValues["Cookie"][1]}: ${headerValues["Cookie"][1]}<br />
```

注意，由于 user-agent 中包含 "-" 这个特殊字符，因此必须使用[]操作符，而不能写成$(header.user-agent)。

顺便提一下，这里有一个易犯错误的陷阱。

前面的${header.host}是因为 HttpServletRequest 接口有一个 getHeader()方法，该接口还有一个 getMethod()方法，该方法返回 GET、POST 等字符串。但是，如下获取 HTTP 方法的 EL 表达式却是错误的：

```
Method 为: ${header.method}
```

那怎样才能调用 getMethod()方法呢？这里先卖个关子，请继续往下阅读。

(3)　Cookie 对象

使用 cookie 对象可以方便快捷地获取 cookie 对象的值。

如果使用 Java 小脚本，要获取 cookie 对象需要编写如下一段循环程序，遍历整个 Cookie 数组，有些麻烦：

```
<%
    Cookie[] cookies = request.getCookies();
    for (int i=0; i<cookies.length; i++) {
```

```
        if ((cookies[i].getName()).equals("user")) {
            out.println(cookies[i].getValue());
        }
    }
%>
```

但使用 EL 表达式就很简单，只需要直接从 Cookie "名-值" 对的 Map 中获取就行了，方便了很多：

```
${cookie.user.value}
```

(4) 初始化参数

使用 initParam 对象很容易访问上下文初始化参数。

例如，在 web.xml 配置文件中使用<context-param>元素设置上下文参数：

```
<?xml version="1.0" encoding="UTF-8"?>
<web-app ...>
    <context-param>
        <param-name>poweredby</param-name>
        <param-value>CCME 有限公司</param-value>
    </context-param>
</web-app>
```

可以使用 Java 小脚本获取这些参数：

```
Powered By: <%=application.getInitParameter("poweredby") %><br />
```

同样，也可以使用 EL 表达式来获取参数：

```
Powered By: ${initParam.poweredby}
```

要注意的是，initParam 对象不能访问用<init-param>元素设置的初始化参数。

(5) 范围对象

EL 变量可以存放到 pageScope、requestScope、sessionScope 或 applicationScope 中，然后通过 EL 表达式访问这些变量或变量的属性。例如：

```
${person.name}
```

如果不指明范围，容器会按照从小到大的顺序来查找相应的变量，即依次按照页内有效、请求有效、会话有效和应用有效查找对应的变量，如果找到则返回，否则返回 null。

为了避免潜在的命名冲突，最后指定范围。例如：

```
${requestScope.person.name}
```

要注意的是，范围对象的属性名可能不符合 Java 的命名要求，这时，可能需要混合使用点操作符和[]操作符。

假如在 Java 中这样设置请求范围的属性：

```
request.setAttribute("hr.manager", person);
```

那么，如下语句不正确：

```
${hr.manager.name}
```

这时，只能使用 requestScope 对象和[]操作符，改写为：

```
${requestScope["hr.manager"].name}
```

(6)　页面上下文对象

前面已经说过,不能使用\${header.method}来获取 HTTP 请求方法。这是因为 method 不是 HTTP 请求头。不能使用\${request.method},因为 request 不是 EL 隐含对象。也不能使用\${requestScope.method},因为 requestScope 只是请求范围对象,不是 request 对象本身。

这种情况下,只能使用 pageContext 隐含对象,该对象有 getRequest()、getSession()等方法,因此,可以通过 pageContext 对象访问请求对象和会话对象等对象的属性和方法。

例如,如下 EL 表达式获取 HTTP 请求方法和会话 ID:

```
\${pageContext.request.method}: ${pageContext.request.method}<br />
\${pageContext.session.id}: ${pageContext.session.id}<br />
```

6.2.5　Java 小脚本和 EL 的控制

JSP EL 表达式语言功能很强大,Java 小脚本通常代表不良的编程习惯。但众口难调,有的时候,可能需要禁止使用 Java 小脚本,另外一些时候又可能不想使用 EL。还好,Java EE 规范早就考虑了这些问题,提供决定是否使用这些功能的开关。

(1)　使用<scripting-invalid>禁止 Java 小脚本

如果项目组决定不再使用 Java 小脚本,可以在部署描述文件中设置<scripting-invalid>标签。

例如,如下配置代码将<scripting-invalid>元素值设置为 true,从而禁止在 JSP 中使用诸如 Java 小脚本、Java 表达式或声明等脚本元素:

```
<web-app ...>
    ...
    <jsp-config>
        <jsp-property-group>
            <url-pattern>*.jsp</url-pattern>
            <scripting-invalid>true</scripting-invalid>
        </jsp-property-group>
    </jsp-config>
    ...
</web-app>
```

(2)　忽略 EL 表达式

尽管 EL 表达式非常好用,Web 项目默认启用 EL,但开发人员可能需要临时忽略 EL 表达式,这时,可以使用<el-ignored>标签或 isELIgnored 页面指令。例如,如下配置代码将<el-ignored>元素值设置为 true,从而在整个 Web 应用范围内忽略 EL 表达式:

```
<web-app ...>
    ...
    <jsp-config>
        <jsp-property-group>
            <url-pattern>*.jsp</url-pattern>
            <el-ignored>true</el-ignored>
        </jsp-property-group>
    </jsp-config>
    ...
</web-app>
```

如果只是在单独的 JSP 页面中忽略 EL 表达式,可以将 page 指令的 isELIgnored 属性设置为 true 来实现。例如，如下 page 指令设置本页面忽略 EL 表达式：

```
<%@ page isELIgnored="true" %>
```

需要注意的是，<el-ignored>标签与 isELIgnored 页面指令的写法不一致，后者有 is，前者还多了一个连字符。

6.2.6　实践出真知

1. EL 的 dot 或[]操作符

新建一个名称为"jspEL"的动态 Web 项目，使用代码清单 6.2 的 PersonBean。然后新建一个如代码清单 6.14 所示的 Servlet。代码新建 Bean 对象、Map 对象、数组和列表对象，并将这些对象作为属性放到 request 对象中，最后转发至 operators.jsp。

代码清单 6.14　OperatorsServlet.java

```java
package com.jeelearning.servlet;

import java.io.IOException;
import java.util.ArrayList;
import java.util.HashMap;
import java.util.Map;

import javax.servlet.RequestDispatcher;
import javax.servlet.ServletException;
import javax.servlet.annotation.WebServlet;
import javax.servlet.http.HttpServlet;
import javax.servlet.http.HttpServletRequest;
import javax.servlet.http.HttpServletResponse;

import com.jeelearning.bean.PersonBean;

@WebServlet("/operators")
public class OperatorsServlet extends HttpServlet {
    private static final long serialVersionUID = 1L;

    protected void doGet(HttpServletRequest request,
      HttpServletResponse response) throws ServletException, IOException {
        response.setCharacterEncoding("UTF-8");
        response.setHeader("Content-type", "text/html;charset=UTF-8");
        request.setCharacterEncoding("UTF-8");

        // Beans
        PersonBean person = new PersonBean();
        person.setName("张三");
        request.setAttribute("person", person);

        // Maps
        Map<String, String> movieMap = new HashMap<String, String>();
        movieMap.put("The Expendables 3", "敢死队 3");
        movieMap.put("Edge of Tomorrow", "明日边缘");
        movieMap.put("TheUninvited", "不请自来");
        request.setAttribute("movieMap", movieMap);

        request.setAttribute("goodmovie", "Edge of Tomorrow");

        // 数组
```

```
    String[] movies =
        { "The Expendables 3", "Edge of Tomorrow", "TheUninvited" };
    request.setAttribute("movies", movies);

    // 列表
    ArrayList<String> nums = new ArrayList<String>();
    nums.add("0");
    nums.add("1");
    nums.add("2");
    request.setAttribute("index", nums);

    RequestDispatcher view = request.getRequestDispatcher("operators.jsp");
    view.forward(request, response);
    }
}
```

在如代码清单 6.15 所示的 JSP 页面中，EL 表达式交替使用点操作符和[]操作符，展示如何访问不同类型的对象。

代码清单 6.15　operators.jsp

```
<%@ page language="java" contentType="text/html; charset=UTF-8"
 pageEncoding="UTF-8"%>
<!DOCTYPE html PUBLIC "-//W3C//DTD HTML 4.01 Transitional//EN"
 "http://www.w3.org/TR/html4/loose.dtd">
<html>
<head>
<meta http-equiv="Content-Type" content="text/html; charset=UTF-8">
<title>EL 的 dot 或[]操作符</title>
</head>
<body>
    <h4>EL 的 dot 或[]操作符</h4>
    \${person.name}: ${person.name}<br />
    \${person["name"]}: ${person["name"]}<br /><br />

    \${movieMap.TheUninvited}: ${movieMap.TheUninvited}<br />
    \${movieMap["TheUninvited"]}: ${movieMap["TheUninvited"]}<br /><br />

    不可以: \${movieMap.Edge of Tomorrow}<br />
    \${movieMap["Edge of Tomorrow"]}: ${movieMap["Edge of Tomorrow"]}<br /><br />

    \${movieMap[goodmovie]}: ${movieMap[goodmovie]}<br />
    \${movieMap["goodmovie"]}: ${movieMap["goodmovie"]}<br /><br />

    \${movieMap[movies[0]]}: ${movieMap[movies[0]]}<br />
    \${movieMap.movies[0]}: ${movieMap.movies[0]}<br /><br />

    \${movies[0]}: ${movies[0]}<br />
    不可以: \${movies.0}<br /><br />

    \${movieMap[movies[index[0]]]}: ${movieMap[movies[index[0]]]}<br />
    \${movieMap[movies[index[0]+1]]}: ${movieMap[movies[index[0]+1]]}<br /><br />

</body>
</html>
```

运行结果如图 6.6 所示。读者可对照前面对 EL 表达式的说明，理解 EL 表达式与输出结果的对应关系。

图 6.6　运行结果

2. EL 运算符

还是使用 jspEL 项目，新建如代码清单 6.16 所示的页面文件。

代码清单 6.16　arithmetic.jsp

```
<%@ page language="java" contentType="text/html; charset=UTF-8"
 pageEncoding="UTF-8"%>
<!DOCTYPE html PUBLIC "-//W3C//DTD HTML 4.01 Transitional//EN"
 "http://www.w3.org/TR/html4/loose.dtd">
<html>
<head>
<meta http-equiv="Content-Type" content="text/html; charset=UTF-8">
<title>EL 表达式基本运算</title>
</head>
<body>
    <table border="1">
        <tr>
            <td><b>EL 表达式</b></td>
            <td><b>结果</b></td>
        </tr>
        <tr>
            <td>/${1}</td>
            <td>${1}</td>
        </tr>
        <tr>
            <td>\${1 + 2}</td>
            <td>${1 + 2}</td>
        </tr>
        <tr>
            <td>\${1.2 + 2.3}</td>
            <td>${1.2 + 2.3}</td>
        </tr>
        <tr>
            <td>\${1.2E4 + 1.4}</td>
            <td>${1.2E4 + 1.4}</td>
        </tr>
        <tr>
            <td>\${-4 - 2}</td>
            <td>${-4 - 2}</td>
        </tr>
        <tr>
            <td>\${21 * 2}</td>
            <td>${21 * 2}</td>
```

```
        </tr>
        <tr>
            <td>\${3/4}</td>
            <td>${3/4}</td>
        </tr>
        <tr>
            <td>\${3 div 4}</td>
            <td>${3 div 4}</td>
        </tr>
        <tr>
            <td>\${3/0}</td>
            <td>${3/0}</td>
        </tr>
        <tr>
            <td>\${10%4}</td>
            <td>${10%4}</td>
        </tr>
        <tr>
            <td>\${10 mod 4}</td>
            <td>${10 mod 4}</td>
        </tr>
        <tr>
            <td>\${(1==2) ? 3 : 4}</td>
            <td>${(1==2)  ? 3  : 4}</td>
        </tr>
    </table>
</body>
</html>
```

arithmetic.jsp 的运行结果如图 6.7 所示。

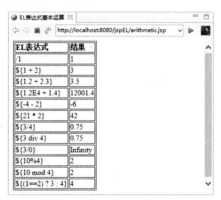

图 6.7　arithmetic.jsp 的运行结果

然后新建一个如代码清单 6.17 所示的 JSP 页面。代码包括数值比较、字母比较和 empty 运算符三个表格，显示 EL 表达式及表达式的求值结果。

代码清单 6.17　comparisons.jsp

```
<%@ page language="java" contentType="text/html; charset=UTF-8"
 pageEncoding="UTF-8"%>
<!DOCTYPE html PUBLIC "-//W3C//DTD HTML 4.01 Transitional//EN"
 "http://www.w3.org/TR/html4/loose.dtd">
<html>
<head>
<meta http-equiv="Content-Type" content="text/html; charset=UTF-8">
<title>EL 表达式关系运算符</title>
```

```
</head>
<body>
    <b>数值比较</b>
    <table border="1">
        <tr>
            <td><b>EL 表达式</b></td>
            <td><b>结果</b></td>
        </tr>
        <tr>
            <td>\${1 &lt; 2}</td>
            <td>${1 < 2}</td>
        </tr>
        <tr>
            <td>\${1 lt 2}</td>
            <td>${1 lt 2}</td>
        </tr>
        <tr>
            <td>\${1 &gt; (4/2)}</td>
            <td>${1 > (4/2)}</td>
        </tr>
        <tr>
            <td>\${1 gt (4/2)}</td>
            <td>${1 gt (4/2)}</td>
        </tr>
        <tr>
            <td>\${4.0 &gt;= 3}</td>
            <td>${4.0 >= 3}</td>
        </tr>
        <tr>
            <td>\${4.0 ge 3}</td>
            <td>${4.0 ge 3}</td>
        </tr>
        <tr>
            <td>\${4 &lt;= 3}</td>
            <td>${4 <= 3}</td>
        </tr>
        <tr>
            <td>\${4 le 3}</td>
            <td>${4 le 3}</td>
        </tr>
        <tr>
            <td>\${100.0 == 100}</td>
            <td>${100.0 == 100}</td>
        </tr>
        <tr>
            <td>\${100.0 eq 100}</td>
            <td>${100.0 eq 100}</td>
        </tr>
        <tr>
            <td>\${(10*10) != 100}</td>
            <td>${(10*10) != 100}</td>
        </tr>
        <tr>
            <td>\${(10*10) ne 100}</td>
            <td>${(10*10) ne 100}</td>
        </tr>
    </table>
    <br>
    <b>字母比较</b>
    <table border="1">
        <tr>
```

```
        <td><b>EL 表达式</b></td>
        <td><b>结果</b></td>
    </tr>
    <tr>
        <td>\${'a' &lt; 'b'}</td>
        <td>${'a' < 'b'}</td>
    </tr>
    <tr>
        <td>\${'hip' &gt; 'hit'}</td>
        <td>${'hip' > 'hit'}</td>
    </tr>
    <tr>
        <td>\${'4' &gt; 3}</td>
        <td>${'4' > 3}</td>
    </tr>
</table>
<br>
<b>empty 运算符</b>
<table border="1">
    <tr>
        <td><b>EL 表达式</b></td>
        <td><b>结果</b></td>
    </tr>
    <tr>
        <td>\${empty ""}</td>
        <td>${empty ""}</td>
    </tr>
    <tr>
        <td>\${empty "   "}</td>
        <td>${empty "   "}</td>
    </tr>
    <tr>
        <td>\${empty "abc"}</td>
        <td>${empty "abc"}</td>
    </tr>
    <tr>
        <td>\${empty null}</td>
        <td>${empty null}</td>
    </tr>
</table>
</body>
</html>
```

运行结果如图 6.8 所示。

图 6.8　comparisons.jsp 的运行结果

3. EL 函数

本实验实现一个将字符串反转的 EL 函数。

还是使用 jspEL 项目。新建一个 Java 类，类中含有一个公有的静态的 reverse 方法，其功能是将输入文本反转并返回，如代码清单 6.18 所示。

代码清单 6.18　Functions.java

```java
package com.jeelearning.el;

public class Functions {
    // 将输入文本反转并返回
    public static String reverse(String text) {
        return new StringBuilder(text).reverse().toString();
    }
}
```

在 WEB-INF 目录下新建一个 TLD 文件，如代码清单 6.19 所示。

代码清单 6.19　WEB-INF/myFunctions.tld

```xml
<?xml version="1.0" encoding="UTF-8" ?>
<taglib xmlns="http://java.sun.com/xml/ns/javaee"
 xmlns:xsi="http://www.w3.org/2001/XMLSchema-instance"
 xsi:schemaLocation="http://java.sun.com/xml/ns/javaee
 http://java.sun.com/xml/ns/javaee/web-jsptaglibrary_2_1.xsd"
 version="2.1">
  <tlib-version>1.0</tlib-version>
  <short-name>myfunctions</short-name>
  <uri>http://www.jeelearning.com/myfunctions</uri>
  <function>
    <description>将给定字符串反转</description>
    <name>reverse</name>
    <function-class>com.jeelearning.el.Functions</function-class>
    <function-signature>
       java.lang.String reverse(java.lang.String)
    </function-signature>
  </function>
</taglib>
```

新建如代码清单 6.20 所示的 Servlet，其功能是将一首诗的字符串以属性的形式存放到 request 对象中，然后转发至 reverse.jsp 页面。

代码清单 6.20　ReverseServlet.java

```java
package com.jeelearning.servlet;

import java.io.IOException;

import javax.servlet.RequestDispatcher;
import javax.servlet.ServletException;
import javax.servlet.annotation.WebServlet;
import javax.servlet.http.HttpServlet;
import javax.servlet.http.HttpServletRequest;
import javax.servlet.http.HttpServletResponse;

@WebServlet("/reverse")
public class ReverseServlet extends HttpServlet {
    private static final long serialVersionUID = 1L;
```

```java
protected void doGet(HttpServletRequest request,
    HttpServletResponse response) throws ServletException, IOException {
        response.setCharacterEncoding("UTF-8");
        response.setHeader("Content-type", "text/html;charset=UTF-8");

        String poem = "轻鸿数点千峰碧 水接云边四望遥 晴日海霞红霭霭 晓天江树绿迢迢 清波石眼泉当槛
小径松门寺对桥 明月钓舟渔浦远 倾山雪浪暗随潮";

        request.setCharacterEncoding("UTF-8");
        request.setAttribute("poem", poem);

        RequestDispatcher view = request.getRequestDispatcher("reverse.jsp");
        view.forward(request,response);
    }
}
```

JSP 页面如代码清单 6.21 所示。使用 taglib 指令声明 EL 函数，用${my:reverse(poem)}
来调用 EL 函数。可以注意到，代码中有意调用了两次 reverse 函数，这样得到的结果仍然
与原来一样，负负为正嘛。

代码清单 6.21　reverse.jsp

```jsp
<%@ page language="java" contentType="text/html; charset=UTF-8"
 pageEncoding="UTF-8"%>
<%@ taglib prefix="my" uri="http://www.jeelearning.com/myfunctions"%>
<!DOCTYPE html PUBLIC "-//W3C//DTD HTML 4.01 Transitional//EN"
 "http://www.w3.org/TR/html4/loose.dtd">
<html>
<head>
<meta http-equiv="Content-Type" content="text/html; charset=UTF-8">
<title>EL 函数</title>
</head>
<body>
    <h4>EL 函数示例</h4>
    <h5>金山寺．苏轼</h5>

    <h5>正读</h5>
    ${my:reverse(my:reverse(poem))}

    <h5>倒读</h5>
    ${my:reverse(poem)}
</body>
</html>
```

运行结果如图 6.9 所示。可以看到，使用 EL 函数，实现了回文诗的正读和倒读。

图 6.9　运行结果

4. EL 隐含对象

用 Eclipse 新建一个名称为"implicitobjects"的动态 Web 项目，然后建立一个如代码清单 6.22 所示的 HTML 文件。

代码清单 6.22　paramform.html

```
<!DOCTYPE html>
<html>
<head>
<meta charset="UTF-8">
<title>param 表单</title>
</head>
<body>
    <form action="paramresult.jsp" method="post">
        姓名：<input type="text" name="name" /><br />
        性别：<input type="text" name="gender" /><br />
        第一志愿：<input type="text" name="aspiration" /><br />
        第二志愿：<input type="text" name="aspiration" /><br />
        <input type="submit" value="提交" />
    </form>
</body>
</html>
```

使用如代码清单 6.23 所示的 JSP 来接受表单输入。

代码清单 6.23　paramresult.jsp

```
<%@ page language="java" contentType="text/html; charset=UTF-8"
 pageEncoding="UTF-8"%>
<!DOCTYPE html PUBLIC "-//W3C//DTD HTML 4.01 Transitional//EN"
 "http://www.w3.org/TR/html4/loose.dtd">
<html>
<head>
<meta http-equiv="Content-Type" content="text/html; charset=UTF-8">
<title>param 结果</title>
</head>
<body>
    <% request.setCharacterEncoding("UTF-8"); %>
    \${param.name}: ${param.name}<br />
    \${param.gender}: ${param.gender}<br />
    \${param.aspiration}: ${param.aspiration}<br />
    \${paramValues.aspiration[0]}: ${paramValues.aspiration[0]}<br />
    \${paramValues.aspiration[1]}: ${paramValues.aspiration[1]}<br />
    \${paramValues.name[0]}: ${paramValues.name[0]}<br />
    \${paramValues.name[1]}: ${paramValues.name[1]}<br />
</body>
</html>
```

在输入表单中填写如图 6.10 所示的参数。

图 6.10　输入表单

单击"提交"按钮，浏览器显示如图 6.11 所示的结果。对照 EL 表达式和求值结果，理解 param 对象和 paramValues 对象的使用方法。

图 6.11　获取表单结果

新建一个如代码清单 6.24 所示的 JSP 页面，使用 header 隐含对象获取 HTTP 标头。

代码清单 6.24　header.jsp

```
<%@ page language="java" contentType="text/html; charset=UTF-8"
 pageEncoding="UTF-8"%>
<!DOCTYPE html PUBLIC "-//W3C//DTD HTML 4.01 Transitional//EN"
 "http://www.w3.org/TR/html4/loose.dtd">
<html>
<head>
<meta http-equiv="Content-Type" content="text/html; charset=UTF-8">
<title>header 示例</title>
</head>
<body>
    \${header["host"]}: ${header["host"]}<br />
    \${header["accept"]}: ${header["accept"]}<br />
    \${header["user-agent"]}: ${header["user-agent"]}<br />
    \${headerValues["Cookie"][0]}: ${headerValues["Cookie"][0]}<br />
    \${headerValues["Cookie"][1]}: ${headerValues["Cookie"][1]}<br />
</body>
</html>
```

header.jsp 的运行结果如图 6.12 所示。

图 6.12　header.jsp 的运行结果

可以看到，header 获取标头的单个值，而 headerValues 可获取多个值，但很少使用 headerValues。

下面测试 Cookie。先编写如代码清单 6.25 所示的 Servlet，其功能是将 Cookie 写到浏览器客户端，然后重定向到获取 Cookie 的 JSP 页面。

代码清单 6.25　SetCookieServlet.java

```
package com.jeelearning.servlet;

import java.io.IOException;
import java.net.URLEncoder;
```

```java
import javax.servlet.ServletException;
import javax.servlet.annotation.WebServlet;
import javax.servlet.http.Cookie;
import javax.servlet.http.HttpServlet;
import javax.servlet.http.HttpServletRequest;
import javax.servlet.http.HttpServletResponse;

@WebServlet("/setcookies")
public class SetCookieServlet extends HttpServlet {
    private static final long serialVersionUID = 1L;

    protected void doGet(HttpServletRequest request,
      HttpServletResponse response) throws ServletException, IOException {
        // 设置字符编码
        response.setCharacterEncoding("UTF-8");

        // 为姓名和密码创建 Cookies
        Cookie name = new Cookie("user", URLEncoder.encode("zhangsan", "UTF-8"));
        Cookie pwd = new Cookie("pwd", URLEncoder.encode("123", "UTF-8"));

        // 在响应头中添加两个 Cookies
        response.addCookie(name);
        response.addCookie(pwd);

        response.sendRedirect("getcookie.jsp");
    }
}
```

获取 Cookie 的 JSP 页面如代码清单 6.26 所示。使用 Java 小脚本和 EL 表达式两种方法来获取 Cookie。

代码清单 6.26　getcookie.jsp

```jsp
<%@ page language="java" contentType="text/html; charset=UTF-8"
 pageEncoding="UTF-8"%>
<!DOCTYPE html PUBLIC "-//W3C//DTD HTML 4.01 Transitional//EN"
 "http://www.w3.org/TR/html4/loose.dtd">
<html>
<head>
<meta http-equiv="Content-Type" content="text/html; charset=UTF-8">
<title>cookie 示例</title>
</head>
<body>
    <%
        Cookie[] cookies = request.getCookies();
        for (int i=0; i<cookies.length; i++) {
            if ((cookies[i].getName()).equals("user")) {
                out.println(cookies[i].getValue());
            }
        }
    %>
    <br />
    ${cookie.user.value}
</body>
</html>
```

运行结果如图 6.13 所示。可以看到，尽管两种方法的代码不同，但都能获取 Cookie，EL 表达式的方法更为简单。

图 6.13　获取 Cookie 的结果

下面测试上下文初始化参数。先在 web.xml 文件中设置上下文参数，配置代码如代码清单 6.27 所示。

代码清单 6.27　web.xml

```xml
<?xml version="1.0" encoding="UTF-8"?>
<web-app xmlns:xsi="http://www.w3.org/2001/XMLSchema-instance"
 xmlns="http://xmlns.jcp.org/xml/ns/javaee"
 xsi:schemaLocation="http://xmlns.jcp.org/xml/ns/javaee
 http://xmlns.jcp.org/xml/ns/javaee/web-app_3_1.xsd" id="WebApp_ID" version="3.1">
  <display-name>implicitobjects</display-name>
  <context-param>
      <param-name>poweredby</param-name>
      <param-value>CCME 有限公司</param-value>
  </context-param>
</web-app>
```

获取上下文初始化参数的 JSP 页面如代码清单 6.28 所示，分别采用 Java 小脚本和 EL 表达式来获取上下文参数。

代码清单 6.28　initparam.jsp

```jsp
<%@ page language="java" contentType="text/html; charset=UTF-8"
 pageEncoding="UTF-8"%>
<!DOCTYPE html PUBLIC "-//W3C//DTD HTML 4.01 Transitional//EN"
 "http://www.w3.org/TR/html4/loose.dtd">
<html>
<head>
<meta http-equiv="Content-Type" content="text/html; charset=UTF-8">
<title>initParam 示例</title>
</head>
<body>
    Powered By: <%=application.getInitParameter("poweredby") %><br />
    Powered By: ${initParam.poweredby}
</body>
</html>
```

initparam.jsp 的运行结果如图 6.14 所示。两种方法都能获得相同的结果。

图 6.14　获取到的初始参数

最后测试 pageContext 隐含对象。JSP 页面如代码清单 6.29 所示，其功能是获取请求的 HTTP 方法和会话 ID。

代码清单 6.29　pageContext.jsp

```jsp
<%@ page language="java" contentType="text/html; charset=UTF-8"
 pageEncoding="UTF-8"%>
```

```
<!DOCTYPE html PUBLIC "-//W3C//DTD HTML 4.01 Transitional//EN"
 "http://www.w3.org/TR/html4/loose.dtd">
<html>
<head>
<meta http-equiv="Content-Type" content="text/html; charset=UTF-8">
<title>header 示例</title>
</head>
<body>
    \${pageContext.request.method}: ${pageContext.request.method}<br />
    \${pageContext.session.id}: ${pageContext.session.id}<br />
</body>
</html>
```

pageContext.jsp 的运行结果如图 6.15 所示。通过 pageContext 隐含对象，EL 表达式很容易获取 request 对象和 session 对象，并调用这些对象的方法。

图 6.15   pageContext.jsp 的运行结果

5. EL 无法独自解决的问题

本实践主要为第 7 章做准备，第 7 章很多地方都使用本实践的内容。

用 Eclipse 新建一个名称为"jspmovies"的动态 Web 项目。然后新建一个电影院的 Bean，属性有 name(名称)、address(地址)和 phone(电话)，还有相应的 Getters 和 Setters 方法。如代码清单 6.30 所示。

代码清单 6.30   Cinema.java

```java
package com.jeelearning.beans;

public class Cinema {
    private String name;
    private String address;
    private String phone;

    public Cinema() {
        super();
    }
    public Cinema(String name, String address, String phone) {
        super();
        this.name = name;
        this.address = address;
        this.phone = phone;
    }
    public String getName() {
        return name;
    }
    public void setName(String name) {
        this.name = name;
    }
    public String getAddress() {
        return address;
    }
    public void setAddress(String address) {
        this.address = address;
```

```java
    }
    public String getPhone() {
        return phone;
    }
    public void setPhone(String phone) {
        this.phone = phone;
    }
}
```

如代码清单 6.31 所示的 Movie 类描述电影信息。其属性有 key(序列号)、title(电影名称)、director(导演)、actor(演员)、cinema(电影院)、showTime(上映时间)和 description(描述)。

代码清单 6.31　Movie.java

```java
package com.jeelearning.beans;

import java.text.DateFormat;
import java.text.SimpleDateFormat;
import java.util.Date;

public class Movie {
    int key;
    private String title;
    private String director;
    private String actor;
    private Cinema cinema;
    private Date showTime;
    private String description;
    static DateFormat df = new SimpleDateFormat("yyyy年MM月dd日");

    public Movie() {

    }

    public Movie(int key, String title, String director, String actor,
      Cinema cinema, Date showTime, String description) {
        this.key = key;
        this.title = title;
        this.director = director;
        this.actor = actor;
        this.cinema = cinema;
        this.showTime = showTime;
        this.description = description;
    }

    public String toString() {
        StringBuffer sb = new StringBuffer();
        sb.append("[").append(key).append("] ");
        sb.append(getTitle()).append(", ");
        sb.append(getDirector()).append(", ");
        sb.append(getActor()).append(", ");
        sb.append(df.format(getShowTime()));
        return (sb.toString());
    }
    public int getKey() {
        return key;
    }

    public void setKey(int key) {
        this.key = key;
    }
}
```

```java
    public String getTitle() {
        return title;
    }

    public void setTitle(String title) {
        this.title = title;
    }

    public String getDirector() {
        return director;
    }

    public void setDirector(String director) {
        this.director = director;
    }

    public String getActor() {
        return actor;
    }

    public void setActor(String actor) {
        this.actor = actor;
    }

    public Cinema getCinema() {
        return cinema;
    }

    public void setCinema(Cinema cinema) {
        this.cinema = cinema;
    }

    public Date getShowTime() {
        return showTime;
    }

    public void setShowTime(Date showTime) {
        this.showTime = showTime;
    }

    public String getDescription() {
        return description;
    }

    public void setDescription(String description) {
        this.description = description;
    }
}
```

Movies 类将一系列的电影包装为 Vector 对象，如代码清单 6.32 所示。其中，findAll()
方法返回整个电影集合，create()方法创建一部电影信息，私有的 genDate()方法解析输入字
符串日期并转换为对应的 Date 对象。

代码清单 6.32 Movies.java

```java
package com.jeelearning.beans;

import java.text.DateFormat;
import java.text.SimpleDateFormat;
```

```
import java.util.Collection;
import java.util.Date;
import java.util.Vector;

public class Movies {
    private static Vector<Movie> movies = new Vector<Movie>();
    private static int nextSeqNo = 0;

    public static Collection<Movie> findAll() {
        return movies;
    }

    public static void create(String title, String director, String actor,
      String cname, String caddress, String cphone, String showTime,
      String description) {
        Movie movie = new Movie(++nextSeqNo, title, director, actor,
                new Cinema(cname, caddress, cphone), genDate(showTime),
                description);
        movies.add(movie);
    }

    private static Date genDate(String dateString) {
        DateFormat df = new SimpleDateFormat("yyyy/MM/dd");
        Date date;
        try {
            date = df.parse(dateString);
        } catch (Exception ex) {
            date = null;
        }
        return date;
    }
}
```

Init 类是一个实现 ServletContextListener 接口的监听器，当容器启动 Web 应用时，调用 contextInitialized() 方法。该方法创建 4 部影片，并将这些影片集合作为属性放到 ServletContext 对象中。

代码清单 6.33　Init.java

```
package com.jeelearning.listener;

import javax.servlet.ServletContextEvent;
import javax.servlet.ServletContextListener;
import javax.servlet.annotation.WebListener;

import com.jeelearning.beans.Movies;

@WebListener
public class Init implements ServletContextListener {

    public Init() {}

    public void contextDestroyed(ServletContextEvent sce) {}

    public void contextInitialized(ServletContextEvent sce) {
        Movies.create("敢死队3", "帕特里克·休斯",
            "西尔维斯特·史泰龙 杰森·斯坦森 梅尔·吉布森 李连杰 等",
            "昆明北辰财富中心影院", "盘龙区北京路延长线北辰财富中心 E 栋 4 楼",
            "0871-65730900", "2014/8/20",
```

"《敢死队3》剧情讲述的是巴尼(史泰龙饰)与克里斯马斯(杰森·斯坦森饰)领衔着敢死队将正面迎战昔日战友、如今的军火枭雄康拉德·斯通班克斯(梅尔·吉布森饰)。");

```
            Movies.create(
                "驯龙高手2",
                "迪恩·德布洛斯",
                null,
                "昆明上影永华国际影城",
                "昆明市东风西路99号百大新天地七楼",
                "0871-63633909",
                "2014/8/14",
```

"故事时间是从第一部的五年之后开始讲起,此时的博克岛上已经成为了龙的乐园,几乎每个居民都拥有自己的龙,没有龙的会被认为是异类,主人公小嗝嗝时隔五年也已经长大,并与他的飞龙没牙仔踏上了探索新大陆的冒险旅程。在旅程中,他们发现了一个神秘的冰洞,里面住着成千上万的新野生龙,并且有一个神秘的龙骑士。此时他们也发现自己已被卷入一场战争的中心地带,他们必须率领族人捍卫这片土地的平静.......");

```
            Movies.create(
                "明日边缘",
                "道格·里曼",
                "汤姆·克鲁斯 艾米莉·布朗特",
                "新建设电影世界",
                "昆明市文林街93号(东风西路与文林街交口处)",
                "0871-65374925/65373800",
                "2014/6/6",
```

"故事以神秘外星生物袭击地球为背景,讲述的是一种神秘的蜂巢状外星生物将要袭击地球,一场残酷且全球性的战争爆发在即,美军中校比尔·凯吉(汤姆克鲁斯 饰)在从没有过任何实战经验的情况下却迫于形势而奉命接下了抵抗外敌的任务。");

```
            Movies.create(
                "超凡蜘蛛侠2",
                "马克·韦布",
                "安德鲁·加菲尔德 艾玛·斯通 戴恩·德哈恩 等",
                "环银国际电影城",
                "盘龙区人民中路新西南广场7楼(近昆明走廊)",
                "0871-66277002",
                "2014/5/4",
```

"《超凡蜘蛛侠2》将延续第一部的风格与剧情,继续讲述"蜘蛛侠"彼得·帕克的高中生活。身为拯救世界的大英雄蜘蛛侠彼得·帕克(安德鲁·加菲尔德饰)如今依然很忙,表面是一名普通的高中生的他一边想作为正常人与女友格温·斯坦西(艾玛·斯通饰)谈恋爱,一边又要时刻变身成为蜘蛛侠打坏人守护纽约城。而女友格温高中却还没毕业,彼得也曾向格温的父亲承诺过要以远离她的方式来保护她,但纠葛复杂的事情层出不穷,彼得最终也没能坚守自己的诺言......");

```
            sce.getServletContext().setAttribute("movies", Movies.findAll());
        }
    }
```

由于 EL 不能处理循环,需要与第 7 章将介绍的 JSTL 联合使用,才能完成这一功能。因此 JSP 页面使用 Java 小脚本来循环输出电影列表。如代码清单 6.34 所示。

代码清单 6.34 scripting.jsp

```
<%@ page language="java" contentType="text/html; charset=UTF-8"
 pageEncoding="UTF-8"%>
<%@ page import="java.util.Vector, com.jeelearning.beans.*"%>
<!DOCTYPE html PUBLIC "-//W3C//DTD HTML 4.01 Transitional//EN"
 "http://www.w3.org/TR/html4/loose.dtd">
<html>
<head>
<meta http-equiv="Content-Type" content="text/html; charset=UTF-8">
<title>循环输出集合对象</title>
</head>
<body>
```

```
    <h4>电影列表</h4>
    <%
    @SuppressWarnings("unchecked")
    Vector <Movie> movies = (Vector <Movie>)application.getAttribute("movies");
    out.println("<table border=\"1\"><tr><td>电影名称</td><td>导演</td></tr>");
    for(Movie movie : movies) {
        out.println("<tr><td>" + movie.getTitle() + "</td><td>"
          + movie.getDirector() + "</td></tr>");
    }
    out.println("</table>");
    %>
</body>
</html>
```

运行结果如图 6.16 所示。

图 6.16　scripting.jsp 的运行结果

在第 7 章中，我们将使用<c:forEach>标签完成循环遍历任务。

6.2.7　有问必答

1. 使用了 EL 表达式可以简化 JSP 页面代码，但又要学习一种新的东西，是否会得不偿失？

答： 使用 EL 表达式的确需要学习新东西，比起原来使用的 JSP 代码块和 JSP 表达式，EL 表达式的表达能力得到提高，并且代码更为易读。因此“得不偿失”这个说法不成立。

2. 如果需要逻辑判断怎么办？

答： 虽然 EL 表达式可以访问 JavaBean 的属性，但是并不能实现在 JSP 中进行逻辑判断，只能使用第 7 章将要介绍的 JSTL 标签。

3. EL 表达式以“${”开头，如何在 JSP 页面中显示字符串“${”？

答： 可以有两种方法来处理，在前面加上反斜杠，即\${或者${"${"}。

4. 容器是怎么找到 TLD 的？

答： 我们的确只说过 JSP 页面的 taglib 指令中的 uri 属性值要与 TLD 文件中的<uri>元素值相匹配，但没有讲过容器怎样根据 uri 属性值找到相应的 TLD 文件。实际上，在部署 Web 应用程序时，容器就会在 WEB-INF 目录及其子目录中寻找.tld 文件，当找到一个 TLD 文件时，容器会创建一个 URI 与 TLD 文件的 map 映射。之后，将来就可以根据 JSP 文件中的 taglib 指令，查找 uri 属性值对应的 TLD 文件了。

第 7 章 JSTL 标准标签库

JSP 标准标签库(JSP Standard Tag Library，JSTL)是一个 JSP 标签的集合，它封装了 JSP 应用的通用核心功能，实现了 JSP 页面中的逻辑处理。

本章介绍 JSTL 标准标签库。JSTL 支持通用的、结构化的任务，比如迭代、条件判断、XML 文档操作、国际化标签、SQL 标签，将重点讲述 JSTL 的基本概念和 JSTL 核心标签库。

7.1 JSTL 介绍

第 6 章学习的 EL 的确让人印象深刻，但还是有些功能 EL 表达式显得力不从心。例如，EL 无法做到循环遍历一个数组中的数据，并在 JSP 页面的<table>标签中一行一行地显示。

如果没有 JSP 标准标签库，我们大概只能退回到 Java 小脚本。继续使用落后的 Java 小脚本是技术上的倒退，显然不可接受！幸运的是，Java EE 规范早就考虑到了这一问题，提供了 JSP 标准标签库 JSTL。JSTL 实现了 JSP 页面中逻辑处理，它提供一组标准标签，可用于编写各种动态 JSP 页面。只要 JSP 中不要求编写一大堆的业务逻辑，JSTL 与 EL 一起协同工作，就能完成几乎所有的 JSP 页面的动态信息显示。

使用 JSTL 标签，可以避免在页面中写 Java 代码，这会带来一些明显的好处。一般来说，Web 应用的页面开发主要由两类人员完成，第一类是编写业务逻辑的 Java 程序员，另一类是美化网页的美工人员。程序员熟悉 Java 代码但不熟悉 HTML、CSS 等网页元素，美工熟悉网页制作但不熟悉 Java 编码。如果在网页中混杂 HTML 和 Java 代码块(这通常称为代码混合)，上述两类人员通常会互相影响。比如，程序员开发好的网页经美工加工后不能运行，或者，经过程序员之手的网页又变得很丑陋等。因此，先进的 Web 应用开发理念是尽量把两类人员所做的工作分开，EL 和 JSTL 标签技术向这个方向迈进了一大步，其主要优点是：

● 制作网页时，可以使美工像处理 HTML 标签一样对待 JSTL 标签，增加了网页的易读性。
● 容易实现重用，美工人员更容易学习和掌握。
● 容易实现分层的思想。

7.1.1 JSTL 安装与测试

(1) 安装 JSTL

目前最新的 JSTL 标准是 1.2，由 JCP 组织下的 JSR052 专家组负责开发，参见网址：

```
https://www.jcp.org/aboutJava/communityprocess/final/jsr052/index2.html
```

从 Apache 的标准标签库(Taglibs)中下载编译好的 JAR 包。下载地址为：

```
http://tomcat.apache.org/taglibs/standard/
```

可下载的文件有 taglibs-standard-impl-1.2.1.jar、taglibs-standard-spec-1.2.1.jar、taglibs-standard-jstlel-1.2.1.jar 和 taglibs-standard-compat-1.2.1.jar 四个。

其中，taglibs-standard-impl-1.2.1.jar 和 taglibs-standard-spec-1.2.1.jar 两个文件是必需的，将这两个文件拷贝到 Web 项目的/WEB-INF/lib/下，就完成 JSTL 的安装。

不管使用哪些标签库，必须在 JSP 文件的头部使用 taglib 指令导入标签库。例如，要使用核心标签库，taglib 指令格式为：

```
<%@ taglib prefix="c" uri="http://java.sun.com/jsp/jstl/core" %>
```

其中，prefix 属性指定使用标签库中的标签的前缀名称。例如，在使用上面的 taglib 指令指定核心标签库的前缀为 c 之后，使用 out 标签的完整格式就是<c:out>。前缀名可以自由指定，但是 JSTL 标准标签库都有约定好的前缀，最好按照约定使用这些前缀。

如果使用 XML 标签库，taglib 指令格式为：

```
<%@ taglib prefix="x" uri="http://java.sun.com/jsp/jstl/xml" %>
```

使用格式标签库的 taglib 指令格式为：

```
<%@ taglib prefix="fmt" uri="http://java.sun.com/jsp/jstl/fmt" %>
```

使用 SQL 标签库的 taglib 指令格式为：

```
<%@ taglib prefix="sql" uri="http://java.sun.com/jsp/jstl/sql" %>
```

使用函数标签库的 taglib 指令格式为：

```
<%@ taglib prefix="fn" uri="http://java.sun.com/jsp/jstl/functions" %>
```

(2) 测试

需要对 JSTL 进行测试，才能确保 JSTL 已经正确安装，测试步骤如下。

首先，用 Eclipse 新建一个动态 Web 项目，项目名称为"testJSTL"。然后，将 taglibs-standard-impl-1.2.1.jar 和 taglibs-standard-spec-1.2.1.jar 文件拷贝到 Web 项目的/WEB-INF/lib/路径下。

下一步是新建一个 index.jsp 页面，编写如代码清单 7.1 所示的代码。

代码清单 7.1 index.jsp

```
<%@ page language="java" contentType="text/html; charset=UTF-8"
  pageEncoding="UTF-8"%>
<%@ taglib prefix="c" uri="http://java.sun.com/jsp/jstl/core"%>
<!DOCTYPE html PUBLIC "-//W3C//DTD HTML 4.01 Transitional//EN"
  "http://www.w3.org/TR/html4/loose.dtd">
<html>
<head>
<meta http-equiv="Content-Type" content="text/html; charset=UTF-8">
<title>JSTL 测试页</title>
</head>
<body>
    <c:out value="恭喜! JSTL 已经成功安装。" />
</body>
</html>
```

运行该 Web 项目，如果出现如图 7.1 所示的页面，证明 JSTL 已正确安装。

图 7.1 运行结果

7.1.2 JSTL 标签库

根据 JSTL 标签所提供的功能，可以将其分为如下 5 个类别：

● 核心标签。
● XML 标签。

- 格式化标签。
- SQL 标签。
- 函数标签。

在使用这些标签库之前，需要使用 taglib 指令导入所需要使用的 JSTL 标签库。例如，如果要使用核心标签库，就要使用如下指令：

```
<%@ taglib prefix="c" uri="http://java.sun.com/jsp/jstl/core"%>
```

其中，prefix 属性必须为相应标签库的 TLD 文件中的<uri>元素的值，taglib 指令的 prefix 属性可以自己随意指定，但最好采用表 7.1 中的建议前缀。

表 7.1 JSTL 标签库

标 签 库	标签库的 URI	建议前缀
核心标签库	http://java.sun.com/jsp/jstl/core	c
XML 标签库	http://java.sun.com/jsp/jstl/xml	x
格式化标签库	http://java.sun.com/jsp/jstl/fmt	fmt
SQL 标签库	http://java.sun.com/jsp/jstl/sql	sql
函数标签库	http://java.sun.com/jsp/jstl/functions	fn

核心标签库中提供几乎所有 Web 应用都要用到的基本功能的标签集合，包括通用标签、条件处理标签、循环处理标签、URL 处理标签等。例如，用于输出一个变量内容的<c:out>标签、用于条件判断的<c:if>标签、用于迭代循环的<c:forEach>标签。

XML 标签库提供对 XML 文档中的数据进行操作的标签集合，使用这些标签，可以更方便地开发基于 XML 的 Web 应用。例如，解析 XML 文档、输出 XML 文档中的内容，以及迭代处理 XML 文档中的元素。

格式化标签库中提供一个处理国际化的标签集合，还提供对格式化对象的访问。例如，格式化和解析日期、数字、百分比和货币格式，将数字、日期等转换为指定地区或自定义的显示格式。

SQL 标签库提供用于访问数据库和对数据库中的数据进行操作的标签集合。例如，从数据源中获得数据库连接、从数据库表中检索数据等。SQL 标签库与核心标签库结合使用，可以很方便地获取结果集，并迭代输出结果集中的数据。

函数标签库提供 JSP 页面开发者经常要用到的字符串操作，这样，一些公用函数就不需要由开发人员自己实现了，方便了应用的开发。例如，提取字符串中的子字符串、获取字符串的长度和处理字符串中的空格等。

本章主要介绍使用较多的核心标签库，其余标签库只是简单介绍，详细内容读者可参考相关的资料。

7.1.3 有问必答

1. 我不太明白标签库的 URI 和前缀的含义，是否可以修改？

答： 可以将标签库的 URI 看成是标签库的名称，如果使用别人开发的标签库，只能使用他人定义的 URI。至于前缀，可以将它视为标签库的别名，允许自由修改，只要保证标签前缀与 taglib 指令的定义一致即可。但是，像 JSTL 这类标准标签库，几乎所有开发人员都使用建议的前缀，最好遵守这些约定。

2. 核心标签库的建议前缀为什么是 c 而不是其他的？

答：因为在英文中，核心(core)的字首是 c。其余的建议前缀也是标签库名称的英文字首或英文缩写。

3. 没搞错吧，JSTL 中怎么会有 SQL 标签库？难道要从页面直接访问数据库吗？

答：按照流行的 MVC 架构的观点，从页面直接访问数据库的确有很多弊端。在软件分层的开发模型中，JSP 页面仅用作表现层，一般不在 JSP 页面中直接操作数据库，而是在业务逻辑层或数据访问层操作数据库，所以，JSTL 这套标签库确实显得有些不合时宜。但青菜萝卜各有所爱，可能也有一些开发者愿意用 SQL 标签库，因此才一直都提供该标签库。

7.2　核心 JSTL

JSTL 核心标签库的标签如表 7.2 所示，从功能上可以将这些标签分为 4 类：通用标签、条件处理标签、循环处理标签、URL 处理标签。使用这些核心标签，能够完成 JSP 页面的基本功能，减少编码工作。

表 7.2　核心标签一览

标　签	描　述
`<c:out>`	在 JSP 中显示数据，就像 `<%= ... >`
`<c:set>`	将表达式求值结果设置为某一范围的变量
`<c:remove>`	删除一个范围变量，如果指定范围，则删除特定范围的变量
`<c:catch>`	处理产生错误的异常状况，并储存错误信息
`<c:if>`	简单的条件标签，如果提供的条件为真，则执行
`<c:choose>`	简单的条件标签，用于 `<when>` 和 `<otherwise>` 标记的互斥条件
`<c:when>`	`<choose>` 的子标签，如果条件为真，则执行
`<c:otherwise>`	`<choose>` 的子标签，放在 `<when>` 标签之后，当前面的所有条件都为假时执行
`<c:import>`	检索一个绝对或相对 URL，然后将其内容暴露给页面、'var' 中的字符串或 'varReader' 中的 Reader
`<c:forEach>`	基础迭代标签，接受多种不同集合类型且支持构造子集及其他功能
`<c:forTokens>`	根据指定的分隔符来分隔字符串内容并迭代输出
`<c:param>`	用来给包含或重定向的页面传递参数
`<c:redirect >`	重定向至一个新的 URL
`<c:url>`	使用可选的查询参数来创建一个 URL

7.2.1 通用标签

通用标签包括 4 个标签，即<c:out>、<c:set>、<c:remove>和<c:catch>，是 JSP 页面常用功能的标签。下面分别讲述这 4 个标签。

(1) <c:out>标签

<c:out>标签用于显示一个表达式的结果，与 JSP 表达式<%= %>和 EL 表达式的作用相似。<c:out>标签的属性如表 7.3 所示。

表 7.3　<c:out>标签的属性

属　性	描　述	必　填	默　认　值
value	要输出的内容	是	无
default	输出的默认值	否	主体内容
escapeXml	是否忽略 XML 特殊字符	否	true

<c:out>标签与<%= %>的区别，是<c:out>标签可以直接通过"."操作符来访问属性。举例来说，如果想要访问 person.address.street，只需要这样写：

```
<c:out value="person.address.street" />
```

而在<%= %>中可能这样写：

```
<%= person.getAddress().getStreet() %>
```

完成同样功能的 EL 表达式可以这样写：

```
${person.address.street}
```

<c:out>标签会自动忽略 XML 标记字符，直接将 XML 标记作为字符串原封不动地输出。例如：

```
<c:out value="person.address.street" />
```

相当于：

```
<c:out value="person.address.street" escapeXml="true" />
```

都直接将 street 属性求值后输出，不管其中有无 XML 标记。但是，如果写成：

```
<c:out value="person.address.street" escapeXml="false" />
```

就会对 XML 标记进行求值。

读者也许会奇怪，JSP 最终要转换成 HTML，与 XML 标记有什么关系？ escape 是转义的意思，哪些字符需要转义？

尽管 XML 和 HTML 有很大差别，最大差别就是 XML 是可扩展的标记语言，而 HTML 是预定义的标记语言，每个标记的含义都经过预先的严格定义。但 XML 和 HTML 都有一些特殊字符(如"<"、">"、"&"等)有特殊含义，不能直接使用，只能转义后(称为字符实体)使用。定义转义字符的主要原因是诸如"<"和">"这类符号已经用于表示 XML 或 HTML 标签，因此就不能直接当作文本中的符号来使用。为了在 XML 或 HTML 文档中使用这些符号，就需要使用它对应的转义字符，当解释程序遇到这类字符时，就把它解释为原来的字符。表 7.4 列出了 escapeXml 的转义字符。

表 7.4　escapeXml 的转义字符

字　符	字符实体	字符释义
<	&lt;	小于号
>	&gt;	大于号
&	&amp;	和
'	&apos;	单引号
"	&quot;	双引号

如果<c:out>标签的 value 表达式求值为 null，则输出空白，这一点与 EL 表达式和 JSP 表达式都相同。不同之处是<c:out>标签可以设置默认值，设置方式是加上 default 属性，例如：

```
<b>欢迎<c:out value="${user}" default="游客" />! </b>
```

这样，当 value 属性的求值结果为 null 时，就输出 default 属性值。上述语句也可以将默认值写在标签的体(body)中，完成同样的工作。即：

```
<b>欢迎<c:out value="${user}">游客</ c:out >! </b>
```

(2)　<c:set>标签

<c:set>标签与<jsp:setProperty>标签的功能类似，但功能更为强大。

<jsp:setProperty>标签只能做一件事——设置 Bean 的属性。但如果要设置一个 Map 中的值，或者要在 Map 中添加一个新元素，或者要创建一个请求范围的新属性，就不是<jsp:setProperty>标签能做到的了。

<c:set>标签非常有用，它可以计算表达式的值，然后使用计算结果来设置 JavaBean 对象或 java.util.Map 对象的值。

<c:set>标签的属性如表 7.5 所示。

表 7.5　<c:set>标签的属性

属　性	描　述	必　填	默　认　值
value	要存储的值	否	主体的内容
target	要修改的属性所属的对象	否	无
property	要修改的属性	否	无
var	存储信息的变量	否	无
scope	var 属性的作用域	否	Page

<c:set>标签的目标有两种：var 和 target。使用 var 是为了设置属性变量，使用 target 是为了设置 Bean 属性或 Map 的值，设置给定 Bean 或 Map 的 Property/Key 对应的值。上述两种目标各对应两种不同的写法——使用还是不使用体，下面分别介绍这 4 种用法。

①　使用 var 但不使用体设置属性变量

设置 Session 范围的属性变量 userLevel 的格式如下：

```
<c:set var="userLevel" scope="session" value="初级" />
```

如果在 Session 中没有名称为 userLevel 的变量，则创建一个 userLevel 变量，否则改变其值。var 属性必填，scope 可选，必须指定 value 属性值，但 value 值不一定要求是字符串，可以是一个对象，value 值可以是 EL 表达式。例如：

```
<c:set var="Fido" scope="session" value="${person.dog}" />
```

注意：如果 value 属性求值为 null，那么将会删除变量。例如，如果${person.dog}求值为 null，且 person 为 null 或 person 的 dog 属性为 null，那么如果存在名称为 Fido 的变量，则将会删除该变量。

② 使用 var 且使用体设置属性变量

使用体设置属性变量仅仅在写法上稍有不同，例如：

```
<c:set var="userLevel" scope="session">初级</c:set>
```

同样完成了设置用户级别(userLevel)的功能。

③ 不使用体设置 target

如果<c:set>标签指定 target 属性，那么必须指定 property 属性。例如：

```
<c:set target="${PersonMap}" property="street" value="北京路" />
```

其中，target 表达式求值结果不能为 null。如果 target 是一个 Bean，则设置其属性名为 street 的值；如果 target 是一个 Map，则设置其键为 street 的值。如果 value 属性值为 null，当 target 为 Map 时，会从 Map 删除 property 对应的"键-值"对，当 target 为 Bean 时，将对应属性设置为 null。

④ 使用体设置 target

使用体的写法与不使用体区别不大，例如：

```
<c:set target="${PersonMap}" property="street">${address.streetName} </c:set>
```

体可以是字符串或表达式。

(3) <c:remove>标签

<c:remove>标签用于删除一个变量。当然，使用<c:set>标签传入一个 null 值也可以做到这点，但总感觉很怪异。但<c:remove>标签的含义直观，一目了然。

<c:remove>标签的属性如表 7.6 所示。

表 7.6 <c:remove>标签的属性

属　性	描　述	必　填	默　认　值
var	要移除的变量名称	是	无
scope	变量所属的作用域	否	所有作用域

其中，var 属性只能是一个字符串，不能是表达式。可以使用 scope 属性来指定变量的作用域，若未指定，则依次从页内有效、请求有效、会话有效和应用有效范围内查找变量，并删除所有范围里的指定变量。

如果指定只从会话范围内删除变量 person，写法如下：

```
<c:remove target="person" scope="session" />
```

(4) <c:catch>标签

<c:catch>标签主要用于处理产生错误的异常状况，可以储存错误信息。<c:catch>标签很像 Java 语言中的 try-catch 块，不同之处是，<c:catch>标签同时具有 try 和 catch 的作用，没有单独的 try 标签。可以将可能抛出异常的 EL 表达式、JSTL 标签或其他任意语句放入<c:catch>标签体中，一旦捕获到异常，就直接跳转到<c:catch>标签外。

<c:catch>标签的属性如表 7.7 所示。

表 7.7　<c:catch>标签的属性

属　性	描　　述	必　填	默　认　值
var	用来储存错误信息的变量	否	无

例如，在如下代码中，Java 小脚本肯定会抛出异常，但<c:catch>标签捕获到异常，就不会触发错误页。另外，产生异常之后的语句是不会被执行的。例如：

```
<c:catch>
    <% int error = 100 / 0; %>
    <%-- 这些语句不会被执行--%>
</c:catch>
```

可以在<c:catch>标签中使用 var 属性指定的变量来存储错误信息。例如，如下代码片段使用 myException 变量来存储错误信息，并在<c:catch>标签之后显示错误信息：

```
<c:catch var="myException" >
    <% int error = 100 / 0; %>
</c:catch>
<c:if test="${myException != null}">
    发生异常: ${myException.message}
</c:if>
```

7.2.2　条件处理

JSTL 核心标签库中有 4 个条件标签，即<c:if>、<c:choose>、<c:when>和<c:otherwise>。这些标签可以用于根据数据来动态生成页面内容。

(1) <c:if>标签

<c:if>标签是简单而常用的条件标签，它判断 test 属性的表达式的值，如果表达式的值为真，则执行标签体的语句。

<c:if>标签的属性如表 7.8 所示。

表 7.8　<c:if>标签的属性

属　性	描　　述	必　填	默　认　值
test	条件	是	无
var	存储条件结果的变量名称	否	无
scope	存储条件结果的变量的作用域	否	page

其中，test 属性指定一个布尔型的表达式，var 属性和 scope 属性用于指定一个范围变

量，存储条件表达式的结果。

如下代码片段先判断地址是否为 null，只有在不为 null 时才输出街道名称：

```
<c:if test="${person.address != null}">
    <c:out value="${person.address.street" />
</c:if>
```

在条件表达式中也可以使用 empty 关键字，例如：

```
<c:if test="${! empty person.address}">
    <c:out value="${person.address.street" />
</c:if>
```

如果要使用 var 属性来保存条件表达式的结果，可以这样写：

```
<c:if test="${! empty person.address}" var="notNullVar" scope="session" >
    <c:out value="${person.address.street" />
</c:if>
```

(2) <c:choose><c:when>和<c:otherwise>标签

JSTL 没有提供诸如<c:else>的标签来与<c:if>标签配套，而是提供<c:choose>标签来处理多个可选条件的情形。<c:choose>标签与 Java 的 switch 语句功能一样，用于在多个选项中做出选择。switch 语句中有 case，而<c:choose>标签中对应有<c:when>，switch 语句中有 default，而<c:choose>标签中有<c:otherwise>。

<c:choose>和<c:otherwise>标签都没有属性。

<c:when>标签只有一个属性，在表 7.9 中给出。

表 7.9　<c:when>标签的属性

属　性	描　述	必　填	默　认　值
test	条件	是	无

<c:choose>标签首先对第一个<c:when>标签的 test 属性的布尔表达式进行求值，如果为真，则执行第一个<c:when>标签体的语句，跳过后面所有的<c:when>标签和<c:otherwise>标签。如果对第一个<c:when>标签的 test 属性的布尔表达式进行求值结果为假，则依次对随后的<c:when>标签的条件表达式求值。只有当所有的<c:when>标签的条件表达式都为假时，才会执行<c:otherwise>标签体的语句。例如，如下代码获取当前的时间，根据当前时间(上午、下午或晚上)来输出不同的问候语：

```
<%
Calendar now = Calendar.getInstance();
Integer hour = new Integer(now.get(Calendar.HOUR_OF_DAY));
request.setAttribute("hour", hour);
%>

<c:choose>
    <c:when test="${hour >=0 && hour <= 11}">
        <c:set var="sayHello" value="上午好！" />
    </c:when>
    <c:when test="${hour >=12 && hour <= 17}">
        <c:set var="sayHello" value="下午好！" />
    </c:when>
    <c:otherwise>
```

```
        <c:set var="sayHello" value="晚上好！" />
    </c:otherwise>
</c:choose>

<c:out value="现在时间: ${ hour }时, ${ sayHello }" />
```

7.2.3　循环处理

JSP 页面开发中常常使用表格，需要使用循环来生成表格单元内容。核心标签有两个标签用于循环处理——<c:forEach>和<c:forTokens>，其中，<c:forEach>标签用于处理数据，<c:forTokens>标签用于处理字符串。

(1)　<c:forEach>标签

<c:forEach>标签是更加通用的标签，因为它迭代一个集合中的对象。<c:forEach>标签的属性如表 7.10 所示。

表 7.10　<c:forEach>标签的属性

属　性	描　述	必　填	默 认 值
items	迭代循环的信息	否	无
begin	开始的元素(0=第一个元素，1=第二个元素，…)	否	0
end	结束的元素(0=第一个元素，1=第二个元素，…)	否	最后一个元素
step	每一次迭代的步长	否	1
var	当前条目的变量名称	否	无
varStatus	循环状态的变量名称	否	无

其中，使用 items 属性来指定需要遍历的集合对象。集合对象可以是 Array、Collection、Iterator、Enumeration、Map 和用逗号分隔的字符串等类型。使用 begin、end 和 step 属性指定循环的开始、结束和步长。varStatus 属性保存当前循环的状态信息，其状态属性有 index、count、first 和 last，分别表示当前条目的索引、总数、是否第一个及是否最后一个。

假如 songList 是一个数组，遍历整个数组并在每行显示一首歌曲的代码如下：

```
<table>
<c:forEach var="song" items="${songList}" >
    <tr>
        <td> ${song} </td>
    </tr>
</c:forEach>
</table>
```

<c:forEach>标签非常适合用作循环，其关键要点是该标签依次将循环中的每个元素赋值给用 var 属性声明的变量。为了更好地理解<c:forEach>标签，将上面代码片段的 HTML 标签去除，专注于实质的内容，则上述代码片段可改写为：

```
<c:forEach var="song" items="${songList}" >
    ${song}
</c:forEach>
```

如果使用 Java 代码重新编写，可以写为：

```
String [] items = (String)request.getAttribute("songList");
for (int i=0; i<items.length; i++) {
    String song = items[i];
    out.println(song);
}
```

<c:forEach>标签还可以使用 varStatus 属性，该属性新建一个变量，其类型为
javax.servlet.jsp.jstl.core.LoopTagStatus。例如：

```
<table>
<c:forEach var="song" items="${songList}" varStatus="songLoopCount">
    <tr>
        <td> 编号: ${ songLoopCount.count} </td>
        <td> ${song} </td>
    </tr>
</c:forEach>
</table>
```

这样，通过 varStatus 属性获取歌曲的编号。

<c:forEach>标签中 var 属性的作用范围只限于该标签的内部，因此，试图在该标签之外
访问 var 属性声明的变量是不正确的。

<c:forEach>标签还可以嵌套，以处理更为复杂的表结构。例如，movies 是一个 List 类
型的变量，其中的每一个元素都是一个电影名称的数组，则可以使用下面双重循环来进行
遍历：

```
<table>
<c:forEach var="listElement" items="${movies}">
    <c:forEach var="movie" items="${listElement}">
        <tr><td>${movie}</td></tr>
    </c:forEach>
</c:forEach>
</table>
```

(2) <c:forTokens>标签

<c:forTokens>标签用于处理指定分隔符分隔的字符串中的各个子串。

<c:forTokens>标签的属性与<c:forEach>标签相似，但多出来一个 delims 属性，用于指
定分隔符。<c:forTokens>标签的附加属性如表 7.11 所示。

表 7.11　<c:forTokens>标签的附加属性

属　性	描　　述	必　填	默认值
delims	作为分隔符的字符	是	无

<c:forTokens>标签的 items 属性指定要处理的字符串。使用<c:forTokens>标签处理字符
串"红,黄,蓝"，依次显示三种颜色的代码如下：

```
<c:forTokens var="color" items="红,黄,蓝" delims=",">
    ${ color }
</c:forTokens>
```

7.2.4　URL 处理

JSTL 核心标签包含 3 个处理 URL 和访问 Web 资源的标签，这 3 个标签是<c:import>、

<c:redirect>和<c:url>。由于很多时候都需要传递参数，因此将<c:param>标签合并到本节。

(1) <c:import>标签

<c:import>标签提供了所有<jsp:include>行为标签所具有的功能，但功能更为强大。<c:import>标签除了可以导入同一 Servlet 容器的资源外，还可以导入其他容器的数据。另外，<c:import>标签除了可以自动将导入内容插入到 JSP 中之外，还可以将内容保存到 String 或 Reader 对象中。

<c:import>标签的属性如表 7.12 所示。

表 7.12　<c:import>标签的属性

属　性	描　述	必　填	默　认　值
url	需要检索和引入的页面的 URL	是	无
context	/后紧跟本地网络应用的名称	否	当前应用
charEncoding	所引入的数据的字符编码集	否	ISO-8859-1
var	代表 URL 的变量名	否	无
scope	var 属性的作用域	否	page

说起<c:import>标签，就不得不与 include 指令和<jsp:include>标准动作相比较，然后才能针对实际情况选择合适的技术。首先看 include 指令，include 指令在翻译时刻把 file 属性值的内容插入到当前页面，例如：

```
<%@ include file="footer.html" %>
```

<jsp:include>标准动作在请求时刻将 page 属性值的内容插入到当前页面，例如：

```
<jsp:include page="footer.jsp" %>
```

与上述两种 include 只能插入同一个 Web 容器的页面文件不同，<c:import>标签能够导入其他 Web 容器的资源。<c:import>标签在请求时刻将 url 属性值的内容插入到当前页面，例如：

```
<c:import url="http://www.w3school.com.cn/jquery/index.asp" />
```

(2) <c:param>标签

<c:param>标签用于在<c:import>标签、<c:redirect>标签或<c:url>标签中指定参数。

<c:param>标签有如表 7.13 所示的属性。

表 7.13　<c:param>标签的属性

属　性	描　述	必　填	默　认　值
name	URL 中要设置的参数的名称	是	无
value	参数的值	否	Body

其中，name 属性代表参数的名称，value 属性代表参数的值。

例如，很多商业网站都有特定的模板，可能在页面下部(即页脚)需要显示由哪家软件公司提供技术支持，假如页脚文件为 footer.jsp，为了通用起见，可能需要在引入该页脚文件

时传入参数，<c:param>标签可以这样写：

```
<c:import url="footer.jsp">
    <c:param name="poweredBy" value="JavaEE 爱好者公司"/>
</c:import>
```

footer.jsp 文件中应该包含如下语句，才能显示传入参数：

```
${param.poweredBy}
```

(3) <c:redirect>标签

<c:redirect>标签通过自动重写 URL，来将浏览器重定向至一个新的 URL，它需要提供目标 URL，并且支持<c:param>标签。

<c:redirect>标签有如表 7.14 所示的属性。

表 7.14　<c:redirect>标签的属性

属　性	描　述	必　填	默　认　值
url	重定向的目标 URL	是	无
context	/后紧跟本地网络应用的名称	否	当前应用

<c:redirect>标签相当于 JSP 中的<% response.sendRedirect("targetURL");%>的功能，但<c:redirect>标签可以自动执行 URL 重写。

例如，如下语句指定重定向到当前目录下的 imported.jsp，且指定当前应用的名称：

```
<c:redirect url="/imported.jsp?a=arg1&b=arg2" context="/importJSTL" />
```

(4) <c:url>标签

<c:url>标签将 URL 格式化为一个字符串，然后存储在一个变量中。这个标签在需要的时候会自动采用 URL 重写。var 属性用于存储格式化后的 URL。

<c:url>标签只是用于调用 response.encodeURL()方法的一种可选的方法。它真正的优势在于提供了合适的 URL 编码，包括<c:param>中指定的参数。

<c:url>标签有如表 7.15 所示的属性。

表 7.15　<c: url>标签的属性

属　性	描　述	必　填	默　认　值
value	URL	是	无
context	/后紧跟本地网络应用的名称	否	当前应用
var	代表 URL 的变量名	否	无
scope	var 属性的作用域	否	page

例如，在如下语句中，先采用<c:url>标签构造一个 URL，并存储在变量 url 中，然后再采用一个超链接链接到变量 url 指向的地址：

```
<c:url var="url" value="url.jsp">
    <c:param name="arg1" value="arg1 的值"/>
    <c:param name="arg2" value="arg2 的值"/>
</c:url>
<a href='<c:out value="${url}"/>'>链接回本页面 (<c:out value="${url}"/>)</a>
```

7.2.5　实践出真知

1. 通用标签实践

用 Eclipse 新建一个名称为 generalJSTL 的动态 Web 项目，在 WebContent 下新建 out.jsp、set.jsp、remove.jsp 和 catch.jsp 这 4 个文件，分别测试 4 个通用标签。

out.jsp 代码如代码清单 7.2 所示。

代码针对三个方面进行测试，第一，在 4 个有效范围内创建一个重名变量(var)，<c:out>标签到底会输出哪一个变量；第二，在 value 属性求值为 null 的条件下，<c:out>标签应该输出 default 属性指定的默认值；第三，<c:out>标签的 value 属性除了可以是字符串，还可以指定一个 Reader 对象。另外，示例还测试了 escapeXml 属性的字符转义效果。

代码清单 7.2　out.jsp

```
<%@ page language="java" contentType="text/html; charset=UTF-8"
 pageEncoding="UTF-8"%>
<%@ taglib prefix="c" uri="http://java.sun.com/jsp/jstl/core" %>
<!DOCTYPE html PUBLIC "-//W3C//DTD HTML 4.01 Transitional//EN"
 "http://www.w3.org/TR/html4/loose.dtd">
<html>
<head>
<meta http-equiv="Content-Type" content="text/html; charset=UTF-8">
<title>&lt;c:out&gt;</title>
</head>
<body>
<h3>&lt;c:out&gt;</h3>

<%
pageContext.setAttribute("var", "页内有效属性");
request.setAttribute("var", "请求有效属性");
session.setAttribute("var", "会话有效属性");
application.setAttribute("var", "应用有效属性");

java.io.Reader reader1 = new java.io.StringReader("<font color='red'>红色文本</font>");
pageContext.setAttribute("myReader1", reader1);
java.io.Reader reader2 = new java.io.StringReader("<font color='red'>红色文本</font>");
pageContext.setAttribute("myReader2", reader2);
%>
<c:out value="输出重名属性: "/><br>
<c:out value="${var}"/><br>

<br><br>
<c:out value="default 效果: "/><br>
<c:out value="${null}" default="这是默认值"/><br>

<br><br>
<c:out value="escapeXml 效果: " /><br>
Reader (escapeXml=true) : <c:out value="${myReader1}" escapeXml="true"/><br>
Reader (escapeXml=false): <c:out value="${myReader2}" escapeXml="false"/><br>

</body>
</html>
```

启动 Web 项目，out.jsp 的运行结果如图 7.2 所示。可见，有重名属性时，<c:out>标签优先输出页内有效属性，default 属性和 escapeXml 属性的效果也符合预期。

图 7.2　out.jsp 的运行结果

set.jsp 测试<c:set>标签，代码如代码清单 7.3 所示。代码首先使用<c:set>标签并指定 scope 属性值以设置会话范围变量，然后创建一个 HashMap 以存放街道信息，随后使用 <c:set>标签设置 HashMap 的新属性，最后创建一个会话范围变量，存放 HTML table 标签包含的影视信息。

代码清单 7.3　set.jsp

```
<%@ page language="java" contentType="text/html; charset=UTF-8"
 pageEncoding="UTF-8"%>
<%@page import="java.util.HashMap"%>
<%@ taglib prefix="c" uri="http://java.sun.com/jsp/jstl/core"%>
<!DOCTYPE html PUBLIC "-//W3C//DTD HTML 4.01 Transitional//EN"
 "http://www.w3.org/TR/html4/loose.dtd">
<html>
<head>
<meta http-equiv="Content-Type" content="text/html; charset=UTF-8">
<title>&lt;c:set&gt;</title>
</head>
<body>
    <h3>&lt;c:set&gt;</h3>

    <h4>设置会话范围变量"userLevel"</h4>
    <c:set var="userLevel" scope="session" value="初级" />

    <b>用户级别</b>: <c:out value="${userLevel}"/><br><br>

    <%
    HashMap<String, Object> person = new HashMap<String, Object>();
    HashMap<String, String> address = new HashMap<String, String>();
    address.put("street", "昆明环城东路 50 号");
    person.put("address", address);
    request.setAttribute("author", person);
    %>

    <h4>显示 HashMap 属性值</h4>
    <b>街道</b>: <c:out value="${author.address.street}"/><br><br>

    <h4>设置 HashMap 的新属性</h4>
    <c:set target="${author.address}" property="city" value="昆明"/>

    <b>城市</b>: <c:out value="${author.address.city}"/><br><br>

    <h4>设置会话范围变量"movieTable"</h4>
```

```
<c:set var="movieTable" scope="session">
    <table border="1">
        <tr>
            <td>敢死队 3</td>
            <td>昆明北辰财富中心影院</td>
            <td>盘龙区北京路延长线北辰财富中心 E 栋 4 楼</td>
        </tr>
        <tr>
            <td>驯龙高手 2</td>
            <td>昆明上影永华国际影城</td>
            <td>昆明市东风西路 99 号百大新天地七楼</td>
        </tr>
    </table>
</c:set>

<h4>显示会话范围变量"movieTable"(escapeXml="false")</h4>
<c:out value="${movieTable}" escapeXml="false" />

<h4>显示会话范围变量"movieTable"(escapeXml="true")</h4>
<c:out value="${movieTable}" escapeXml="true" />


</body>
</html>
```

set.jsp 的运行结果如图 7.3 所示。可以注意到，当 escapeXml 为 false 时，能够正常显示表格，否则只能显示一串转义的 HTML 代码。

图 7.3　set.jsp 的运行结果

remove.jsp 测试<c: remove>标签，代码如代码清单 7.4 所示。

代码首先使用<c:set>标签设置会话范围变量，然后使用<c:remove>标签删除该变量。然后设置 4 个有效范围的重名变量，使用不指定 scope 属性的<c:remove>标签删除该重名变量后，所有范围的该重名变量都不复存在。

代码清单 7.4　remove.jsp

```
<%@ page language="java" contentType="text/html; charset=UTF-8"
 pageEncoding="UTF-8"%>
<%@page import="java.util.HashMap"%>
<%@ taglib prefix="c" uri="http://java.sun.com/jsp/jstl/core"%>
```

```
<!DOCTYPE html PUBLIC "-//W3C//DTD HTML 4.01 Transitional//EN"
 "http://www.w3.org/TR/html4/loose.dtd">
<html>
<head>
<meta http-equiv="Content-Type" content="text/html; charset=UTF-8">
<title>&lt;c:remove&gt;</title>
</head>
<body>
    <h3>&lt;c:remove&gt;</h3>

    <h4>设置会话范围变量"browser"</h4>
    <c:set var="browser" scope="session" value="${header['User-Agent'] }" />
    <b>客户端浏览器是</b>:
    <c:out value="${browser}" />
    <br><br>

    <h4>执行&lt;c:remove&gt;之后，变量"browser"将不复存在</h4>
    <c:remove var="browser" scope="session" />
    <b>客户端浏览器是</b>:
    <c:out value="${browser}" default="不存在" />
    <br><br>

    <%
        pageContext.setAttribute("var", "页内有效属性");
        request.setAttribute("var", "请求有效属性");
        session.setAttribute("var", "会话有效属性");
        application.setAttribute("var", "应用有效属性");
    %>

    <h4>默认输出的是页内有效属性</h4>
    <c:out value="<b>变量'var'的值为</b>: ${var}" escapeXml="false"/>
    <h4>执行&lt;c:remove&gt;之后，所有范围的变量"var"都不复存在</h4>
    <c:remove var="var" />
    <c:out value="${var}" default="所有范围的变量'var'都不复存在"/>

</body>
</html>
```

remove.jsp 的运行结果如图 7.4 所示。

图 7.4　remove.jsp 的运行结果

catch.jsp 测试<c:catch>标签，代码如代码清单 7.5 所示。<c:catch>标签体中有一个小脚本，内含一条肯定会抛出异常的语句，当产生异常时，将不会执行<c:catch>标签体中后续的语句。然后在<c:catch>标签中用 var 属性指定一个错误信息的变量，并显示错误信息。

代码清单 7.5　catch.jsp

```
<%@ page language="java" contentType="text/html; charset=UTF-8"
  pageEncoding="UTF-8"%>
<%@page import="java.util.HashMap"%>
<%@ taglib prefix="c" uri="http://java.sun.com/jsp/jstl/core"%>
<!DOCTYPE html PUBLIC "-//W3C//DTD HTML 4.01 Transitional//EN"
  "http://www.w3.org/TR/html4/loose.dtd">
<html>
<head>
<meta http-equiv="Content-Type" content="text/html; charset=UTF-8">
<title>&lt;c:catch&gt;</title>
</head>
<body>
    <h3>&lt;c:catch&gt;</h3>

    <h4>演示捕获例外</h4>
    <c:catch>
        <%
            int error = 100 / 0;
        %>
        <c:out value="这些语句不会被执行" />
    </c:catch>

    <h4>捕获例外并存储错误信息</h4>
    <c:catch var="myException">
        <%
            int error = 100 / 0;
        %>
    </c:catch>
    <c:if test="${myException != null}">
        <c:out value="<b>发生例外</b>: ${myException.message}" escapeXml="false" />
    </c:if>

</body>
</html>
```

catch.jsp 的运行结果如图 7.5 所示，正确显示了是被零除的错误信息。

图 7.5　catch.jsp 的运行结果

2. 条件处理标签实践

本实践测试两个条件处理标签——<c:if>和<c:choose>。

用 Eclipse 新建一个名称为"conditionalJSTL"的动态 Web 项目，并将第 6 章的 jspmovies 项目中的 Cinema.java、Movie.java、Movies.java 和 Init.java 复制到本项目的相应目录中。

if.jsp 的代码如代码清单 7.6 所示。

其功能是遍历集合变量 movies，测试 movie 的演员(actor)是否为空，在不为空的条件下输出影片信息。可以注意到，${movie}实际上是调用 movie 对象的 toString()方法。

代码清单 7.6　if.jsp

```
<%@ page language="java" contentType="text/html; charset=UTF-8"
 pageEncoding="UTF-8"%>
<%@ taglib prefix="c" uri="http://java.sun.com/jsp/jstl/core"%>
<!DOCTYPE html PUBLIC "-//W3C//DTD HTML 4.01 Transitional//EN"
 "http://www.w3.org/TR/html4/loose.dtd">
<html>
<head>
<meta http-equiv="Content-Type" content="text/html; charset=UTF-8">
<title>&lt;c:if&gt;</title>
</head>
<body>
    <h3>&lt;c:if&gt;</h3>

    <h4>显示演员不为空的电影</h4>
    <c:forEach var="movie" items="${movies}">
        <c:if test="${movie.actor != null}">
            ${movie}<br>
        </c:if>
    </c:forEach>
</body>
</html>
```

if.jsp 的运行结果如图 7.6 所示。可以看到，第二部影片(驯龙高手 2)因为其演员信息为空，没有显示。

图 7.6　if.jsp 的运行结果

choose.jsp 测试多个可选条件，完整代码如代码清单 7.7 所示。其功能是：如果影院为"新建设电影世界"，则将影片信息显示为蓝色；如果影院为"环银国际电影城"，则将影片信息显示为红色；否则显示为绿色。

代码清单 7.7　choose.jsp

```
<%@ page language="java" contentType="text/html; charset=UTF-8"
 pageEncoding="UTF-8"%>
<%@ taglib prefix="c" uri="http://java.sun.com/jsp/jstl/core" %>
<!DOCTYPE html PUBLIC "-//W3C//DTD HTML 4.01 Transitional//EN"
 "http://www.w3.org/TR/html4/loose.dtd">
<html>
<head>
<meta http-equiv="Content-Type" content="text/html; charset=UTF-8">
<title>&lt;c:choose&gt;</title>
</head>
```

```
<body>
<h3>&lt;c:choose&gt;</h3>

<h4>新建设电影世界：蓝色 环银国际电影城：红色 其他：绿色</h4>
<c:forEach var="movie" items="${movies}">
    <c:choose>
        <c:when test="${movie.cinema.name == '新建设电影世界'}">
            <font color="blue">
        </c:when>
        <c:when test="${movie.cinema.name == '环银国际电影城'}">
            <font color="red">
        </c:when>
        <c:otherwise>
            <font color="green">
        </c:otherwise>
    </c:choose>
    ${movie}</font><br>
</c:forEach>
</body>
</html>
```

choose.jsp 的运行结果如图 7.7 所示，符合设计要求。

图 7.7　choose.jsp 的运行结果

3. 循环处理标签实践

新建一个名称为 iteratorJSTL 的动态 Web 项目，并重用第 6 章的 jspmovies 项目中的 4 个 Java 源文件。

foreach.jsp 的完整代码如代码清单 7.8 所示。首先用<c:forEach>标签遍历集合变量 movies，打印集合中的影片信息，然后用<c:forEach>标签的 begin 和 end 属性列出从 1 到 10。

代码清单 7.8　foreach.jsp

```
<%@ page language="java" contentType="text/html; charset=UTF-8"
  pageEncoding="UTF-8"%>
<%@ taglib prefix="c" uri="http://java.sun.com/jsp/jstl/core" %>
<!DOCTYPE html PUBLIC "-//W3C//DTD HTML 4.01 Transitional//EN"
  "http://www.w3.org/TR/html4/loose.dtd">
<html>
<head>
<meta http-equiv="Content-Type" content="text/html; charset=UTF-8">
<title>&lt;c:forEach&gt;</title>
</head>
<body>
<h3>&lt;c:forEach&gt;</h3>

<h4>电影列表</h4>
<c:forEach var="movie" items="${movies}">
```

```
    ${movie}<br>
</c:forEach>

<h4>列出从1到10</h4>
<c:forEach var="i" begin="1" end="10">
    ${i} &#149;
</c:forEach>
</body>
</html>
```

foreach.jsp 的运行结果如代码清单 7.8 所示。

图7.8 foreach.jsp 的运行结果

foreachstatus.jsp 主要用来测试各种 status 属性，其完整代码如代码清单 7.9 所示。利用 <c:forEach>标签的 varStatus 属性存储变量的状态信息，其中，分别使用 index、count、first 和 last 状态属性表示当前影片的编号、总数、第一条和最后一条信息。注意到在循环体中利用<c:set>标签设置了一个保存总数信息的变量，这样，在循环体之外才能得到总数信息。

代码清单 7.9 foreachstatus.jsp

```
<%@ page language="java" contentType="text/html; charset=UTF-8"
 pageEncoding="UTF-8"%>
<%@ taglib prefix="c" uri="http://java.sun.com/jsp/jstl/core" %>
<!DOCTYPE html PUBLIC "-//W3C//DTD HTML 4.01 Transitional//EN"
 "http://www.w3.org/TR/html4/loose.dtd">
<html>
<head>
<meta http-equiv="Content-Type" content="text/html; charset=UTF-8">
<title>&lt;c:forEach&gt; status</title>
</head>
<body>
<h3>&lt;c:forEach&gt; status</h3>

<h4>使用 status 属性</h4>
<table border="1">
    <tr>
        <th>编号</th>
        <th>总数</th>
        <th>电影名</th>
        <th>导演</th>
        <th>第一条？</th>
        <th>最后一条？</th>
    </tr>
    <c:forEach var="movie" items="${movies}" varStatus="status">
```

```
        <tr>
            <td><c:out value="${status.index}"/></td>
            <td><c:out value="${status.count}"/></td>
            <td><c:out value="${status.current.title}"/></td>
            <td><c:out value="${status.current.director}"/></td>
            <td><c:out value="${status.first}"/></td>
            <td><c:out value="${status.last}"/></td>
        </tr>
        <c:if test="${status.last}">
            <c:set var="count" value="${status.count}"/>
        </c:if>
    </c:forEach>
</table>
<p>一共有 <c:out value="${count}"/> 部电影

</body>
</html>
```

foreachstatus.jsp 的运行结果如图 7.9 所示。可以注意到，编号是从 0 开始的，第一条和最后一条都是布尔型。

图 7.9　foreachstatus.jsp 的运行结果

fortokens.jsp 主要测试<c:forTokens>标签的功能，代码如代码清单 7.10 所示。首先将赤橙黄绿青蓝紫 7 种颜色放到 myVar 变量中，这 7 种颜色采用符号 "," 分隔颜色，采用符号 "|" 分隔冷暖色调。然后采用<c:forTokens>标签将 7 种颜色的字符串分隔为子串，delims 属性指定分隔字符。

代码清单 7.10　fortokens.jsp

```
<%@ page language="java" contentType="text/html; charset=UTF-8"
  pageEncoding="UTF-8"%>
<%@ taglib prefix="c" uri="http://java.sun.com/jsp/jstl/core" %>
<!DOCTYPE html PUBLIC "-//W3C//DTD HTML 4.01 Transitional//EN"
  "http://www.w3.org/TR/html4/loose.dtd">
<html>
<head>
<meta http-equiv="Content-Type" content="text/html; charset=UTF-8">
<title>&lt;forTokens&gt;</title>
</head>
<body>

<h3>&lt;forTokens&gt;</h3>

<h4>设置字符串变量</h4>
<!-- "," 分隔颜色，"|" 分隔色调 -->
```

```
<c:set var="myVar" value="赤,橙,黄|绿|青,蓝,紫" scope="page" />
<c:out value="变量值: ${myVar}"/>

<h4>使用"|"分隔符</h4>
<c:forTokens var="token" items="${myVar}" delims="|">
    <c:out value="${token}"/> &#149;
</c:forTokens>

<h4>使用"|"和","分隔符</h4>
<c:forTokens var="token" items="${myVar}" delims="|,">
    <c:out value="${token}"/> &#149;
</c:forTokens>
</body>
</html>
```

fortokens.jsp 的运行结果如图 7.10 所示。可以看到，使用"|"分隔符可将颜色字符串分隔为 3 个子串，使用"|"和","分隔符可将颜色字符串分隔为 7 个子串。

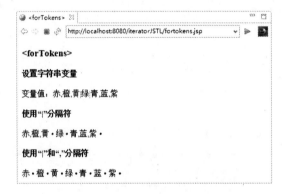

图 7.10 fortokens.jsp 的运行结果

4. URL 处理标签实践

本实践测试 4 个标签：<c:import>、<c:param>、<c:redirect>和<c:url>。

import.jsp 测试从相对路径和绝对路径进行导入。从当前目录导入只需用 url 属性指定相对路径，从外部服务器导入则必须指定外部资源的绝对路径。完整的代码如代码清单 7.11 所示。

代码清单 7.11 import.jsp

```
<%@ page language="java" contentType="text/html; charset=UTF-8
  pageEncoding="UTF-8"%>
<%@ taglib prefix="c" uri="http://java.sun.com/jsp/jstl/core" %>
<!DOCTYPE html PUBLIC "-//W3C//DTD HTML 4.01 Transitional//EN"
  "http://www.w3.org/TR/html4/loose.dtd">
<html>
<head>
<meta http-equiv="Content-Type" content="text/html; charset=UTF-8">
<title>&lt;c:import&gt;</title>
</head>
<body>
<h3>&lt;c:import&gt;</h3>

<h4>从当前目录导入: </h4>
<c:import url="imported.jsp"/>
<hr>
```

```
<h4>从外部服务器导入: </h4>
<c:import
 url="http://mirrors.hust.edu.cn/apache/tomcat/tomcat-8/v8.0.14/README.html"/>

</body>
</html>
```

当前路径中要导入的文件为 imported.jsp, 如代码清单 7.12 所示。文件只是输出一些提示信息, 为了保证传入的参数不出现汉字乱码, 本文件使用格式标签库, 采用 <fmt:requestEncoding>标签指定请求编码为 UTF-8 字符集。

代码清单 7.12　imported.jsp

```
<%@ page language="java" contentType="text/html; charset=UTF-8"
 pageEncoding="UTF-8"%>
<%@ taglib prefix="c" uri="http://java.sun.com/jsp/jstl/core" %>
<%@ taglib prefix="fmt" uri="http://java.sun.com/jsp/jstl/fmt" %>
<!DOCTYPE html PUBLIC "-//W3C//DTD HTML 4.01 Transitional//EN"
 "http://www.w3.org/TR/html4/loose.dtd">
<html>
<head>
   <title>被导入的页面</title>
</head>
<body>
<fmt:requestEncoding value="UTF-8"/>
<h4>&#149; 来自 imported.jsp 的输出 &#149; </h4>
<h5>${param.a}</h5>
<h5>${param.b}</h5>

</body>
</html>
```

import.jsp 的运行结果如图 7.11 所示, 既可从当前目录导入, 也可从外部服务器导入。

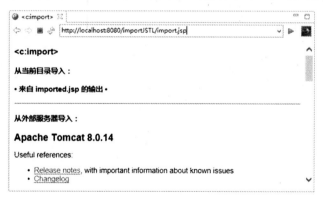

图 7.11　import.jsp 的运行结果

param.jsp 还是使用<c:import>标签, 不同之处是在<c:import>标签内部嵌套<c:param>标签以指定传入的参数, 如代码清单 7.13 所示。

代码清单 7.13　param.jsp

```
<%@ page language="java" contentType="text/html; charset=UTF-8"
 pageEncoding="UTF-8"%>
<%@ taglib prefix="c" uri="http://java.sun.com/jsp/jstl/core" %>
<!DOCTYPE html PUBLIC "-//W3C//DTD HTML 4.01 Transitional//EN"
```

```
"http://www.w3.org/TR/html4/loose.dtd">
<html>
<head>
<meta http-equiv="Content-Type" content="text/html; charset=UTF-8">
<title>&lt;c:import&gt;</title>
</head>
<body>
<h3>&lt;c:import&gt;</h3>

<h4>导入并传递参数</h4>
<c:import url="imported.jsp" charEncoding="UTF-8">
    <c:param name="a" value="传入的第一个参数"/>
    <c:param name="b" value="传入的第二个参数"/>
</c:import>

</body>
</html>
```

param.jsp 的运行结果如图 7.12 所示，导入的 JSP 文件正确输出了传入的参数信息。

图 7.12　param.jsp 的运行结果

redirect.jsp 使用<c:redirect>标签的 url 属性指定重定向的目标，使用 context 属性指定当前应用的名称。其完整代码如代码清单 7.14 所示。

代码清单 7.14　redirect.jsp

```
<%@ page language="java" contentType="text/html; charset=UTF-8"
 pageEncoding="UTF-8"%>
<%@ taglib prefix="c" uri="http://java.sun.com/jsp/jstl/core" %>
<!DOCTYPE html PUBLIC "-//W3C//DTD HTML 4.01 Transitional//EN"
 "http://www.w3.org/TR/html4/loose.dtd">
<html>
<head>
<meta http-equiv="Content-Type" content="text/html; charset=UTF-8">
<title>&lt;c:redirect&gt;</title>
</head>
<body>
<h3>&lt;c:redirect&gt;</h3>
<b>本文字不会显示，因为下一条语句会转向到新的 URL</b>
<c:redirect url="/imported.jsp?a=arg1&b=arg2" context="/importJSTL" />
</body>
</html>
```

redirect.jsp 的运行结果如图 7.13 所示。

url.jsp 使用<c:url>标签来构建一个超链接地址变量，然后用 HTML 的<a>标签来使用前面构建的地址变量，这样就可以直接看到 UTL 地址变量的值。如代码清单 7.15 所示。

图 7.13　redirect.jsp 的运行结果

代码清单 7.15　url.jsp

```
<%@ page language="java" contentType="text/html; charset=UTF-8"
 pageEncoding="UTF-8"%>
<%@ taglib prefix="c" uri="http://java.sun.com/jsp/jstl/core" %>
<!DOCTYPE html PUBLIC "-//W3C//DTD HTML 4.01 Transitional//EN"
 "http://www.w3.org/TR/html4/loose.dtd">
<html>
<head>
<meta http-equiv="Content-Type" content="text/html; charset=UTF-8">
<title>&lt;c:url&gt;</title>
</head>
<body>
<h3>&lt;c:url&gt;</h3>

<h4>在浏览器中禁止或开放 cookie，看看有什么不同</h4>

<c:url var="url" value="url.jsp">
    <c:param name="arg1" value="arg1 的值"/>
    <c:param name="arg2" value="arg2 的值"/>
</c:url>
<a href='<c:out value="${url}"/>'>链接回本页面 (<c:out value="${url}"/>)</a>
</body>
</html>
```

url.jsp 在开放 Cookie 时和禁止 Cookie 时的运行结果分别如图 7.14、7.15 所示。由于禁止了 Cookie，图 7.15 只能自动采用 URL 重写，因此 URL 中包含 jsessonid 字符串。

图 7.14　开放 Cookie 时 url.jsp 的运行结果

图 7.15　禁止 Cookie 时 url.jsp 的运行结果

7.2.6 有问必答

1. 看起来, <c:out>标签与 EL 和 JSP 表达式相似之处甚多, 那么, <c:out>标签有什么特别之处吗?

答: 的确这三者很相似。<c:out>标签强大的地方就是能够指定默认值和 XML 转义, 其中, XML 转义能够阻止跨站脚本(Cross-site scripting, 通常简称为 XSS 或跨站脚本攻击), 这是一种网站应用程序的安全漏洞攻击, 是代码注入的一种。XSS 攻击通常通过巧妙的方法注入恶意指令代码到网页, 用户加载时, 就会执行攻击者恶意制造的网页程序。这些恶意网页程序通常用 JavaScript 编写。<c:out>标签通过 XML 转义, 能将<script>之类的标记转换为字符实体, 用户浏览器就不会解释执行这些恶意代码, 从而可以避免 XSS 攻击。

2. 感觉到<c:set>标签的规定蛮多的, 能否再总结一下?

答: 是的, 虽然<c:set>标签容易使用, 但的确需要记忆如下所示的条条框框。

(1) 在同一个<c:set>标签中, 不能同时使用 var 属性和 target 属性。

(2) scope 属性可选, 但如果不明确指定该属性, 默认为页面范围。

(3) 如果 value 属性值为 null, 则以 var 命名的属性将删除。

(4) 如果以 var 命名的属性不存在, 则创建该属性, 条件是 value 属性值不能为 null。

(5) 如果 target 表达式为 null, 容器将抛出异常。

(6) target 属性只能放入表达式, 其求值结果必须是一个真正的对象。不能将 Bean 或 Map 的 id 字符串作为 target 属性值。换句话说, target 不能是 Bean 或 Map 的属性名称, 只能是真正的属性对象。

(7) 如果 target 表达式不是 Bean 或 Map, 容器将抛出异常。

(8) 如果 target 表达式是一个 Bean, 但该 Bean 没有与 property 属性匹配的属性, 容器将抛出异常。

3. "属性"一词很费脑力, 既可以表示在标签内部的东西, 也可以表示在 4 种范围(request、page、session 和 application)之一中绑定一个对象的东西, 还可以表示 Bean 的 get 方法得到的东西, 快崩溃了。

答: 的确是这样的。这些称呼已经有历史了, 具体是什么含义, 只能看上下文, 习惯了就好。

4. 很多标签都有两种写法, 区别是使用还是不使用体, 这两种表示法在功能上有什么实质的不同吗?

答: 没有, 两种表示都完成同样的工作。使用体的表示法只是为了方便, 尤其是在 value 属性是很长、很复杂表达式的时候, 将很长的表达式放在体中增加了可读性。

7.3 其他标签

本节首先介绍其他 JSTL 标签库, 然后介绍如何使用除 JSTL 之外的其他标签库。

7.3.1　其他 JSTL 标签

在 7.2 节中，仅介绍了 JSTL 的核心标签库，没有涉及到其他的 JSTL 标签。事实上，JSTL 核心标签库得到广泛的使用，相对而言，其他的 JSTL 标签却使用得较少。为了知识的完整性，这里简单介绍其他的 JSTL 标签，如果想更多地了解全部的 JSTL 标签，可以参考 https://jstl.java.net/。

(1)　XML 标签

JSTL XML 标签库提供了创建和操作 XML 文档的标签。

在使用 XML 标签前，必须将如下所示的 XML 和 XPath 相关包复制到 Tomcat 安装目录下的 lib 子目录下。

- XercesImpl.jar：下载地址为 http://www.apache.org/dist/xerces/j/。
- xalan.jar：下载地址为 http://xml.apache.org/xalan-j/index.html。

JSTL 的 XML 标签库分为如下三类：XML 核心标签、XML 流程控制标签和 XML 转换标签。下面分别介绍这三种类型。

XML 核心标签主要用于解析 XML 文档(<x:parse>)、将 XML 文档保存到变量(<x:set>)和显示 XML 文档中的数据(<x:out>)。

<x:parse>标签用于解析 XML 文档，该文档可以是字符串变量、Java 的 Reader 或位于<x:parse>标签体内的 XML。

<x:set>标签从 XML 文档中提取 XPath 表达式指定的值，并将结果保存到变量中。

<x:out>标签与<c:out>标签类似，不过只用于 XPath 表达式，将 XML 文档中的数据输出到页面。

XML 流程控制标签根据 XPath 表达式的结果进行流程控制。XML 流程控制标签包括<x:if>、<x:choose>、<x:when>、<x:otherwise>和<x:forEach>，作用类似于核心标签的<c:if>、<c:choose>、<c:when>、<c:otherwise>和<c:forEach>，只不过核心标签使用 test 属性测试 EL 表达式，而 XML 流程控制标签则使用 select 属性指定 XPath 表达式。

XML 转换标签主要用于实现 XSLT 转换，包括<x:transform>标签和<x:param>标签。

<x:transform>标签将指定的 XSLT 样式表应用到指定的 XML 文档，并可以将转换结果保存到变量中。<x:param>标签可用作<x:transform>标签的子标签，通过<x:param>标签来传递参数。

(2)　格式化标签

JSTL 格式化标签提供国际化标签集合，用于处理与国际化相关的问题。JSTL 格式化标签还提供格式化数字、日期的标签集合，用于将数字、日期等转换为指定地区或自定义的显示格式。

国际化标签可以指定特定的 Locale，从而控制数字、货币和日期的显示格式。国际化标签还提供对资源包的访问。

国际化的英文为 Internationalization，因第一个字母 I 和最后一个字母 N 之间有 18 个字母，故简称为 I18N。国际化是指在软件的设计阶段，就有目的地使其具有支持多种语言的能力。为了让一个 Web 应用能支持多种语言，通常将页面显示字符串集中起来，放到单独的资源文件(称为资源包，Resource Bundles)中，这样更容易实现国际化。

- <fmt:setLocale>：该标签用于设置 Locale，以使页面按照该地区文化显示货币、日期和数字。
- <fmt:bundle>：该标签用于绑定资源包，使包内的资源对能够为<fmt:message>标签所用。
- <fmt:message>：该标签用于从资源包中获取消息，它可以在 JSP 页面上显示消息值，也可以不显示而是将消息值保存到变量中。
- <fmt:requestEncoding>：该标签用于指定请求对象的字符编码集，其作用与 request 对象的 setCharacterEncoding()方法相同。

以上是 JSTL 格式标签库的国际化部分。此外，格式标签库还提供格式化的标签，包括解析和格式化日期、数字、百分比和货币等，用于将数字、日期等转换为指定地区或自定义的格式来进行显示。

- <fmt:formatNumber>：该标签用于将数字格式化为整数、百分比或货币。
- <fmt:parseNumber>：该标签解析一个格式化字符串，也就是将一个数字、货币或百分比的字符串解析为一个数字类型。
- <fmt:formatDate>：该标签按照指定的风格或模式对日期和时间进行格式化并显示。
- <fmt:parseDate>：该标签用于将字符串表示的日期或时间解析为日期对象。
- <fmt:timeZone>：该标签用于设置时区，所设置的时区只影响该标签体内的内容。
- <fmt:setTimeZone>：该标签用于将指定的时区保存到指定的变量，以便将来使用。

(3) SQL 标签

JSTL 提供了与关系数据库交互的 SQL 标签集合，可以设置数据源、查询数据库、访问查询结果、更新数据库和数据库事务。

- <sql:setDataSource>：该标签用于指定数据源，并保存数据源对象的引用。
- <sql:query>：该标签执行 SQL Select 语句，并将查询结果存储在指定的变量中。
- <sql:update>：该标签用于执行一条没有返回值的 SQL 语句，比如 Insert、Update 和 Delete 语句。
- <sql:param>：该标签是<sql:query>标签和<sql:update>标签体内的子标签，用于传递 SQL 语句中的参数，不能单独使用。
- <sql:dateParam>：该标签也是<sql:query>标签和<sql:update>标签体内的子标签，用于传递 SQL 语句中日期和时间的参数，不能单独使用。
- <sql:transaction>：该标签将该标签体内的所有 SQL 标签组合为一个数据库事务，作为一个整体，要么全部完成，要么恢复到都没有执行的状态。

(4) 函数标签

JSTL 的函数标签库提供大量的标准函数，用于对字符串的处理。

- fn:trim()：去除字符串首尾两端的空格，返回处理后的结果。
- fn:length()：获取字符串长度或集合中的元素个数。该函数的输入参数为字符串或集合对象，返回结果为整数。
- fn:toLowerCase()：将参数字符串转换为小写字母并返回。
- fn:toUpperCase()：将参数字符串转换为大写字母并返回。

- fn:substring()：返回一个字符串的指定开始位置和结束位置的子串。
- fn:substringAfter()：使用指定的子串搜索字符串中包含该子串的位置，只是返回子串后面的字符串部分。
- fn:substringBefore()：使用指定的子串搜索字符串中包含该子串的位置，只是返回子串前面的字符串部分。
- fn:replace()：将指定字符串的某一子串替换为指定的字符串，返回替换后的结果。
- fn:contains()：在字符串中包含有给定子串的情况下返回 true，否则返回 false。
- fn:containsIgnoreCase()：该函数与 fn:contains()函数功能相似，但在执行搜索时忽略字符的大小写。
- fn:indexOf()：返回指定子串在字符串中第一次出现的位置。
- fn:startsWith()：检测字符串是否以给定子串开始，返回布尔型值。
- fn:endsWith()：检测字符串是否以给定子串结束，返回布尔型值。
- fn:split()：用指定的分隔符对字符串进行分隔，然后组成一个子串数组并返回。
- fn:join()：把字符串数组中的所有字符串元素连接成一个字符串，元素之间使用指定的分隔符。
- fn:escapeXml()：将字符串中的 XML 特殊字符转换为 XML 的字符实体，其作用与 <c:out>中使用 escapeXml 属性的功能一样。

7.3.2　使用除 JSTL 外的标签库

除使用较多的 JSTL 外，很多时候，Web 开发人员面临定制的标签库。比如，软件公司自己制作的标签库，或只为某个项目定制的标签库。

如果是 JSTL 就容易了，因为有正式的规范文档，详细说明每一个标签的用法，包括如何使用每一个必选或可选的属性。但并不是每一个定制的标签库都会有很详细的文档，有的文档非常少，甚至根本没有文档，这就要求开发人员能够在不利的条件下弄明白如何使用这些标签。要做到这一点，开发人员必须能够读懂 TLD(Tag Library Descriptor，标签库描述)文件。

(1) 在哪里找 TLD？

容器会在以下 4 个地方查找 TLD 文件：

- WEB-INF 目录下。
- WEB-INF 目录的子目录下。
- JAR 文件中的 META-INF 目录下。
- JAR 文件中的 META-INF 目录的子目录下。

由于大部分的定制标签库都会以 JAR 文件的形式提供，因此，只需要解压 JAR 文件，查找 META-INF 目录及子目录就可以了。

例如，对于 JSTL 1.2.1[①]，需要在 Web 项目的 WEB-INF/lib 目录下找到 taglibs-standard-impl-1.2.1.jar 文件，使用任意的文件压缩工具打开该文件，导航到 META-INF 目录下，可

---

① 不想让读者为其他不熟悉的标签库伤脑筋，因此还是通过读 JSTL 源文件的方式去弄清楚标签库的工作原理，非 JSTL 标签库也是一样的

以看到 c.tld 文件，这就是核心 JSTL 的 TLD 文件，如图 7.16 所示。

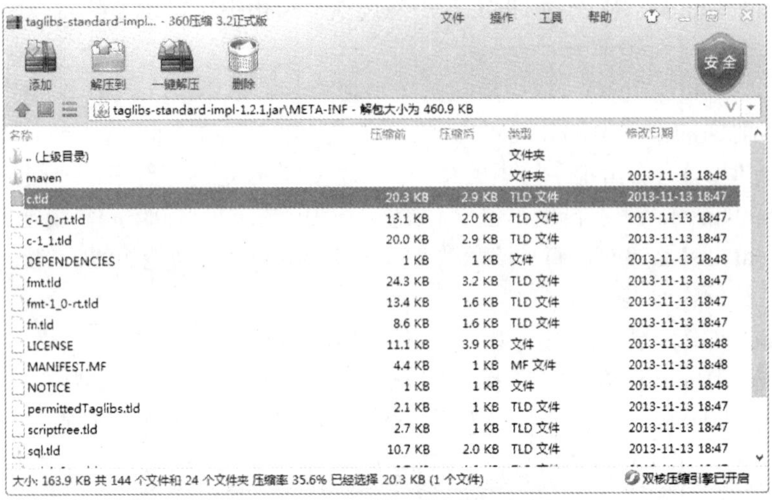

图 7.16　找到核心 JSTL 的 TLD 文件

在目录中还可以看到 fmt.tld、sql.tld 等文件，只要了解 JSTL，都很明白这些文件的用途。为了版本兼容，该目录下还有低版本 JSTL 的 TLD 文件，如 1_0 代表 JSTL 1.0 版本，1_1 则代表 JSTL 1.1 版本。

(2)　TLD 文件的格式

使用任意文本编辑器打开 c.tld 文件，其文件内容如代码清单 7.16 所示。

首先，TLD 文件采用 XML 文件格式，文档的根元素为<taglib>，<taglib>元素下有若干属性，主要说明 XML 大纲的版本。如果要自己编制标签库，只需要将该元素拷贝到自己的 TLD 文件中就可以了。<description>元素可选，是标签库使用的简短描述。<display-name>可选，是使用可视化工具来显示的名称。<tlib-version>元素为必选，是开发人员指定的标签库版本号。<short-name>元素为可选，是由 JSP 页面制作工具来创建使用的助记名称。<uri>元素为必选，标识标签库的唯一 URI。<taglib>元素的起始标签和结束标签内包含若干<tag>元素，描述标签库中的各个标签。

代码清单 7.16　c.tld 文件的格式

```
<?xml version="1.0" encoding="UTF-8" ?>
<taglib xmlns="http://java.sun.com/xml/ns/javaee"
 xmlns:xsi="http://www.w3.org/2001/XMLSchema-instance"
 xsi:schemaLocation="http://java.sun.com/xml/ns/javaee
 http://java.sun.com/xml/ns/javaee/web-jsptaglibrary_2_1.xsd"
 version="2.1">

  <description>JSTL 1.2 core library</description>
  <display-name>JSTL core</display-name>
  <tlib-version>1.2</tlib-version>
  <short-name>c</short-name>
  <uri>http://java.sun.com/jsp/jstl/core</uri>

  ...

</taglib>
```

要使用标签库，最为重要的是理解标签名称和 URI。

　　每一个标签都有名称。例如，<c:out>标签的名称是 out，前缀是 c。开发人员可以使用任意的前缀，但不能改变标签名称，标签名称由 TLD 文件来定义，TLD 文件还定义标签有哪些属性、每个属性是否可选、能否有标签体、属性的类型以及属性可否为一个表达式等信息。

　　标签库 URI 是一个唯一的标识符。换句话说，URI 是 TLD 所描述的标签库的唯一的名称。在使用时，需要将 URI 放在 taglib 指令中，以便告诉容器在 Web 项目中如何找到 TLD 文件，然后容器才能将 JSP 中使用的标签与要运行的 Java 代码进行映射。在将来运行到 JSP 页面的标签时，找到相应的 Java 代码并运行。

　　需要注意的是，URI 只是一个唯一的名称，并不要求是一个 Web 资源的路径。

　　虽然 URI 通常写为一个 URL 形式的东西，例如，核心 JSTL 的 taglib 指令：

```
<%@ taglib prefix="c" uri="http://java.sun.com/jsp/jstl/core" %>
```

　　但是，Web 容器并不会尝试去请求 taglib 指令里的 url 属性值，也不关心 url 属性值是否是一个有效的 URL。重要的是 TLD 文件中的<url>必须与 taglib 指令中的 url 属性相匹配，容器只会根据 taglib 指令中的 url 属性值去寻找匹配<url>的 TLD 文件。

　　(3)　<c:out>标签定义

　　代码清单 7.16 已经说明了 c.tld 文件的格式，现在来看一下<c:out>标签是如何定义的。在 c.tld 文件中可以找到如代码清单 7.17 所示的<c:out>标签的定义。

代码清单 7.17　<c:out>标签的定义

```
<tag>
    <description>
        Like &lt;%= ... &gt;, but for expressions.
    </description>
    <name>out</name>
    <tag-class>org.apache.taglibs.standard.tag.rt.core.OutTag</tag-class>
    <body-content>JSP</body-content>
    <attribute>
        <description>
            Expression to be evaluated.
        </description>
        <name>value</name>
        <required>true</required>
        <rtexprvalue>true</rtexprvalue>
    </attribute>
    <attribute>
        <description>
            Default value if the resulting value is null.
        </description>
        <name>default</name>
        <required>false</required>
        <rtexprvalue>true</rtexprvalue>
    </attribute>
    <attribute>
        <description>
            Determines whether characters &lt;,&gt;,&amp;,'," in the
            resulting string should be converted to their
            corresponding character entity codes. Default value is
            true.
        </description>
```

```
        <name>escapeXml</name>
        <required>false</required>
        <rtexprvalue>true</rtexprvalue>
    </attribute>
</tag>
```

可以看到，每一个标签都使用<tag>元素进行定义。其中，子元素<description>可选，说明标签的用途，这是很有用处的说明；<name>元素必选，这是标签的名称，例如<c:out>里的 out；<tag-class>元素必选，这样，容器才知道在 JSP 中遇到该标签时应该调用哪个标签处理类，该类必须实现 javax.servlet.jsp.tagext.JspTag 接口；<body-content>元素必选，取值可以为 empty、scriptless、tagdependent 和 JSP，值为 JSP 表示标签体可以是能够在 JSP 中使用的任何东西。

<attribute>元素是<tag>元素的子元素，一个标签可以有若干属性，因此可以有若干<attribute>元素。

其中，<description>元素可选，说明该标签属性的用途；<name>属性必选，这是标签属性的名称；<required>属性说明该标签属性是否必选；<rtexprvalue>属性说明该标签属性是否为运行时刻表达式求值(runtime expression value)，默认为 false。

可以看到，<c:out>标签的名称为 out；标签处理类为 org.apache.taglibs.standard.tag.rt.core.OutTag；标签体内容为 JSP；一共有 3 个属性——value、default 和 escapeXml，value 属性必选，default 属性和 escapeXml 属性可选，三个属性都是运行时刻表达式值。

(4) 细说<rtexprvalue>

由于<rtexprvalue>元素说明该属性值是在翻译阶段还是在运行时刻进行求值，因此该元素非常重要。如果<rtexprvalue>元素值为 false，或者没有定义<rtexprvalue>元素，那么属性值只能是字符串。

例如，如果 TLD 的定义是：

```
<attribute>
    <name>value</name>
    <required>true</required>
    <rtexprvalue>false</rtexprvalue>
</attribute>
```

或者是：

```
<attribute>
    <name>value</name>
    <required>true</required>
</attribute>
```

那么，以下的代码就是错误的，因为 value 属性值不能是表达式，只能是字符串：

```
<%@ taglib prefix="my" uri="myURI" %>
<my:sometag value="${someVariable}"/>
```

千万不要以为当<rtexprvalue>元素值为 true 时属性值只能使用 EL 表达式，还可以使用另外两种方法。

例如，假如前缀为 my，标签名称为 sometag，value 属性的<rtexprvalue>元素值为 true，显然可以使用如下所示的 EL 表达式：

```
<my:sometag value="${someVariable}"/>
```

还可以使用如下所示的 JSP 表达式：

```
<my:sometag value='<%= request.getAttribute("someVariable") %>'/>
```

注意到上面的语句只能是 JSP 表达式，不能是小脚本，表达式的前面一定有等号(=)，末尾不能有分号(;)。

另一种方法是使用<jsp:attribute>标准动作：

```
<my:sometag>
    <jsp:attribute name="value">${someVariable}</jsp:attribute >
</my:sometag>
```

(5) <body-content>再探讨

前面已经说过，必选元素<body-content>的取值可以为 empty、scriptless、tagdependent 和 JSP 之一，那么，每种取值到底有什么要求？

首先，如果取值为 empty，也就是 TLD 中标签定义为：

```
<body-content>empty</body-content>
```

这表示该标签不能有标签体。不能有标签体的标签有三种使用方式。

①　直接使用空标签，在开始标签的末尾加一个反斜杠，不再需要结束标签。例如：

```
<my:sometag value="${someVariable}" />
```

②　在开始标签和结束标签之间不能加任何东西，例如：

```
<my:sometag value="${someVariable}"></my:sometag>
```

③　在开始标签和结束标签之间只能加上一个或多个<jsp:attribute>标签，例如：

```
<my:sometag>
    <jsp:attribute name="value">${someVariable}</jsp:attribute >
</my:sometag>
```

在不能有标签体的标签中，<jsp:attribute>是唯一的可用在开始标签和结束标签之间的标签。如果<body-content>元素取值为 scriptless，也就是 TLD 中标签定义为：

```
<body-content>scriptless</body-content>
```

这表示标签体不能是诸如声明、小脚本、脚本表达式等脚本元素，但可以是模板文本、EL 表达式、定制和标准动作。

如果<body-content>元素取值为 tagdependent，也就是 TLD 中标签定义为：

```
<body-content>tagdependent</body-content>
```

这表示标签体被视为普通文本，因此不对 EL 表达式求值，也不触发标签体内的任何标签或动作。

如果<body-content>元素取值为 JSP，也就是 TLD 中标签定义为：

```
<body-content>JSP</body-content>
```

这表示标签体可以是任何可放到 JSP 文件中的东西。

7.3.3 有问必答

1. 如果<rtexprvalue>元素值为 true 时使用<jsp:attribute>标准动作,是否一定要要求标签定义的<body-content>不能为 empty，因为使用<jsp:attribute>意味着该标签已经有"体"了。对吗？

答： <jsp:attribute>是定义标签属性的简单的一种替代方法，不能将<jsp:attribute>视为标签体，也就是说，<jsp:attribute>只是属性，不是体。

2. 我觉得 TLD 文件很复杂，怎么办？

答： 尽量弄懂一部分就行，不要要求太高。第 8 章还会继续介绍自定义标签库，通过多练习，就能熟悉了。

第 8 章　自定义标签

　　自定义标签库是多个自定义标签的集合，在标准标签库 JSTL 不能满足要求的情况下，Web 开发人员可以自行开发自己的标签库，也就是自定义标签。自定义标签可以提高 Web 应用的可读性和可重用性，使用自定义标签来替换网页中的 Java 小脚本，可以使网页更为清晰、简洁，从而更易于阅读和维护。

　　JSP 2.0 提供三种编写自定义标签的方式，本章介绍其中的两种，即标签文件和简单标签。标签文件是提供给网页设计人员的一种重用技术，简单标签是 Java 程序员开发自定义标签的最佳方式。没有介绍的是传统的标签开发方式，目前该技术已经逐渐为简单标签取代，因此使用范围有持续减小的趋势。

8.1 自定义标签介绍

如果 JSTL 和标准动作不能满足实际需要，并且 Web 开发人员不愿意退回去重新编写 Java 小脚本(因为那是技术的倒退)，自定义标签技术是一种值得学习的替换方案，开发人员可以编写自己的标签处理程序，完成自己想实现的任何功能。

8.1.1 使用自定义标签的优势

JSP 项目中，使用自定义标签很容易创建重用的 Web 模块，所需要的只是标签库以及相关的文档说明。使用自定义标签有如下优势。

(1) 易于在多个项目上重用

自定义标签很容易从一个 Web 项目迁移到另一个 Web 项目。一旦建立了一个自定义标签库，只需要将标签处理程序、TLD 文件及其文档打包为一个 JAR 文件，就可以在任意的 Web 项目中重用了。因为自定义标签可以重用，可以轻松地将其应用于自己的项目，从而加快开发速度。

另外，经过多个项目实践检验过的自定义标签，健壮性很强，所构建的 Web 项目会极大地减小代码出 Bug 的几率。

(2) 可以无限制地扩展 JSP 的功能

自定义标签库可以具备 JSP 2.0 规范中的任何特性和功能，可以无限制地扩展 JSP 的功能。例如，jsp:include 动作太普通，在一个网页中使用过多的 jsp:include 动作不容易阅读，可以用自定义标签技术建立自己的 include 标签，自定义标签可根据需要来取名，如 <my:logoHeader>或<my:navBar>，一看就明了的标签可以大大降低阅读和维护的开销。

(3) 容易维护

自定义标签库使得 Web 应用程序易于维护，原因如下。

① 标签名称可以清楚地表现其功能，使用简单，易于理解。

② 所有的程序逻辑代码都集中放在标签处理程序和 JavaBeans 中。将来在升级代码时，无须对每个使用这些逻辑代码的页面进行修改，只需要修改 Java 代码文件即可，易于维护。

③ 如果需要增加新的功能，不需要修改任何已经存在的页面，可以在标签中增加额外的属性，从而增加新的标签功能，而其他以前的属性保持不变，这样，所有以前的页面还可以正常工作。

④ 自定义标签提升了代码的重用性。那些经过多次测试和使用的代码肯定 Bug 会很少，因此，使用自定义标签的 JSP 页面同样缺陷会很少，开发和维护都很方便。

(4) 可以加快开发进度

自定义标签库提供一种简单的方式来重用代码。通过重用代码，开发人员可以花费更少的时间编写 Java 代码，从而留出更多的时间用在 Web 应用的设计上，加快了 Web 项目的开发进程。

8.1.2　有问必答

1. 传统的标签开发方式是否已经完全没有市场了？

答： 不能这样说。尽管随着简单标签开发方式的兴起，传统的标签开发方式已经慢慢退出历史舞台，但是也要看到，学习传统的标签开发方式也有一定的用途，第一种用途是有的代码是在 JSP 2.0 之前开发的，需要有人来维护，如果您正好从事这项工作，至少需要能够读懂标签代码。第二种用途是您对标签开发很感兴趣，可能正在研读诸如 JSTL 的源代码，那么，少量标签很有可能还在采用旧的技术，只好学习传统的标签开发方式。

2. 我已经了解了自定义标签的优点，但还是怀念以前使用 Java 小脚本的自然和方便，是不是一定要使用自定义标签？

答： 如果做专业的开发工作，就得有一定的规矩。代码混合的危害逐渐为业界认识和重视，学习和应用最受大家推崇的技术，无疑是走向专业开发的捷径。

8.2　标 签 文 件

标签文件是 JSP 2.0 才引入的。标签文件的最大用途是编制若干网页都可用到的可重用部分，其功能与<jsp:include>动作或<c:import>标签类似，但功能更为强大。使用标签文件，网页开发人员可以自行创建自定义标签，但不用编写复杂的 Java 语言的标签处理程序。

标签文件是一个单独的 JSP 文件，其内容为 JSP 页面的片段，标签文件可以在 JSP 页面中重用。标签文件最吸引人的特性是不用编写复杂的 Java，只需要具备 JSP 基础，就可以编写可重用的标签文件了。

8.2.1　简单的标签文件

如果要求网页能够复用，传统的方式是使用<jsp:include>动作。下面举例说明如何将被包含的可重用 JSP 文件转换为标签文件。

一般来说，被包含的 JSP 文件中不能含有<html><body>等在一个网页中只能出现一次的 HTML 标签。假如被包含的文件为 header.jsp，其功能只是显示一张图片，可能的 header.jsp 代码如下：

```
<%@ page language="java" contentType="text/html; charset=UTF-8"
  pageEncoding="UTF-8"%>
<img src="images/duke.jpg" /><br>
```

如果只打算使用<jsp:include>动作，只需在要包含 header.jsp 的所有 JSP 文件中的合适位置加上一句<jsp:include page="header.jsp">就大功告成了。但是，如果一个 JSP 文件中出现若干<jsp:include>或<c:import>标签，并且如果包含文件与被包含文件还要传递参数的话，该 JSP 文件的就会变得很杂乱，可读性很差。

使用标签文件，仅需要 3 步就可将原来的包含方式进化为新的标签文件方式。

(1) 将被包含 JSP 文件改名为*.tag 文件。例如，如果原来的被包含文件的名称为header.jsp，则更名为 header.tag。并对新文件的指令做适当的修改，原来的 page 指令不适合在标签文件中使用，需要相应地更改为 tag 指令。例如，使用 tag 指令将页面字符编码设置为 UTF-8 后，header.tag 的内容应改为：

```
<%@ tag pageEncoding="UTF-8" %>
<img src="images/duke.jpg" /><br>
```

(2) 在 WEB-INF 目录下新建一个 tags 子目录，将标签文件移动到 tags 子目录下。

(3) 在包含文件中使用 taglib 指令，并在适当位置调用自定义标签。例如，下面的代码使用 tag 指令的 tagdir 属性(注意不是 uri 属性)指定标签文件所在的位置，然后直接调用 header 标签：

```
<%@ page language="java" contentType="text/html; charset=UTF-8"
  pageEncoding="UTF-8"%>
<%@ taglib prefix="my" tagdir="/WEB-INF/tags" %>
<!DOCTYPE html PUBLIC "-//W3C//DTD HTML 4.01 Transitional//EN"
  "http://www.w3.org/TR/html4/loose.dtd">
<html>
<head>
<meta http-equiv="Content-Type" content="text/html; charset=UTF-8">
<title>测试标签文件</title>
</head>
<body>
<my:header />
</body>
</html>
```

调用格式为<my:header />，其前缀应该与 taglib 指令的定义一致，标签名就是标签文件的名称，但需要去掉文件后缀.tag。

通过上述 3 个步骤，完成了一个简单标签文件的制作过程。<my:header />标签肯定比<jsp:include>或<c:import>标签更容易让人理解，虽然稍微麻烦些，但得到自定义标签的好处，还是很值得的。

8.2.2 传递参数到标签文件

当使用<jsp:include>动作包含文件时，我们在<jsp:include>标签下使用<jsp:param>标签来传递信息给被包含文件。如果不能传递信息，就像 Java 中不能传递参数的函数，用途就会大打折扣。自定义标签采用标签属性来传递参数，这样方便编写，也容易阅读。

不像 JSTL，标签文件不需要在 TLD 文件中声明标签属性，而是使用更为简单的方式，也就是使用 attribute 指令。attribute 指令有 name、required 和 rtexprvalue 三个属性，分别对应 TLD 文件中标签的<attribute>元素的三个同名子元素。例如，如下代码声明一个参数：

```
<%@ tag pageEncoding="UTF-8" %>
<%@ attribute name="username" required="true" rtexprvalue="true" %>
<img src="images/duke.jpg" /><br>
<em><strong>欢迎 ${ username } 大驾光临! </strong></em>
```

如果需要多个参数，使用多个 attribute 指令即可。name="username"指定标签属性的名称为 username，required="true"说明属性必选，rtexprvalue="true"说明属性值既可以是字符串，也可以是表达式。最后，在合适位置使用${username}来引用传递进来的属性值。

定义好标签文件之后，其他 JSP 网页就可以用标签名称调用标签，格式为

username="张三" />：

```
<%@ taglib prefix="my" tagdir="/WEB-INF/tags" %>
...
<my:header username="张三" />
...
```

可以注意到，header 标签的属性名为 username，与标签文件中 attribute 指令中定义的属性名称一致。

由于标签文件的 attribute 指令指定 username 属性必选，因此，不带属性的<my:header /> 调用肯定会抛出异常。

8.2.3　属性值太长的应对措施

当需要传递的参数很长(如文章的一个段落)时，把参数写在标签属性中就显得很难看。这时，可以选择将内容放到标签体中，然后把它作为一种属性来使用。

例如，如下代码在前面功能的基础上添加了使用标签体，标签体不用 attribute 指令进行声明，只需要在合适位置使用<jsp:doBody />调用标签体的内容：

```
<%@ tag pageEncoding="UTF-8" %>
<%@ attribute name="username" required="true" rtexprvalue="true" %>
<%@ tag body-content="tagdependent" %>
<img src="images/duke.jpg" /><br>
<em><strong>欢迎 ${ username } 大驾光临! </strong></em>
<br><pre><jsp:doBody/></pre>
```

代码还使用 HTML 的<pre>标签来定义预格式化的文本，<pre>元素中的文本可以保留空格和换行符。

定义好标签文件之后，调用标签，就可以使用标签体。如下代码在标签体中插入一大段文字，如果不使用标签体，使用属性方式的代码会很丑陋：

```
<%@ page language="java" contentType="text/html; charset=UTF-8"
  pageEncoding="UTF-8"%>
<%@ taglib prefix="my" tagdir="/WEB-INF/tags" %>
...
<my:header2 username="张三" >
好了歌 跛足道人

世人都晓神仙好，惟有功名忘不了!
古今将相在何方? 荒冢一堆草没了。
世人都晓神仙好，只有金银忘不了!
终朝只恨聚无多，及到多时眼闭了。
世人都晓神仙好，只有姣妻忘不了!
君生日日说恩情，君死又随人去了。
世人都晓神仙好，只有儿孙忘不了!
痴心父母古来多，孝顺儿孙谁见了?
</my:header2>
...
```

最后还有一个问题：要定义标签体的类型该怎么办？比如，要规定标签体中不能有脚本，或者标签体必须为空，那该如何做呢？

对于自定义标签，我们已经知道，TLD 文件中的<tag>元素下的<body-content>元素必选，取值可以为 empty、scriptless、tagdependent 和 JSP 四者之一。标签文件不要求 TLD，默认的<body-content>取值为 scriptless，该默认值指定不能在标签体中使用脚本元素，包括小脚本(<% ... %>)、脚本表达式(<%=... %>)和声明(<%!... %>)。如果使用了脚本元素，在翻译 JSP 的过程就会报错。标签文件的 body-content 的取值还可以是 empty 和 tagdependent。empty 表示不能有标签体；tagdependent 表示将标签体视作为普通文本进行处理，如果使用脚本或 EL 表达式，容器将不做任何处理(不进行求值)而直接显示在页面上。

在标签文件中，使用 tag 指令的 body-content 属性，可实现<body-content>元素的功能。设置标签文件的 body-content 的值为 tagdependent 的指令如下：

```
<%@ tag body-content="tagdependent" pageEncoding="UTF-8" %>
```

8.2.4　标签文件的打包

如果标签文件不打包为 JAR 文件，容器会在如下两个地方搜索.tag 文件：

● 直接在 WEB-INF/tags 目录下。
● 在 WEB-INF/tags 目录的子目录下。

因此，开发人员可以将标签文件放在两个地方，并且不用配置 TLD。

如果想将标签文件不打包为 JAR 文件，具体做法有所不同。打包的想法主要基于将相关联的若干文件打包成一个归档文件后，里面的目录及文件都不易弄乱，容易进行发布。需要将 JAR 文件放到 WEB-INF/lib 目录下，容器会在如下两个地方搜索.tag 文件：

● 直接在 JAR 文件里的 META-INF/tags 目录下。
● 在 JAR 文件里的 META-INF/tags 目录的子目录下。

除此之外，还需要配置 TLD 文件。

把标签文件打包为 JAR 文件的具体步骤如下。

(1) 将标签文件存放到 JAR 文件的合适位置。按照 JSP 规范，一般将标签文件放在 JAR 文件中的 META-INF/tags 目录下。

(2) 配置 TLD 文件。新建一个 TLD 文件，使用<tag-file>元素定义标签文件。如下代码定义自定义标签的名称为 header，路径为/META-INF/tags/header2.tag：

```
<tag-file>
    <name>header</name>
    <path>/META-INF/tags/header2.tag</path>
</tag-file>
```

(3) 使用 jar.exe 或 IDE 工具生成 JAR 文件，并将 JAR 文件复制到 WEB-INF/lib 目录下。

(4) 在 JSP 网页中使用 taglib 指令导入自定义标签库，例如：

```
<%@ taglib prefix="my" uri="http://www.jeelearning/mytaglib" %>
```

然后在 JSP 网页中使用这些自定义标签。

8.2.5　实践出真知

1. 比较 jsp:include 动作与标签文件

用 Eclipse 新建一个名称为"tagfiles"的动态 Web 项目，然后新建一个 header.jsp，完整的代码如代码清单 8.1 所示。header.jsp 是被包含文件，为了避免一个 JSP 文件出现多个

<html>和<body>标签而产生错误，因此需要删除这些 HTML 标签。另外，header.jsp 使用 param 对象获取传入的参数值。

代码清单 8.1　header.jsp

```
<%@ page language="java" contentType="text/html; charset=UTF-8"
 pageEncoding="UTF-8"%>
<img src="images/duke.jpg" /><br>
<em><strong>欢迎 ${ param.username } 大驾光临! </strong></em>
```

然后，新建一个包含文件——include.jsp，代码如代码清单 8.2 所示。

该 JSP 文件采用了少许小脚本，设置请求对象的字符编码为 UTF-8，也可以使用 JSTL 格式标签库的<fmt:requestEncoding>标签完成同样的功能。使用<jsp:include>标签包含 header.jsp，并使用<jsp:param>标签传递参数。

代码清单 8.2　include.jsp

```
<%@ page language="java" contentType="text/html; charset=UTF-8"
 pageEncoding="UTF-8"%>
<!DOCTYPE html PUBLIC "-//W3C//DTD HTML 4.01 Transitional//EN"
 "http://www.w3.org/TR/html4/loose.dtd">
<html>
<head>
<meta http-equiv="Content-Type" content="text/html; charset=UTF-8">
<title>测试jsp:include</title>
</head>
<body>
    <%
        // 避免传入参数产生汉字乱码
        request.setCharacterEncoding("UTF-8");
    %>
    <jsp:include page="header.jsp">
        <jsp:param name="username" value="张三" />
    </jsp:include>
</body>
</html>
```

运行 Web 项目，运行结果如图 8.1 所示。可以注意到，页面显示了传入的参数"张三"，使得被包含页面更具有通用性。

图 8.1　include.jsp 的运行结果

下面采用标签文件技术实现相同的功能，以便比较这两种技术。

在 tagfiles 项目下的 WEB-INF 目录中新建一个名称为 tags 的子目录，在子目录中编写一个如代码清单 8.3 所示的标签文件。

可以注意到，代码使用 attribute 指令设置需要传递的参数，该指令的三个属性(name、required 和 rtexprvalue)的用途与 TLD 文件中的<attribute>元素的同名子元素一致。另外，传

递进来的参数使用${username}，而非${param.username}。

代码清单 8.3　header.tag

```
<%@ tag pageEncoding="UTF-8" %>
<%@ attribute name="username" required="true" rtexprvalue="true" %>
<img src="images/duke.jpg" /><br>
<em><strong>欢迎 ${ username } 大驾光临! </strong></em>
```

下面编制测试文件，如代码清单 8.4 所示。代码需要使用 taglib 指令指定所用的标签文件，然后在页面中调用自定义标签。

使用标签文件后，调用格式<my:header username="张三" />明显地比使用<jsp:include>要简洁明得多。

代码清单 8.4　tagfile1.jsp

```
<%@ page language="java" contentType="text/html; charset=UTF-8"
 pageEncoding="UTF-8"%>
<%@ taglib prefix="my" tagdir="/WEB-INF/tags" %>
<!DOCTYPE html PUBLIC "-//W3C//DTD HTML 4.01 Transitional//EN"
 "http://www.w3.org/TR/html4/loose.dtd">
<html>
<head>
<meta http-equiv="Content-Type" content="text/html; charset=UTF-8">
<title>测试标签文件</title>
</head>
<body>
<my:header username="张三" />
</body>
</html>
```

tagfile1.jsp 的运行结果如图 8.2 所示，与前面的图 8.1 完全一样，但所采用的编码技术不同，采用标签文件在调用格式上非常简洁，代码容易阅读理解，有一定的优势。

图 8.2　tagfile1.jsp 的运行结果

2. 使用标签体的标签文件

还是使用 tagfiles 项目，在 WEB-INF/tags 目录中编写一个如代码清单 8.5 所示的标签文件。与上一个实例一样，该标签文件接受一个标签属性 username，唯一不同的是，新增了对标签体的支持，在代码中使用<jsp:doBody />标签插入传入的标签体信息。

代码清单 8.5　header2.tag

```
<%@ tag pageEncoding="UTF-8" %>
<%@ attribute name="username" required="true" rtexprvalue="true" %>
<%@ tag body-content="tagdependent" %>
<img src="images/duke.jpg" /><br>
<em><strong>欢迎 ${ username } 大驾光临! </strong></em>
<br><pre><jsp:doBody/></pre>
```

下面编制如代码清单 8.6 所示的测试文件。代码需要使用 taglib 指令指定所用的标签文件，然后在页面中调用自定义标签，可以注意到，<my:header2>有一个很长的标签体。

代码清单 8.6 tagfile2.jsp

```
<%@ page language="java" contentType="text/html; charset=UTF-8"
  pageEncoding="UTF-8"%>
<%@ taglib prefix="my" tagdir="/WEB-INF/tags" %>
<!DOCTYPE html PUBLIC "-//W3C//DTD HTML 4.01 Transitional//EN"
  "http://www.w3.org/TR/html4/loose.dtd">
<html>
<head>
<meta http-equiv="Content-Type" content="text/html; charset=UTF-8">
<title>测试标签文件</title>
</head>
<body>
<my:header2 username="张三" >
好了歌 跛足道人

世人都晓神仙好，惟有功名忘不了！
古今将相在何方？荒冢一堆草没了。
世人都晓神仙好，只有金银忘不了！
终朝只恨聚无多，及到多时眼闭了。
世人都晓神仙好，只有姣妻忘不了！
君生日日说恩情，君死又随人去了。
世人都晓神仙好，只有儿孙忘不了！
痴心父母古来多，孝顺儿孙谁见了？
</my:header2>
</body>
</html>
```

tagfile2.jsp 的运行结果如图 8.3 所示。

图 8.3 tagfile2.jsp 的运行结果

3. 使用面板

面板是页面设计的常用组件，实现一个面板通常需要很多代码，使用标签文件技术实现一个面板的自定义标签是很有趣的想法。

还是使用 tagfiles 项目。然后在 WEB-INF/tags 目录中编写一个如代码清单 8.7 所示的标签文件。其中，有三个需要传入的标签属性，即 tbcolor、tdcolor 和 title，分别表示表格的背景颜色、面板的背景颜色和面板的标题。另外，代码使用<jsp:doBody />以便在面板中显示标签体信息。

代码清单 8.7　panel.tag

```
<%@ tag pageEncoding="UTF-8" %>
<%@ attribute name="tbcolor"%>
<%@ attribute name="tdcolor"%>
<%@ attribute name="title"%>
<table border="1" style="background-color:${tbcolor};">
    <tr>
        <td><b>${title}</b></td>
    </tr>
    <tr>
        <td style="background-color:${tdcolor};"><jsp:doBody /></td>
    </tr>
</table>
```

然后，编写一个调用面板标签的 JSP 页面，如代码清单 8.8 所示。

可以看到，代码使用了一行两列的表格，第一个单元格显示第一个面板，第二个单元格显示第二个面板，第二个面板还嵌套一个内部面板。如果不使用标签文件，实现这个功能的代码应该非常复杂，不容易阅读。使用标签文件后，代码结构变得非常清晰，容易理解和维护。

代码清单 8.8　panel.jsp

```
<%@ page language="java" contentType="text/html; charset=UTF-8"
 pageEncoding="UTF-8"%>

<%@ taglib prefix="my" tagdir="/WEB-INF/tags"%>
<!DOCTYPE html PUBLIC "-//W3C//DTD HTML 4.01 Transitional//EN"
 "http://www.w3.org/TR/html4/loose.dtd">

<html>
<head>
<title>使用标记文件的面板</title>
</head>
<body>
    <table border="0">
        <tr valign="top">
            <td><my:panel tbcolor="#ff8080" tdcolor="#ffc0c0" title="第一个面板">
                    <p>第一个面板内容</p>
                    <p>第一个面板内容</p>
                    <p>第一个面板内容</p>
                </my:panel>
            </td>
            <td><my:panel tbcolor="#8080ff" tdcolor="#c0c0ff" title="第二个面板">
                    <p>第二个面板内容</p>
                    <my:panel tbcolor="#80ff80" tdcolor="#c0ffc0" title="内部面板">
                        <p>面板内部的面板</p>
                    </my:panel>
                </my:panel>
            </td>
        </tr>
    </table>
</body>
</html>
```

panel.jsp 的运行结果如图 8.4 所示，结果符合预期。

图 8.4　panel.jsp 的运行结果

4. 标签文件打包

本实验演示如何将标签文件打包为 JAR 文件。

首先准备要打包的文件。使用代码清单 8.5 的 header2.tag 作为标签文件，还需要编制一个 TLD 文件，文件内容如代码清单 8.9 所示。

TLD 的格式在第 7 章中已经讲述过，这里不再重复。唯一要注意的是<tag-file>元素，<name>元素指定标签的名称，<path>元素指定标签文件的位置。

代码清单 8.9　mytaglib.tld

```xml
<?xml version="1.0" encoding="UTF-8" ?>
<taglib xmlns="http://java.sun.com/xml/ns/javaee"
 xmlns:xsi="http://www.w3.org/2001/XMLSchema-instance"
 xsi:schemaLocation="http://java.sun.com/xml/ns/javaee
 http://java.sun.com/xml/ns/javaee/web-jsptaglibrary_2_1.xsd"
 version="2.1">
    <description>标签文件归档示例</description>
    <tlib-version>1.0</tlib-version>
    <short-name>MyTagFile</short-name>
    <uri>http://www.jeelearning/mytaglib</uri>
    <tag-file>
        <name>header</name>
        <path>/META-INF/tags/header2.tag</path>
    </tag-file>
</taglib>
```

下一步是打包。打包可以采用 JDK 安装目录下的 jar.exe 实用程序，也可以使用 Eclipse 等 IDE 工具，还可以使用 WinRAR 等通用压缩工具来手工打包。为了更清楚说明打包的过程，这里使用 360 压缩工具(或其他压缩工具)。

首先，在硬盘的任意目录下新建一个 ZIP 文件。注意，一定要是 ZIP 文件，不能是 RAR 等其他压缩格式。然后将该 ZIP 文件更名为 myjar.jar，并使用压缩工具打开，打开后的 JAR 文件应该为空。然后在空白处单击鼠标右键，从快捷菜单中选择"新建文件夹"命令，建立一个名称为 META-INF 的目录，用同样的方式，在 META-INF 目录下建立 tags 目录，将准备好的 header2.tag 文件和 mytaglib.tld 文件分别拖放到 META-INF/tags 目录和 META-INF 目录下。如果仅仅想打包标签文件，至此已经完成了所有的工作，关闭压缩工具就可以休息了。但是，很多时候需要将一些图片、JavaScript 和 CSS 等资源文件也一起打包，就不得不再做一点工作。

在 META-INF 目录下建立一个 resources 目录，然后在 resources 目录下建立一个 images 目录，把 duke.jpg 文件复制到新建的 META-INF/resources/images 目录下。需要说明的是，Servlet 3.0 之后支持读取 JAR 文件下的 META-INF/resources 目录下的资源，将 resources 目

录视为应用的根目录。因此，原来的<img src="images/duke.jpg" />就能访问 JAR 文件中的 duke.jpg 图片了。

如果想让自己的 JAR 文件看起来更加专业，可以在 META-INF 目录下再放一个 MANIFEST.MF 文件，文件内容只需要如下一行代码即可：

```
Manifest-Version: 1.0
```

完成后的 JAR 文件结构如图 8.5 所示。

名称	压缩前	压缩后	类型	修改日期
.. (上级目录)			文件夹	
resources			文件夹	2014-10-24 21:36
tags			文件夹	2014-10-24 20:36
MANIFEST.MF	1 KB	1 KB	MF 文件	2014-10-24 20:59
mytaglib.tld	1 KB	1 KB	TLD 文件	2014-10-24 21:17

图 8.5 完成后的 JAR 文件结构

现在，新建一个名称为 tagfilejar 的动态 Web 项目，将已经做好的 myjar.jar 文件复制到 WEB-INF/lib 目录下，再将代码清单 8.6 的 tagfile2.jsp 文件复制到新项目中，修改 taglib 指令和调用的自定义标签名称，修改后的 tagfile2.jsp 如代码清单 8.10 所示。

代码清单 8.10 修改后的 tagfile2.jsp

```
<%@ page language="java" contentType="text/html; charset=UTF-8"
  pageEncoding="UTF-8"%>
<%@ taglib prefix="my" uri="http://www.jeelearning/mytaglib" %>
<!DOCTYPE html PUBLIC "-//W3C//DTD HTML 4.01 Transitional//EN"
  "http://www.w3.org/TR/html4/loose.dtd">
<html>
<head>
<meta http-equiv="Content-Type" content="text/html; charset=UTF-8">
<title>测试标签文件</title>
</head>
<body>
<my:header username="张三" >
好了歌  跛足道人

世人都晓神仙好，惟有功名忘不了！
古今将相在何方？荒冢一堆草没了。
世人都晓神仙好，只有金银忘不了！
终朝只恨聚无多，及到多时眼闭了。
世人都晓神仙好，只有姣妻忘不了！
君生日日说恩情，君死又随人去了。
世人都晓神仙好，只有儿孙忘不了！
痴心父母古来多，孝顺儿孙谁见了？
</my:header>
</body>
</html>
```

运行该项目，如果没有差错的话，运行结果应该与图 8.3 一样。再看看 Web 项目中，只有一个 JSP 文件和一个 JAR 文件，显得整洁、清爽。

8.2.6 有问必答

1. 标签文件能够访问诸如 request 和 response 的隐含对象吗？

260

答： 当然。即便是标签文件，最终也是 JSP 的一个部分，可以访问隐含的 request 和 response 对象，还可以访问 JspContext 对象，但不能访问 ServletContext 对象。

2. body-content 的取值可以是 empty、scriptless 和 tagdependent 三者之一，不管是取哪个值，都不支持脚本，对吗？

答： 是的。empty 不必说了，不允许有标签体。scriptless 不允许有脚本元素，否则报错。tagdependent 将脚本元素视为普通文本，不对标签体中的脚本元素求值。因此，标签文件都不支持标签体中的脚本。需要澄清：是不支持标签体中的脚本，而不是标签文件不支持脚本，在标签文件中还是可以使用脚本元素的。

3. 我有些担心，标签文件本身就有 attribute 指令，假如将标签文件打包，就需要 TLD，TLD 的<attribute>声明会不会与 attribute 指令冲突？

答： 很好的问题。如果将标签文件打包为 JAR 文件，对应的 TLD 只需要描述标签文件的位置，不需要声明 attribute、body-content 等信息，因此不会发生冲突。要知道，TLD 文件中的<tag-file>元素与<tag>元素的区别蛮大的。

8.3 简 单 标 签

使用标签文件时，要重用的功能是使用通用的 JSP 语法来定义的，带来的好处是对 Java 编程不熟悉的网页设计人员也可以非常方便地通过自定义标签来重用网页。当标签文件的功能无法满足实际要求时，可能就需要借助于功能强大的 Java。

简单标签使用 Java 代码来实现自定义标签的功能，一般由 Java 程序员来负责开发，页面设计人员只需要了解如何在 JSP 页面中使用这些自定义标签。简单标签使用 Java 类来封装需要重用的功能，这些 Java 类需要实现特定的接口，一般把这些 Java 类称为标签处理程序(Tag Handler)。

与标签文件相比，构建简单标签要复杂得多，因而提供了细粒度的控制能力。简单标签是 JSP 2.0 才开始引入的，以前都采用一种传统的自定义标签，相对于传统标签的开发方式，简单标签已经大大简化了开发过程，降低了开发的难度。要在传统的标签开发方式和新的简单标签开发方式中进行选择是比较困难的，从功能上讲，简单标签开发是一种简化的模型，尤其是与 JSTL 和标签文件技术结合在一起，简单标签几乎能完成所想到的任何事情。传统标签已经过时，只有当需要阅读和维护以前的遗留标签代码时才需要。因此，本书不再介绍传统标签技术。

简单标签开发主要包括三个相关部件的开发，即标签处理程序、TLD 文件和使用标签的 JSP 页面。

8.3.1 构建一个简单标签的处理程序

要想知道简单标签处理程序是怎样开发的，最好的办法是仔细了解一个简单标签的开发过程。HelloWorld 简单标签的开发一共分为如下几个步骤。

(1) 编写一个继承 SimpleTagSupport 的标签类，该类必须实现 doTag()方法，以便编写标签处理程序代码。例如：

```
package com.jeelearning.tag;

import java.io.IOException;

import javax.servlet.jsp.JspException;
import javax.servlet.jsp.tagext.SimpleTagSupport;

public class HelloWorldSimpleTag extends SimpleTagSupport {
    @Override
    public void doTag() throws JspException, IOException {
        // 标签处理程序代码
    }
}
```

(2) 重写 doTag()方法。例如：

```
@Override
public void doTag() throws JspException, IOException {
    getJspContext().getOut().write("你好，世界！");
}
```

(3) 为新标签配置 TLD 文件。例如：

```
<?xml version="1.0" encoding="UTF-8" ?>
<taglib xmlns="http://java.sun.com/xml/ns/javaee"
 xmlns:xsi="http://www.w3.org/2001/XMLSchema-instance"
 xsi:schemaLocation="http://java.sun.com/xml/ns/javaee
 http://java.sun.com/xml/ns/javaee/web-jsptaglibrary_2_1.xsd"
 version="2.1">
    <description>SimpleTag 处理程序的简单标签库</description>
    <tlib-version>1.0</tlib-version>
    <short-name>HelloWorldTagLibrary</short-name>
    <uri>http://www.jeelearning/mytaglib</uri>
    <tag>
        <description>打印"你好，世界！"</description>
        <name>helloWorld</name>
        <tag-class>com.jeelearning.tag.HelloWorldSimpleTag</tag-class>
        <body-content>empty</body-content>
    </tag>
</taglib>
```

(4) 部署简单标签处理程序和 TLD 文件。将 TLD 文件放到 WEB-INF 目录下。编译标签处理程序，并将编译好的字节码放到 WEB-INF/classes 目录下，且必须按照包目录结构放置。如果使用 Eclipse 等 IDE 进行开发，IDE 会自动完成这一步的工作，降低了工作复杂度。

(5) 编写使用自定义标签的 JSP 网页。例如：

```
<%@ taglib prefix="mytag" uri="/WEB-INF/mytaglib.tld" %>
<html>
<body>
    <mytag:helloWorld/>
</body>
</html>
```

8.3.2　简单标签的 API

简单标签处理程序必须实现 SimpleTag 接口。最方便的方式是继承 SimpleTagSupport

类并重写需要的方法，多数的简单标签都是继承 SimpleTagSupport 类并重写 doTag()方法。

SimpleTag 接口是 JSP 2.0 规范开始引入的。SimpleTag 接口提供 doTag()方法，容器在任意一次调用标签时，都调用一次且仅一次 doTag()方法。所有的标签逻辑、迭代、标签体求值等，都要在 doTag()方法中完成。SimpleTag 接口提供 setJspBody()方法以支持标签体内容，简单标签处理程序必须提供公有的无参构造函数。

SimpleTag 接口继承 JspTag，JspTag 是 Tag 和 SimpleTag 的基类，主要为了组织和类型安全而设置。SimpleTag 接口提供如下方法。

- void doTag() throws JspException, IOException：容器执行标签时调用本方法。标签库开发人员提供本方法的实现，方法需要处理标签过程、标签体迭代等。
- void setParent(JspTag parent)：设置本标签的父标签。只有在本标签在另一个标签调用中嵌套时，容器才会调用本方法。
- JspTag getParent()：获取本标签的父标签。
- void setJspContext(JspContext pc)：本方法由容器调用，为本标签处理程序提供 JspContext 对象。
- void setJspBody(JspFragment jspBody)：作为 JspFragment 对象提供本标签体，标签处理程序可以调用本方法零次或多次。

相对于传统标签开发，实现 SimpleTag 接口已经简化了很多。但 JSP 2.0 还提供一个实现 SimpleTag 接口的 SimpleTagSupport 类，这样，在开发自定义标签时，只需要继承 SimpleTagSupport 类并重写 doTag()方法即可，这是简单标签最为常用的开发方式。

SimpleTagSupport 类新增了如下 3 个方法。

- public static final JspTag findAncestorWithClass(JspTag from, Class<?> klass)：查找并返回给定类的实例，返回实例应该最为接近给定的实例。参数 from 为开始搜索的实例，参数 klass 为要匹配的 JspTag 的子类或接口。本方法用于标签之间的协作。
- protected JspFragment getJspBody()：返回由容器通过 setJspBody()方法进行设置的标签体。
- protected JspContext getJspContext()：返回由容器通过 setJspContext()方法设置的页面上下文对象。

8.3.3　简单标签处理程序的生命周期

简单标签的生命周期包括如下 6 个阶段。

(1) 创建标签处理程序类的实例

当 JSP 页面使用一个标签时，容器首先调用默认的无参构造函数以创建标签处理程序类的新实例。不像传统标签，JSP 容器不会缓存和重用简单标签处理程序。

(2) 设置 JSP 页面上下文

容器调用 setJspContext()方法和 setParent()方法。setJspContext()方法将 JSP 页面当前的上下文引用传递给标签处理程序，只有标签嵌套调用时，才会调用 setParent()方法，这样，嵌套标签才可以进行通信。

(3) 执行 Setters 方法

如果调用标签时带有属性，容器将调用标签定义的每个属性的 Setters 方法，以设置属性值。

(4) 设置标签体

如果存在标签体，标签体作为 JspFragment 对象传入，容器将调用 setJspBody()方法设置标签体，否则不会调用 setJspBody()方法。

(5) 执行标签功能

容器调用 doTag()方法，这是标签最重要的方法。所有的标签逻辑、迭代、标签体求值等，都要在 doTag()方法中进行处理。

(6) 结束阶段

doTag()方法结束，同步所有变量。

8.3.4　传递标签属性

如果需要将标签属性传递给标签处理程序，就需要做更多的工作。

首先，在标签处理程序类中，将传入的标签属性声明为类成员变量，然后构建一个标签属性的 Setter 方法。

例如，下面的代码声明的成员变量为 num，对应的 Setter 方法是 setNum(int num)，Setter 方法的命名规则遵从 JavaBeans 的规则：

```java
package com.jeelearning.tag;

import java.io.IOException;

import javax.servlet.jsp.JspException;
import javax.servlet.jsp.tagext.SimpleTagSupport;

public class MySimpleTag extends SimpleTagSupport {
    private int num;

    @Override
    public void doTag() throws JspException, IOException {
        // 标签逻辑，可以使用传入的标签属性 num
    }

    public void setNum(int num) {
        this.num = num;
    }
}
```

按照标签处理程序的生命周期，容器将调用 num 属性的 Setters 方法，即 setNum(int num)方法，以设置标签属性值。

在 TLD 文件中，对应的标签内的<attribute>元素也要定义标签属性。例如，如下代码定义了标签属性的名称为 num，该属性必选，且支持运行时刻表达式求值：

```xml
<?xml version="1.0" encoding="UTF-8" ?>
<taglib xmlns="http://java.sun.com/xml/ns/javaee"
 xmlns:xsi="http://www.w3.org/2001/XMLSchema-instance"
 xsi:schemaLocation="http://java.sun.com/xml/ns/javaee
 http://java.sun.com/xml/ns/javaee/web-jsptaglibrary_2_1.xsd"
 version="2.1">
  <description>SimpleTag 处理程序的标签库</description>
  <tlib-version>1.0</tlib-version>
```

```
<short-name>MyTagLibrary</short-name>
<uri>http://www.jeelearning.com/mytaglib</uri>
<tag>
    <name>foo</name>
    <tag-class>com.jeelearning.tag.MySimpleTag</tag-class>
    <attribute>
        <name>num</name>
        <required>true</required>
        <rtexprvalue>true</rtexprvalue>
    </attribute>
</tag>
</taglib>
```

最后，调用自定义标签时也需要传入标签属性值。例如：

```
<mytag:foo num="10">
    标签体
</mytag:foo>
```

8.3.5 标签体的处理

如果自定义标签有标签体，处理起来就要稍微麻烦一些。在 TLD 文件的<body-content>元素中需要指定标签体的类型，在 doTag()方法中需要加一些语句对此进行处理。

例如，假设 JSP 文件所使用的标签带有标签体，文件内容大致是这样的：

```
<%@ taglib prefix="mytag" uri="/WEB-INF/mytaglib.tld" %>
<html>
<head>
<body>
<mytag:simpletag2>
    这是标签体的内容
</mytag:simpletag2>
</body>
</html>
```

那么，标签处理程序类就需要对体进行处理，在 doTag()方法加入一条语句，语句"getJspBody().invoke(null);"的含义是对标签体进行处理且输出到响应对象。null 参数表示输出到响应对象，而不是传入的其他 writer 对象。例如：

```
package com.jeelearning.tag;

import java.io.IOException;

import javax.servlet.jsp.JspException;
import javax.servlet.jsp.tagext.SimpleTagSupport;

public class SimpleTagTest extends SimpleTagSupport {
    @Override
    public void doTag() throws JspException, IOException {
        getJspBody().invoke(null);
    }
}
```

在 TLD 文件中，也需要相应地说明标签体的类型，如下配置代码说明标签体的类型为scriptless：

```
<?xml version="1.0" encoding="UTF-8" ?>
```

```
<taglib xmlns="http://java.sun.com/xml/ns/javaee"
 xmlns:xsi="http://www.w3.org/2001/XMLSchema-instance"
 xsi:schemaLocation="http://java.sun.com/xml/ns/javaee
 http://java.sun.com/xml/ns/javaee/web-jsptaglibrary_2_1.xsd"
 version="2.1">
    <description>SimpleTag 处理程序的简单标签库</description>
    <tlib-version>1.0</tlib-version>
    <short-name>SimpleTagLibrary</short-name>
    <uri>http://www.jeelearning/mytaglib</uri>
    <tag>
        <name> simpletag2</name>
        <tag-class>com.jeelearning.tag.SimpleTagTest</tag-class>
        <body-content>scriptless</body-content>
    </tag>
</taglib>
```

以上只是很简单的标签体，因为体中没有 EL 表达式。

如果在调用标签时属性并不存在，也就是说，标签体依靠标签处理程序来设置属性，例如，需要在重复调用标签体时显示当前完成调用的次数，在调用标签时，次数属性并不存在，只有在重复执行时，次数属性才会有值。下面演示解决这个问题的方法：

```
<mytag:foo>
    当前信息为: ${msg}
</mytag:foo>
```

当 JSP 文件调用一个自定义标签时，msg 还不是一个范围属性。如果将${msg}表达式提到自定义标签之外，该表达式肯定会返回 null。

在标签处理程序中，首先设置 msg 属性，然后调用标签体，这时 msg 属性已经有值，不会有任何问题：

```
@Override
public void doTag() throws JspException, IOException {
    getJspContext().setAttribute("msg", "一切正常");
    getJspBody().invoke(null);
}
```

8.3.6　SkipPageException 异常

抛出 SkipPageException 异常的功能是：停止处理页面。

假如页面调用某个自定义标签，而该标签依赖于一些特定的请求属性。如果标签发现所需的属性不存在，而且明确知道如果缺失这些属性标签将无法正常工作，这时，最简单的方式就是抛出一个 SkipPageException 异常，停止处理页面，抛出异常之前的所有输出还会显示在客户端浏览器上，但不会处理以后的所有输出。

如下代码在有故障时会抛出 SkipPageException 异常：

```
@Override
public void doTag() throws JspException, IOException {
    getJspContext().getout().print("这些信息会正常显示。<br>");
    getJspContext().getout().print("即将抛出 SkipPageException 异常");
    if(somethingwrong) {
        throw new SkipPageException();
    }
}
```

这时，只有在异常发生之前的页面和标签能够显示在浏览器上，异常发生之后的标签和页面都不会显示。

要注意的是，SkipPageException 异常只会影响直接使用该标签的页面，不会影响用 <jsp:include>指令包含该标签的页面。

8.3.7　实践出真知

1. 简单的 SimpleTag 处理程序

用 Eclipse 新建一个名称为 simpletag 的动态 Web 项目。在项目中新建一个简单标签处理程序：HelloWorldSimpleTag 类，该类继承 SimpleTagSupport 类，重写 doTag()方法，方法体只有一行代码，功能是输出一串文字，如代码清单 8.11 所示。

代码清单 8.11　HelloWorldSimpleTag.java

```java
package com.jeelearning.tag;

import java.io.IOException;

import javax.servlet.jsp.JspException;
import javax.servlet.jsp.tagext.SimpleTagSupport;

/**
 * 打印"你好，世界！"的 SimpleTag 处理程序
 */
public class HelloWorldSimpleTag extends SimpleTagSupport {
    @Override
    public void doTag() throws JspException, IOException {
        getJspContext().getOut().write("你好，世界！");
    }
}
```

然后配置 TLD 文件，如代码清单 8.12 所示。

其中，<name>元素指定标签名称，<tag-class>元素指定标签的 Java 处理程序，<body-content>元素值为 empty，指定没有标签体。

代码清单 8.12　mytaglib.tld

```xml
<?xml version="1.0" encoding="UTF-8" ?>
<taglib xmlns="http://java.sun.com/xml/ns/javaee"
 xmlns:xsi="http://www.w3.org/2001/XMLSchema-instance"
 xsi:schemaLocation="http://java.sun.com/xml/ns/javaee
 http://java.sun.com/xml/ns/javaee/web-jsptaglibrary_2_1.xsd"
 version="2.1">
    <description>SimpleTag 处理程序的简单标签库</description>
    <tlib-version>1.0</tlib-version>
    <short-name>HelloWorldTagLibrary</short-name>
    <uri>http://www.jeelearning/mytaglib</uri>
    <tag>
        <description>打印"你好，世界！"</description>
        <name>helloWorld</name>
        <tag-class>com.jeelearning.tag.HelloWorldSimpleTag</tag-class>
        <body-content>empty</body-content>
    </tag>
</taglib>
```

最后,编写一个如代码清单 8.13 所示的 JSP 网页,使用 taglib 指令导入自定义标签库,并在合适的位置调用自定义标签。

代码清单 8.13　index.jsp

```
<%@ page language="java" contentType="text/html; charset=UTF-8"
 pageEncoding="UTF-8"%>
<!DOCTYPE html PUBLIC "-//W3C//DTD HTML 4.01 Transitional//EN"
 "http://www.w3.org/TR/html4/loose.dtd">
<%@ taglib prefix="mytag" uri="/WEB-INF/mytaglib.tld" %>
<html>
<head>
<meta http-equiv="Content-Type" content="text/html; charset=UTF-8">
<title>你好世界的 SimpleTag 处理程序</title>
</head>
<body>
    <p>本标签在页面上打印"你好,世界!",这是一个没有标签体的基本 SimpleTag 处理程序。</p>
    <br>
    <b>自定义标签输出结果: </b>
    <mytag:helloWorld/>
</body>
</html>
```

运行 Web 项目,运行结果如图 8.6 所示,在页面上显示自定义标签的输出结果。

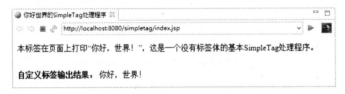

图 8.6　index.jsp 的运行结果

2. 重复的 SimpleTag 处理程序

本示例展示如何在简单标签处理程序中重复调用标签体。

首先,用 Eclipse 新建一个名称为 repeattag 的动态 Web 项目,然后新建一个简单标签的处理程序类 RepeatSimpleTag。在该类中设置一个成员变量 num 以存放循环次数,同时,新建一个 setNum(int num)方法,以便让容器在调用标签属性的 Setters 方法时调用,设置标签属性值。在 doTag()方法体中,用一个 for 循环重复执行标签体,调用 JspContext 对象的 setAttribute()方法将已经执行循环的次数存放到名称为 count 的变量中。完整的代码如代码清单 8.14 所示。

代码清单 8.14　RepeatSimpleTag.java

```
package com.jeelearning.tag;

import java.io.IOException;

import javax.servlet.jsp.JspException;
import javax.servlet.jsp.tagext.SimpleTagSupport;

/**
 * SimpleTag 处理程序,接收 num 属性并调用标签体"num"次
 */
public class RepeatSimpleTag extends SimpleTagSupport {
```

```
        private int num;

        @Override
        public void doTag() throws JspException, IOException {
            for (int i=0; i<num; i++) {
                getJspContext().setAttribute("count", String.valueOf(i + 1));
                getJspBody().invoke(null);
            }
        }

        public void setNum(int num) {
            this.num = num;
        }
    }
}
```

在 WEB-INF 目录中创建重复标签所对应的 TLD 文件，如代码清单 8.15 所示。

其中，\<body-content\>元素值为 scriptless 指定标签体不能有脚本元素，\<variable\>元素定义了名称为 count 的变量，该变量表示当前完成调用的次数。\<attribute\>元素定义标签属性名称为 num，该属性值决定循环的次数。

代码清单 8.15　mytaglib.tld

```xml
<?xml version="1.0" encoding="UTF-8" ?>
<taglib xmlns="http://java.sun.com/xml/ns/javaee"
  xmlns:xsi="http://www.w3.org/2001/XMLSchema-instance"
  xsi:schemaLocation="http://java.sun.com/xml/ns/javaee
  http://java.sun.com/xml/ns/javaee/web-jsptaglibrary_2_1.xsd"
  version="2.1">
  <description>SimpleTag 处理程序的标签库</description>
  <tlib-version>1.0</tlib-version>
  <short-name>RepeatTagLibrary</short-name>
  <uri>http://www.jeelearning.com/mytaglib</uri>
  <tag>
      <description>接收 num 属性并调用标签体 "num" 次</description>
      <name>repeat</name>
      <tag-class>com.jeelearning.tag.RepeatSimpleTag</tag-class>
      <body-content>scriptless</body-content>
      <variable>
          <description>当前完成调用的次数(1~num 次)</description>
          <name-given>count</name-given>
      </variable>
      <attribute>
          <description>调用的总次数</description>
          <name>num</name>
          <required>true</required>
          <rtexprvalue>true</rtexprvalue>
      </attribute>
  </tag>
</taglib>
```

最后，创建一个使用自定义标签的 JSP 文件，文件内容如代码清单 8.16 所示。

语句\<mytag:repeat num="5"\>调用重复标签，并且传入标签属性值，表达式${count}显示当前完成调用的次数。

代码清单 8.16　index.jsp

```jsp
<%@ page language="java" contentType="text/html; charset=UTF-8"
  pageEncoding="UTF-8"%>
<!DOCTYPE html PUBLIC "-//W3C//DTD HTML 4.01 Transitional//EN"
```

```
        "http://www.w3.org/TR/html4/loose.dtd">
<%@ taglib prefix="mytag" uri="/WEB-INF/mytaglib.tld" %>
<html>
<head>
<meta http-equiv="Content-Type" content="text/html; charset=UTF-8">
<title>重复 SimpleTag 处理程序</title>
</head>
<body>
    <p>本标签处理程序接收 num 属性并调用标签体 "num" 次</p>
    <b>运行结果: </b><br>
    <mytag:repeat num="5">
        5 次中的第${count}次调用<br>
    </mytag:repeat>
    </body>
</html>
```

运行 Web 项目，运行结果如图 8.7 所示。重复调用标签体 5 次，每次循环都显示是第几次调用。

图 8.7　index.jsp 的运行结果

本示例虽然很简单，但其工作原理可以适用于很多地方，经过扩展之后，能够完成更为复杂的功能。

3. 实现自己的 forEach 标签

JSTL 核心标签中的 forEach 标签功能强大，如果自己能够做一个类似的标签，无疑会极大地增强自己学习 Java EE 的自信心，感受到成功的喜悦。

在 Eclipse 中新建一个名称为 "myforeachtag" 的动态 Web 项目，然后新建一个简单标签处理程序类，代码如代码清单 8.17 所示。

ForEachSimpleTag 有两个成员变量，即 var 和 items，用于接受传入的标签属性，items 存放集合变量，var 存放集合变量中的元素，这两个成员变量对应两个 Setter 方法。doTag() 方法体对集合变量进行遍历，在循环体中设置 var 变量，并重复调用标签体进行输出。

代码清单 8.17　ForEachSimpleTag.java

```java
package com.jeelearning.tag;

import java.io.IOException;
import java.util.Iterator;
import java.util.List;
import javax.servlet.jsp.JspException;
import javax.servlet.jsp.tagext.SimpleTagSupport;

public class ForEachSimpleTag extends SimpleTagSupport {
    private String var;
    private List<Object> items;
```

```
    @Override
    public void doTag() throws JspException, IOException {
        Object item = null;
        Iterator<Object> i = items.iterator();
        while (i.hasNext()) {
            item = i.next();
            getJspContext().setAttribute(var, item);
            getJspBody().invoke(null);
        }
    }

    public void setVar(String var) {
        this.var = var;
    }

    public void setItems(List<Object> items) {
        this.items = items;
    }
}
```

在 WEB-INF 目录中创建重复标签所对应的 TLD 文件，如代码清单 8.18 所示。

<body-content>元素值为 scriptless 指定标签体不能有脚本元素，两个<attribute>元素分别定义标签属性 var 和 items，两个标签属性都必选，支持运行时刻对表达式求值。

代码清单 8.18　mytaglib.tld

```
<?xml version="1.0" encoding="UTF-8" ?>
<taglib xmlns="http://java.sun.com/xml/ns/javaee"
 xmlns:xsi="http://www.w3.org/2001/XMLSchema-instance"
 xsi:schemaLocation="http://java.sun.com/xml/ns/javaee
 http://java.sun.com/xml/ns/javaee/web-jsptaglibrary_2_1.xsd"
 version="2.1">
  <description>SimpleTag 处理程序的标签库</description>
  <tlib-version>1.0</tlib-version>
  <short-name>ForEachTagLibrary</short-name>
  <uri>http://www.jeelearning.com/mytaglib</uri>
  <tag>
    <description>实现 c:out 的简单功能</description>
    <name>forEach</name>
    <tag-class>com.jeelearning.tag.ForEachSimpleTag</tag-class>
    <body-content>scriptless</body-content>
    <attribute>
      <description>当前集合变量中的元素</description>
      <name>var</name>
      <required>true</required>
      <rtexprvalue>true</rtexprvalue>
    </attribute>
    <attribute>
      <description>集合变量</description>
      <name>items</name>
      <required>true</required>
      <rtexprvalue>true</rtexprvalue>
    </attribute>
  </tag>
</taglib>
```

最后，创建一个使用自定义标签的 JSP 文件，文件内容如代码清单 8.19 所示。

自定义标签只是模仿<c:forEach>标签的简单功能，因此只支持 var 和 items 两个属性。

代码清单 8.19　foreach.jsp

```
<%@ page language="java" contentType="text/html; charset=UTF-8"
 pageEncoding="UTF-8"%>
<%@ taglib prefix="my" uri="http://www.jeelearning.com/mytaglib" %>
<!DOCTYPE html PUBLIC "-//W3C//DTD HTML 4.01 Transitional//EN"
 "http://www.w3.org/TR/html4/loose.dtd">
<html>
<head>
<meta http-equiv="Content-Type" content="text/html; charset=UTF-8">
<title>&lt;my:forEach&gt;</title>
</head>
<body>
<h4>电影列表</h4>
<my:forEach var="movie" items="${movies}">
    ${movie}<br>
</my:forEach>
</body>
</html>
```

运行 Web 项目，运行结果如图 8.8 所示。自定义标签重复调用标签体以显示影片信息。

图 8.8　foreach.jsp 的运行结果

至此，自定义标签已经完成了<c:forEach>标签的简单功能，如果需要其他功能，可以自行添加。

8.3.8　有问必答

1. 自定义标签和标签文件的声明不同，为什么不都统一用 TLD 进行声明？

答: 统一使用 TLD 声明的确简化了自定义标签的编制。但是，到底谁是简化的受益者？对于自定义标签的开发者，当然简化了很多。标签文件却是专门为网页设计者设置的，标签文件为非 Java 开发人员提供构建自定义标签的方式，不要求编写 Java 类来处理标签的功能。因此，不强制要求必须为标签文件编写 TLD，是为标签文件开发人员提供方便。只有打包为 JAR 文件时，标签文件才需要 TLD。

2. 你说的简单标签，我怎么看着一点也不简单啊？

答: 说得对。这里说的"简单"，是相对于传统标签而言的，的确，简单标签的模型简化了很多，但简单标签的开发仍然有点复杂。

3. 当执行完 doTag()方法后，容器会缓存简单标签处理程序并重用吗？

答: 不会。简单标签处理程序从不重用，每个简单标签处理程序的实例只会在一次调用时存活，之后实例就不复存在。

第 9 章　Web 应用的开发与部署

　　本章介绍 Java EE Web 应用的开发和部署的核心——Web 配置。
Java EE Web 开发需要构建 Web 应用的文件及目录结构,以便能容纳
静态 HTML、JSP 页面、Servlet 类、部署描述文件、标签库、JAR 文
件以及 Java 类文件等,还需要完成 Web 组件、欢迎页面、错误页面、
初始参数等的配置工作。Java EE Web 开发人员需要熟练掌握和使用
常用的 Web 配置。

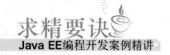

9.1　Web 应用开发环境和部署环境

前面的章节已经介绍了如何开发运行 Java EE Web 的项目，很多时候，需要更多的知识才能将已开发完成的项目部署到最终的服务器上，即上线运行。有的读者还遇到过需要在与原项目开发时不同的 IDE 环境下修改运行 Web 项目，但难以导入项目的情况。本节将试图说清楚如何解决这些问题。

9.1.1　Web 应用开发环境

有多种组织 Web 项目目录结构的方式，例如，可以使用 Ant、Maven 等项目管理工具。但这些工具不一定适合初学者，很多 Java EE 初学者都使用容易上手的 IDE 工具来开发 Web 项目。本章以 Eclipse 为例，介绍 Web 项目的开发环境。

首先使用 Eclipse 打开第 2 章开发的 redirectvsdispatch 项目，展开 Project Explorer 面板，如图 9.1 所示，这是一个典型的 Web 项目结构。

图 9.1　典型的 Web 项目结构

其中，如下两个部分最为重要。

(1)　Java Resources(Java 资源)

src 目录下放置全部的 Java 源代码，按照惯例，开发人员应定义 Java 包以分割不同功能的组件，例如，如果使用 MVC 架构，往往将控制器组件和模型组件分割开来；Libraries 目录指定本 Web 项目所需的各种 JAR 包，包括 Web 容器和 JRE 系统库的 JAR 包。

(2)　WebContent

该目录放置静态或动态的网页视图组件，如 JSP 和 HTML。该目录之下，有两个子目录——META-INF 和 WEB-INF。

META-INF 目录下有一个 MANIFEST.MF 文件，用于定义一些配置信息，开发人员很少需要关注该文件；WEB-INF 目录下大部分时候都会放置一个名称为 web.xml 的部署描述(Deployment Descriptor，DD)文件，lib 子目录下通常放置第三方的 JAR 文件。

值得注意的是 build 目录，src 目录下的 Java 源代码经过编译后的字节码文件都会存放在该目录下。

按照 Servlet 规范，这些字节码文件应该放到 WEB-INF/classes 目录下，因此，如果手工部署，就需要手动将这些字节码文件拷贝到 WEB-INF/classes 目录下，这很容易出错。幸运的是，Eclipse 等 IDE 工具都有导出的功能，能将开发完成的 Web 项目导出为适合部署的归档文件。

9.1.2　Web 应用部署环境

适合部署的文件称为 Web 归档(Web Archive，WAR)文件，该文件将 Servlets、JavaBeans 文件和相关资源集中存放在一起，把单独一个 WAR 文件作为部署单元来进行发布，避免了弄乱目录层次结构及文件的问题。

一个 WAR 文件就是一个 Web 应用结构的快照，WAR 是一种便于移植、压缩的格式，很像 JAR 文件。建立 WAR 文件，就是把整个 Web 应用程序(不包括 Web 应用程序层次结构的根目录)压缩起来，指定一个以.war 为扩展名的文件名称。

WAR 文件实质使用 ZIP 压缩文件格式，如果用任意文本文件编辑器打开 WAR 文件，都会看到头两个字母为 PK，这是 ZIP 文件格式的标识。可以使用 JDK 自带的 jar.exe 工具压缩和解压，但手工操作毕竟很繁琐且容易出错。使用 IDE 提供的导出功能，可以大幅提高效率，下面以 Eclipse 为例讲述如何导出 WAR 文件。

在 Eclipse 的 Project Explorer 面板中选中要导出的 Web 项目，使用 File → Export 菜单命令，在弹出的导出向导中选择 Web → WAR file，然后单击 Next 按钮，如图 9.2 所示。

图 9.2　导出向导

在下一步的界面中单击 Browse 按钮，选择导出的目标文件名，最后单击 Finish 按钮结束导出向导，如图 9.3 所示。

在目标目录中可以看到导出的 WAR 文件，现在研究其目录结构。使用任意解压缩工具(如 WinRar)对 WAR 文件解压，得到如图 9.4 所示的目录结构。

图 9.3　选择导出的目标文件名

图 9.4　解压缩后的目录结构

可以看到，WAR 文件中没有了 WebContent 目录，其根目录下放置 META-INF 子目录、WEB-INF 子目录以及 JSP 和 HTML 文件，并且编译好的 Java 字节码文件已经放置到 WEB-INF/classes 子目录下，WEB-INF/lib 子目录中放置可选的第三方 JAR 文件。

读者也许会感到奇怪，那 Web 应用的名称是什么呢？由于 WAR 文件没有 Web 应用名称目录作为根目录，Web 应用的名称实际上就是 WAR 文件的文件名，注意没有包含扩展名.war。

9.1.3　部署到 Web 服务器

在开发调试 Web 项目时，使用 Eclipse 等 IDE，正式上线运行需要把 Web 项目部署到 Web 服务器上，Java 源文件等涉及到软件公司的技术诀窍的资料不一定交付给最终用户。

大多数的 Web 服务器都提供一个热部署的目录，如 Tomcat 提供 webapps 目录，直接把 WAR 文件拷贝到该目录下就完成了部署。读者可自行将 redirectvsdispatch.war 文件拷贝到 webapps 目录，启动 Tomcat 服务器，在 Tomcat 命令行日志中，可以看到类似于如下的提示：

```
Deploying web application archive C:\apache-tomcat-8.0.5\webapps\redirectvsdispatch.war
```

这表明 Tomcat 已经部署了该 WAR 文件。使用 Windows 资源管理器可以看到如图 9.5 所示的结果，Tomcat 启动时自动将 WAR 文件解压缩为同名的子目录。

图 9.5　部署好的 Web 项目

启动浏览器，访问 http://localhost:8080/redirectvsdispatch/index.html 地址，这时，可以看到如图 9.6 所示的页面，证实部署完全可行。

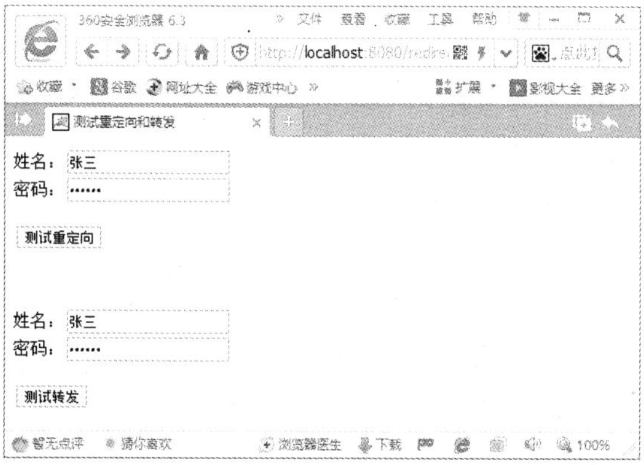

图 9.6　访问部署的 Web 项目

下面修改 WAR 文件的名称。首先关闭 Tomcat，删除 webapps\redirectvsdispatch 子目录，将 redirectvsdispatch.war 改名为 test.war。然后再次启动 Tomcat。可以看到类似图 9.5 的解压目录，只是目录名称变为 test，浏览器地址栏也要相应变化(更改为 http://localhost:8080/test/index.html)才能访问更名后的 Web 项目。

在 Tomcat 安装目录的 conf 目录下有个 server.xml 文件，搜索 unpackWARs 关键字，在大约第 122 行，会看到<Host>标签，默认设置如下：

```
<Host name="localhost" appBase="webapps" unpackWARs="true" autoDeploy="true">
```

如果将 unpackWARs 设置成 true，那么 Tomcat 在启动的时候，会在 webapps 目录下自动解压 WAR 文件；如果设置成 false，则 Tomcat 直接访问 WAR 文件。

9.1.4　Web 应用的目录和文件结构

尽管像 Eclipse 这样的 IDE 可以自动生成 WAR 文件，但是，了解部署到 Web 服务器上的 Web 应用的目录和文件结构还是有益的，有助于帮助故障排解。另外，可能有的 Web 应用只提供一个 WAR 文件，了解其结构，有助于导入到 IDE 中进行查看和学习，借鉴别人的先进编程经验。

(1) 目录和文件的结构

假定最终部署到 Tomcat webapps 目录下的 Web 应用名称为 MyTestApp，则 MyTestApp 的目录结构如下。

① /MyTestApp：该目录下有一个固定名称的 WEB-INF 子目录，静态 HTML 和 JSP 页面可以直接放在/MyTestApp 目录及其子目录下，还可以放在/MyTestApp/WEB-INF 下，但这会影响对这些 HTML 和 JSP 页面的访问方式，浏览器不能直接访问 WEB-INF 下的 Web 资源，只能通过转发方式访问。

② /MyTestApp/WEB-INF：该目录下最为重要的是部署描述文件 web.xml，通常还有 tags、lib 和 classes 子目录。其中，标签文件必须存放在 WEB-INF/tags 目录或其子目录下；第三方的 JAR 文件必须存放在 WEB-INF/lib 目录下，如果 JAR 文件为打包后的标签库，则 JAR 文件中还应该有一个 META-INF 目录，META-INF 目录及子目录下存放标签库文件 (.tld)；编译后的字节码文件(包括 Servlets、监听器、JavaBeans、标签处理程序等)需存放在 WEB-INF/classes 目录下。

(2) WAR 文件的结构

WAR 文件可以说是 Web 应用结构的快照，其优点是能够把 Web 应用的整个目录打包为一个压缩文件，该文件的压缩方式与 JAR 文件一样，但是文件扩展名变更为.war。

如果直接将 WAR 文件复制到 Tomcat 的 webapps 目录下，WAR 的文件名就是 Web 应用的名称。

WAR 文件结构与直接部署到 webapps 目录下 Web 应用的目录和文件结构大致一样，但也有少许区别，需要多加留意，避免出错。区别主要有以下两点。

① WAR 文件并不包含 Web 应用的根目录。例如，对于前面的 MyTestApp 应用，WAR 文件不能包含/MyTestApp 目录，只能对/MyTestApp 目录下的所有文件和子目录打包，最后形成的文件为 MyTestApp.war。

② 使用 IDE 或 JAR 工具创建 WAR 文件时，会自动添加一个 META-INF 目录，并将一个 MANIFEST.MF 文件放入目录中。大部分情况下，开发人员都可以忽略该目录和文件，不会有任何问题。少数情况下，也许需要修改 MANIFEST.MF 文件，例如，在 MANIFEST.MF 文件中可以使用 Dependencies 来声明依赖库，这些依赖库用于在部署时供容器检查 Web 应用所依赖的包或类。也就是说，容器不必等到运行时才发现类路径中缺失一些依赖文件，在部署时进行检查以尽早发现并排除问题才是最佳方案。由于大多数 Web 应用并不需要使用到这一功能，因此通常 MANIFEST.MF 文件几乎是一个空文件。

(3) 访问 JSP 或 HTML 页面

通常将 JSP 或 HTML 页面直接放到 WebContent 或其子目录下，这样可以非常方便地进行访问。例如，假如 Web 项目名称为 MyTestApp，如果将 index.jsp 放到 WebContent/somepath 目录下，可以直接使用如下网址访问该页面：

```
http://localhost:8080/MyTestApp/somepath/index.jsp
```

目前，一些 MVC 框架(如 struts)主张将 JSP 页面放在 WEB-INF 目录下，这样就阻止了直接访问该页面。例如，如果将 index.jsp 放到 WebContent/WEB-INF 目录下，使用如下网址访问该页面就会产生"404 Not Found"错误：

```
http://localhost:8080/MyTestApp/WEB-INF/index.jsp
```

这种 WEB-INF 目录下的 JSP 页面只能通过转发访问。

初学者往往弄不清楚为什么要将 JSP 页面放到 WEB-INF 目录下，网上也是众说纷纭，使得 Java EE 的学习者一头雾水。

总地来说，网络上的大多数材料认为将 JSP 页面放到 WEB-INF 目录下会带来一些安全性。实际上，安全性不可能是真正的原因，因为 JSP 要经过解析后才会发送给浏览器显示，即便用户知道 JSP 的路径，也不可能通过浏览器直接看到 JSP 源码。如果能够通过黑客手段入侵服务器，那么，放到 WEB-INF 目录下与放到其他地方显然没有什么区别，不会带来所谓的安全性。

真正的原因是所使用的 MVC 模式(这将在第 14 章讲述)。对于早期 JSP Model1，需要直接给出 JSP 路径给用户访问，将 JSP 页面放到 WEB-INF 目录下就无法访问了。在现在普遍使用的 MVC 模式中，JSP 已经不再包含完整逻辑，而仅仅是视图模板，必须填入模型数据后，才能生成完整的页面，这种模板不能让用户直接访问，否则会出错。因此，放到 WEB-INF 目录下，是 MVC 模式的要求，并不是安全性的要求。

9.1.5　有问必答

1. 好像你并没有说到如何在不同 IDE 之间移植这个问题。

答： 其实，不存在不同 IDE 之间移植的问题。只要知道 IDE 中哪些目录该放置什么类型的文件，新建项目后直接将文件复制到不同目录即可。因此，弄懂 IDE 的 Web 项目结构最为重要，做到这一点后，哪怕拿到一个自己从未见过的 Web 项目，也很容易将项目导入或直接复制到 IDE 中。

2. 我觉得 WAR 文件好简陋，直接复制过去就算部署了，连个安装文件都没有，担心客户对此有意见，怎么办啊？

答： Java EE 服务器的部署是一项复杂的工作，远不是一个客户端应用的安装可以比拟的。做好你的本职工作，相信客户一定会理解的。

3. 将第三方的 JAR 文件放在 WEB-INF/lib 目录和 Tomcat 的 lib 目录下有什么区别？

答： 如果放在 WEB-INF/lib 目录下，只是该项目可以使用该 JAR 文件；如果放在 Tomcat 安装目录的 lib 目录下，那么 Tomcat 下的所有 Web 应用都可以使用。

4. 我很困惑，为什么要将依赖库的说明放到 META-INF/MANIFEST.MF 文件中，而不将依赖库直接放到 WEB-INF/lib 目录或 WEB-INF/classes 目录中？

答： 对，将依赖库直接放到 WEB-INF/lib 目录或 WEB-INF/classes 目录是最直接且最常用的方法，因此绝大多数时候，MANIFEST.MF 几乎都是空文件。但是，容器在自己的类路径中也需要一些库，如果 Web 应用同样需要这些库，没必要在多处放置这些 JAR 文件。MANIFEST.MF 文件提供一种告知容器所需依赖库的方式，以免容器不能提供这些库时产生运行时错误。

5. 容器如何访问 WEB-INF/lib 目录下的 JAR 文件？

答： 容器自动将 WEB-INF/lib 目录和 WEB-INF/classes 目录放进它的类路径中。因此，不论 class 文件是在 JAR 文件中还是在 WEB-INF/classes 目录下，只要位置正确就能访问。应记住，容器总是先查找 WEB-INF/classes 目录中的 class 文件，然后才在 WEB-INF/lib 目录中的 JAR 文件中查找。因此，如果有两个同名的 class 文件，在 WEB-INF/classes 目录中的文件优先。

6. 如果要访问压缩到 JAR 文件中的其他文件，如 JPEG 文件，那该怎么办？

答： 这个要困难些。应编写程序调用类加载器(Classloader)的 getResource()方法或 getResourceAsStream()方法，这是 Java SE 的功能。另外，ServletContext 接口也提供同名的两个方法，但只能用于 Web 应用中没有放进 JAR 文件中的资源。

9.2 部署描述文件

Java EE Web 应用的部署描述文件名称为 web.xml，放置在/WEB-INF/目录下，该目录受 Web 服务器保护，通过网络无法直接访问该目录下的任何文件。

部署描述文件用于控制 Web 应用的各个方面。使用 web.xml，可以为 Servlet 指定 URL，可以指定整个应用或特定 Servlet 的初始化参数，可以设置会话的失效时间，可以声明过滤器、声明监听器等。

9.2.1 部署描述文件的格式

与所有的 XML 文件一样，部署描述文件必须以 XML 处理指令开始，处理指令以 "<?" 开始，以 "?>" 结束。其中，version 属性说明该 XML 文档符合 1.0 规范，encoding 属性指定 XML 文档的字符编码。

部署描述文件的根元素为<web-app>。不同于 HTML 元素，XML 元素是大小写敏感的。因此，Web-App 和 WEB-APP 都不合法，web-app 必须全部使用小写。

例如，3.1 版本的部署描述文件的结构如下：

```
<?xml version="1.0" encoding="UTF-8"?>
<web-app xmlns:xsi="http://www.w3.org/2001/XMLSchema-instance"
 xmlns="http://xmlns.jcp.org/xml/ns/javaee"
 xsi:schemaLocation="http://xmlns.jcp.org/xml/ns/javaee
 http://xmlns.jcp.org/xml/ns/javaee/web-app_3_1.xsd"
 id="WebApp_ID" version="3.1">
    <!-- 部署描述文件的各种元素，可选 -->
</web-app>
```

其中，http://xmlns.jcp.org/xml/ns/javaee/web-app_3_1.xsd 是一个必须存在的 URL 地址，指向部署描述文件的大纲文件，大纲文件规定 XML 文档的格式，该大纲可以直接下载，以研究部署描述文件的格式。xmlns 是 XML 的命名空间，它是特定 Schema 语法的唯一标识，可以是任意的唯一字符串。

web-app_3_1.xsd 大纲包含了 http://xmlns.jcp.org/xml/ns/javaee/web-common_3_1.xsd 大纲，在该文件中，可以找到如下所示的元素类型定义：

```
<xsd:element name="filter" type="javaee:filterType"/>
<xsd:element name="filter-mapping" type="javaee:filter-mappingType"/>
<xsd:element name="listener" type="javaee:listenerType"/>
<xsd:element name="servlet" type="javaee:servletType"/>
<xsd:element name="servlet-mapping" type="javaee:servlet-mappingType"/>
<xsd:element name="session-config" type="javaee:session-configType"/>
<xsd:element name="mime-mapping" type="javaee:mime-mappingType"/>
<xsd:element name="welcome-file-list" type="javaee:welcome-file-listType"/>
<xsd:element name="error-page" type="javaee:error-pageType"/>
<xsd:element name="jsp-config" type="javaee:jsp-configType"/>
<xsd:element name="security-constraint" type="javaee:security-constraintType"/>
<xsd:element name="login-config" type="javaee:login-configType"/>
<xsd:element name="security-role" type="javaee:security-roleType"/>
<xsd:group ref="javaee:jndiEnvironmentRefsGroup"/>
<xsd:element name="message-destination" type="javaee:message-destinationType"/>
<xsd:element name="locale-encoding-mapping-list"
             type="javaee:locale-encoding-mapping-listType"/>
```

其中，<xsd:element>元素定义部署描述文件中的元素类型，name 属性指定元素名称，type 属性指定元素类型。浏览一下以上的 name 属性，读者一定会有似曾相识的感觉。例如，filter 定义过滤器，listener 定义监听器等。由于本书中前后一些章节都讲述很多配置，因此，这里只叙述粗体字的内容。

9.2.2　Servlet 配置

在前面的章节中，已经讲述了 Servlet 配置，如果不使用@WebServlet 标注，Servlet 必须在配置描述文件中声明和映射，才能响应 HTTP 请求。

(1) Servlet 映射

每一个 Servlet 映射都包含<servlet>元素和<servlet-mapping>元素两个部分。<servlet>元素定义 Servlet 的名称和 Servlet 对应的 Java 类，<servlet-mapping>元素定义 URL 模式与 Servlet 名称的映射关系。

如下配置代码片段就是一个典型的 Servlet 映射：

```
<web-app ...>
    <servlet>
        <servlet-name>MyServlet</servlet-name>
        <servlet-class>com.jeelearning.MyServlet</servlet-class>
    </servlet>

    <servlet-mapping>
        <servlet-name> MyServlet </servlet-name>
        <url-pattern>/path/myservlet.do</url-pattern>
    </servlet-mapping>
</web-app>
```

其中，<servlet-name>元素定义 Servlet 的名称，在部署描述文件的<servlet-mapping>元素中会用到该名称。这个 Servlet 名称仅限于内部使用，客户端不会知道，也不会使用这个名称。<url-pattern>元素定义 URL 模式，当 HTTP 请求符合 URL 模式时，容器查找到匹配的 Servlet 名称，从而知道应该选择哪一个 Servlet 来处理该请求。

要注意的是，<url-pattern>元素所定义 URL 模式并不一定是真实的物理路径，而只是一个逻辑路径，该路径并不存在。使用以上的 Servlet 映射，客户端并不知道 Web 应用的真实物理结构，只知道虚拟的逻辑结构，当客户端请求/path/myservlet.do 时，容器会选择合适的 Servlet 来处理请求。

<url-pattern>元素有以下 3 种写法。

① 精确匹配

<url-pattern>元素值必须以斜杠(/)开始，资源可以有后缀名。例如：

```
<url-pattern>/path/myservlet.do</url-pattern>
```

② 目录匹配

<url-pattern>元素值必须以斜杠(/)开始，以斜杠星号(/*)结束。例如：

```
<url-pattern>/path/*</url-pattern>
```

③ 扩展名匹配

<url-pattern>元素值必须以星号(*)开始，不能以斜杠(/)开始。在星号之后，必须以带英文句点的扩展名(如.do、.action 等)结束。例如：

```
<url-pattern>*.do</url-pattern>
```

(2) Servlet 映射的重要规则

<url-pattern>元素的 3 种写法的查找优先权不同。另外，使用目录匹配，存在多个<url-pattern>元素匹配一个 HTTP 请求的问题。Servlet 容器遵循以下两个重要的规则。

① 容器的查找按照精确匹配、目录匹配直到扩展名匹配的顺序。也就是说，容器首先按照精确匹配查找，如果没有找到，再尝试目录匹配，最后尝试扩展名匹配。

② 如果有多个<url-pattern>元素匹配一个 HTTP 请求，容器选择最长的匹配项。例如，假设请求为/a/b/myjob.do，匹配的<url-pattern>元素值同时有/a/b/*和/a/*，最长的匹配项为/a/b/*，描述更为具体，因此选择该项。

(3) 配置 Servlet 初始化

我们已经知道，Servlet 默认是在响应第一个请求时初始化，这样，第一个客户可能要花费一点时间等待加载 Servlet 类、实例化及初始化(设置 ServletContext，调用监听器等)，然后容器才能分配线程并调用 Servlet 对象的 service()方法。

如果希望在部署阶段加载 Servlet，而不等待第一个请求到来，就需要在部署描述文件中使用<load-on-startup>元素进行配置，设置该元素值为正整数的含义，是让容器在部署 Web 应用时初始化 Servlet。

如果需要控制多个 Servlet 的初始化顺序，可以为<load-on-startup>元素指定不同的值，越小的值越早初始化。

如果多个 Servlet 的<load-on-startup>元素值相同，容器将按照部署描述文件中 Servlet 的声明顺序进行初始化。

<load-on-startup>元素的示例如下：

```
<servlet>
    <servlet-name>MyServlet</servlet-name>
    <servlet-class>com.jeelearning.MyServlet</servlet-class>
    <load-on-startup>3</load-on-startup>
</servlet>
```

9.2.3　配置欢迎页面

网民都有这样的经历，当在浏览器地址栏输入 Web 站点名称但不指定特定网页时，通常 Web 站点也会返回一个默认的页面，这个默认的页面就称为"欢迎页面"。

可以在部署描述文件中为整个服务器站点配置欢迎页面，当客户只输入部分 URL 地址时，容器在部署描述文件中查找合适的欢迎页面。这里的"部分 URL"，指的是 URL 中包含一直到目录的路径，但没有指定目录中的资源名称。

欢迎页面的配置代码如下所示：

```
<web-app ...>
    <welcome-file-list>
        <welcome-file>index.html</welcome-file>
        <welcome-file>index.jsp</welcome-file>
    </welcome-file-list>
</web-app>
```

其中，<welcome-file-list>元素下可以有多个<welcome-file>子元素，每个<welcome-file>元素定义一个欢迎页面。应注意欢迎页面只能是纯粹的资源名称，名称前面不能有斜杠。

如果<welcome-file-list>元素指定多个欢迎页面，容器按照在<welcome-file-list>元素中所设置的欢迎文件列表的顺序进行查找，并选择第一个找到的欢迎页面。如果在目录中找不到所设置的欢迎页面，不同容器可能表现不同的行为，一些容器可能会显示该目录的文件列表，另一些容器可能会显示 HTTP 404 错误。

9.2.4　配置错误页面

当用户访问网站时，如果不知道确切的资源路径，可以通过设定默认的欢迎页面，使得界面更加友好。类似地，我们也希望在网站发生错误时也能够给出友好的提示信息，而不是在网页上产生一大堆全英文的难懂的错误信息。

在部署描述文件中使用<error-page>元素指定错误页，可以声明如下 3 种错误页。

(1) 捕获全部错误的错误页

这种错误页可以捕获 Web 应用内的全部错误，不仅仅是由 JSP 产生的错误，还包括其他所有错误。

例如，如下配置代码片段声明当捕获到 Throwable 异常时，显示 error.jsp 错误页：

```
<error-page>
    <exception-type>java.lang.Throwable</exception-type>
    <location>/error.jsp</location>
</error-page>
```

其中，<exception-type>元素所指定的异常类型必须是带全路径的类名；<location>元素指定错误页。

另外，还可以在单独的 JSP 页面中使用 page 指令的 errorPage 属性重新指定错误页。

(2) 捕获特定异常的错误页

如果<exception-type>元素指定特定的异常，如 ArithmeticException，则捕获到该异常时显示 arithmeticError.jsp 错误页：

```
<error-page>
<exception-type>java.lang.ArithmeticException</exception-type>
<location>/arithmeticError.jsp</location>
</error-page>
```

如果同时声明捕获全部错误的错误页和捕获特定异常的错误页，则后者优先。也就是说，当发生 ArithmeticException 异常时，显示 arithmeticError.jsp 错误页，但发生其他异常时，显示 error.jsp 错误页。

(3)　基于 HTTP 状态代码的错误页

可以配置当 HTTP 响应的状态代码为特定值时，显示特定错误页。例如：

```
<error-page>
    <error-code>404</error-code>
    <location>/404.jsp</location>
</error-page>
```

其中，<error-code>元素指定处理产生特殊 HTTP 状态代码的请求，状态代码为 404 是找不到文件错误。

9.2.5　配置初始化参数

在 Java EE Web 应用开发中，有些初始化参数(如数据库连接字符串、JNDI 注册名等)需要放置在配置文件中，不要随便硬编码将这些参数放在代码中，以免将来运行环境发生变化(如更改数据库类型等)时，引起重新修改代码、重新编译、重新部署等一系列麻烦。一般可以将这些参数放在 web.xml 配置文件中，当需要修改参数时，直接编辑配置文件，重新启动 Web 服务即可生效，简化了系统的维护工作。

web.xml 提供两种初始化参数，Servlet 初始化参数和上下文初始化参数。Servlet 初始化参数写在<servlet>元素内，只能由该 Servlet 获取。<init-param>元素用于声明初始化参数，子元素<param-name>声明参数名称，子元素<param-value>声明参数值。例如：

```
<servlet>
    <servlet-name>MyServletName</servlet-name>
    <servlet-class>com.jeelearning.servlet.SomeServlet</servlet-class>
    <init-param>
        <param-name>initial</param-name>
        <param-value>1234</param-value>
    </init-param>
</servlet>
```

Servlet 的父接口 ServletConfig 提供 getInitParameter()方法来获取初始化参数值，还可以调用 getInitParameterNames()方法来返回所有配置参数的名称的集合，返回值为枚举类型。

调用 getInitParameter()方法的示例如下：

```
String initial = getInitParameter("initial");
```

getInitParameter()方法的返回值为字符串，如果是其他类型，可使用强制类型转换。

调用 getInitParameterNames()方法的示例如下：

```
Enumeration parmas = getInitParameterNames();
while(parmas.hasMoreElements()) {
    String name = (String) parmas.nextElement();
    String value = getInitParameter(name);
    // 后续处理, 省略
```

```
}
```

getInitParameterNames()方法的返回值为枚举，需遍历，才能获取每一个参数的名称和值。

上下文初始化参数使用<context-param>元素配置，Web 应用中的所有 Servlet 都可以获取该上下文参数。例如，下面的配置代码片段声明了两个上下文初始化参数：

```
<context-param>
    <param-name>name</param-name>
    <param-value>mike</param-value>
</context-param>
<context-param>
    <param-name>password</param-name>
    <param-value>jeelearning</param-value>
</context-param>
```

可以调用 ServletContext 接口的 getInitParameter()方法或 getInitParameterNames()方法来获取上下文参数。例如，如下代码先获取 ServletContext 对象，然后调用 getInitParameter()方法获取参数值：

```
ServletContext context = getServletContext();
String dbName = context.getInitParameter("name");
String dbPassword = context.getInitParameter("password");
```

9.2.6　实践出真知

1. 配置错误页面

用 Eclipse 新建一个名称为 errorpage 的动态 Web 页面，在 New Dynamic Web Project 向导的第 3 步，选中 Generate web.xml deployment descriptor 复选框。然后单击 Finish 按钮结束向导。

在 web.xml 文件中，声明两个错误页面，error.jsp 用于捕获全部错误，404.jsp 用于 HTTP 状态代码 404 的错误页，如代码清单 9.1 所示。

代码清单 9.1　web.xml

```
<?xml version="1.0" encoding="UTF-8"?>
<web-app xmlns:xsi="http://www.w3.org/2001/XMLSchema-instance"
 xmlns="http://xmlns.jcp.org/xml/ns/javaee"
 xsi:schemaLocation="http://xmlns.jcp.org/xml/ns/javaee
 http://xmlns.jcp.org/xml/ns/javaee/web-app_3_1.xsd"
 id="WebApp_ID" version="3.1">
    <display-name>Error Page</display-name>
    <welcome-file-list>
        <welcome-file>index.html</welcome-file>
        <welcome-file>index.htm</welcome-file>
        <welcome-file>index.jsp</welcome-file>
    </welcome-file-list>

    <error-page>
        <exception-type>java.lang.Throwable</exception-type>
        <location>/error.jsp</location>
    </error-page>

    <error-page>
        <error-code>404</error-code>
        <location>/404.jsp</location>
```

```
    </error-page>
</web-app>
```

捕获全部错误的 error.jsp 内容如代码清单 9.2 所示，调用 exception 对象的 getMessage()
方法获取错误原因。

代码清单 9.2　error.jsp

```
<%@ page language="java" import="java.io.*"
 contentType="text/html; charset=UTF-8" pageEncoding="UTF-8"%>
<%@ page isErrorPage="true"%>
<!DOCTYPE html PUBLIC "-//W3C//DTD HTML 4.01 Transitional//EN"
 "http://www.w3.org/TR/html4/loose.dtd">
<html>
<head>
<meta http-equiv="Content-Type" content="text/html; charset=UTF-8">
<title>错误页</title>
</head>
<body>
    <h4>错误原因：</h4><%= exception.getMessage() %>
</body>
</html>
```

状态代码 404 的错误页是 404.jsp，如代码清单 9.3 所示。

代码清单 9.3　404.jsp

```
<%@ page language="java" contentType="text/html; charset=UTF-8"
 pageEncoding="UTF-8" %>
<%@ page isErrorPage="true" %>
<!DOCTYPE html PUBLIC "-//W3C//DTD HTML 4.01 Transitional//EN"
 "http://www.w3.org/TR/html4/loose.dtd">
<html>
<head>
<meta http-equiv="Content-Type" content="text/html; charset=UTF-8">
<title>404 错误页</title>
</head>
<body>
    <h4>404 错误，找不到所请求的资源！</h4>
</body>
</html>
```

创建一个 testErrorPage.jsp 页面，用来有意产生一个异常，如代码清单 9.4 所示。

代码清单 9.4　testErrorPage.jsp

```
<%@ page language="java" contentType="text/html; charset=UTF-8"
 pageEncoding="UTF-8"%>
<!DOCTYPE html PUBLIC "-//W3C//DTD HTML 4.01 Transitional//EN"
 "http://www.w3.org/TR/html4/loose.dtd">
<html>
<head>
<meta http-equiv="Content-Type" content="text/html; charset=UTF-8">
<title>测试错误页</title>
</head>
<body>
    <h4>下面代码会抛出 Exception</h4>
    <%
    if(true) {
        throw new Exception("故意产生的错误！");
    }
    %>
```

```
</body>
</html>
```

下面进行测试。

运行 errorpage 项目，浏览 testErrorPage.jsp 页面，显示的错误页面如图 9.7 所示。该错误页面不是设计的 error.jsp，显然在哪里出问题了，怎么办？

图 9.7 错误的错误页面

原来，Eclipse 内置的浏览器使用 IE 内核，因此，如果使用 IE 浏览器，结果也是一样的。很容易解决这个问题，打开 IE 浏览器的 Internet 选项对话框，取消勾选"显示友好 HTTP 错误信息"选项，然后单击"确定"按钮结束，如图 9.8 所示。

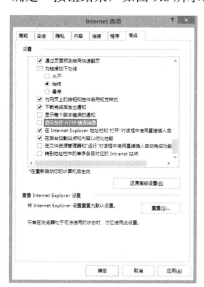

图 9.8 不勾选"显示友好 HTTP 错误信息"

在 Eclipse 中刷新浏览器，不出预料，这次显示了正确的错误页面，如图 9.9 所示。

图 9.9 定制的错误页面

如果在浏览器中输入不正确的资源路径，会显示 404 错误页面，如图 9.10 所示。

图 9.10　404 错误页面

2. Servlet 初始化参数

用 Eclipse 新建一个名称为 contextinit 的动态 Web 项目。然后新建一个用于读取上下文初始化参数的 Servlet，如代码清单 9.5 所示。

代码清单 9.5　ServletContextInitParameter.java

```java
package com.jeelearning.servlet;

import java.io.IOException;
import java.io.PrintWriter;

import javax.servlet.ServletConfig;
import javax.servlet.ServletContext;
import javax.servlet.ServletException;
import javax.servlet.annotation.WebServlet;
import javax.servlet.http.HttpServlet;
import javax.servlet.http.HttpServletRequest;
import javax.servlet.http.HttpServletResponse;

@WebServlet("/getInitParameter")
public class ServletContextInitParameter extends HttpServlet {
    private static final long serialVersionUID = 1L;

    private String dbName = "";
    private String dbPassword = "";

    public void init(ServletConfig config) throws ServletException {
        super.init(config);
        ServletContext context = getServletContext();
        dbName = context.getInitParameter("name");
        dbPassword = context.getInitParameter("password");
    }

    protected void doGet(HttpServletRequest request,
     HttpServletResponse response) throws ServletException, IOException {
        response.setCharacterEncoding("UTF-8");
        response.setContentType("text/html;charset=utf-8");
        PrintWriter out = response.getWriter();

        out.println(
          "<!DOCTYPE html><head><title>获取 ServletContext 初始化参数</title></head>");
        out.println("<body>数据库用户名为: <b>" + dbName + "</b><br>");
        out.println("数据库密码为: <b>" + dbPassword + "</b>");
        out.println("</body></html>");
    }
}
```

然后再创建一个读取 Servlet 初始化参数的 Servlet，如代码清单 9.6 所示。

代码清单 9.6　ServletConfigInitParameter.java

```java
package com.jeelearning.servlet;

import java.io.IOException;
import java.io.PrintWriter;

import javax.servlet.ServletException;
import javax.servlet.http.HttpServlet;
import javax.servlet.http.HttpServletRequest;
import javax.servlet.http.HttpServletResponse;

public class ServletConfigInitParameter extends HttpServlet {
    private static final long serialVersionUID = 1L;
    int num;

    public void init() throws ServletException {
        String initial = getInitParameter("initial");
        try {
            num = Integer.parseInt(initial);
        }
        catch (NumberFormatException e) {
            num = 0;
        }
    }

    protected void doGet(HttpServletRequest request, HttpServletResponse response)
      throws ServletException, IOException {
        response.setCharacterEncoding("UTF-8");
        response.setContentType("text/html;charset=utf-8");
        PrintWriter out = response.getWriter();

        out.println(
          "<!DOCTYPE html><head><title>获取 ServletConfig 初始化参数</title></head>");
        out.println("<body>获取到的参数为: <b>" + num + "</b><br>");
        out.println("</body></html>");
    }
}
```

最后，在部署描述文件中配置初始化参数，如代码清单 9.7 所示。其中，上下文初始化参数名称有 name 和 password，Servlet 初始化参数的名称为 initial。

代码清单 9.7　web.xml

```xml
<?xml version="1.0" encoding="UTF-8"?>
<web-app xmlns:xsi="http://www.w3.org/2001/XMLSchema-instance"
 xmlns="http://xmlns.jcp.org/xml/ns/javaee"
 xsi:schemaLocation="http://xmlns.jcp.org/xml/ns/javaee
 http://xmlns.jcp.org/xml/ns/javaee/web-app_3_1.xsd"
 id="WebApp_ID" version="3.1">
    <display-name>Context InitParameter</display-name>
    <welcome-file-list>
        <welcome-file>index.html</welcome-file>
        <welcome-file>index.htm</welcome-file>
        <welcome-file>index.jsp</welcome-file>
    </welcome-file-list>

    <context-param>
        <param-name>name</param-name>
        <param-value>mike</param-value>
    </context-param>
```

```
    <context-param>
        <param-name>password</param-name>
        <param-value>jeelearning</param-value>
    </context-param>

    <servlet>
        <servlet-name>MyServletName</servlet-name>
        <servlet-class>
            com.jeelearning.servlet.ServletConfigInitParameter
        </servlet-class>
        <init-param>
            <param-name>initial</param-name>
            <param-value>1234</param-value>
        </init-param>
    </servlet>

    <servlet-mapping>
        <servlet-name>MyServletName</servlet-name>
        <url-pattern>/index.do</url-pattern>
    </servlet-mapping>
</web-app>
```

运行该 Web 项目进行测试，获取上下文初始化参数的结果如图 9.11 所示。

图 9.11　获取 ServletContext 初始化参数的结果

获取 Servlet 初始化参数的结果如图 9.12 所示。

图 9.23　获取 ServletConfig 初始化参数的结果

9.2.7　有问必答

1. **不知道为什么一定要了解这些底层的工作原理？难道没有专用的部署工具吗？**

答： 的确有一些部署工具提供了一些向导，用户只需在窗口或网页上进行一些可视化操作，就可以自动生成 XML 部署描述文件，构建必要的目录结构，并且将所需文件复制到合适的位置。但即使这样，开发人员也应该知道这些工具做了什么工作，因为将来可能需要故障排解，也许下一个项目使用另一个开发平台，不再提供自动生成部署描述文件的功能。总之，就像驾驶员最好学会换轮胎以防万一一样，开发人员也需要多学一点东西。

2. **我不熟悉 XML，是否会影响学习 Java EE？**

答： 没有什么影响。如果想进一步学习更多更深的内容，了解和熟悉 XML 还是有很多优势的。

3. **我知道如何设置<load-on-startup>，但不知道为何要设计这么个玩意？在部署时默认将所有 Servlet 都初始化不更好吗？**

答： 如果 Web 应用里的 Servlet 不很多，且每个 Servlet 完成初始化耗时都不长，那么当然可以在部署时初始化所有的 Servlet。但是，有的 Web 应用里有很多 Servlet，并且有的 Servlet 很少使用，并不是每个人都愿意在每次部署或服务器重新启动时都初始化所有 Servlet，因此，<load-on-startup>元素就是为了满足各种需要而设计的，给开发人员自行定制的自由。

4. **有哪些类允许声明为<exception-type>元素内的异常类型？**

答： Throwable 类及其子类，包括 java.lang.Error、java.lang.Exception 或其他可检测到的异常。

5. **是否可以编程产生 HTTP 状态代码？**

答： 可以，调用 HttpServletResponse 接口的 sendError()方法即可，容器不关心到底是自身产生的状态代码还是编程产生的状态代码。常用的 sendError()方法带一个 int 参数，该参数指定 HTTP 状态代码。例如，如下两条语句的功能都是一样的，都产生一个 HTTP 404 的状态代码：

```
response.sendError(HttpServletResponse.SC_NOT_FOUND);
response.sendError(404);
```

似乎前一条语句的可读性好于后一条语句。另外，还有一个重载的 sendError()方法，有两个输入参数、一个 int 参数和一个 String 参数。

6. **ServletConfig 和 ServletContext 有什么异同？**

答： 在整个 Web 应用中，只有一个 ServletContext，Web 应用的所有组件都共享 ServletContext。与此相反，Web 应用的每一个 Servlet 都拥有独自的 ServletConfig。当部署 Web 应用时，容器创建一个 ServletContext 对象，并且让每一个 Servlet 和 JSP(最终也要转换为 Servlet)都可以访问该对象。ServletContext 和 ServletConfig 都有初始化参数，且它们的 getInitParameter()方法都相同，不同的是在部署描述文件中的写法，上下文初始化参数使用<context-param>元素设置，Servlet 初始化参数使用<servlet>元素下的<init-param>元素设置。

7. **我发现，有以下两种调用 getInitParameter()获取上下文初始化方法的方式：**

```
getServletConfig().getServletContext().getInitParameter("name");
this.getServletContext().getInitParameter("name");
```

这两种方式有什么区别？

答： 如果在 Servlet 中，只有当 Servlet 没有继承 HttpServlet 或 GenericServlet(因为 GenericServlet 类实现 getServletContext()方法，HttpServlet 继承该方法)时，才需要通过调用 ServletConfig 对象的 getServletContext()方法来获取 ServletContext 对象。但由于一般的 Servlet 都继承 HttpServlet，所以在 Servlet 中没有多大必要采用这种方式。如果在不是 Servlet 的其他类(例如实用类或助手类)中，开发人员可能需要将 ServletConfig 对象传递进去，这样就只能通过调用 getServletContext()方法才能获取 ServletContext 对象的引用。

第 10 章　Web 应用安全

　　身处当今的全面信息化网络时代，信息安全问题是广受关注的社会问题，无论如何强调 Web 应用安全的重要性也不过分。Web 服务器的一项核心功能，就是为应用提供安全控制。通过支持定义良好的、可扩展的 API，将认证、授权与应用逻辑相分离。使用声明式安全，Web 开发人员通过 Web 服务器提供的配置文件进行必要的安全配置即可，简化了 Web 应用的安全实现，开发人员可以有更多时间专注于业务逻辑的实现，而系统安全服务由 Web 服务器负责。

　　本章讲述 Web 应用安全，并且以 Tomcat 安全域为例，通过具体实例来说明如何实现安全的 Web 应用。

10.1　网络安全的概念

传统的信息安全概念，是指网络与信息系统正常运行，能防止网络与信息系统中的信息丢失、泄露，以及未授权的访问、修改或者删除。

10.1.1　网络威胁与安全

(1)　网络威胁

信息安全面临的威胁可以分为自然威胁和人为威胁两种。

自然威胁包括洪水、飓风、地震、火灾等自然因素所造成的威胁，这些不可抗力可能会引起电力中断、电缆破坏、计算机元器件受损等事故，从而导致信息安全事件。

人为威胁包括外部威胁和内部威胁。当前，网络与信息系统越来越复杂，各种安全漏洞存在的可能性越来越高，而攻击信息系统的工具和方法愈加简单和智能化。无论是国家、团体出于政治、经济目的，还是仅仅因为个人泄愤、炫耀，都有可能危害信息系统，造成信息安全事件。外部威胁的技术手段有植入木马等恶意程序、传播计算机病毒、利用信息系统自身的脆弱性发起攻击等。

内部威胁是指单位所属人员有意或无意违规操作造成危害信息安全的行为。有意行为是指内部人员有计划地窃取或损坏信息，以欺骗方式使用信息，或拒绝其他授权用户的访问；无意行为通常是由于安全意识淡薄、技术素质不高、责任心不强等原因造成的危害行为。内部威胁破坏性最强，是信息安全最大的威胁。

(2)　Web 应用安全

在 Web 应用安全中，安全涉及到如下 4 个核心的概念，即认证(Authentication)、授权(Authorization)、保密性(Confidentiality)、完整性(Integrity)。

认证用于确认用户的身份，用来对抗伪装和欺骗等威胁。认证包括实体认证(确认用户身份)和数据源认证(确认数据来自确定的用户)。

授权决定哪个用户可以访问特定的数据资源。授权决定用户的权限，系统只会对身份已经确认后的用户进行授权，也就是说，先认证后授权。

保密性是指信息不被泄露给非授权的用户、实体或进程，或被其利用的特性。

完整性是指信息未经授权不能进行更改的特性。即信息在存储或传输过程中保持不被偶然或蓄意地删除、修改、伪造、乱序、插入的特性。

(3)　安全术语

大多数应用程序都需要实现登录和访问控制，Java 认证与授权服务(Java Authentication and Authorization Service，JAAS)通过对运行程序的用户进行验证，从而达到保护系统的目的。JAAS 为 Java EE 中的 Web 组件、EJB 组件等安全提供了良好的基础。实现 Java EE 应用程序安全性的编码量并不大，在大多数情况下，通过为 Web 服务器的安全域设置用户和用户组，然后配置应用程序，使之依赖于特定安全域进行验证和授权，就可以确保 Web 应用的安全。

这里首先列出一些 JAAS 安全术语。

- 用户：用户对应于应用程序中的一个账号，通常具有用户名和口令。
- 凭证：凭证指的是系统中用户的验证信息。
- 角色：角色是一个抽象化的逻辑概念，由 Web 应用开发人员定义。每一个角色对应一类权限，把角色赋给用户，就是授权该用户具有角色的权限，因此通常需要把角色映射到服务器中的实际用户。
- 安全域：安全域实质就是用户的集合。

用户指 Web 应用程序的用户，一个用户可以属于一个或多个角色。角色定义系统允许用户执行哪些动作。例如，Web 应用程序可以有普通用户，这类用户只能使用基本的应用程序的功能；也可以有管理员，除了能够使用基本的应用程序的功能外，还可以添加与删除其他系统用户，即拥有管理用户的功能。

安全域存储用户信息，包括用户名、密码和用户组。使用 Java Web 服务器，应用程序不需要全部都采用手工编程的方式来管理用户信息，很多时候只需通过简单的配置，就能从安全域获得用户信息。一个安全域可供多个应用程序所使用。

不同的 Web 服务器在安全域管理方面大致相同，只是在细节上略有区别。

本章介绍 Tomcat 的安全域，并以 Tomcat 为例构建声明式安全示例，其他 Web 服务器可查阅相关的资料。

10.1.2　Web 应用的安全认证过程

本节以 Tomcat 的基本(BASIC)认证为例，讲解 Web 应用的认证和授权过程。

(1) 认证和授权

在 Web 应用中，浏览器请求 Web 服务器上的受限资源时，就开始了安全事务。其认证和授权过程如下。

①　浏览器请求某个 Web 资源，如 restricted.jsp。

②　服务器检测到所请求的 Web 资源属于受限访问的资源。

③　Web 容器会发回一个 HTTP 401(未经授权的访问)错误代码，并附上 www-authenticate 标头和安全域信息。

④　浏览器获取到 HTTP 401 报文，根据安全域信息，要求用户输入用户名和密码。

⑤　浏览器再次请求 restricted.jsp 页面，但是，这次请求包含安全 HTTP 标头，以及用户名和密码。

⑥　Web 容器比对用户名和密码是否匹配，如果没有问题，就进行授权。

⑦　如果用户所属角色具有访问权限，就返回所请求的页面；否则再次返回 HTTP 401 错误代码。

从上述过程可以看到，Web 容器控制整个认证和授权过程，主要完成如下三项工作。

第一，查找所请求的资源。这是 Web 容器最擅长做的事，但是，Web 容器还需要确定所请求的资源是否是受限访问的资源，即到底是任何人都可见，还是有一定的安全限制。

第二，完成认证。一旦容器认定所请求资源属于受限资源，就会对客户进行认证。也就是说，需要通过某种方式(如用户名密码)来确认声称"张三"的是否真的就是张三本人。规则是，只有张三才知道自己的密码，那么，能正确输入张三密码的肯定是张三本人。

第三，完成授权。一旦 Web 容器确定请求者的身份，容器还需要检查请求者是否具有

访问所请求资源的权限，也就是说，授权访问。

(2) 保密性和完整性

一般来说，数据安全有三个基本的要素：确保数据源和目的的正确性；确保数据不会被非法解密(保密性)；确保数据没有被篡改(完整性)。首先，数据发送方和接收方要确认彼此的身份，确保彼此的身份不会被冒充；其次，传输数据时一定要经过加密，保证即使数据被截获也无法破解，这是数据保密性的要求；最后，确保收到的数据完整并且与数据源的原始数据一致，确保数据不会被恶意篡改，这是数据完整性的要求。

Web 容器使用安全套接层(Secure Sockets Layer，SSL)协议来保证上述数据安全的三个要素。SSL 协议是一种国际标准的加密及身份认证通信协议，一般采用 RSA 公钥加密技术，这是一种非对称加密技术。公钥加密系统包括一对密钥(即公钥和私钥)，公钥向外公开，私钥则需要隐秘。用公钥加密的数据只能由私钥解密，反之亦然。

SSL 协议通过加密传输来确保数据的保密性，通过信息验证码(Message Authentication Codes，MAC)机制来保护数据的完整性，并且通过数字证书来对发送者和接收者的身份进行认证。

① SSL 协议身份认证的方式

假设 S 为使用 SSL 协议提供服务的服务器，C 为客户端。首先，S 要想办法证明自己的身份并确保不会被冒充，于是 S 就向证书授权中心(Certificate Authority，CA)申请自己的数字证书，一个公钥和一个私钥。通常，公钥是与数字证书绑在一起的，而私钥是另外一个文件。公钥和证书对外公布，而私钥只有 S 知道。当 C 请求与 S 通信时，S 就会将自己的证书和公钥发送给 C 确认。随即，C 就会产生一个随机信息发回给 S，S 收到这个随机信息后，就会用 D-H(Diffie-Hellman)算法生成一个摘要，用自己的私钥加密后发回给 C，C 收到摘要后，用 S 的公钥解密，将解密得到的信息与自己先前产生的随机信息进行比对，这样就认证了 S 的真实身份。在认证过程中，只要 S 确保自己的私钥不被窃取，就能保证不会被冒充。上述过程就称为数字签名。在一般的应用中，确认 S 的身份已经足够，如果要求更高的安全等级，S 也可以用同样的方法来验证 C 的身份，这样就可以保证通信双方身份的正确可靠性。

② SSL 协议的保密性

一旦 C 确认了 S 的身份之后，C 就产生一个对称密钥并用 S 的公钥加密后发送给 S，S 得到后，用自己的私钥解密，从而知道了这个对称密钥。之后，C 和 S 才会使用该对称密钥加密数据后进行传输。由于第三者不知道 S 的私钥，因此无法得到正确的对称密钥，从而无法正确解密数据或冒充 S 的身份与 C 通信。

③ SSL 协议的数据完整性

在 S 和 C 进行数据交互的过程中，SSL 协议会根据对称密钥和双方所传输的数据计算出一个 MAC 值，用于对接收到的数据进行校验。计算 MAC 值使用 MD5、SHA 等算法，且计算 MAC 还涉及到了对称密钥，该密钥在私钥的保护下很难被第三方破解，冒充者几乎不可能在不被通信双方察觉的条件下篡改数据。

读者可能会觉得以上的 SSL 协议太难，不要担心，这些最为困难的部分都已经由 Web 容器实现了，开发人员只要花一点时间进行配置，就可以充分利用全世界最优秀安全专家设计的安全系统了。

10.1.3　有问必答

1. 我对声明式安全有些困惑，难道我编写 Servlet 或 JSP 时不需要考虑安全，只要在部署时再考虑就可以了吗？

答： 不正确。虽然在编写 Web 组件时不需要编写安全代码，但需要考虑 Web 组件划分的粒度。比如，要把浏览数据功能和更新数据功能分开，分为多个 Servlet，这样，部署人员才容易对不同 Servlet 赋给不同的安全限制。

2. 在认证、授权、保密性和完整性中，哪些功能需要花费更多的时间？

答： 一般来说，认证和授权是要花一些工夫才能完成的事，而保密性和完整性尽管也很复杂，但 Java EE 规范已经完成了大部分工作，开发人员只要通过配置使用 SSL 协议，一般就可以认为已经实现了保密性和完整性。

3. 为何要把权限分配给角色，为何不直接分配给用户？

答： 这主要是根据开发的需要。当开发人员在为 Web 应用添加安全功能时，主要考虑需要哪些可能的用户类型。比如说，来宾(guest)应该只有很有限的权限，会员(member)应该拥有更多一点的权限，管理员(admin)则应该拥有最大的权限。某个用户，如张三，到底是哪种角色，这属于“用户-角色”的映射关系，可以在系统运行时再来定义和映射。

10.2　Tomcat 安全域

安全域是 Tomcat 服务器用于保护 Web 应用资源的一种机制。在安全域中可以配置安全验证信息，包括用户信息(用户名和口令)以及用户与角色的映射关系。每个用户可以拥有一个或多个角色，限定每个角色可以访问的 Web 资源，一个用户可以访问其对应的所有角色可访问的 Web 资源。很多商务网站都要求用户登录，登录后的用户称为登录用户，只有登录用户才能访问授权访问的 Web 资源。

安全域的一个重要概念是角色，角色代表拥有相同权限的多个用户，因此可以认为角色是用户和权限的结合体。引入角色的概念，主要是为了分离用户和访问权限的直接联系，这样就可以做到用户与访问权限的短暂关联，角色可以相对稳定，要改变用户的权限，只需改变对应的角色即可，不需要重新分配角色权限。改变角色权限可以影响到该角色下所有的用户，没有必要一一更改用户的权限。

Tomcat 安全域在 web.xml 配置文件中使用一个或多个<security-constraint>元素以及一个<login-config>元素来定义如何对用户认证。

10.2.1　安全域的概念

安全域是 Tomcat 的内置功能，org.apache.catalina.Realm 接口声明了将一组用户名、密码以及所关联的角色集成到 Tomcat 的方法。Tomcat 8 提供了 8 个直接或间接实现这一接口的类，它们分别代表如下 8 种安全域类型。

(1) 内存域(MemoryRealm)：访问以一组对象的形式存放在内存中的安全认证信息。服务器启动时，会从 XML 文件(conf/tomcat-users.xml)中读取安全认证信息并初始化。

(2) 用户数据库域(UserDatabaseRealm)：访问 JNDI 资源中用户数据库的安全认证信息。通常以一个 XML 文件(conf/tomcat-users.xml)的形式存放。

(3) JDBC 域(JDBCRealm)：通过 JDBC 驱动程序访问存放在数据库中的安全验证信息。

(4) 数据源域(DataSourceRealm)：通过 JNDI 数据源访问数据库中的安全验证信息。

(5) JNDI 域(JNDIRealm)：通过 JNDI 提供者访问存放在基于轻量级目录访问协议(Lightweight Directory Access Protocol，LDAP)的目录服务器中的安全验证信息。

(6) JAAS 域(JAASRealm)，通过 JAAS 的安全授权 API，实现自己的安全认证机制。

(7) 混合域(CombinedRealm)，混合域为开发人员提供将多种相同类型或不同类型的安全域混合的方式，以便在一种认证方式出故障时可以依靠其他认证作为补充。

(8) LockOut 域(LockOutRealm)，LockOut 域提供一种用户锁定的机制，当用户在一段时间内尝试多次登录不成功时，锁定账号有助于防止密码被盗。

此外，也可以实现自己的安全域，并与 Tomcat 集成，具体参见 Tomcat 的相关资料。

本章讲述 Tomcat 的内存域、JDBC 域和 LockOut 域，不涉及其余安全域的配置过程。

10.2.2 安全域的基本配置

不论配置哪一种安全域，都需要两个步骤。

首先，在 web.xml 配置文件中为 Web 资源设置安全约束。这一步需配置<security-constraint>元素和<login-config>元素。

然后，在 conf/server.xml(或 conf/context.xml)中配置<Realm>元素，并指定相关的属性。格式如下：

```
<Realm className="... 本实现的类名称" ... 本实现的其他属性... />
```

<Realm>元素可以嵌套在 3 种容器元素(即<Engine>元素、<Host>元素和<Context>元素)中，<Realm>元素的位置直接决定安全域的"作用范围"，也就是哪些 Web 应用可以共享这些认证信息。

- 嵌套在<Engine>元素中：所有虚拟主机的所有 Web 应用共享该安全域，除非在附属的<Host>元素或<Context>元素下还重新定义了安全域。
- 嵌套在<Host>元素中：只有本虚拟主机下所有的 Web 应用共享该安全域，除非在附属的<Context>元素下还重新定义了安全域。
- 嵌套在<Context>元素中：只有本 Web 应用才使用该安全域。

(1) 配置<security-constraint>元素

该元素声明可以访问资源的角色以及访问的方式，如 GET、POST 等。例如，如下配置声明只有 admin 角色才能以 GET 和 POST 方式访问/protected/*下的资源：

```
<security-constraint>
<display-name>Test Security</display-name>
<web-resource-collection>
    <web-resource-name>Protected</web-resource-name>
    <url-pattern>/protected/*</url-pattern>
    <http-method>GET</http-method>
    <http-method>POST</http-method>
```

```
    </web-resource-collection>
    <auth-constraint>
        <role-name>admin</role-name>
    </auth-constraint>
</security-constraint>
```

<security-constraint>元素的子元素有多个，其中，<web-resource-collection>元素声明受保护的资源，<web-resource-name>元素标识受保护的 Web 资源，<url-pattern>元素指定受保护资源的路径，<http-method>元素指定受保护资源的 HTTP 访问方法。如果没有指定，默认所有方法都受保护；如果指定，当以指定的 HTTP 方式访问资源时，容器要求通过安全验证。<auth-constraint>元素声明可访问资源的角色，也就是定义哪些角色可以使用受保护的 HTTP 方法，可以使用多个<role-name>子元素定义多个角色。

需要注意的是，如果<auth-constraint>元素中没有定义<role-name>子元素，则任何用户都不能访问。但如果定义<role-name>*</role-name>，则所有用户都可以访问。

但是，如果根本不定义<auth-constraint>元素，则与在<auth-constraint>元素中定义<role-name>*</role-name>的含义一样。

(2) 配置<login-config>元素

<login-config>元素定义当用户访问受保护资源时的验证方式。例如，采用登录表单验证的验证方式可定义如下：

```
<login-config>
    <auth-method>FORM</auth-method>
    <realm-name>登录表单验证</realm-name>
    <form-login-config>
        <form-login-page>/login.jsp</form-login-page>
        <form-error-page>/error.jsp</form-error-page>
    </form-login-config>
</login-config>
```

其中，<auth-method>元素指定验证方法，有三个可选值：BASIC(基本验证)、DIGEST(摘要验证)、FORM(基于表单的验证)。<realm-name>元素指定安全域名称，<form-login-config>元素只有在表单验证时才需要，该元素指定配置验证表单页面和出错页面。<form-login-page>子元素设置验证表单页面，<form-error-page>子元素设置出错页面。

(3) 三种验证方式

① 基本验证

采用基本验证方式，当客户访问受保护的资源时，浏览器会弹出一个对话框，要求用户输入用户名和密码，如果输入正确，Web 服务器就允许用户访问这些资源；否则，尝试三次输入失败后，会显示一个错误信息页面。

基本验证方式的缺点是，以明文方式将用户名和密码从客户端传送到 Web 服务器，网络上传送的数据采用 Base64 编码，因此这种验证方式不安全。可以采用一些安全措施来克服这个弱点。例如在传输层上应用 SSL，为验证过程提供了数据加密、服务器端认证、信息保密性等方面的安全保证。

② 摘要验证

摘要验证与基本验证的不同之处在于：摘要验证不会在网络中直接传输用户密码，而是首先采用 MD5(Message Digest Algorithm 5)对用户密码进行摘要加密，然后传输加密后的摘要数据,因此这种方法显得相对安全。

③ 基于表单的验证

基于表单的验证使系统开发者可以自定义登录页面和出错页面。用户在表单中填写用户名和密码,提交后,系统进行处理。表单验证有个规定:用户名对应的文本框必须命名为 j_username,密码对应的文本框必须命名为 j_password,并且表单<form>的 action 属性值必须为 j_security_check。

基于表单的验证方式的用户名和密码都是以明文形式在网络中传输的,如果在网络中将验证请求报文截获,很容易就可以获取用户名和密码。因此在使用基本验证方式和基于表单的验证方式时,一定要明确是否能够接受这两种方式的安全缺陷。

(4) 配置保密性和完整性

前面已经讲述过,采用 SSL 协议来保证传输信息的保密性和完整性。具体方法是,在<security-constraint>元素下添加<user-data-constraint>元素,要求数据在安全信道上传输。

例如,如下配置代码指定浏览器访问服务器上受保护资源的通信采用 CONFIDENTIAL 方式:

```
<security-constraint>
    ...
    <user-data-constraint>
        <transport-guarantee>CONFIDENTIAL</transport-guarantee>
    </user-data-constraint>
</security-constraint>
```

<transport-guarantee>元素有 3 个可选取值。

- NONE:<transport-guarantee>的默认值,它不会自动地对数据施加保护,除非用户指定 HTTPS 及安全端口。
- INTEGRAL:只能通过 HTTPS 访问网页。通过 HTTP 发出的访问不会自动转发给 HTTPS,而是返回给浏览器一个 403 访问拒绝错误。
- CONFIDENTIAL:加密浏览器和服务器间传输的数据。如果通过不安全的 HTTP 端口发送 HTTP 请求,会自动转发到安全的 HTTPS 端口。

应当注意到,就字面意思来说,INTEGRAL 可保证完整性,而 CONFIDENTIAL 可保证保密性,但实际上,两者都是完成相同工作的,都需要加密和签名。有的资料建议使用 CONFIDENTIAL,但实际上没有区别,除非不使用 SSL。

10.2.3 常用安全域的配置步骤

(1) MemoryRealm(内存域)

内存域是由 org.apache.catalina.realm.MemoryRealm 类来实现的,该安全域不是为网站正式上线使用的,而只是一个实现 Tomcat Realm 接口的简单演示。

MemoryRealm 从 XML 文件中读取用户信息。默认情况下,该 XML 文件为 Tomcat 安装目录的 conf/tomcat_users.xml。

在该文件中定义了每个用户拥有的角色,如果修改该文件,除非重启 Tomcat 服务器,否则修改不会生效。

采用内存安全域进行 Web 资源保护的设置步骤如下。

① 按照上面的步骤,在 Web 应用程序的 web.xml 中配置安全约束,可以采用三种验证(Basic、Digest、Form)之一。

② 在 tomcat_user.xml 文件中定义用户、角色以及两者的映射关系。

③ 在 server.xml 中配置<Realm>元素。

(2) JDBCRealm(JDBC 域)

JDBCRealm 通过 JDBC 驱动程序访问存放在关系型数据库中的安全认证信息,JDBC 域的安全配置非常灵活,能够充分利用数据库中的用户表信息。当修改了数据库中的安全认证信息后,不必重启 Tomcat 服务器,这一点与内存域不同,后者需要修改安全认证信息后必须重启服务器才能生效。

用户数据库表结构必须满足如下要求。

● 必须有一个用户表,一条记录包含一个合法用户的认证信息。该表至少包含两个字段,即用户名字段和密码字段,其中,密码可以存放明文或摘要密文。

● 必须有一个用户角色表,一条记录中包含将一个角色赋给一个用户的信息。一个用户拥有的 0 个、1 个或多个角色都是有效的。该表至少包含两个字段,即用户名字段和与该用户关联的角色字段。

当用户第一次访问受保护的资源时,Tomcat 将调用 Realm 的 authenticate()方法,该方法从数据库中读取最新的安全认证信息。该用户通过认证之后,在用户访问 Web 资源期间,用户的各种验证信息被保存在缓存中。

JDBC 域的设置步骤如下。

① 按照上述要求创建数据库,并在数据库中创建两张表:users(用户表,包括用户名和密码)和 users_roles(用户角色表)。

② 创建一个专门供 Tomcat 使用的数据库用户,能够对用户表和用户角色表进行查询操作即可。

③ 将所用的数据库驱动程序复制到 Tomcat 安装目录的/lib 目录下。

④ 配置<Realm>元素。在 server.xml 中加入如下的元素:driverName、connectionURL、connectionName、connectionPassword、userTable、userNameCol、userCredCol、userRoleTable 和 roleNameCol。

⑤ 重新启动 Tomcat。

(3) LockOutRealm(LockOut 域)

LockOut 域提供一种用户锁定的机制。当用户在一段时间内尝试多次登录不成功时,锁定账号有助于防止密码被盗。

使用 LockOut 域并不要求更改要保护的安全域或用户存储机制。LockOut 域记录不成功的登录,包括不存在的用户,以防止使用无效用户有意多次请求的拒绝服务(DOS)攻击。

LockOut 域的使用非常简单,只需要在要保护安全域的 Realm 元素之外再嵌套一个 LockOut 域就可以了。

如下代码片段展示了如何为用户数据库域添加锁定功能:

```
<Realm className="org.apache.catalina.realm.LockOutRealm">
    <Realm className="org.apache.catalina.realm.UserDatabaseRealm"
      resourceName="UserDatabase"/>
</Realm>
```

10.2.4 实践出真知

1. 使用内存域

使用 Eclipsc 新建一个名称为 memoryrealm 的动态 Web 项目，在新建动态 Web 项目向导的第 3 步，选中"生成 web.xml 部署描述文件"复选框，如图 10.1 所示，然后单击 Finish 按钮结束向导。

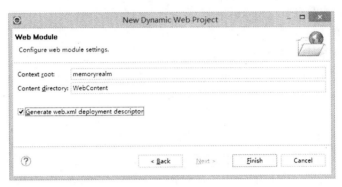

图 10.1 选中"生成 web.xml 部署描述文件"复选框

在 WebContent 目录下新建一个 login.jsp 文件，如代码清单 10.1 所示。

login.jsp 文件提供一个登录表单，用于表单验证。要求用户名输入框的 name 属性必须为 j_username，密码输入框的 name 属性必须为 j_password，且表单的 action 属性值必须为 j_security_check。

代码清单 10.1 login.jsp

```
<%@ page language="java" contentType="text/html; charset=UTF-8"
 pageEncoding="UTF-8"%>
<!DOCTYPE html PUBLIC "-//W3C//DTD HTML 4.01 Transitional//EN"
 "http://www.w3.org/TR/html4/loose.dtd">
<html>
<head>
<meta http-equiv="Content-Type" content="text/html; charset=UTF-8">
<title>登录页</titlc>
</head>
<body>
    <form action="j_security_check" method="post">
        用户名: <input type="text" name="j_username" /><br />
        密码: <input type="password" name="j_password" /><br />
        <input type="submit" value="登录" /><input type="reset" value="取消" />
    </form>
</body>
</html>
```

然后，在 WebContent 目录下新建一个 error.jsp 文件，作为 Web 应用的错误页，如代码清单 10.2 所示。

代码清单 10.2 error.jsp

```
<%@ page language="java" contentType="text/html; charset=UTF-8"
 pageEncoding="UTF-8" isErrorPage="true"%>
```

```
<!DOCTYPE html PUBLIC "-//W3C//DTD HTML 4.01 Transitional//EN"
 "http://www.w3.org/TR/html4/loose.dtd">
<html>
<head>
<meta http-equiv="Content-Type" content="text/html; charset=UTF-8">
<title>错误页</title>
</head>
<body>
    <h4>抱歉，用户名或密码不正确！</h4>
    <a href="login.jsp">重新登录</a>
</body>
</html>
```

下一步，在 WebContent 目录下新建一个 protected 子目录，该子目录只供登录用户访问。在 protected 目录下新建一个 index.jsp 文件，作为登录用户访问的首页。在 JSP 页面中，显示登录名、认证机制和认证主体名称，如代码清单 10.3 所示。

代码清单 10.3　index.jsp

```
<%@ page language="java" contentType="text/html; charset=UTF-8"
 pageEncoding="UTF-8"%>
<!DOCTYPE html PUBLIC "-//W3C//DTD HTML 4.01 Transitional//EN"
 "http://www.w3.org/TR/html4/loose.dtd">
<html>
<head>
<meta http-equiv="Content-Type" content="text/html; charset=UTF-8">
<title>测试 Memory Realm</title>
</head>
<body>
    <h4>测试 Memory Realm</h4>
    <h5>登录名: <%=request.getRemoteUser() %></h5>
    <h5>认证机制: <%=request.getAuthType() %></h5>
    <h5>认证主体名称: <%=request.getUserPrincipal().getName() %></h5>
    <h5><a href="logout.jsp">登出</a></h5>
</body>
</html>
```

在 protected 目录下新建一个 logout.jsp 文件，用于登录用户进行登出，如代码清单 10.4 所示。

代码清单 10.4　logout.jsp

```
<%@ page language="java" contentType="text/html; charset=UTF-8"
 pageEncoding="UTF-8"%>
<!DOCTYPE html PUBLIC "-//W3C//DTD HTML 4.01 Transitional//EN"
 "http://www.w3.org/TR/html4/loose.dtd">
<html>
<head>
<meta http-equiv="Content-Type" content="text/html; charset=UTF-8">
<title>登出</title>
</head>
<body>
<%
    session.invalidate();
    response.sendRedirect(getServletContext().getContextPath()
      + "/protected/index.jsp");
%>
</body>
</html>
```

下一步是设置 web.xml 配置文件，如代码清单 10.5 所示。

使用<security-constraint>元素，设置允许 Tomcat 角色和 role1 角色访问/protected 目录下的所有文件。使用<login-config>元素，设置认证机制是 BASIC。

代码清单 10.5　web.xml

```xml
<?xml version="1.0" encoding="UTF-8"?>
<web-app xmlns:xsi="http://www.w3.org/2001/XMLSchema-instance"
 xmlns="http://xmlns.jcp.org/xml/ns/javaee"
 xsi:schemaLocation="http://xmlns.jcp.org/xml/ns/javaee
 http://xmlns.jcp.org/xml/ns/javaee/web-app_3_1.xsd"
 id="WebApp_ID" version="3.1">
    <display-name>Memory Realm</display-name>
    <welcome-file-list>
        <welcome-file>index.html</welcome-file>
        <welcome-file>index.htm</welcome-file>
        <welcome-file>index.jsp</welcome-file>
    </welcome-file-list>
    <security-constraint>
        <web-resource-collection>
            <web-resource-name>Test Application</web-resource-name>
            <description>受保护的资源</description>
            <url-pattern>/protected/*</url-pattern>
            <http-method>GET</http-method>
            <http-method>POST</http-method>
        </web-resource-collection>
        <auth-constraint>
            <role-name>tomcat</role-name>
            <role-name>role1</role-name>
        </auth-constraint>
    </security-constraint>
    <login-config>
        <auth-method>BASIC</auth-method>
        <realm-name>Test Realm</realm-name>
        <!--
        <form-login-config>
            <form-login-page>/login.jsp</form-login-page>
            <form-error-page>/error.jsp</form-error-page>
        </form-login-config>
        -->
    </login-config>
</web-app>
```

最后，别忘了修改 tomcat-users.xml，在 Eclipse 的 Project Explorer 下展开 Servers 项，如图 10.2 所示。

图 10.2　修改 tomcat-users.xml

双击 tomcat-users.xml 打开该文件，去掉大约第 28 行到第 34 行的<!--和-->注释，启用 Tomcat 的默认示例用户和角色，如下面的代码所示：

```
<role rolename="tomcat"/>
<role rolename="role1"/>
<user username="tomcat" password="tomcat" roles="tomcat"/>
<user username="both" password="tomcat" roles="tomcat,role1"/>
<user username="role1" password="tomcat" roles="role1"/>
```

可见，Tomcat 预定义了两个角色(tomcat 和 role1)，以及三个用户(tomcat、both 和 role1)，三个用户的密码都是 tomcat。其中，用户 tomcat 的角色是 tomcat，用户 both 的角色是 tomcat 和 role1，用户 role1 的角色是 role1。

下面进行内存域测试，分别测试 BASIC、DIGIST 和 FORM 认证方式。

运行 Web 项目，在浏览器的地址栏中输入要访问的受保护的 protected 目录下的首页地址，即"http://localhost:8080/memoryrealm/protected/index.jsp"。由于要访问受保护的资源，会弹出如图 10.3 所示的"Windows 安全"对话框，要求用户输入合法的用户名和密码。

图 10.3　要求用户输入用户名和密码

输入"tomcat"作为用户名和密码，单击"确定"按钮，浏览器将会显示如图 10.4 所示的首页。

图 10.4　BASIC 认证的首页

停止 Web 项目，打开\WEB-INF\web.xml 文件，将<auth-method>元素的值由 BASIC 修改为 DIGEST，保存后，再次启动 Web 项目，访问/protected/index.jsp 网页，仍然会弹出如图 10.3 所示的"Windows 安全"对话框，要求用户输入合法的用户名和密码。再次输入"tomcat"作为用户名和密码，单击"确定"按钮，浏览器显示如图 10.5 所示的首页。

再次停止 Web 项目，打开\WEB-INF\web.xml 文件，将<auth-method>元素的值由 DIGEST 修改为 FORM，并且将<form-login-config>元素外的注释去掉，保存后，再次启动 Web 项目，再次访问/protected/index.jsp 页面，浏览器会自动转发到定制的登录页面，如图 10.6 所示。

图 10.5　DIGEST 认证的首页

图 10.6　定制的表单登录页面

输入合法的用户名和密码，单击"登录"按钮，正常登录后的首页如图 10.7 所示。

图 10.7　FORM 认证的首页

2. 使用 JDBC 域

JDBC 域在应用上比内存域优越，这是因为可以将用户的用户名、密码和角色信息放到数据库表中，易于管理，并且在修改用户登录信息后，不需要重新启动 Web 服务器。

使用 Eclipse 新建一个名称为 jdbcrealm 的动态 Web 项目。

然后，在 MySQL 数据库中新建一个名称为 tomcat 的数据库，用于存放 JDBC 域的验证信息。新建一个名称为 tomcat 的数据库用户，为该用户赋查询的最小权限。

特别提示：为 JDBC 域的数据库用户赋最小权限非常重要，Tomcat 仅使用该用户进行查询操作，不会对数据库表进行修改等其他操作。如果使用较高权限的数据库用户，则会带来安全隐患。

在 tomcat 数据库中新建两个表，建表语句和插入记录语句如代码清单 10.6 所示。

代码清单 10.6　建表语句和插入记录语句

```
CREATE TABLE `users` (
  `user_name` varchar(15)   NOT NULL,
  `user_pass` varchar(35)   NOT NULL,
  PRIMARY KEY (`user_name`)
) ENGINE=InnoDB DEFAULT CHARSET=utf8;
```

```
INSERT INTO `users` VALUES ('admin', 'admin');
INSERT INTO `users` VALUES ('tomcat', 'tomcat');

CREATE TABLE `user_roles` (
  `user_name` varchar(15)   NOT NULL,
  `role_name` varchar(15)   NOT NULL,
  PRIMARY KEY (`user_name`,`role_name`)
) ENGINE=InnoDB DEFAULT CHARSET=utf8;

INSERT INTO `user_roles` VALUES ('admin', 'admin');
INSERT INTO `user_roles` VALUES ('tomcat', 'tomcat');
```

然后，配置 JDBC 域，使之能够连接数据库并识别验证信息。在 Eclipse 左部的 Project Explorer 中，展开 Servers 项，展开集成的 Tomcat，找到 context.xml 文件并双击打开，在 <Context>元素内，插入如代码清单 10.7 所示的域定义。

这里的 LockOutRealm 是为了提供对 JDBCRealm 的保护，能够对多次输入密码错误的用户进行锁定。

代码清单 10.7　context.xml

```
<Realm className="org.apache.catalina.realm.LockOutRealm">
    <Realm className="org.apache.catalina.realm.JDBCRealm"
      driverName="com.mysql.jdbc.Driver"
  connectionURL="jdbc:mysql://localhost:3306/tomcat?user=tomcat&amp;password=tomcat"
      userTable="users" userNameCol="user_name" userCredCol="user_pass"
      userRoleTable="user_roles" roleNameCol="role_name" />
</Realm>
```

打开 Web 项目的部署描述文件，按照代码清单 10.8 修改配置。

这里设置为 tomcat 角色和 admin 角色可以访问/protected 目录，但只有 admin 角色可以访问/admin 目录。

代码清单 10.8　web.xml

```
<?xml version="1.0" encoding="UTF-8"?>
<web-app xmlns:xsi="http://www.w3.org/2001/XMLSchema-instance"
 xmlns="http://xmlns.jcp.org/xml/ns/javaee"
 xsi:schemaLocation="http://xmlns.jcp.org/xml/ns/javaee
 http://xmlns.jcp.org/xml/ns/javaee/web-app_3_1.xsd"
 id="WebApp_ID" version="3.1">

    <display-name>JDBCRealm</display-name>

    <welcome-file-list>
        <welcome-file>index.html</welcome-file>
        <welcome-file>index.htm</welcome-file>
        <welcome-file>index.jsp</welcome-file>
    </welcome-file-list>

    <security-constraint>

        <web-resource-collection>
            <web-resource-name>Protected</web-resource-name>
            <description>受保护的资源</description>
            <url-pattern>/protected/*</url-pattern>
            <http-method>GET</http-method>
            <http-method>POST</http-method>
        </web-resource-collection>
        <auth-constraint>
```

```xml
                <role-name>tomcat</role-name>
                <role-name>admin</role-name>
            </auth-constraint>
        </security-constraint>

        <security-constraint>
            <web-resource-collection>
                <web-resource-name>Administrator</web-resource-name>
                <description>受保护的资源</description>
                <url-pattern>/admin/*</url-pattern>
                <http-method>GET</http-method>
                <http-method>POST</http-method>
            </web-resource-collection>
            <auth-constraint>
                <role-name>admin</role-name>
            </auth-constraint>
        </security-constraint>

        <login-config>
            <auth-method>FORM</auth-method>
            <realm-name>安全登录验证</realm-name>
            <form-login-config>
                <form-login-page>/login.jsp</form-login-page>
                <form-error-page>/error.jsp</form-error-page>
            </form-login-config>
        </login-config>
    </web-app>
```

在 Web 项目的 WebContent 目录下新建 admin 目录和 protected 目录，并创建一些测试用的 JSP 页面，限于篇幅，就不一一列出页面的内容，读者可参考本书的源代码。

运行本 Web 项目，访问 http://localhost:8080/jdbcrealm/admin/index.jsp，自动转发至登录页面，先以 admin 用户登录，如图 10.8 所示。

图 10.8　登录页面

登录后的首页如图 10.9 所示。

图 10.9　admin 角色的首页

将浏览器地址改为 "http://localhost:8080/jdbcrealm/protected/index.jsp"，按照 web.xml 文件定义，admin 角色同样可访问 protected 目录，如图 10.10 所示。

图 10.10　访问 protected 目录

单击"登出"，然后以 tomcat 用户登录，登录后的首页如图 10.11 所示。

图 10.11　登录后的首页

将浏览器地址改为"http://localhost:8080/jdbcrealm/admin/index.jsp"，按照 web.xml 文件定义，tomcat 角色只能访问 protected 目录，不能访问 admin 目录，因此显示如图 10.12 所示的拒绝访问页面。

图 10.12　拒绝访问

3. 以密文存放密码

本实践继续使用前面创建的 jdbcrealm 项目。

在前面的 jdbcrealm 项目中，用户密码是以明文存放的，如果 Web 网站被黑客攻击，可能会暴露所有用户的密码，黑客就可以冒充其他用户登录，给他人造成损失。为避免这种情况，最好把用户密码以密文形式存放。

Tomcat 支持 java.security.MessageDigest 类所支持的三种摘要算法——SHA、MD2 和 MD5。一般使用 MD5 摘要算法对用户密码进行单向加密。

可以使用如下两种方法之一，来计算明文密码对应的摘要值。

(1) 如果编写动态计算密码摘要的程序，可以调用 org.apache.catalina.realm.RealmBase 类的静态 Digest()方法，将密码的明文和摘要算法名称作为参数，该方法返回密码的摘要值；

(2) 如果执行命令行计算密码摘要，应执行 Tomcat 安装目录下 bin 子目录的 digest.bat 文件，命令格式如下：

```
digest.[bat|sh] -a {摘要算法名称} {密码明文}
```

对应的密码摘要值会显示在标准输出中。

下面使用命令行来计算密码 admin 和 tomcat 的对应 MD5 摘要值。

打开命令行窗口，进入到 Tomcat 安装目录下的 bin 子目录，按照 digest.bat 的命令行格式输入命令，如图 10.13 所示。得到 admin 的摘要值为 21232f297a57a5a743894a0e4a801fc3，tomcat 的摘要值为 1b359d8753858b55befa0441067aaed3。

图 10.13 通过命令行获取摘要值

使用获取到的摘要值重新设置用户密码，打开 tomcat 数据库的 users 表，重设密码，如图 10.14 所示。

图 10.14 重设密码

最后，修改如代码清单 10.7 所示的 context.xml 文件，插入一行 digest="MD5"，说明该 JDBC 域使用 MD5 摘要算法，修改后的内容如代码清单 10.9 所示。

代码清单 10.9 **修改 context.xml**

```
<Realm className="org.apache.catalina.realm.LockOutRealm">
    <Realm className="org.apache.catalina.realm.JDBCRealm"
      digest="MD5"
      driverName="com.mysql.jdbc.Driver"
    connectionURL="jdbc:mysql://localhost:3306/tomcat?user=tomcat&amp;password=tomcat"
      userTable="users" userNameCol="user_name" userCredCol="user_pass"
      userRoleTable="user_roles" roleNameCol="role_name" />
</Realm>
```

重新运行 jdbcrealm 项目，可以正常登录并浏览规定权限的网页。

4. 使用 SSL 协议

Tomcat 支持使用自签名证书，这种证书不是由证书颁发机构颁发的，而是由自己颁发的。因此目的仅仅是开发与测试应用程序。

使用 JDK 自带的 keytool 实用工具，很容易创建自签名证书。keytool.exe 文件位于 JDK

安装目录下的 bin 子目录下。

在命令行下输入如下命令：

```
keytool -genkey -v -alias tomcat -keyalg RSA -dname "CN=学习jee, OU=计算机系, O=昆明理工
大学, L=昆明, ST=云南, C=中国" -storepass changeit -keypass changeit
```

其中：

● -genkey 参数表示生成密钥对。

● -v 参数表示详细输出。

● -alias 参数表示要处理的条目的别名。

● -keyalg 参数表示密钥算法名称，这里采用 RSA 算法。

● -dname 参数表示唯一的判别名，即证书拥有者信息。

● -storepass 参数表示密钥库口令，在实用时改动为强度高的安全口令。

● -keypass 参数表示密钥口令，在实用时改动为强度高的安全口令。

在命令行成功执行命令后，会将一个生成的证书文件(默认文件名称为 keystore)保存到用户目录中，如图 10.15 所示。

图 10.15　生成自签名证书

如果不知道自己的用户目录，可以在命令行输入如下命令：

```
echo %USERPROFILE%
```

就可以得到用户目录路径。

做完上述工作之后，下一步是在 Tomcat 的 server.xml 文件中开放 8443 端口 SSL 连接器，用 Eclipse 打开 Servers 项下的 server.xml 文件，去掉代码清单 10.10 前后的注释，让 SSL HTTP 运行在 8443 端口。

代码清单 10.10　server.xml

```
<Connector SSLEnabled="true" clientAuth="false"
 maxThreads="150" port="8443"
 protocol="org.apache.coyote.http11.Http11NioProtocol"
 scheme="https" secure="true" sslProtocol="TLS"/>
```

还是使用 jdbcrealm 项目进行测试。为了使用 SSL，需要修改 Web 项目的部署描述文件，修改后的 web.xml 如代码清单 10.11 所示。

代码清单 10.11　**修改 web.xml**

```
<?xml version="1.0" encoding="UTF-8"?>
<web-app xmlns:xsi="http://www.w3.org/2001/XMLSchema-instance"
 xmlns="http://xmlns.jcp.org/xml/ns/javaee"
 xsi:schemaLocation="http://xmlns.jcp.org/xml/ns/javaee
 http://xmlns.jcp.org/xml/ns/javaee/web-app_3_1.xsd"
```

```
        id="WebApp_ID" version="3.1">
    <display-name>JDBCRealm</display-name>
    <welcome-file-list>
        <welcome-file>index.html</welcome-file>
        <welcome-file>index.htm</welcome-file>
        <welcome-file>index.jsp</welcome-file>
    </welcome-file-list>
    <security-constraint>
        <web-resource-collection>
            <web-resource-name>Protected</web-resource-name>
            <description>受保护的资源</description>
            <url-pattern>/protected/*</url-pattern>
            <http-method>GET</http-method>
            <http-method>POST</http-method>
        </web-resource-collection>
        <auth-constraint>
            <role-name>tomcat</role-name>
            <role-name>admin</role-name>
        </auth-constraint>
        <user-data-constraint>
        <transport-guarantee>CONFIDENTIAL</transport-guarantee>
        </user-data-constraint>
    </security-constraint>
    <security-constraint>
        <web-resource-collection>
            <web-resource-name>Administrator</web-resource-name>
            <description>受保护的资源</description>
            <url-pattern>/admin/*</url-pattern>
            <http-method>GET</http-method>
            <http-method>POST</http-method>
        </web-resource-collection>
        <auth-constraint>
            <role-name>admin</role-name>
        </auth-constraint>
        <user-data-constraint>
        <transport-guarantee>CONFIDENTIAL</transport-guarantee>
        </user-data-constraint>
    </security-constraint>
    <login-config>
        <auth-method>FORM</auth-method>
        <realm-name>安全登录验证</realm-name>
        <form-login-config>
            <form-login-page>/login.jsp</form-login-page>
            <form-error-page>/error.jsp</form-error-page>
        </form-login-config>
    </login-config>
</web-app>
```

上面的代码在欲保护的 URL 模式中添加<user-data-constraint>元素，将该元素下的<transport-guarantee>子元素的值设置为 CONFIDENTIAL，其效果是加密浏览器和服务器间传输的数据。如果通过不安全的 HTTP 端口(8080)发送 HTTP 请求，会自动转发到安全的 HTTPS 端口(在代码清单 10.10 中设置的 8443)。

<transport-guarantee>元素还有两个取值：INTEGRAL 和 NONE。使用前者，只能通过 HTTPS 访问网页，通过 HTTP 发出的访问不会自动转发给 HTTPS，而是返回给浏览器一个 403 访问拒绝错误；使用后者，这是<transport-guarantee>的默认值，除非用户有意使用 HTTPS 及安全端口，不会自动对数据施加保护。

运行该 Web 项目，这时会弹出一个如图 10.16 所示的安全警报，这是因为使用 HTTPS 协议必须有 SSL 证书。通常情况下，SSL 证书由证书机构(如 Verisign 或 Thawte)颁发。而本实践使用自签名的 SSL 证书。由于该证书没有经证书颁发机构签署，因此，浏览器显示警告窗口，选择"是(Y)"按钮继续。

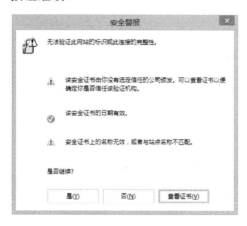

图 10.16　安全警报

浏览器显示如图 10.17 所示的登录页面。注意浏览器地址栏中已经变成 HTTPS 协议。

图 10.17　SSL 登录页面

输入合法的用户名和密码，Web 网站允许以 HTTPS 协议访问受保护的网络资源，效果如图 10.18 所示。

图 10.18　SSL 登录成功页面

10.2.5　有问必答

1. <http-method>元素有哪些可用值？

答： 有 GET、POST、PUT、TRACE、DELETE、HEAD 和 OPTIONS。

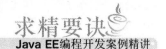

2. 如果根本不使用<http-method>元素，是否不保护所有的 HTTP 方法？

答： 不正确。如果不指定<http-method>元素，则所有的 HTTP 方法都只能被<auth-constraint>元素定义的角色访问。

3. 如果指定一个<http-method>元素值(比如 GET)，其余没指定的 HTTP 方法到底是受保护还是不受保护？

答： 如果只指定一个或多个 HTTP 方法，那么，只有这些指定的 HTTP 方法会受到保护。也就是说，一旦你指定哪怕一个<http-method>元素，其余未指定的 HTTP 方法都自动变为不受保护，即任何人都可以访问。

4. 我注意到<web-resource-collection>元素不仅要定义受保护的资源本身，还要定义 HTTP 方法。也就是说，<auth-constraint>元素不是定义哪些角色可以访问<web-resource-collection>的资源，而是定义哪些角色可以调用受保护的 HTTP 方法来访问这些资源。这样理解对吗？

答： 完全正确。

5. 不定义<auth-constraint>是否等同于定义<auth-constraint />？

答： 不正确。不定义<auth-constraint>没有说哪个角色受限，含义是没有任何角色受限。但是，一旦定义了<auth-constraint>，那么，只允许明确说明的角色访问。如果不想让任何角色访问，应使用<auth-constraint />，它告诉容器：明确指定没有任何角色可以访问受保护资源。

6. 我已经知道<auth-constraint />的含义是不允许任何角色访问受保护资源，不明白的是，设计这类没有人可以访问的资源到底有什么用处？

答： 问得好。要澄清的是，这里说的"没有人"，只是限制客户端不能访问受保护的资源，但 Web 应用的其他部分仍然可以访问。比如，开发人员可能希望客户端通过请求转发来访问这些资源，但不希望客户端直接访问，这时就可以使用<auth-constraint />。

第 11 章 过滤器编程

过滤器用于拦截 HTTP 请求并控制响应。过滤器能够对 HTTP 请求到达 Web 服务器之前进行预处理操作，同时在 HTTP 响应发送到客户浏览器之前进行后处理操作。这些操作包括修改请求或响应的头以及体数据，如修改数据的编码方式、修改头信息等。过滤器可以减少代码冗余，提高系统的开发效率。

本章介绍过滤器的基本概念和过滤器的编程步骤、配置和生命周期，并提供典型的过滤器编程案例，帮助读者应用到实际项目开发中。

11.1　过滤器概述

过滤器使用拦截器模式，在 JSP 和 Servlet 等组件毫不知情的情况下对 HTTP 请求进行拦截，例如，Servlet 根本不知道在客户端浏览器请求和容器调用 Servlet 的 service()方法之间，有其他组件(过滤器)介入。这是面向方面编程(AOP)的最大优势，给予编程人员很大的自由发挥空间，根本不需要直接修改 Servlet 代码，就可以添加想要的多种功能。例如，可以将花费在重写多个 Servlet 上的时间用来编写并配置一个过滤器，该过滤器能够影响多个甚至所有的 Servlet；可以用过滤器来追踪访问 Web 应用中的每一个 Servlet 的记录；可以操控 Web 应用中的每一个 Servlet 的输出等。

11.1.1　过滤器的基本概念

过滤器是一种 Java 组件，这一点与 Servlet 类似，用于在请求发送到 Servlet 之前进行拦截并处理，或者在 Servlet 执行完毕之后，但在发送回客户端之前对响应进行拦截并处理。

容器根据过滤器标注或 web.xml 部署描述文件中过滤器的声明，来决定何时调用何种过滤器。在过滤器标注或部署描述文件中需要定义 URL 模式，以决定当客户端访问哪些服务器资源时，哪些过滤器会生效。

(1)　过滤器的原理

过滤器的原理如图 11.1 所示。过滤器在逻辑上位于容器和 Servlet 之间，当浏览器请求某个 Web 资源(JSP、Servlet、HTML 静态页面等)时，容器检查请求的资源是否符合某个过滤器的 URL 模式，如果不符合，容器就直接调用所请求的 Web 资源；否则，容器就会生成一个请求和一个响应对象，并将这两个对象传递给相应的过滤器，然后过滤器执行自己的过滤操作，如果满足一定的条件，过滤器可以调用所请求的 Web 资源，Web 资源一点也不知道请求已经经过过滤器的拦截；否则，过滤器可以阻断该请求，转而进行其他的操作。例如，如果过滤器发现未登录用户试图访问受保护的 Web 资源，就可以阻断该请求，并重定向到登录页面。

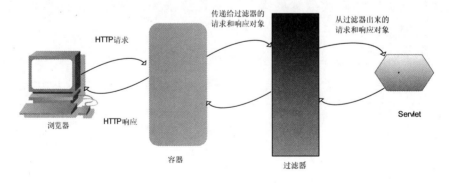

图 11.1　过滤器的原理

从图 11.1 可以看到，在调用 Servlet 之前和之后都要经过过滤器，也就是说，开发人员可以根据需要，选择在调用 Servlet 之前或之后添加程序代码。因此，了解在哪个地方编码以及如何编码，是对 Java Web 开发人员的基本要求。

容器根据部署描述文件中的过滤器的声明来决定什么时候调用哪个过滤器，新版本的 Servlet 规范允许开发人员使用@WebFilter 标注来声明过滤器，使用该标注的 filterName 属性来指定过滤器名称，使用 urlPatterns 属性来指定请求何种 URL 模式时触发过滤器。传统的方式使用 web.xml 部署描述文件，而新的方式是使用标注。这两种方式主要的不同是前者将过滤器编码和过滤器声明分离，后者将过滤器编码和声明都合并在源程序中。

(2) 过滤器的用途

从用途上，可以将过滤器分为请求过滤器和响应过滤器。

请求过滤器主要用于安全检查、修改请求头和体的格式，以及记录请求日志。

响应过滤器主要用于压缩响应数据流、附加或修改响应数据流、创建不同的响应数据包。但应注意，千万不要以为存在什么 RequestFilter 或者 ResponseFilter 接口，过滤器只有一个接口——Filter 接口。当我们谈论请求过滤器和响应过滤器时，谈论的仅仅只是如何来使用过滤器，而不是真的有多种不同的过滤器接口。

(3) 过滤器链

多个过滤器可以串成一个过滤器链，一个接一个地运行，如图 11.2 所示。过滤器本来就设计为完全独立的，过滤器不关心在自己运行之前是否有其他过滤器运行过，也不关心在自己运行之后是否有其他过滤器要运行。

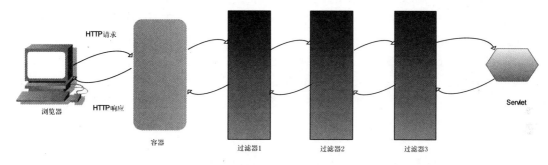

图 11.2　过滤器链

过滤器在执行时的确会遵循一定的顺序，Web 应用部署人员可以通过修改 web.xml 文件来调整其执行顺序。在这里强调过滤器的独立性，是指作为编程人员，不能在过滤器编码中依赖其他过滤器。

(4) 过滤器的 API

① Filter 接口

每一个过滤器都需要实现 Filter 接口的 3 个方法，即 init()方法、doFilter 方法和 destroy()方法。

- public void init(FilterConfig filterConfig)：这是在容器创建过滤器对象后调用的方法，用于完成过滤器初始化操作，最为常用的代码是获取 FilterConfig 对象的引用。
- public void doFilter(ServletRequest request, ServletResponse response, FilterChain chain)：这是过滤器的核心过滤方法，每次当容器想要过滤当前请求时，就会调用该方法，开发人员在该方法中编写过滤功能的代码。该方法带 3 个参数，可以注意到，前两个参数是 ServletRequest 和 ServletResponse，而不是 HttpServletRequest

和 HttpServletResponse，因此需要强制转换。

- public void destroy()：当容器决定消毁过滤器对象之前调用该方法，该方法完成一些清理工作。

② FilterChain 接口

FilterChain 接口只定义了一个方法：

```
public void doFilter(ServletRequest request, ServletResponse response)
```

该方法调用过滤器链中的下一个过滤器或最终的 Web 资源，如 JSP 或 Servlet。每一个过滤器如果不想阻断请求，就必须调用 FilterChain 的 doFilter()方法。

Filter 接口和 FilterChain 接口都位于同一个包(javax.servlet)中。

③ FilterConfig 接口

容器在初始化过滤器时，将 FilterConfig 对象传递给过滤器，通过该对象，可以获取过滤器配置的初始化参数以及 ServletContext Web 应用环境对象，然后获取 Web 应用的相关信息。FilterConfig 接口定义了下列方法。

- public String getFilterName()：返回在部署描述文件中配置的过滤器的名称，或者由@WebFilter 标注的 filterName 属性指定的过滤器名称。每个过滤器都需要设置一个唯一的名称。
- public ServletContext getServletContext()：返回过滤器执行的 Web 应用环境对象(ServletContext 对象)，通过该对象，过滤器可以获取 Web 应用环境的数据。
- public String getInitParameter(String name)：返回过滤器配置的初始化参数，如果指定名称的初始化参数不存在，则返回 null。
- public Enumeration<String> getInitParameterNames()：返回过滤器配置的所有初始化参数的名称，以字符串对象的枚举类型返回。如果过滤器没有设置初始化参数，则返回空的 Enumeration 对象。

(5) 过滤处理的 3 种方式

过滤器的过滤处理实际就是通过对 doFilter()方法的编码实现的，一般采用如下 3 种方式进行过滤处理。

① 通过控制对 chain.doFilter()方法的调用，来决定是否允许访问目标资源。

例如，可以在权限控制过滤器中判断用户是否具有访问请求资源的权限，如有权限，则调用 chain.doFilter()方法放行，如没权限，则不执行 chain.doFilter()方法，而是重定向到出错页面或登录页面。

② 在调用 chain.doFilter()方法之前进行处理。

例如，解决中文乱码问题可以在 chain.doFilter()方法前，执行设置请求编码与响应编码。

③ 在调用 chain.doFilter()方法之后进行处理。

例如，对网页进行压缩处理。

11.1.2 构建第一个过滤器

本节通过实例演示，构建一个简单的请求追踪过滤器，将浏览器的每次访问记录在日志中。以使读者对过滤器的作用有一个直观感性的认识。

在 Eclipse 中新建一个名称为 firstfilter 的动态 Web 项目，在项目中编写 FirstFilter.java
文件，完整代码如代码清单 11.1 所示。

过滤器必须实现 Filter 接口，在 FirstFilter 类之前使用@WebFilter 标注声明过滤器，这
样就不用编写部署描述文件了。@WebFilter 标注里的 filterName 属性指定过滤器名称，
urlPatterns 属性指定请求哪些 URL 模式时触发过滤器。过滤器必须实现 init()方法，通常只
是保存 FilterConfig 对象。doFilter()方法完成真正的过滤工作，注意该方法没有使用
HttpServletRequest 和 HttpServletResponse 类型作为参数，在代码中需要强制转换成
ServletRequest 和 ServletRespons 的子类。doFilter()方法一定要调用 chain.doFilter()方法，否
则就无法执行后续过滤器和 Servlet。过滤器必须实现 destroy()方法，通常该方法体不需要
执行什么代码。

代码清单 11.1　FirstFilter.java

```java
package com.jeelearning.filter;

import java.io.IOException;
import java.util.Date;
import javax.servlet.Filter;
import javax.servlet.FilterChain;
import javax.servlet.FilterConfig;
import javax.servlet.ServletException;
import javax.servlet.ServletRequest;
import javax.servlet.ServletResponse;
import javax.servlet.annotation.WebFilter;
import javax.servlet.http.HttpServletRequest;

@WebFilter(filterName = "firstFilter", urlPatterns = { "/*" })
public class FirstFilter implements Filter {
    private FilterConfig fc;

    public void init(FilterConfig fConfig) throws ServletException {
        this.fc = fConfig;
    }

    public void doFilter(ServletRequest request, ServletResponse response,
      FilterChain chain) throws IOException, ServletException {
        HttpServletRequest httpReq = (HttpServletRequest)request;
        String ip = httpReq.getRemoteAddr();
        String path = httpReq.getServletPath();
        fc.getServletContext().log(
                "IP " + ip + " 于 " + new Date() + " 访问 " + path);
        chain.doFilter(request, response);
    }

    public void destroy() {
        // 清理工作
    }
}
```

然后，在项目中任意添加几个 JSP 页面，启动 Web 项目。任意访问一些页面，在 Tomcat
日志中会以如下形式记录每次的访问信息。

信息: IP 0:0:0:0:0:0:0:1 于 Mon Sep 22 07:32:49 CST 2014 访问 /index.jsp

第一个过滤器完全按照设计要求工作了。

11.1.3 有问必答

1. 看起来，过滤器很像 Servlet，对不对？

答：完全正确。过滤器和 Servlet 都是由容器进行管理的，它们在以下 3 个方面非常相像。第一，容器都了解两者的 API 并知道何时该调用什么 API。当 Java 类实现 Filter 接口之后，就成为 Java EE 的过滤器，容器知道如何与过滤器协同工作；第二，容器管理过滤器和 Servlet 的生命周期。过滤器拥有与 Servlet 同样的 init()方法和 destroy()方法，过滤器的 doFilter()方法与 Servlet 的 doGet()方法及 doPost()方法类似；第三，过滤器和 Servlet 都可以在部署描述文件中声明，也可以使用标注进行声明。有意思的还有，Filter 和 Servlet 都位于 javax.servlet 包中。

2. 为什么要把初始化代码写在过滤器的 init()方法中，而不写在过滤器的构造函数中？

答：当实例化过滤器时，首先调用过滤器的构造函数，过滤器创建完毕后，才调用 init()方法。如果初始化代码必须要过滤器环境才能执行，最好放到 init()方法中。另外，init()方法还可以获取 FilterConfig 对象，但构造函数显然不能。

3. 我还是不太明白 FilterChain 接口，能多讲一点吗？

答：过滤器设计为积木式的组件，可以将多个过滤器以不同方式组合，共同完成多种不同的任务。FilterChain 接口就是这类功能的核心组件，其任务就是计算过滤器链中的顺序。要知道，过滤器和 Servlet 都不知道在请求中其他过滤器的信息，只有 FilterChain 负责过滤器链顺序。

4. 注意到第一个过滤器示例中的 doFilter()方法调用了 chain.doFilter()，不明白为什么要在 doFilter()方法中调用 doFilter()，难道是递归？

答：这个地方的确有些费解，但肯定不是递归。FilterChain 接口的 doFilter()方法与 Filter 接口的 doFilter()方法是容易混淆的两个完全不同的方法。FilterChain 接口的 doFilter()方法的主要任务是计算出下一个该调用哪一个组件的 doFilter()方法，如果到了过滤器链的最后，那就直接调用 Servlet 的 service()方法。Filter 接口的 doFilter()方法才是真正完成过滤操作的方法。就是说，FilterChain 接口可以调用过滤器或 Servlet，如果是过滤器，就调用其 doFilter()方法，如果是 Servlet 或 JSP(JSP 也编译为 Servlet)，则调用其 service()方法。

11.2 过滤器编程

过滤器是 Web 容器管理下的组件，必须按照 Java EE 规范来进行编程。本节首先讲述过滤器的编程步骤，然后分别讲述过滤器新版本(使用标注)和旧版本(使用部署描述文件)的配置，最后讲述过滤器的生命周期。

11.2.1 过滤器的编程步骤

过滤器的编程一般按照如下步骤进行。

(1)　编写实现 Filter 接口的过滤器类

这个步骤非常简单，过滤器就是实现 Filter 接口的 Java 类，例如：

```
public class MyFilterClass implements Filter {
    ...
}
```

(2)　实现 Filter 接口的 3 个方法

init()方法、doFilter 方法和 destroy()方法是任何过滤器都必须实现的 3 个方法。

①　init()方法是过滤器的初始化方法，在该方法中可以获取 FilterConfig 对象，然后通过 FilterConfig 对象获取过滤器配置的初始化参数，完成过滤器的初始化任务：

```
public void init(FilterConfig fConfig) throws ServletException {
    ...
}
```

②　doFilter()方法是过滤器的核心方法，完成真正的过滤操作。每次当 HTTP 请求符合过滤器激活的条件，既 HTTP 请求的地址符合过滤器映射的 URL 规则时，容器自动调用过滤器的 doFilter()方法。

过滤器在 doFilter()方法中一定要调用 chain.doFilter()方法，否则就无法执行后续过滤器和 Servlet。开发人员可以选择在调用 chain.doFilter()方法之前或之后添加过滤逻辑代码，如果在过滤之前进行处理，实际上就是对请求头和请求数据进行处理，包括添加、修改或移除部分内容。修改后的请求数据依次传递给后续过滤器，最终到达 JSP 或 Servlet 等 Web 组件。这些 Web 组件得到的是已经经过过滤器修改处理过的请求对象，避免自己亲自处理。设想一下，如果没有过滤器统一进行处理，在每个需要处理的 Web 组件中都需要重复编写这些本该由过滤器统一执行的代码，造成代码的大量冗余，不利于系统的维护。反之，如果在过滤之后进行处理，则是在 Web 组件发出响应之后进行的，千万不要以为这时可以用像请求头和请求数据一样的处理办法，轻易处理响应头和响应数据，要知道，在 Web 组件发出响应之后再处理响应头和响应数据已经太迟了，必须采取特别的包装技术才能处理，具体可参考后面将介绍的压缩过滤器。

doFilter()方法体代码的框架如下：

```
public void doFilter(ServletRequest request, ServletResponse response,
  FilterChain chain) throws IOException, ServletException {
    // 过滤之前的逻辑代码
    chain.doFilter(request, response);
    //过滤之后的逻辑代码
}
```

可以注意到，doFilter()方法没有使用 HttpServletRequest 和 HttpServletResponse 类型作为参数，而是传递通用的 ServletRequest 请求对象和 ServletRespons 响应对象，在代码中需要强制转换成 HTTP 请求和响应对象。

例如：

```
HttpServletRequest httpReq = (HttpServletRequest)request;
HttpServletResponse httpResp = (HttpServletResponse)response;
```

③　过滤器必须实现 destroy()方法，在该方法体编写执行资源清理工作的代码，容器在消毁过滤器对象之前调用该方法，终结过滤器的生命周期：

```
public void destroy() {
    ...
}
```

(3) 完成过滤器的配置

参见 11.2.2 小节的过滤器配置。

11.2.2　过滤器配置

过滤器需要配置才能让容器识别。新的配置方式是使用@WebFilter 标注，旧的配置方式是在部署描述文件 web.xml 中对过滤器进行声明和地址映射。

(1) @WebFilter 标注

开发人员直接将@WebFilter 标注放置在过滤器类定义之前，声明过滤器。容器在部署阶段处理@WebFilter 标注以及相应的 URL 模式、Servlets、Dispatcher 类型等。可选元素列示如下。

① boolean asyncSupported：指定过滤器是否支持异步操作模式，等价于<async-supported>元素。

② String description：过滤器的描述，等价于 web.xml 中的<description>元素。

③ DispatcherType[] dispatcherTypes：触发过滤器的转发类型，取值有 REQUEST、FORWARD、ERROR 和 INCLUDE 四种，等价于<dispatcher>元素。

④ String displayName：过滤器的显示名，通常配合可视化工具使用，等价于 web.xml 中的<display-name>元素。

⑤ String filterName：过滤器的名称，等价于 web.xml 中的<filter-name>元素。

⑥ WebInitParam[] initParams：过滤器的初始化参数，等价于 web.xml 中的<init-param>元素。

⑦ String[] servletNames：过滤器适用的 Servlet 名称。取值可以是@WebServlet 标注中的 name 的属性值，或者是 web.xml 中<servlet-name>的取值。

⑧ String[] urlPatterns：过滤器的 URL 模式，等价于 web.xml 中的<url-pattern>元素。

⑨ String[] value：过滤器的 URL 模式。与 urlPatterns 属性相同，但不需要指定属性名，这两者不应该同时使用。

注意，@WebFilter 标注的全部属性都可使用对应的 XML 元素在部署描述文件中配置。例如，属性 urlPatterns 对应<url-pattern>元素，filterName 属性对应<filter-name>元素等。

(2) 部署描述文件

部署描述文件 web.xml 位于 WEB-INF 目录中，旧版本的 Web 应用都使用该文件配置过滤器的声明和映射。过滤器的配置示例如代码清单 11.2 所示。

代码清单 11.2　**过滤器配置示例**

```xml
<filter>
    <description>示例用的简单过滤器</description>
    <display-name>示例过滤器</ display-name >
    <filter-name>myFilter</filter-name>
    <filter-class>com.jeelearning.filter.Demo1Filter</filter-class>
    <init-param>
        <param-name>参数名 1</param-name>
```

```
        <param-value>参数值 1</param-value>
    </init-param>
</filter>
<filter-mapping>
    <filter-name>myFilter</filter-name>
    <servlet-name>myServlet</ servlet -name>
    <url-pattern>/*</url-pattern>
    <dispatcher>REQUEST</dispatcher>
    <dispatcher>FORWARD</dispatcher>
    <dispatcher>ERROR</dispatcher>
    <dispatcher>INCLUDE</dispatcher>
</filter-mapping>
```

其中，下列 XML 元素完成过滤器的配置。

- <filter>：用于声明过滤器，该元素应放在根元素<web-app>之下，它的子元素应放在<filter>和</filter>之间。

- <description>：描述过滤器的用途和注意事项等信息。

- <display-name>：是过滤器在图形工具软件中的显示名称。

- <filter-name>：描述过滤器的唯一名称。

- <filter-class>：定义过滤器的全路径名称，包括包名和类名。

- <init-param>：定义过滤器的初始化参数。调用 FilterConfig 对象的 getInitParameter() 方法可以获取指定名称的初始化参数的值。

- <param-name>：定义过滤器的初始化参数的名称。

- <param-value>：定义过滤器的初始化参数的值。

- <filter-mapping>：用来声明 Web 应用中的过滤器映射。过滤器可以映射到 Servlet 或 URL 模式。使用<servlet-name>子元素将过滤器映射到 Servlet，使用<url-pattern> 子元素将过滤器映射到 URL 模式。过滤操作的执行顺序按<filter-mapping>元素出现的先后顺序。

- <filter-name>：定义过滤器的名称。这里的过滤器名称应该与某个<filter>元素的子元素<filter-name>所定义的过滤器名称一致。

- <servlet-name>：定义对某个指定的 Servlet 进行过滤。

- <url-pattern>：定义过滤器的 URL 模式，一个过滤器可以定义多个<url-pattern>，对多个地址过滤。

- <dispatcher>：定义过滤操作对应的请求类型，有 REQUEST、FORWARD、ERROR 和 INCLUDE 四种，默认为 REQUEST。
    - REQUEST：当请求类型为 HTTP 时，过滤器工作。
    - FORWARD：当请求类型为转发时，过滤器工作。
    - ERROR：当请求类型为转发到错误页面时，过滤器工作。
    - INCLUDE：当请求类型为包含时，过滤器工作。

- <async-supported>：定义过滤器是否支持异步操作模式。

(3) 过滤器配置小结

① @WebFilter 标注

该标注的所有属性均为可选属性，但是，必须至少包含 value、urlPatterns、servletNames 三个属性中的一个，且 value 与 urlPatterns 属性不能共存，如果同时指定，通常忽略 value

属性的值。

② <filter>元素

<filter-name>元素和<filter-class>元素必填。<init-param>元素可选，一个<filter>元素下可有多个<init-param>元素。

③ <filter-mapping>元素

<filter-name>元素必填，用于连接正确的<filter>元素。

至少要有一个<url-pattern>元素或<servlet-name>元素。

<url-pattern>元素定义过滤器适用哪些 Web 资源，而<url-pattern>元素定义过滤器适用哪一个单个的 Web 资源。

11.2.3 过滤器的生命周期

每个过滤器对象的生命周期都分为如下 4 个阶段。

(1) 创建阶段。当 Web 应用部署到服务器或服务器重新启动时，容器会加载已经声明的过滤器类，此时调用过滤器的默认构造函数以创建过滤器对象。

(2) 初始化阶段。容器在创建过滤器对象之后，会调用过滤器的 init()方法，并将 FilterConfig 对象作为参数传入。init()方法只会执行一次，以后调用过滤器的过滤方法时，都不会执行 init()方法。也就是说，过滤器对象是单实例的。

(3) 过滤处理阶段。当浏览器向 Web 服务器发出 HTTP 请求，且请求的 URL 符合过滤器指定的 URL 模式时，容器调用过滤器的 doFilter()过滤方法，完成过滤处理。如果请求符合一定的条件，如用户登录且授权访问所请求的资源，则执行 FilterChain 对象的 doFilter()方法，将请求传递给后续过滤器，如果已经是过滤器链的末端，则调用所请求的 Web 资源，一般是 JSP 或 Servlet。

(4) 消毁阶段。当 Web 服务器停止运行或管理员卸载 Web 应用之前，容器调用过滤器的 destroy()方法，消毁过滤器对象。

11.2.4 有问必答

1. 我觉得把过滤器链中的过滤器视为堆栈更容易理解其执行顺序，对吧？

答: 对的。你也可以把过滤器的 chain.doFilter()方法看成是普通编程语言中的函数调用。例如，假定在某一时刻 A、B 两个过滤器先后被调用，那么执行顺序应该如下。

(1) 执行 A 过滤器中 chain.doFilter()方法前面的代码。

(2) 执行 A 过滤器 chain.doFilter()方法，相当于调用 B 过滤器。

(3) 执行 B 过滤器中 chain.doFilter()方法前面的代码。

(4) 执行 B 过滤器中的 chain.doFilter()方法,由于已经到了过滤器链的末端,调用 Servlet 或 JSP。

(5) Servlet 或 JSP 输出。

(6) 执行 B 过滤器中 chain.doFilter()方法后面的代码。

(7) 执行 A 过滤器中 chain.doFilter()方法后面的代码。

其执行顺序很像堆栈。

2. 如果使用@WebFilter 标注，怎样规定过滤器的顺序？

答：这是一个很难的问题。使用 @WebFilter 标注，就没法像旧版本那样使用 <filter-mapping>元素出现的顺序，为此，新的 Servlet 规范可以在部署描述文件 web.xml 中使用<absolute-ordering>元素指定过滤器的顺序。例如：

```
<absolute-ordering>
    <name>第一个过滤器</name>
    <name>第二个过滤器</name>
</absolute-ordering>
```

3. 我设置了 asyncSupported=true,但在运行中抛出异常："java.lang.IllegalStateException: Not supported."**。这是怎么回事？**

答：请检查两项，第一，是否使用了新的 JDK 版本；第二，在一个请求所涉及到的所有 Servlet 和过滤器中都必须声明 asyncSupported=true。

11.3　典型的过滤器

我们已经知道，过滤器提供一种面向对象的模块化机制，将公共任务封装到可插入的组件中，这些组件通过配置文件或标注来声明，并动态地处理。Servlet 过滤器中结合了许多元素，从而成为灵活、强大和模块化的 Web 组件。

本节通过一些典型的过滤器应用实例的学习，展示过滤器丰富多彩的应用。这些过滤器既可以单独使用，也可以组合起来实现复杂的功能，实用价值很高。

11.3.1　不缓存页面过滤器

很多浏览器考虑到性能，往往对动态页面进行缓存。通常设置三个 HTTP 响应头字段以禁止浏览器缓存当前页面，在 Servlet 中的示例代码如下：

```
response.setDateHeader("Expires", -1);
response.setHeader("Cache-Control", "no-cache");
response.setHeader("Pragma", "no-cache");
```

其中,Expires 数据头的值为 GMT 时间,值为-1 指示浏览器不要缓存页面;Cache-Control 响应头有两个值,no-cache 指示浏览器不要缓存页面,max-age:xxx 指示浏览器缓存页面 xxx 秒;Pragma 响应头取值为 no-cache 也指示浏览器不要缓存页面,是为了向后兼容 HTTP 1.0。由于不是所有的浏览器都完全支持这 3 个响应头，为保险起见，因此，最好同时使用这三个响应头。

由于不要缓存页面的三句代码与具体的业务逻辑无关，将它们散落到每个页面会增加维护的困难，因此，统一使用过滤器来实现。

完整的不要缓存页面过滤器代码如代码清单 11.3 所示。

@WebFilter("/*")标注最大化地简化了配置，使用 "/*" 的 value 值来表示对所有的请求都进行过滤操作，其他可选属性都为默认值。

代码清单 11.3　NoCacheFilter.java

package com.jeelearning.filter;

```java
import java.io.IOException;

import javax.servlet.Filter;
import javax.servlet.FilterChain;
import javax.servlet.FilterConfig;
import javax.servlet.ServletException;
import javax.servlet.ServletRequest;
import javax.servlet.ServletResponse;
import javax.servlet.annotation.WebFilter;
import javax.servlet.http.HttpServletResponse;

@WebFilter("/*")
public class NoCacheFilter implements Filter {

    public void destroy() {
    }

    public void doFilter(
      ServletRequest request, ServletResponse response, FilterChain chain)
      throws IOException, ServletException {
        HttpServletResponse httpResponse = (HttpServletResponse)response;
        httpResponse.setDateHeader("Expires", -1);
        httpResponse.setHeader("Cache-Control", "no-cache");
        httpResponse.setHeader("Pragma", "no-cache");

        chain.doFilter(request, httpResponse);
    }

    public void init(FilterConfig fConfig) throws ServletException {}
}
```

11.3.2 字符编码过滤器

字符编码过滤器可以解决 JSP 编程中讨厌的汉字乱码问题，统一全站的字符编码。通过配置初始参数 encoding 指定使用哪种字符编码，以处理表单请求参数的中文编码问题。

完整的字符编码过滤器代码如代码清单 11.4 所示。

注意@WebFilter 标注的写法，除了使用常见的 filterName 属性和 urlPatterns 属性外，还使用 initParams 属性来指定过滤器的初始化参数，这里使用 encoding 指定使用 UTF-8 字符编码。然后在 init()方法中获取该参数，并在 doFilter()方法中设置字符编码。

代码清单 11.4　EncodingFilter.java

```java
package com.jeelearning.filter;

import java.io.IOException;

import javax.servlet.Filter;
import javax.servlet.FilterChain;
import javax.servlet.FilterConfig;
import javax.servlet.ServletException;
import javax.servlet.ServletRequest;
import javax.servlet.ServletResponse;
import javax.servlet.annotation.WebFilter;
import javax.servlet.annotation.WebInitParam;
```

```
@WebFilter(filterName = "encodingFilter", urlPatterns = { "/*" }, initParams =
{ @WebInitParam(name = "encoding", value = "UTF-8") })
public class EncodingFilter implements Filter {
    private String encoding;

    public void destroy() {}

    public void doFilter(ServletRequest request, ServletResponse response,
      FilterChain chain) throws IOException, ServletException {
        request.setCharacterEncoding(encoding);
        chain.doFilter(request, response);
    }

    public void init(FilterConfig fConfig) throws ServletException {
        encoding = fConfig.getInitParameter("encoding");
    }
}
```

11.3.3　安全检查过滤器

　　安全检查过滤器是最有用的过滤器之一。几乎所有的商务网站都需要对用户进行身份验证，一般采用的身份验证方式是表单登录，登录用户在访问一些 Web 资源时需要权限验证，只有特定用户才能访问一些 Servlet 或 JSP。如果在每一个 Servlet 或 JSP 中都编写用户登录检查和权限验证的代码，势必会造成代码的大量重复，不利于项目的维护。

　　因此，在访问这些 Web 组件之前，设置安全检查过滤器，检查用户是否登录以及用户是否具有访问资源的合法权限是常用的一种解决方案。

　　假定系统的合法登录用户有两个——admin 和 manager，其登录密码都是 123，他们具有访问不同资源的权限，另外，非登录用户也有一定的访问权限。

　　本 Web 项目的结构如图 11.3 所示，admin 用户能够访问 admin 目录、manager 目录、norestriction 目录和根目录下的所有资源，manager 用户具有除 admin 目录外的所有资源的权限，非登录用户可以访问 norestriction 目录和根目录下的所有资源。其中，login.jsp 用于用户登录，list.jsp 列出可访问的 Web 资源，当没有权限访问某些资源时，显示 403.jsp 网页。

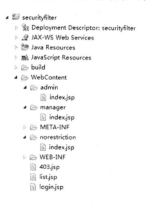

图 11.3　Web 动态项目的结构

　　当用户在 login.jsp 中输入登录信息后，由一个登录处理 Servlet 进行处理，验证登录用户和密码是否合法，合法则将登录账户保存到 HttpSession 对象中，非登录用户的会话对象中，登录账户为空。过滤器检查会话对象，就可以知道用户是否登录了，然后检查用户是否具有访问特定资源的权限，如果有权限，则调用 FilterChain 的 doFilter()方法放行，否则阻断此次请求，不执行 doFilter()方法，而是重定向到 403.jsp 网页，显示无权限信息。

限于篇幅，本书仅提供核心的过滤器代码，其余代码可自行下载阅读。

完整的过滤器代码如代码清单 11.5 所示。

@WebFilter 标注的 urlPatterns 属性指定只有当用户访问/admin 目录和/manager 目录才触发过滤操作。在 doFilter()方法中，首先获取 HttpSession 对象中的登录账户，然后根据用户访问的目录名称以及用户名称，判断是否放行。如果要阻断访问，就重定向至 403.jsp，否则继续执行，调用 FilterChain 的 doFilter()方法。

代码清单 11.5　CheckRightsFilter.java

```java
package com.jeelearning.filter;

import java.io.IOException;

import javax.servlet.Filter;
import javax.servlet.FilterChain;
import javax.servlet.FilterConfig;
import javax.servlet.ServletException;
import javax.servlet.ServletRequest;
import javax.servlet.ServletResponse;
import javax.servlet.annotation.WebFilter;
import javax.servlet.http.HttpServletRequest;
import javax.servlet.http.HttpServletResponse;

@WebFilter(filterName = "checkRightsFilter",
 urlPatterns = { "/admin/*", "/manager/*" })
public class CheckRightsFilter implements Filter {

    public void destroy() {}

    public void doFilter(ServletRequest request, ServletResponse response,
      FilterChain chain) throws IOException, ServletException {
        HttpServletRequest httprequest = (HttpServletRequest)request;
        HttpServletResponse httpresponse = (HttpServletResponse)response;

        // 获取各种 Path
        String contextPath = httprequest.getContextPath();
        String servletPath = httprequest.getServletPath();

        String user = (String)httprequest.getSession().getAttribute("user");

        // 判断 admin 权限
        if (servletPath.startsWith("/admin")) {
            if (user==null || !"admin".equals(user)) {
                httpresponse.sendRedirect(contextPath + "/403.jsp");
                return;
            }
        }
        // 判断 manager 权限
        if (servletPath.startsWith("/manager")) {
            if (user==null || (!"manager".equals(user) && !"admin".equals(user))) {
                httpresponse.sendRedirect(contextPath + "/403.jsp");
                return;
            }
```

```
        }
            chain.doFilter(request, response);
        }
    public void init(FilterConfig fConfig) throws ServletException {}
}
```

项目运行效果如图 11.4 所示。这是用户以 manager 身份登录后显示的 Web 资源列表，如果访问 admin 页面，则显示没有权限信息，但 manager 用户可以访问 manager 页面和 norestriction 页面。读者可自行验证 admin 用户和非登录用户的访问权限。

图 11.4　运行效果

11.3.4　压缩过滤器

压缩过滤器使用 GZip 技术压缩 HTML、JavaScript 和 CSS 等内容，使得发送给浏览器的数据量更小，提升浏览器加载页面的效率。这种压缩过滤器对于带宽有限的移动应用更有效，虽然它增加了服务器及浏览器 CPU 的负担，但一般来说，采用压缩技术还是比不用压缩技术加速了页面的加载。

浏览器在 HTTP 请求发送给服务器时，会包含一个 Accept-Encoding 的 HTTP 头，告知服务器该浏览器能够接收的内容编码。如果该 Accept-Encoding 头的值中包含 gzip，说明浏览器能够接收 GZip 压缩的内容。这时，服务器就可以在发送信息给浏览器前先进行压缩。如果服务器发送经过压缩的内容，服务器必须在 HTTP 响应中包含一个 Content-Encoding 的 HTTP 头，其值必须是 gzip。这样，浏览器才知道 HTTP 响应的内容是经过 GZip 压缩的。

与前面所介绍的过滤器不同，它们都属于请求过滤器，而压缩过滤器是一种响应过滤器。响应过滤器比较复杂，编程时也有很多陷阱，但的确很有用。响应过滤器是在 Servlet 完成自己的工作之后，但在响应发送给客户端之前，对响应输出做一些特定操作。因此，时机不是在 Servlet 接收到请求之前，而是在 Servlet 接收到请求并产生响应之后。

但是，仅仅将压缩逻辑放到过滤器 doFilter()方法体里的 chain.doFilter()语句之后，希望能压缩所有的响应数据是不切实际的。对此细致地分析一下，就能知道原因。为了简化，假设过滤器链上只有一个压缩过滤器和一个 Servlet，当浏览器请求某一个资源时，首先，过滤器将请求对象和响应对象传递给 Servlet，并等待机会进行压缩操作。然后，Servlet 完成自己的工作，新建输出数据，一点也不知道该输出数据会被过滤器压缩。输出数据通过容器发送给浏览器，但没有经过压缩。最后，过滤器获得操作权，它试图压缩输出数据，但很遗憾，已经太迟了，输出数据已经发送给浏览器，无法更改了。

由于输出数据是由 Servlet 直接发送给浏览器的，这里的关键技术难点在于如何在输出数据发送给浏览器之前获取对输出数据的控制权，才有压缩输出数据的可能。怎样才能做到先获取控制权呢？Servlet 通过响应对象获取 ServletOutputStream 对象或 PrintWriter 对象，然后才能输出。那么，压缩过滤器不传递真的响应对象给 Servlet，而是偷偷换成一个定制的响应对象，不就可以获取输出流的控制权了吗？没有规定要在调用 chain.doFilter()时一定得传递真的响应对象，开发者可以实现自己的响应对象。

但是，创建定制的实现 HttpServletResponse 接口的类不是一件容易的事。万幸的是，Java EE 的架构师早就考虑到了这个问题，已经构建了 4 个包装类，使开发更加简单，这 4 个包装类是 ServletRequestWrapper、HttpServletRequestWrapper、ServletResponseWrapper 和 HttpServletResponseWrapper。

压缩过滤器的工作原理如图 11.5 所示。过滤器拦截容器传递来的请求和响应对象，将响应对象定制，使其具有压缩功能，然后将控制权传递给 Servlet。Servlet 完全不知道接收到的响应对象已经不是原来的了，它按照常规获取 ServletOutputStream 对象或 PrintWriter 对象进行输出并返回。过滤器再次获得控制权，它进行一些善后工作。容器将响应对象封装为 HTTP 响应报文并发送给浏览器，浏览器接收到压缩的内容。

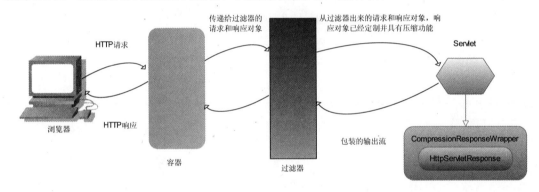

图 11.5 压缩过滤器的工作原理

GZipServletOutputStream 类继承 ServletOutputStream 类，目的是压缩 Servlet 的输出数据。完整代码如代码清单 11.6 所示。

GZipServletOutputStream 类内部封装 GZIPOutputStream，因此方法都是简单调用 GZIPOutputStream 对象的对应方法。

代码清单 11.6 GZipServletOutputStream.java

```java
package com.jeelearning.filter;

import java.io.IOException;
import java.io.OutputStream;
import java.util.zip.GZIPOutputStream;

import javax.servlet.ServletOutputStream;
import javax.servlet.WriteListener;

public class GZipServletOutputStream extends ServletOutputStream {
    private GZIPOutputStream gzipOutputStream = null;

    public GZipServletOutputStream(OutputStream output)
        throws IOException {
```

```java
        super();
        this.gzipOutputStream = new GZIPOutputStream(output);
    }

    @Override
    public void close() throws IOException {
        this.gzipOutputStream.close();
    }

    @Override
    public void flush() throws IOException {
        this.gzipOutputStream.flush();
    }

    @Override
    public void write(byte b[]) throws IOException {
        this.gzipOutputStream.write(b);
    }

    @Override
    public void write(byte b[], int off, int len) throws IOException {
        this.gzipOutputStream.write(b, off, len);
    }

    @Override
    public void write(int b) throws IOException {
        this.gzipOutputStream.write(b);
    }

    @Override
    public boolean isReady() {
        return false;
    }

    @Override
    public void setWriteListener(WriteListener arg0) {}
}
```

CompressionResponseWrapper 是定制的 HttpServletResponse 包装类，为简化编码，该类继承前文所说的 HttpServletResponseWrapper，完整代码如代码清单 11.7 所示。

该类有两个成员变量——GZipServletOutputStream 和 PrintWriter，重写 getOutputStream() 方法和 getWriter() 方法，以获取有压缩功能的定制 GZipServletOutputStream，而不是普通的 ServletOutputStream 对象或 PrintWriter 对象。应当注意到，规定 HttpServletResponse 只能获取 ServletOutputStream 对象或 PrintWriter 对象中的一个，不允许同时获取两者，因此在代码中添加一些逻辑保证这一限制。具体地说，就是只有在 printWriter 为空时，才允许调用 getOutputStream() 方法，只有在 GZipServletOutputStream 为空时才允许调用 getWriter() 方法。

代码清单 11.7　CompressionResponseWrapper.java

```java
package com.jeelearning.filter;

import java.io.IOException;
import java.io.OutputStreamWriter;
import java.io.PrintWriter;

import javax.servlet.ServletOutputStream;
import javax.servlet.http.HttpServletResponse;
```

```java
import javax.servlet.http.HttpServletResponseWrapper;

public class CompressionResponseWrapper extends HttpServletResponseWrapper {

    private GZipServletOutputStream gzipOutputStream = null;
    private PrintWriter printWriter = null;

    public CompressionResponseWrapper(HttpServletResponse response)
      throws IOException {
        super(response);
    }

    public void close() throws IOException {

        // PrintWriter 的 close()方法不抛出例外。因此不用 try-catch 语句块
        if (this.printWriter != null) {
            this.printWriter.close();
        }

        if (this.gzipOutputStream != null) {
            this.gzipOutputStream.close();
        }
    }

    /**
     * Flush OutputStream 或 PrintWriter
     */

    @Override
    public void flushBuffer() throws IOException {

        // PrintWriter 的 flush()方法不抛出异常
        if (this.printWriter != null) {
            this.printWriter.flush();
        }

        IOException exception1 = null;
        try {
            if (this.gzipOutputStream != null) {
                this.gzipOutputStream.flush();
            }
        } catch (IOException e) {
            exception1 = e;
        }

        IOException exception2 = null;
        try {
            super.flushBuffer();
        } catch (IOException e) {
            exception2 = e;
        }

        if (exception1 != null)
            throw exception1;
        if (exception2 != null)
            throw exception2;
    }

    @Override
    public ServletOutputStream getOutputStream() throws IOException {
        if (this.printWriter != null) {
```

```
            throw new IllegalStateException(
                "已经获取 PrintWriter, 不能再获取 OutputStream");
        }
        if (this.gzipOutputStream == null) {
            this.gzipOutputStream =
                new GZipServletOutputStream(getResponse().getOutputStream());
        }
        return this.gzipOutputStream;
    }

    @Override
    public PrintWriter getWriter() throws IOException {
        if (this.printWriter == null && this.gzipOutputStream != null) {
            throw new IllegalStateException(
                "已经获取 OutputStream, 不能再获取 PrintWriter");
        }
        if (this.printWriter == null) {
            this.gzipOutputStream = new GZipServletOutputStream(
                    getResponse().getOutputStream());
            this.printWriter = new PrintWriter(
                    new OutputStreamWriter(this.gzipOutputStream, getResponse()
                        .getCharacterEncoding()));
        }
        return this.printWriter;
    }

    @Override
    public void setContentLength(int len) {
        // 忽略。因为内容可能要经过压缩
    }
}
```

经过前面的准备，压缩过滤器的编程已经很容易了，完整的代码如代码清单 11.8 所示。

在 CompressionFilter 的 doFilter()方法体中，首先对请求和响应对象进行强制类型转换，然后获取 accept-encoding 请求头，判断浏览器是否支持 GZip 压缩。如果支持，则设置响应头，并将请求对象和定制的响应对象传递给 Servlet，最后调用定制响应对象的 close()方法关闭输出流；否则直接将原来的请求和响应对象传递给 Servlet。

代码清单 11.8　CompressionFilter.java

```
package com.jeelearning.filter;

import java.io.IOException;

import javax.servlet.Filter;
import javax.servlet.FilterChain;
import javax.servlet.FilterConfig;
import javax.servlet.ServletException;
import javax.servlet.ServletRequest;
import javax.servlet.ServletResponse;
import javax.servlet.annotation.WebFilter;
import javax.servlet.http.HttpServletRequest;
import javax.servlet.http.HttpServletResponse;

@WebFilter(filterName = "CompressionFilter", urlPatterns = { "/*" })
public class CompressionFilter implements Filter {

    @Override
    public void destroy() {
```

```
        }

        @Override
        public void doFilter(ServletRequest request, ServletResponse response,
          FilterChain chain) throws IOException, ServletException {
            HttpServletRequest httpRequest = (HttpServletRequest)request;
            HttpServletResponse httpResponse = (HttpServletResponse)response;

            String ae = httpRequest.getHeader("accept-encoding");
            if (ae!=null && ae.indexOf("gzip")!=-1) {
                httpResponse.addHeader("Content-Encoding", "gzip");
                CompressionResponseWrapper wrappedResponse =
                  new CompressionResponseWrapper(httpResponse);
                chain.doFilter(request, wrappedResponse);
                wrappedResponse.close();
            } else {
                chain.doFilter(request, response);
            }
        }

        @Override
        public void init(FilterConfig fConfig) throws ServletException {
        }
}
```

为了测试，特地编写一个 JSP 页面文件，如代码清单 11.9 所示。

代码清单 11.9　index.jsp

```
<%@ page language="java" contentType="text/html; charset=UTF-8"
  pageEncoding="UTF-8"%>
<!DOCTYPE html PUBLIC "-//W3C//DTD HTML 4.01 Transitional//EN"
  "http://www.w3.org/TR/html4/loose.dtd">
<html>
<head>
<meta http-equiv="Content-Type" content="text/html; charset=UTF-8">
<title>蜀道难</title>
</head>
<body>

<h3>蜀道难</h3>
<pre>
噫吁嚱，危乎高哉！
蜀道之难，难于上青天！
蚕丛及鱼凫，开国何茫然！
尔来四万八千岁，不与秦塞通人烟。
西当太白有鸟道，可以横绝峨眉巅。
地崩山摧壮士死，然后天梯石栈方钩连。
上有六龙回日之高标，下有冲波逆折之回川。
黄鹤之飞尚不得过，猿猱欲度愁攀援。
青泥何盘盘，百步九折萦岩峦。
扪参历井仰胁息，以手抚膺坐长叹。
问君西游何时还?
畏途巉岩不可攀。
但见悲鸟号古木，雄飞从雌绕林间。
又闻子规啼夜月，愁空山。
蜀道之难，难于上青天，使人听此凋朱颜。
连峰去天不盈尺，枯松倒挂倚绝壁。
飞湍瀑流争喧豗，砯崖转石万壑雷。
其险也若此，嗟尔远道之人，胡为乎来哉。
```

剑阁峥嵘而崔嵬，一夫当关，万夫莫开。
所守或匪亲，化为狼与豺。
朝避猛虎，夕避长蛇，磨牙吮血，杀人如麻。
锦城虽云乐，不如早还家。
蜀道之难，难于上青天，侧身西望长咨嗟。
</pre>
</body>
</html>

运行该 Web 项目，使用 360 或其他浏览器打开 index.jsp 页面，发现页面正常响应，并没有什么不同。按 F12 键启动开发人员工具，再次刷新页面以使浏览器捕获 HTTP 响应，捕获的 HTTP 报文如图 11.6 所示。

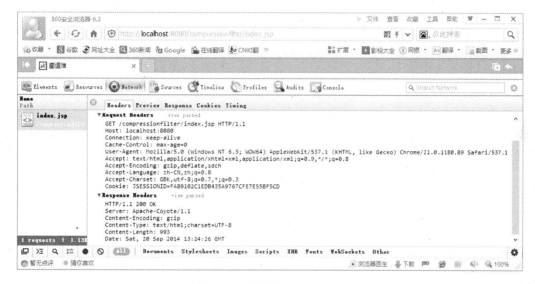

图 11.6　捕获的 HTTP 报文

注意到 Accept-Encoding 请求头的值包含 gzip，Content-Encoding 响应头的值为 gzip，似乎 GZip 压缩已经工作。下面查看 Content-Length 以验证压缩的效果，图 11.6 的 Content-Length 显示内容长度为 993 字节，使用浏览器的"文件"菜单将页面另存为"蜀道难.htm"文件，查看该文件，发现其实际大小为 1406 字节，据此计算的压缩率约为 70.6%。

11.3.5　有问必答

1. 似乎自己编码实现安全检查更好一些，因为网上有很多现成的例子，对吗？

答： 自己编码实现安全检查使用的是编程式安全模型，在国内的确使用很多。这种安全完全抛弃了 Java EE 本身的安全模型，有些得不偿失。因为 Java EE 规范对安全考虑非常周到，有安全模型和 API，在减少开发人员负担的同时，增强了 Web 应用安全，具体来说有声明式安全和编程式安全两种，声明式安全是指以在应用外部形式表达应用的安全模型需求，包括角色、访问控制和认证需求；编程式安全则采用编码调用 API 的方式来实现更加灵活的 Web 应用安全。

使用过滤器编码实现安全是一种不规范的方式，其安全强度取决于编程人员的素质。本书推荐使用 Java EE 标准的安全模型。

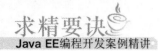

2. **我不熟悉设计模式，压缩过滤器的实例对我来说过于困难，怎么办？**

答： 对于比较困难的学习内容，有两个建议可供参考，第一是暂时放到一边，待自己的技术实力增加之后再来钻研，这时可能会发现，原来认为很难的现在已经变容易了。第二是稍加了解这种模式，只要知道如何在应用中照葫芦画瓢就可以了，适当降低对自己的要求。要知道，绝大多数使用手机的用户根本不知道无线通信原理，但同样用得很好。

3. **过滤器传递 ServletRequest 和 ServletResponse 对象给链上的下一个组件，但我在压缩过滤器示例中却看到 CompressionResponseWrapper 继承 HttpServletResponseWrapper，而不是 ServletResponseWrapper，这是为什么？**

答： 过滤器本身设计为通用的，而不是专门为 Web 设计的。因此，如果想将过滤器用于非 HTTP 环境的应用，可以实现非 HTTP 的接口(ServletResponse)，但是现在，开发非 HTTP 环境的 Servlet 的可能性几乎为零，因此不用担心。另外，HttpServletResponse 是 ServletResponse 的子类，因此传递 HttpServletResponse 替代 ServletResponse 不会有问题。

第 12 章　Ajax

Ajax 使 Web 应用更加丰富多彩。使用 Ajax，很多 Web 界面可以与传统的桌面程序相媲美，Web 应用的客户端的控制能力和响应速度都得到提升。

本章介绍 Ajax 的基本概念、技术组成以及 Ajax 的异步通信方法，并且通过一些典型案例，说明如何使用 Ajax 编程，为 Web 应用程序增添技术含量和色彩。

12.1 Ajax 介绍

Ajax 是英文 Asynchronous JavaScript and XML(异步 JavaScript 和 XML)的字首缩写，它是一种创建交互式网页应用的开发技术。

通过在后台与服务器进行频繁而少量数据的交换，Ajax 可以使网页实现异步更新。这意味着可以在不重新加载整个网页的情况下，更新网页的某个部分。

而不使用 Ajax 的传统网页，如果需要更新内容，就必须重载整个网页。

12.1.1 为什么使用 Ajax

传统的 Web 应用程序普遍采用 B/S 架构，所有处理操作均在服务器端执行，客户端仅仅是用于显示静态的信息内容(如 HTML)。这种系统的优点是：

- 客户端无需安装，有 Web 浏览器即可。
- B/S 架构可以直接放在广域网上，通过一定的权限控制实现多客户访问的目的，交互性较强。
- B/S 架构无需升级多个客户端，升级服务器即可。

但 B/S 架构也有缺点，一个缺点是难以将界面做到 C/S 架构的丰富程度，例如，很难把网页做成 QQ 客户端的模样。另一个缺点是客户端与服务器端的交互是"请求-响应"模式，通常需要刷新整个页面，这带来速度上的影响和不好的用户体验。Ajax 主要是为了缓解第二个缺点，使用频繁的小规模"请求-响应"来进行页面的局部刷新。

Ajax 不是一种新的编程语言，而是一种用于创建更好、更快以及交互性更强的 Web 应用程序的技术。

Ajax 是一种独立于 Web 服务器软件的浏览器技术。Ajax 基于下列 Web 标准：JavaScript、XML、HTML 和 CSS。由于 Ajax 使用的 Web 标准已经被良好定义，并为所有的主流浏览器支持，因此 Ajax 应用程序独立于浏览器和平台。

Ajax 的工作原理如图 12.1 所示，它使用 JavaScript 通过 Ajax 引擎向服务器发出请求并处理响应，来局部更新页面，而不阻塞用户。Ajax 引擎的核心对象为 XMLHTTPRequest，通过该对象，JavaScript 可以在不重新加载整个页面的情况下与 Web 服务器交换数据。

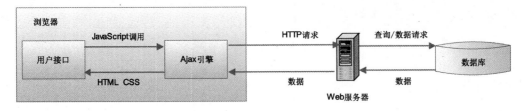

图 12.1 Ajax 的工作原理

Ajax 在浏览器与 Web 服务器之间使用异步数据传输(HTTP 请求)，这样就可使网页从服务器请求少量的信息，而不是整个页面。

Ajax 可使因特网应用程序更小、更快以及更加友好，从而更完善了因特网应用程序。

12.1.2　Ajax 的技术组成

Ajax 不是单一的技术，而是有机地利用了一系列相关的技术，是多种技术协同工作的组合应用。它的每一个组成部分都不是新技术，但组合起来就能展现出强大的功能。

大致上说，Ajax 使用 XHTML + CSS 等 Web 标准进行页面表示，使用文档对象模型(Document Object Model，DOM)进行动态显示及交互，使用 XML 和 XSLT 进行数据交换及相关操作，使用 XMLHttpRequest 对象进行异步数据查询、检索，使用 JavaScript 将所有的东西绑定在一起。

(1) JavaScript

Ajax 概念中，最重要的是 JavaScript 编程语言，JavaScript 是 Ajax 的粘合剂，使 Ajax 应用的各部分互相协作，并控制其行为。Ajax 使用 JavaScript 来将用户界面上的数据传递到服务端并获取返回结果。

JavaScript 通常被服务端开发人员视为是一种企业级应用不需要使用的东西，从而尽量避免涉足。部分开发人员认为 JavaScript 是一种繁杂而又易出错的语言，以前编写 JavaScript 代码的痛苦经历加深了这一印象。也有开发人员认为 JavaScript 是将应用逻辑大量散布于服务端和客户端的元凶，这使得程序员很难发现问题，且代码很难复用。

但是，JavaScript 是客户端浏览器普遍使用的脚本语言，随着 Ajax 的使用，JavaScript "从最受误解的编程语言演变为最流行的语言"，除了幸运之外，也证明了它其实是一门优秀的语言。行业分析机构 RedMonk 的 2015 年 1 月最受欢迎的编程语言排行榜中，JavaScript 排名第一(http://redmonk.com/sogrady/category/programming-languages/)。

(2) XMLHttpRequest

Ajax 的核心是 JavaScript 对象 XMLHttpRequest。XMLHttpRequest 对象用于在后台与服务器进行异步通信，通过 HTTP 传递请求和响应数据。JavaScript 代码可通过 XMLHttpRequest 对象以异步方式提交用户的输入数据，一旦客户端接收到返回的响应数据，就可以立刻使用 DOM 和 CSS 将数据显示在网页上。使用 XMLHttpRequest 对象传送的数据可以是任何格式的，但一般建议是 XML 格式的数据。

(3) XML

XML 提供一种描述和交换独立于应用程序或软件厂商的结构化数据的统一方法。XML 相关的技术有 XPath、DOM 和 XSLT。XPath 用于访问 XML 文档中的数据，DOM 定义访问和操作 XML 文档的标准方法，XSLT 用于简单快速地将 XML 数据转换为 HTML 或 XML。

(4) DOM

DOM 是文档对象模型(Document Object Model)的英文字首缩写，它定义了操作文档对象的接口。该模型将文档视为结构化的数据。例如，使用树结构来表示 HTML 文档或 XML 文档，树的每一个节点对应一个 HTML 或 XML 的标签。DOM 是 Ajax 开发的基础架构，是客户端改变页面内容、实现局部刷新的重要技术。

(5) CSS

CSS 承担页面呈现的任务，它拥有对网页对象和模型样式编辑的能力，并能够进行初步的交互设计，是目前基于文本展示最优秀的表现设计语言。

JavaScript 通过 XMLHttpRequest 对象与服务器进行交互，通常传递的都是单纯的数据，不包括表现元素。CSS 通过类属性和 id 属性很容易控制数据呈现的外观。

12.1.3　Ajax 通信

异步通信是 Ajax 应用的重要功能，它可以完成传统 Web 应用不能完成的富 Internet 应用功能，通信依靠 XMLHttpRequest 对象来实现。

Ajax 异步通信的编程要点如下。

(1)　创建 XMLHttpRequest 对象

XMLHttpRequest 对象虽然不是 Web 浏览器 DOM 的标准扩展，但得到大多数浏览器的支持。不同浏览器的实现不同，因此必须考虑浏览器的类型。

例如，在 IE 浏览器中创建 XMLHttpRequest 对象的格式如下：

```
var xmlhttp = new ActiveXObject("Microsoft.XMLHTTP");
```

IE 浏览器的 XMLHttpRequest 对象是 ActiveX 控件实现的。对于其他的诸如 Mozilla 或 Safari 浏览器，创建 XMLHttpRequest 对象的方式不同，格式如下：

```
var xmlhttp = new XMLHttpRequest();
```

因为 XMLHttpRequest 对象的创建方式与浏览器有关，使用时，可以根据对浏览器的判断，采用不同的方式来创建。这里给出使用 JavaScript 代码创建 XMLHttpRequest 对象的通用方法，代码如下：

```
// 创建并返回XMLHTTPRequest对象
function getXMLHTTPRequest() {
    var xRequest = null;
    if (window.XMLHttpRequest) {
        // Mozilla/Safari/Opera
        xRequest = new XMLHttpRequest();
    } else if (window.ActiveXObject) {
        // Internet Explorer
        xRequest = new ActiveXObject("Microsoft.XMLHTTP");
    }
    return xRequest;
}
```

这样，JavaScript 代码能够根据不同浏览器创建 XMLHttpRequest 对象。

(2)　初始化请求参数

创建 XMLHttpRequest 对象之后，就可以调用 open()方法来初始化 HTTP 请求参数了，例如 URL 和 HTTP 方法，但是并不发送请求。open()方法的原型如下：

```
open(method, url, asynchronous, username, password);
```

其中，method 参数用于设置请求的 HTTP 方法，值一般是 GET 或 POST。

url 参数是请求的地址。大多数浏览器实施了一个同源安全策略，要求这个 URL 与包含脚本的文本具有相同的主机名和端口。

asynchronous 参数指示请求是同步还是异步，false 表示同步请求，后续对 send()的调用将被阻塞，直到完全接收响应为止，如果该参数为 true 或省略，则表示异步请求，且通常需要一个 onreadystatechange 事件句柄。

username 和 password 参数可选，为 url 资源授权提供认证凭据。

例如，如下代码设置 url 为 someServlet，HTTP 方法为 GET。由于省略 asynchronous 参数，因此默认为异步请求：

```
xmlhttp.open("GET", "someServlet");
```

(3) 发送请求

初始化 HTTP 请求参数之后，就可以调用 send()方法发送 HTTP 请求了，其原型如下：

```
xmlhttp.send(body);
```

如果指定的 HTTP 方法是 POST 或 PUT，通过调用 open()方法，应该用 body 参数指定请求体，请求体可以是一个字符串或者 Document 对象；如果请求体不是必需的话，该参数必须指定为 null。对于其他 HTTP 方法，该参数都用不到，但应该设置为 null，因为有些实现不允许省略该参数。

如果在 open()方法中指定使用 POST 请求，那么在调用 open()方法前，必须设置 HTTP 头，语句如下：

```
xmlhttp.setRequestHeader("Content-Type", "application/x-www-form-urlencoded");
```

如下的 sendRequest()方法实现了异步发送 Ajax 请求的功能，其中，参数 url 为请求地址，参数 params 为请求体，参数 HttpMethod 为 HTTP 方法：

```
function sendRequest(url, params, HttpMethod) {
    if (!HttpMethod) {
        HttpMethod = "POST";
    }
    var req = getXMLHTTPRequest();
    if (req) {
        req.open(HttpMethod, url, true);
        req.setRequestHeader("Content-Type", "application/x-www-form-urlencoded");
        req.send(params);
    }
}
```

(4) 捕获请求状态

在发送请求之后，往往利用 XMLHttpRequest 对象的 onreadystatechange 事件来捕获请求的状态，每次在 readyState 属性改变的时候，都会调用 onreadystatechange 事件。当 readyState 属性值为 3 时，也可能多次调用该事件。在事件函数中读取 readyState 属性值，就可得知当前请求的进展情况。

一般为 onreadystatechange 事件指定一个事件处理函数来处理请求的结果，其关键的代码如下：

```
xmlhttp.onreadystatechange=fuction() {
    // 事件处理代码
}
xmlhttp.open(...);
xmlhttp.send(...);
```

需要注意的是，一般在调用 open()方法和 send()方法之前就要绑定事件处理函数，因为这两个方法都会触发 onreadystatechange 事件，否则可能导致有的事件没有执行相应的事件处理代码。

(5) 判断请求状态

readyState 属性值表示 HTTP 请求的当前状态，在事件处理程序中一般根据该值进行不同的处理。当 XMLHttpRequest 对象初次创建时，该属性值从 0 开始，直到接收到完整的 HTTP 响应，该属性值递增至 4。

5 个状态的每一个都有一个相关联的非正式名称，表 12.1 列出了其状态、名称和描述。

表 12.1　readyState 属性值的含义

状　态	名　称	描　述
0	Uninitialized	初始化状态。XMLHttpRequest 对象已创建或已被 abort()方法重置
1	Open	已调用 open()方法，但尚未调用 send()方法。请求还没有被发送
2	Sent	已调用 Send()方法，HTTP 请求已发送到 Web 服务器。未接收到响应
3	Receiving	已经接收到所有响应头部。开始接收响应体，但未完成
4	Loaded	已经完全接收 HTTP 响应

readyState 属性值不会递减，除非当某个请求在处理过程中调用了 abort()方法或 open() 方法。每当该属性值增加的时候，都会触发 onreadystatechange 事件。通常在事件处理函数中判断 readyState 属性值，在请求成功后才进行处理，例如：

```
xmlhttp.onreadystatechange=fuction() {
    if(xmlhttp.readyState == 4) {
        // 请求成功的处理代码
    }
}
```

readyState 属性值仅表示请求状态，请求结果由 status 属性表示。

(6) 判断请求结果

status 属性存储由服务器返回的 HTTP 状态代码，表示请求的处理结果。如 200 表示成功，而 404 表示"Not Found"错误。当 readyState 属性值小于 3 时，读取该属性会导致一个异常。

在请求成功完成的条件下，可以通过 status 属性值来判断请求结果。在 Ajax 编程中，最为常用的是 200 状态代码。

如下代码演示如何通过 status 属性值来判断请求是否成功：

```
xmlhttp.onreadystatechange=fuction() {
    if(xmlhttp.readyState == 4) {
        if(xmlhttp.status == 200) {
            // 请求成功
        } else {
            // 请求失败
        }
    }
}
```

(7) 获取响应文本

当请求成功后，可以使用 responseText 属性来获取响应结果，到这时为止为服务器接收到的响应体(不包括头部)，或者如果还没有接收到数据的话，就是空字符串。

如果 readyState 属性值小于 3，responseText 属性就是一个空字符串。当 readyState 为 3

时，responseText 属性返回目前已经接收的响应部分。如果 readyState 为 4，responseText 属性会保存完整的响应体。

如果响应包含了为响应体指定字符编码的头部，就使用指定的编码；否则，默认使用 UTF-8 编码。

XMLHttpRequest 对象的 responseText 属性可用于获取响应的未经任何处理的纯文本。如果返回的是格式化的数据，可以自行定义数据格式。

(8)　获取响应 XML

responseXML 属性用于获取服务器对请求的响应，服务器返回的必须是 XML 文档对象，因此要求 HTTP 响应头部的 content-type 必须设置为"text/XML"。

可以使用 DOM 模型规定的方法对 responseXML 属性返回的 XML 文档对象进行操作，例如，获取某个 XML 元素的值。

(9)　其他属性和方法

除了上述常用的方法和属性，还有其他一些方法和属性，列示如下。

①　abort()方法：取消当前响应，关闭连接，并且结束任何未决的网络活动。该方法把 XMLHttpRequest 对象重置为 readyState 为 0 的状态，并且取消所有未决的网络活动。例如，如果请求费了太长的时间，而且响应不再重要时，可以调用该方法。

②　statusText 属性：用名称而不是数字表示请求的 HTTP 状态代码。也就是说，当状态为 200 时，该属性值为"OK"，当状态为 404 时，该属性值为"Not Found"。与 status 属性一样，当 readyState 属性值小于 3 时，读取该属性会导致一个异常。

③　getAllResponseHeaders()方法将 HTTP 响应头部作为未解析的字符串返回。如果 readyState 小于 3，该方法返回 null。否则，它返回服务器发送的 HTTP 响应的所有头部。头部作为单个的字符串返回，一行一个头部。每行用换行符"\r\n"隔开。

④　getResponseHeader()方法：返回指定 HTTP 响应头部的值。其输入参数是要返回的 HTTP 响应头部的名称。头部名称可以使用任意大小写，与响应头部的比较是不区分大小写的。该方法的返回值是指定 HTTP 响应头部的值，如果没有接收到这个头部或者 readyState 小于 3，则返回空字符串。如果接收到有多个指定名称的头部，就返回这些头部连接起来的值，各个头部值使用逗号和空格来分隔。

⑤　setRequestHeader()方法：向一个打开但未发送的请求设置或者添加一个 HTTP 请求头部。

12.1.4　实践出真知

1. 获取响应的纯文本

在服务器处理完成请求之后，客户端可以使用 XMLHttpRequest 对象的 responseText 属性来获取响应结果。

下面通过具体实例说明如何使用 responseText 属性。

首先，在 Eclipse 下创建一个名称为"ajaxfirst"的动态 Web 项目，然后创建一个名称为 GetStudentServlet 的 Servlet，其功能是返回一个 XML 文档，完整的代码如代码清单 12.1 所示。

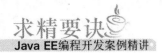

代码清单 12.1　GetStudentServlet.java

```java
package com.jeelearning.ajax;

import java.io.IOException;
import java.io.PrintWriter;

import javax.servlet.ServletException;
import javax.servlet.annotation.WebServlet;
import javax.servlet.http.HttpServlet;
import javax.servlet.http.HttpServletRequest;
import javax.servlet.http.HttpServletResponse;

@WebServlet("/GetStudent")
public class GetStudentServlet extends HttpServlet {
    private static final long serialVersionUID = 1L;

    public GetStudentServlet() {
        super();
    }

    protected void doGet(HttpServletRequest request, HttpServletResponse response)
      throws ServletException, IOException {
        response.setCharacterEncoding("UTF-8");
        response.setContentType("text/xml");
        PrintWriter out = response.getWriter();
        out.println("<?xml version=\"1.0\" encoding=\"UTF-8\"?>");
        out.println("<students>");
        out.println("<student id=\"123\">");
        out.println("<name>张三</name>");
        out.println("</student>");
        out.println("</students>");
    }

    protected void doPost(HttpServletRequest request, HttpServletResponse response)
      throws ServletException, IOException {
        doGet(request, response);
    }
}
```

下面创建一个 HTML 文件，完整的代码如代码清单 12.2 所示。

其中函数 getXMLHTTPRequest()的功能是创建并返回一个 XMLHttpRequest 对象，函数 sendRequest()的功能是发送 HTTP 请求，事件处理程序 function()调用 JavaScript 的 alert()函数，来显示接收到的结果。

代码清单 12.2　responseText.html

```html
<!DOCTYPE html>
<html>
<head>
<meta charset="UTF-8">
<title>使用 responseText 属性获取纯文本</title>
</head>
<body>
    <script type="text/javascript">
    <!--
        function getXMLHTTPRequest() {
            var xRequest = null;
            if (window.XMLHttpRequest) {
                xRequest = new XMLHttpRequest();
```

```
        } else if (window.ActiveXObject) {
            xRequest = new ActiveXObject("Microsoft.XMLHTTP");
        }
        return xRequest;
    }
    function sendRequest(req, url, params, HttpMethod) {
        if (!HttpMethod) {
            HttpMethod = "POST";
        }
        if (req) {
            req.open(HttpMethod, url, true);
            req.setRequestHeader("Content-Type",
                    "application/x-www-form-urlencoded");
            req.send(params);
        }
    }
    //创建与浏览器兼容的 XMLHttpRequest 对象
    var xmlhttp = getXMLHTTPRequest();

    //定义 XMLHttpRequest 对象的事件处理程序
    xmlhttp.onreadystatechange = function() {
        if (xmlhttp.readyState == 4) {
            if (xmlhttp.status == 200) {
                alert(xmlhttp.responseText);
            } else {
                alert(xmlhttp.status);
            }
        }
    }

    sendRequest(xmlhttp, "GetStudent", null, "get");
//-->
</script>

</body>
</html>
```

运行结果如图 12.2 所示。

图 12.2　从响应获取纯文本示例的运行结果

可以看到，XMLHttpRequest 对象的 **responseText** 属性可以获取信息的纯文本表示，信息未经过任何处理。很多情况下，程序开发人员可以自己定制服务器端和客户端的通信协议，比如，采用逗号对多条数据进行分隔，目的是获得较高的通信效率。

2. 获取响应 XML

尽管可以采用自行定制通信协议的方式进行通信，但是，XML 正逐渐成为结构化文档和数据的通用且适应性强的标准格式。XML 的设计目的，是用来传送及携带数据信息，不是用来表现或展示数据，HTML 语言则用来表现数据，所以 XML 用途的焦点是它说明数据是什么，以及携带数据信息。

XML 的优势之一是它允许各个组织、个人建立适合自己需要的标签集合，并且这些标签可以迅速地投入使用。XML 还有其他许多优点，比如，它有利于不同系统之间的信息交流，是一种数据和文档交换事实上的标准机制。另外，可以使用 DOM 等模型来对 XML 文档进行各种基本操作。

除了使用 responseText 属性获取纯文本信息外，还可以使用 responseXML 属性来获取服务器返回的 XML 文档对象。仍然使用前面的 GetStudentServlet，代码清单 12.3 演示如何使用 responseXML 属性来获取 XML 文档对象，并解析得到 name 节点的值。

代码首先通过 XMLHttpRequest 对象的 responseXML 属性获取 XML 文档对象，然后调用 XML 文档对象的 getElementsByTagName()方法获取 name 节点，最后得到节点值。

代码清单 12.3　responseXML.html

```
<!DOCTYPE html>
<html>
<head>
<meta charset="UTF-8">
<title>使用 responseXML 属性获取 XML</title>
</head>
<body>
    <script type="text/javascript">
    <!--
        function getXMLHTTPRequest() {
            var xRequest = null;
            if (window.XMLHttpRequest) {
                xRequest = new XMLHttpRequest();
            } else if (window.ActiveXObject) {
                xRequest = new ActiveXObject("Microsoft.XMLHTTP");
            }
            return xRequest;
        }
        function sendRequest(req, url, params, HttpMethod) {
            if (!HttpMethod) {
                HttpMethod = "POST";
            }
            if (req) {
                req.open(HttpMethod, url, true);
                req.setRequestHeader("Content-Type",
                        "application/x-www-form-urlencoded");
                req.send(params);
            }
        }
        //创建浏览器兼容的 XMLHttpRequest 对象
        var xmlhttp = getXMLHTTPRequest();

        //定义 XMLHttpRequest 对象的事件处理程序
        xmlhttp.onreadystatechange = function() {
            if (xmlhttp.readyState == 4) {
                if (xmlhttp.status == 200) {
                    // 获取 XML 文档
                    var xmlDoc = xmlhttp.responseXML;
                    // 获取 name 节点的值
                    var student = xmlDoc
```

```
                    .getElementsByTagName("name")[0].childNodes[0].nodeValue;
            alert(student);
        } else {
            alert(xmlhttp.status);
        }
    }
}

    sendRequest(xmlhttp, "GetStudent", null, "get");
//-->
</script>

</body>
</html>
```

运行结果如图 12.3 所示。

图 12.3　获取 XML 文档对象的运行结果

可以看到，使用 XML 在服务器端和客户端传递信息，容易使用 DOM 模型等已有的成熟方法对 XML 文档进行操作，获取想得到的信息。

12.1.5　有问必答

1. **传统 Web 应用与 Ajax 应用有什么不同？**

答： 传统 Web 应用和 Ajax 应用是两种不同的开发模式。传统 Web 应用使用同步通信模式，即用户发出请求之后，必须等待服务器处理完毕并返回才能进行用户操作，用户行为与服务器行为之间是一种同步关系，需要相互等待。基于 Ajax 的 Web 程序则不然，它将同步请求变成异步请求，服务器和客户端不再需要相互等待。用户在发送请求后可以继续当前的工作，如继续浏览网页。在服务器完成响应之后，Ajax 会通过 JavaScript 将刷新后的数据显示给用户，用户根据新的显示信息决定下一步的行为。

2. **我已经了解了传统的 Web 应用和 Ajax 应用主要在同步还是异步的通信方式上有所区别，那它们对服务器请求的频度方面有没有区别呢？**

答： 是有区别的。传统 Web 应用的主要缺点包括交互性差和粗粒度的更新。交互性差表现为无法使用 Web 应用做出能与腾讯 QQ 为代表的客户端相媲美的页面；粗粒度的更新则表现为不管用户对表单做了多么少的修改，仍然需要提交整个页面。Ajax 应用在后台相对频繁地提交少量的数据，获取服务器响应并更新网页。因此，传统 Web 应用使用频率低的、粗粒度的更新，Ajax 应用使用频率高的、细粒度的更新。

3. **Ajax 应用肯定有很多优点，有没有缺点呢？**

答： Ajax 也有很多缺点，例如，对搜索引擎的支持不友好，编写复杂、容易出错，浏

览器前进后退按钮失效，冗余代码增多，开发难度加大等。

4. 我不明白的是，为什么要说 Ajax 应用的开发难度大？

答： Ajax 应用的开发不但涉及到服务器端技术，还涉及到大量的客户端技术，具体来说，不但要熟悉 Servlet、JSP 等技术，还要熟悉 HTML、JavaScript、XML、DOM 等技术。要知道，一个人的精力有限，要同时掌握这么多技术并能在不同技术间切换应用自如，是很高的要求，因此 Ajax 应用的开发难度是非常大的。

5. 有没有好的 Ajax 函数库可用呢？

答： 有的。比如 jQuery Ajax、Google Ajax Libraries API、Yahoo! User Interface(YUI)和 Dojo 库等，学习这些库能够简化 Ajax 技术并使 JavaScript 更容易使用。

6. 既然有 Ajax 函数库可用，为何还要学习比较原始的方式？

答： 使用 jQuery Ajax 等函数库无疑会大大提高软件的开发效率，但是，开发者在了解 Ajax 的基本工作原理之后再选择使用某种函数库，也不失为一个很好的学习途径。

12.2　Ajax 的应用示例

Ajax 应用丰富多彩，本节选取一些典型的应用场景予以介绍。虽然这些示例不很复杂，给人以实用性差的错觉，但如果稍加修改，把 Ajax 的特色加入到读者所开发的 Web 应用中，一定会增色不少。

12.2.1　即时检查用户名是否可用

很多商业网站都要求用户进行注册，在注册时容易发生用户名重复的问题。如果将包含重复用户名的数据提交给服务器，就会因为无法创建新用户而回传，要求用户重新填写。用户可能会因无法预知哪些用户名可用，担心来回折腾耽误时间而迟疑，这样就降低了系统的使用效率。

Ajax 技术可以很好地解决这个问题，使用 JavaScript 事件检测用户名，当鼠标焦点离开用户名输入框时，就自动地在后台向服务器提交用户名信息，询问该用户名是否可用，并即时反馈结果给用户，从而提高系统的效率。

如下示例没有像前面那样使用 HTTP GET 方法，而是使用 HTTP POST 方法向服务器提交用户名数据，检测用户名是否可用。

首先在 Eclipse 下创建一个名称为 "ajaxcheckname" 的动态 Web 项目，然后新建一个 UserModel 类，其 validate()方法的作用是检查用户名是否被占用。真实，项目中一般通过查询数据库中的用户表来进行判断，因此，如果应用到真实项目中，还需要做相应的修改。本例为了简单起见，直接采用硬编码的方式，在用户名为字符串"ajax"的时候返回被占用标志。UserModel 类如代码清单 12.4 所示。

代码清单 12.4　UserModel.java

```java
package com.jeelearning.ajax;

public class UserModel {
```

```
    public boolean validate(String username) {
        boolean valid = false;
        if ("ajax".equals(username)) {
            valid = true;
        }
        return valid;
    }
}
```

然后，新建一个名称为 CheckUserServlet 的 Servlet，其功能是获取请求参数 username，然后调用 UserModel 的 validate()方法判断用户名是否被占用。完整的代码如代码清单 12.5 所示。

代码清单 12.5　CheckUserServlet.java

```java
package com.jeelearning.ajax;

import java.io.IOException;
import java.io.PrintWriter;

import javax.servlet.ServletException;
import javax.servlet.annotation.WebServlet;
import javax.servlet.http.HttpServlet;
import javax.servlet.http.HttpServletRequest;
import javax.servlet.http.HttpServletResponse;

@WebServlet("/CheckUserServlet")
public class CheckUserServlet extends HttpServlet {

    private static final long serialVersionUID = 1L;

    public CheckUserServlet() {
        super();
    }

    public void doGet(HttpServletRequest request, HttpServletResponse response)
      throws ServletException, IOException {

        request.setCharacterEncoding("UTF-8");
        response.setCharacterEncoding("UTF-8");
        UserModel um = new UserModel();
        String user = request.getParameter("username");
        PrintWriter out = response.getWriter();
        // 返回信息
        out.println(um.validate(user));
        out.flush();
        out.close();
    }

    public void doPost(HttpServletRequest request, HttpServletResponse response)
      throws ServletException, IOException {

        doGet(request, response);
    }
}
```

最后建立一个供用户输入的页面，代码如代码清单 12.6 所示。

先看表单<form>部分，使用一个文本输入框来获取用户的输入，设置 onblur 事件在鼠标焦点离开输入框时执行 JavaScript 函数 checkUserName()以检查用户名，设置 autocomplete

属性为 off 以禁用字段输入的自动完成功能，虽然该属性是 HTML 5 新增的，但大多数浏览器都支持，因此可以忽略 Eclipse 中的警告信息。checkUserName()函数首先检查输入字段是否为空，只有在不为空的条件下才调用 doCheckIt()方法与服务器进行通信。如果服务器返回 false，说明用户名可用，否则用户名不可用。

代码清单 12.6　index.jsp

```jsp
<%@ page language="java" import="java.util.*" pageEncoding="UTF-8"%>

<!DOCTYPE HTML PUBLIC "-//W3C//DTD HTML 4.01 Transitional//EN">
<html>
<head>
<title>Ajax 验证用户名是否可用</title>

<meta http-equiv="pragma" content="no-cache">
<meta http-equiv="cache-control" content="no-cache">
<meta http-equiv="expires" content="0">
<script language="javascript">
    var xmlhttp;
    function checkUserName() {
        var f = document.form1;
        var username = f.username.value;
        if (username == "") {
            alert("用户名不能为空");
            f.username.focus();
            return false;
        } else {
            doCheckIt("CheckUserServlet", "username=" + username, "post");
        }
    }
    function doCheckIt(url, params, method) {
        if (window.XMLHttpRequest) {
            xmlhttp = new XMLHttpRequest();
        } else if (window.ActiveXObject) {
            xmlhttp = new ActiveXObject("Microsoft.XMLHTTP");
        }
        //判断 XMLHttpRequest 对象是否成功创建
        if (!xmlhttp) {
            alert("不能创建 XMLHttpRequest 对象实例");
            return false;
        }
        //创建请求结果处理程序
        xmlhttp.onreadystatechange = processResponse;

        xmlhttp.open(method, url, true);
        //如果以 POST 方式请求，必须添加
        xmlhttp.setRequestHeader("Content-type",
                "application/x-www-form-urlencoded");

        xmlhttp.send(params);
    }

    String.prototype.trim = function() {
        return this.replace(/^\s\s*/, '').replace(/\s\s*$/, '');
    };

    function processResponse() {
        if (xmlhttp.readyState == 4) {
            if (xmlhttp.status == 200) {
```

```
            if (xmlhttp.responseText.trim() == "false") {
                document.getElementById("msg").innerHTML = "恭喜! 该用户名可用! ";
            } else {
                document.getElementById("msg").innerHTML = "对不起, 用户名已被使用! ";
            }
        } else {
            alert("网络出错! ");
        }
    }
}
</script>
</head>

<body>
    <form name="form1" action="" method="post">
        用户名 <input type="text" id="uname" name="username" value=""
            onblur="checkUserName()" autocomplete="off" />
        <div id="msg" style="display: inline"></div>
    </form>
</body>
</html>
```

现在测试程序，输入任意不为“ajax”的字符串，然后用鼠标点击一下空白处，以使焦点离开输入框，程序自动在后台比对，显示该用户名可用的信息，如图 12.4 所示。

图 12.4　用户名可用的提示

如果输入“ajax”字符串作为用户名，页面将提示用户名已被占用，如图 12.5 所示。

图 12.5　用户名不可用的提示

到目前为止，本示例按照原来的设计正常工作，没有出现意外的情况。

注意到代码清单 12.6 中定义了原型方式的 trim 函数以删除字符串两端的空格符、回车

符、换行符、制表符字符。这里想考一考读者,请先把下面一段文字遮挡住再看题:如果代码中不调用 trim 函数,程序是否会正常工作?

如果读者实践一下,马上就会发现,如果 xmlhttp.responseText 不先调用 trim 函数就与"false"字符串进行比较,运行结果会不正确。这是因为,服务器端(代码清单 12.5)调用的是 println()方法,除了本该打印输出的字符串,该方法还多加了一个回车符和换行符,如果不调用 trim 函数去除这些字符,结果就会不正确。如果读者将 println()方法改为 print()方法,结果又变为正确了。

这对开发人员提出一个警示:通信协议是要很小心地维护的,稍有不慎,就会出现一些事前难以想到的问题,修补这些漏洞可能会消耗很多时间。细节决定成败!

12.2.2　无刷新用户登录

无刷新用户登录已经成为大多数商业网站的常用技术,例如,搜狐网的邮箱就采用无刷新用户登录技术,如图 12.6 所示。无刷新用户登录的重要优点是,由于商业网站的内容较多,加载一次花费的时间较多,登录一次就提交数据并重新加载全部网页的传统方式开销较大,因此需要使用 Ajax 的无刷新技术,不刷新整个页面,只进行局部刷新,在后台提交数据登录无疑会大大地提高效率。

图 12.6　搜狐网的无刷新登录

本示例实现无刷新用户登录的功能,提供输入表单供用户输入用户名和密码,单击"登录"按钮后,异步提交表单。如果比对正确,则显示欢迎信息,否则显示错误提示信息。

首先创建一个名称为"ajaxlogin"的动态 Web 项目,然后新建一个 LoginServlet,其功能是当用户名和密码都是"AJAX"时,返回用户名,否则返回 0。

代码如代码清单 12.7 所示。

这里没有使用数据库,是因为不打算牵扯到过多的知识点,读者在做实际项目时,只需要修改为在用户表中比对用户名和密码,就可以满足实用的要求。

代码清单 12.7　LoginServlet.java

```java
package com.jeelearning.ajax;

import java.io.IOException;
import java.io.PrintWriter;

import javax.servlet.ServletException;
import javax.servlet.annotation.WebServlet;
```

```java
import javax.servlet.http.HttpServlet;
import javax.servlet.http.HttpServletRequest;
import javax.servlet.http.HttpServletResponse;

@WebServlet("/LoginServlet")
public class LoginServlet extends HttpServlet {

    private static final long serialVersionUID = 1L;

    public LoginServlet() {
        super();
    }

    public void doGet(HttpServletRequest request, HttpServletResponse response)
      throws ServletException, IOException {

        doPost(request, response);
    }

    public void doPost(HttpServletRequest request, HttpServletResponse response)
      throws ServletException, IOException {
        String name = request.getParameter("username");
        String pwd = request.getParameter("userpwd");
        PrintWriter out = response.getWriter();
        if (name.equals("AJAX") && pwd.equals("AJAX"))
            out.print(name);
        else
            out.print(0);
        out.flush();
        out.close();
    }

    public void init() throws ServletException {
    }
}
```

然后新建登录页面，代码如代码清单 12.8 所示。

代码清单 12.8 login.jsp

```jsp
<%@ page language="java" contentType="text/html; charset=UTF-8"
 pageEncoding="UTF-8"%>
<!DOCTYPE html PUBLIC "-//W3C//DTD HTML 4.01 Transitional//EN"
 "http://www.w3.org/TR/html4/loose.dtd">
<html>
<head>
<title>无刷新登录</title>

<meta http-equiv="Content-Type" content="text/html; charset=UTF-8">
<meta http-equiv="pragma" content="no-cache">
<meta http-equiv="cache-control" content="no-cache">
<meta http-equiv="expires" content="0">
<script>

    function getXMLHTTPRequest() {
        var xRequest = null;
        if (window.XMLHttpRequest) {
            xRequest = new XMLHttpRequest();
        } else if (window.ActiveXObject) {
            xRequest = new ActiveXObject("Microsoft.XMLHTTP");
        }
```

```
        return xRequest;
    }

    function sendRequest(req, url, params, HttpMethod) {
        if (!HttpMethod) {
            HttpMethod = "POST";
        }
        if (req) {
            req.open(HttpMethod, url, true);
            req.setRequestHeader("Content-Type",
                    "application/x-www-form-urlencoded");
            req.onreadystatechange = processRequest;
            req.send(params);
        }
    }
    //创建浏览器兼容的 XMLHttpRequest 对象
    var xmlhttp = getXMLHTTPRequest();
    function dologin() {
        var name = document.getElementById("uname").value;
        var pwd = document.getElementById("upwd").value;
        if (name == "") {
            return false;
        } else if (pwd == "") {
            return false;
        } else {
            sendRequest(xmlhttp, "LoginServlet",
                    "username=" + name + "&userpwd=" + pwd, "POST");
        }
    }

    function processRequest() {
        if (xmlhttp.readyState===4 && xmlhttp.status==200) {
            var prompt = document.getElementById("login");
            var str = xmlhttp.responseText;
            if (str != 0) {
                prompt.innerHTML = "欢迎  <b>" + str + "</b>  登录。"
                        + "<a href='login.jsp'>重新登录</a>";
            } else {
                document.getElementById("error").innerHTML = "用户名或密码错误";
            }
        }
    }
</script>
</head>

<body>
    <div id="login">
        <label>登录名</label> <input type="text" id="uname" value="" /><br />
        <label>密  码</label>
        <input type="password" id="upwd" value="" />
        <label id="error"></label><br>
        <input type="button" value="登录" onclick="dologin()" />
    </div>
</body>
</html>
```

最后一步是运行测试。在登录表单中输入用户名和密码，如图 12.7 所示，单击"登录"
按钮进行登录。

图 12.7　登录

如果输入错误，页面显示"用户名或密码错误"的提示，如果正确，页面显示如图 12.8 所示的欢迎信息。点击"重新登录"超链接可以重新登录。

图 12.8　登录成功

单从表面来看，本示例与传统的登录界面没有什么区别。但是，仔细观察就会发现，单击"登录"按钮之后，浏览器没有提交的动作，提交请求和接收响应都是在后台进行的，这正是无刷新用户登录的特色。

12.2.3　搜索自动提示

搜索自动提示是以百度、谷歌为代表的很多搜索引擎的典型 Ajax 技术应用，实现动态获取搜索提示的功能。当用户输入搜索关键字时，网页在后台自动向服务器发送查询相关关键字的请求，适时提示用户常搜索的关键字。这样，搜索引擎通过使用 Ajax 技术，帮助用户高效输入搜索关键字以获取信息。图 12.9 是输入关键字"java EE"后，百度自动给出的搜索提示。

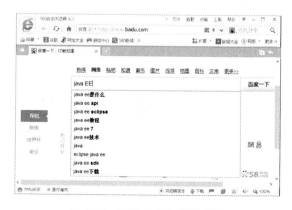

图 12.9　百度给出的搜索提示

本示例实现类似于图 12.9 的搜索自动提示功能，其工作原理是：第一，每输入一个字符，将其视为一个关键字，向服务器发送请求；第二，服务器端根据用户输入的关键字，从文件或数据库中搜索相关关键字的信息，并打包发送至客户端；第三，在客户端显示搜索提示信息。

在 Eclipse 中新建一个名称为"ajaxsuggest"的动态 Web 项目，然后创建一个名称为"SuggestServlet"的 Servlet，代码如代码清单 12.9 所示。

由于不打算牵扯进数据库的知识点，以免影响对 Ajax 技术的关注，代码中采用硬编码的方式，直接将搜索提示字符串放在内存中，读者在学习完有关的数据库知识之后，很容易进行适应性修改。代码将查询出来的搜索提示用逗号进行分隔之后发送给客户端。

代码清单 12.9　SuggestServlet.java

```java
package com.jeelearning.ajax;

import java.io.IOException;
import java.io.PrintWriter;
import java.util.ArrayList;
import java.util.List;

import javax.servlet.ServletException;
import javax.servlet.annotation.WebServlet;
import javax.servlet.http.HttpServlet;
import javax.servlet.http.HttpServletRequest;
import javax.servlet.http.HttpServletResponse;

@WebServlet("/Suggest")
public class SuggestServlet extends HttpServlet {
    private static final long serialVersionUID = 1L;
    private List<String> db = new ArrayList<String>();

    public Suggest() {
        super();
        // 添加搜索提示字符串
        db.add("eclipse");
        db.add("myeclipse");
        db.add("myself");
        db.add("java");
        db.add("java EE");
        db.add("java framework");
        db.add("java SE");
    }

    public void init() throws ServletException {
    }

    protected void doGet(HttpServletRequest request,
      HttpServletResponse response) throws ServletException, IOException {
        // 设置编码
        request.setCharacterEncoding("UTF-8");
        response.setCharacterEncoding("UTF-8");
        // 获取搜索关键字
        String key = request.getParameter("key");
        // 模仿从数据库检索数据，rs 为以 key 起头的搜索提示集合
        String rs = "";
        if (!key.equals("")) {
            for (int i=0; i<db.size(); i++) {
```

```
                    if (db.get(i).startsWith(key)) {
                        rs = rs + db.get(i) + ",";
                    }
                }
                if (!rs.equals("")) {
                    // 去除末尾的","
                    rs = rs.substring(0, rs.length() - 1);
                }
                PrintWriter out = response.getWriter();
                out.write(rs);
                out.flush();
                out.close();
            }
        }

    protected void doPost(HttpServletRequest request,
        HttpServletResponse response) throws ServletException, IOException {
            doGet(request, response);
        }
}
```

当搜索自动提示出现后，需要将其中鼠标停留的搜索项突出显示，以便区分。因此使用级联样式表来设置不同的显示效果，级联样式表如代码清单 12.10 所示。

其中，当鼠标停留在某搜索项上时，样式为 suggest_link_over，当鼠标离开某搜索项时，样式变为 suggest_link。

代码清单 12.10   styles.css

```
@CHARSET "UTF-8";
body {
    font: 11px arial;
}
.suggest_link {
    background-color: #FFFFFF;
    padding: 2px 6px 2px 6px;
}
.suggest_link_over {
    background-color: #E8F2FE;
    padding: 2px 6px 2px 6px;
}
#suggest {
    position: abslute;
    background-color: #FFFFFF;
    text-align: left;
    border: 1px solid #000000;
    display: none;
}
```

最后建立网页文件，代码如代码清单 12.11 所示。

当键盘的按键抬起时，触发 onkeyup 键盘事件，调用 searchSuggest()方法在后台与服务器进行通信。获取到纯文本的 HTTP 响应后，调用 split()方法将多个以逗号分隔的搜索项分开，然后使用一个 for 循环加入一长串 JavaScript 语句，捕获 onmouseover 事件、onmouseout 事件和 onclick 事件，前两者设置鼠标停留或离开搜索项时的 CSS 样式，onclick 事件在用户用鼠标单击某搜索项时，将该搜索项的文本填到搜索输入框中。注意到网页将文本框的 autocomplete 属性设置为 off，以免影响搜索自动提示。

求精要诀
Java EE编程开发案例精讲

代码清单 12.11　index.html

```html
<!DOCTYPE HTML PUBLIC "-//W3C//DTD HTML 4.01 Transitional//EN">
<html>
<head>
<title>AJAX 实现搜索提示</title>
<meta http-equiv="pragma" content="no-cache">
<meta http-equiv="cache-control" content="no-cache">
<meta http-equiv="expires" content="0">
<meta http-equiv="content-type" content="text/html; charset=UTF-8">
<link rel="stylesheet" type="text/css" href="./styles.css">
<script language="javascript">
    function getXMLHTTPRequest() {
        var xRequest = null;
        if (window.XMLHttpRequest) {
            xRequest = new XMLHttpRequest();
        } else if (window.ActiveXObject) {
            xRequest = new ActiveXObject("Microsoft.XMLHTTP");
        }
        return xRequest;
    }
    var xmlhttp;
    // 启动Ajax请求
    function searchSuggest() {
        xmlhttp = getXMLHTTPRequest();
        //判断 XMLHttpRequest 对象是否成功创建
        if (!xmlhttp) {
            alert("不能创建 XMLHttpRequest 对象实例");
            return false;
        }
        //创建请求结果处理程序
        xmlhttp.onreadystatechange = processReuqest;
        var str = document.getElementById("txtSearch").value;

        xmlhttp.open("GET", "Suggest?key=" + str, true);
        xmlhttp.send(null);
    }
    // 事件处理函数
    function processReuqest() {
        if (xmlhttp.readyState==4 && xmlhttp.status==200) {
            var sobj = document.getElementById("suggest");
            sobj.innerHTML = "";
            var str = xmlhttp.responseText.split(",");
            var suggest = "";
            if (str.length>0 && str[0].length>0) {
                for (i=0; i<str.length; i++) {
                    suggest += "<div onmouseover='javascript:suggestOver(this);'";
                    suggest += " onmouseout='javascript:suggestOut(this);'";
                    suggest += " onclick='javascript:setSearch(this.innerHTML);'";
                    suggest += " class='suggest_link'>" + str[i] + "</div>";
                }
                sobj.innerHTML = suggest;
                document.getElementById("suggest").style.display = "block";
            } else {
                document.getElementById("suggest").style.display = "none";
            }
        }
    }
    // Mouse over 函数
    function suggestOver(obj) {
        obj.className = "suggest_link_over";
```

```
    }
    //Mouse out 函数
    function suggestOut(obj) {
        obj.className = "suggest_link";
    }
    //Click 函数
    function setSearch(value) {
        document.getElementById("txtSearch").value = value;
        document.getElementById("suggest").innerHTML = "";
        document.getElementById("suggest").style.display = "none";
    }
</script>
</head>
<body>
    <h3>AJAX 实现搜索提示</h3>
    <div style="width: 500px">
        <form action="" id="formSearch">
            <input type="text" id="txtSearch" name="txtSearch"
              onkeyup="searchSuggest()" autocomplete="off" />
            <input type="submit" id="cmdSearch"
              name="cmdSearch" value="搜索" /> <br />
            <div id="suggest" style="width: 200px"></div>
        </form>
    </div>
</body>
</html>
```

下面进行测试。在搜索输入框中输入"j"字符,网页会显示所有满足要求的搜索提示,可以用鼠标选择某个提示的搜索项,如图 12.10 所示的是鼠标放在"java EE"上的效果。

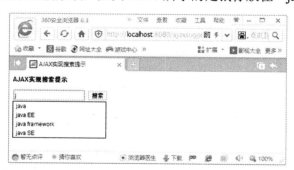

图 12.10　输入 j 后的提示(鼠标放在"Java EE"上)

点击"java EE"搜索项,该搜索项文本会自动填写到搜索输入框中,如图 12.11 所示。

图 12.11　点击搜索项后的结果

可见，运行结果符合设计要求。

12.2.4 有问必答

1. 局部刷新也是一种刷新，为何要说是"无刷新"？

答： 理解非常到位。的确不能说是无刷新，只能说"微刷新"。但这些名词都有其历史渊源，要改变一个习惯的名称是很难的，不如将错就错吧。

2. 无刷新带来什么好处？

答： 第一，只更新部分页面，可有效利用带宽；第二，能提供连续的用户体验，例如，看视频的同时可以分享给他人，只刷新局部页面，不影响视频的继续播放；第三，提供类似 C/S 的交互效果，操作更方便，例如，谷歌地图可以拖动、放大或缩小。

3. 搜索自动提示的最大优点是什么？

答： 搜索自动提示可以预防错误。用户经常在刚输入几个字后就能在自动提示列表中发现正确的名称，就不会因为搜索关键词拼写错误而找不到想要的搜索结果了。

第13章 数 据 库

    Java EE 之所以那么普及，其中一个重要的因素就是开发人员可以简单地操纵各类数据库。

    Java EE 提供多种操纵数据库的方式，其中，最基本的方式是使用 Java 数据库连接接口(Java Database Connectivity，JDBC)。

    本章介绍如何使用 JDBC 提供的 API 对数据库进行操作，附带介绍高级的 JPA、Hibernate 等"对象-关系"映射技术。

13.1　JDBC 初步

JDBC 是一组由 Java 类和接口组成的 API，其设计目的是实现 Java 平台以独立方式访问不同类型的数据库。使用 JDBC，开发人员可以方便地执行 SQL 语句以操作各类数据库。通过 JDBC，开发人员能够实现与一个数据库建立连接，向数据库发送 SQL 语句，并接受处理数据库返回的结果。

13.1.1　JDBC 驱动

JDBC 驱动程序往往是由数据库厂商或第三方提供的工具软件，一般以 JAR 文件的形式分发，连接数据库必须要有适当的 JDBC 驱动。

(1)　驱动程序的分类

不同数据库需要各自的数据库驱动程序，用于对数据库进行操纵。根据实现方式和与数据库的交互方式，JDBC 驱动程序可以分为如下 4 类。

①　JDBC-ODBC 桥

JDBC-ODBC 桥由 JDK 提供驱动程序，需要主机安装 ODBC 驱动程序并创建了 ODBC 数据源。JDBC-ODBC 桥将 JDBC 调用转换为 ODBC 调用。由于它需要转换，因此效率不高，不适用于处理大量数据。

②　本地 API 部分 Java 驱动程序

驱动一部分用 Java 语言编写，一部分用本地代码编写。它将 JDBC 调用转换为对 Oracle、Sybase 等 DBMS 的客户端的调用，也就是说，它通过本地服务连接到远程数据库，因此要求数据库客户端安装有特定数据库厂商的本地客户端服务软件。

③　网络纯 Java 驱动程序

驱动程序完全使用 Java 编写，把 JDBC 调用转给一个独立于数据库管理系统的网络中间件，该中间件再把调用传给数据库。这类驱动要求在系统中配置一个专门的驱动程序中间件服务器，优点是容易扩充并可以提供一些类似缓存或负载均衡的功能。

④　本地协议纯 Java 驱动程序

本地协议纯 Java 驱动程序将 JDBC 调用转换为数据库所提供的本地协议，这是一种纯 Java 的驱动，是使用最为普遍的 JDBC 驱动。开发人员需要到数据库厂商的网站下载最新的 JDBC 驱动。

(2)　连接 MySQL 数据库

本书使用 MySQL 数据库，因此需要下载 mysql-connector-java-x.x.x.jar 驱动，最新的 MySQL JDBC 驱动可以从网址 http://dev.mysql.com/downloads/connector/j/下载，下载后解压并将 mysql-connector-java-x.x.x.jar 文件放到 Web 项目的/WEB-INF/lib 目录下。

以下是获取数据库连接的 Java 代码片段：

```
// MySQL 的 JDBC URL 编写方式：jdbc:mysql://主机名称:端口号/数据库的名称?参数=值
// 为避免中文乱码，最好要指定 useUnicode 和 characterEncoding 参数
String url = "jdbc:mysql://localhost:3306/myDB?"
        + "user=dbuser&password=dbpass&useUnicode=true&characterEncoding=UTF8";
```

```
Class.forName("com.mysql.jdbc.Driver");   // 动态加载 MySQL 驱动
Connection conn = DriverManager.getConnection(url); // 获取数据库连接
```

获取到数据库连接之后，才能使用 SQL 语句操纵数据库。

13.1.2　JDBC API

JDBC 编程主要使用 JDBC API 对数据库进行操纵。JDBC API 屏蔽了不同数据库的差异以及驱动类型的差异，简化了开发人员对不同数据库的程序编写。

下面列出 JDBC API 的核心接口和类，它们都位于 java.sql 包中。

(1) DriveManager 类

DriveManager 类用于管理一组 JDBC 驱动程序的基本服务。该类的主要功能是管理并跟踪可用的驱动程序，并建立与数据库的连接。

① 管理并跟踪可用的驱动程序

DriveManager 类管理向自己注册的一系列 Driver 类。

Driver 类通过调用 DriveManager.registerDriver()向 DriverManager 注册给定的驱动程序。在 DriveManager 中注册的方式有以下两种：

● 调用 Class.forName()方法，显式地加载驱动程序类。一般都使用这种方法来加载驱动程序。

● 将驱动程序类名添加到"jdbc.drivers"系统属性中，多个驱动程序类名列表可以用冒号进行分隔。初始化 DriverManager 时，会尝试加载系统属性"jdbc.drivers"中引用的驱动程序类。

总之，在调用 getConnection()方法时，DriverManager 会尝试从初始化时加载的那些驱动程序以及从使用与当前应用程序相同的类加载器显式加载的那些驱动程序中查找合适的驱动程序。如果没有合适的驱动程序，就会抛出异常。

② 建立与数据库的连接

加载数据库驱动程序后，要完成的语句就非常简单了，DriveManager 类提供 3 个静态方法来获取数据库连接。

● public static Connection getConnection(String url) throws SQLException：该方法试图建立到给定数据库 URL 的连接。DriverManager 从已注册的 JDBC 驱动程序集中试图选择一个适当的驱动程序。其中，输入参数 url 为 jdbc:subprotocol:subname 形式的数据库 URL。

● public static Connection getConnection(String url, Properties info) throws SQLException：该方法试图建立到给定数据库 URL 的连接。DriverManager 从已注册的 JDBC 驱动程序集中试图选择一个适当的驱动程序。其中，输入参数 url 为 jdbc:subprotocol:subname 形式的数据库 URL，输入参数 info 是作为连接参数的任意字符串"名-值"对的列表，通常至少应该包括 user 和 password 属性。

● public static Connection getConnection(String url, String user, String password) throws SQLException：该方法试图建立到给定数据库 URL 的连接。DriverManager 从已注册的 JDBC 驱动程序集中试图选择一个适当的驱动程序。其中，输入参数 url 为 jdbc:subprotocol:subname 形式的数据库 URL，输入参数 user 为建立连接的数据库

用户名，输入参数 password 为该用户的密码。

DriverManager 类的 getConnection()方法已经改进以支持 Java SE 的 Service Provider 机制。新版本的 JDBC 4.0 驱动程序必须包含 META-INF/services/java.sql.Driver 文件。该文件内容为 JDBC 驱动程序的实现名称。

例如，要加载 mysql-connector-java-x.x.x.jar 驱动程序的类名为 com.mysql.jdbc.Driver，在该 JAR 文件中可以找到 META-INF/services/java.sql.Driver 文件，文件内容只有一行 com.mysql.jdbc.Driver。

(2) Connection 接口

Connection 接口规定与特定数据库的连接对象应该具备的功能。Connection 接口有很多方法，这里仅说明一些最常用的方法，其余方法可参见 API 文档。

- Statement createStatement() throws SQLException：创建一个 Statement 对象，用来将 SQL 语句发送至数据库。不带参数的 SQL 语句通常使用 Statement 对象执行，如果需要多次执行相同的 SQL 语句，最好使用 PreparedStatement 对象。

- PreparedStatement prepareStatement(String sql) throws SQLException：创建一个 PreparedStatement 对象，用来将参数化的 SQL 语句发送至数据库。
  如果驱动程序支持预编译，则 prepareStatement()方法将 SQL 语句发送给数据库进行预编译，会提高运行速度。一些驱动程序可能不支持预编译，该方法可能失败。输入参数 sql 一般是包含一个或多个"?"参数占位符的 SQL 语句。

- CallableStatement prepareCall(String sql) throws SQLException：该方法用来创建一个 CallableStatement 对象，用于调用数据库的存储过程。CallableStatement 对象提供了设置其 IN 和 OUT 参数的方法，以及用来执行调用存储过程的方法。

- void setAutoCommit(boolean autoCommit) throws SQLException：设置事务提交方式是否为自动提交模式。如果连接处于自动提交模式，则所有 SQL 语句执行时作为单个事务提交。否则，SQL 语句都聚集到事务中，直到调用 commit()方法提交或 rollback()方法回滚为止。默认情况下，新连接处于自动提交模式。输入参数 autoCommit 为 true 表示启用自动提交模式，为 false 表示禁用自动提交模式。

- void commit() throws SQLException：使上一次提交或回滚之后的所有更改持久化，释放 Connection 对象当前的所有数据库锁。此方法只能用于禁用自动提交模式的情形。

- void rollback() throws SQLException：回滚事务，即取消在当前事务中进行的所有更改，释放 Connection 对象当前的所有数据库锁。此方法只能用于禁用自动提交模式的情形。

- void close() throws SQLException：关闭数据库连接，立即释放该 Connection 对象的数据库和 JDBC 资源。建议最好在调用 close()方法之前，先将活动事务显式提交或回滚，以保证数据的完整性。

- boolean isClosed() throws SQLException：查询 Connection 对象是否已经关闭。

- DatabaseMetaData getMetaData() throws SQLException：获取一个 DatabaseMetaData 对象，该对象包含关于 Connection 对象所连接的数据库的元数据，包括数据库表、所支持的 SQL 语法、存储过程、连接功能等信息。

(3)　Statement 接口

Statement 接口用于执行静态 SQL 语句并返回生成结果的对象，静态 SQL 语句指不包含动态参数的 SQL 语句。

通过调用 Connection 对象的 createStatement()方法获取 Statement 对象。假如 conn 为已经建立的 Connection 对象，如下代码展示如何获取 Statement 对象：

```
Statement statement = conn.createStatement();
```

获取 Statement 对象之后，就可以调用该对象的下列方法执行 SQL 语句。

- int executeUpdate(String sql) throws SQLException：执行给定的 SQL 语句。输入参数 sql 语句可以是 INSERT、UPDATE 或 DELETE 语句，或者不返回任何内容的 SQL 语句，如 SQL 数据库模式定义语言(Data Definition Language，DDL)语句。

- ResultSet executeQuery(String sql) throws SQLException：执行给定的 SQL 语句，该语句返回单个 ResultSet 对象。输入参数 sql 是要发送给数据库的 SQL 语句，通常为静态的 SQL SELECT 语句。

- void close() throws SQLException：立即释放该 Statement 对象的数据库和 JDBC 资源。一般来说，使用完后立即释放资源是一个好的习惯，这样可以避免对数据库资源过长时间的占用。

(4)　PreparedStatement 接口

PreparedStatement 接口表示预编译的 SQL 语句对象。将 SQL 语句预编译并存储在 PreparedStatement 对象中，然后可以使用该对象多次高效地执行该语句。

假如 con 表示一个活动的数据库连接，以下代码片段展示如何设置参数：

```
PreparedStatement pstmt =
  con.prepareStatement("UPDATE EMPLOYEES SET SALARY = ? WHERE ID = ?");
pstmt.setBigDecimal(1, 6000.00);
pstmt.setInt(2, 1234);
```

以上 PreparedStatement 语句使用问号(?)作为参数的占位符，第一个参数编号为 1，第二个参数编号为 2，以此类推。上述代码的含义就是把 ID 为 1234 的雇员工资设置为 6000 元。

PreparedStatement 接口的常用方法如下。

- ParameterMetaData getParameterMetaData() throws SQLException：获取该 Prepared-Statement 对象的参数编号、类型和属性。

- void setArray(int parameterIndex, Array x) throws SQLException：将指定参数设置为给定的 java.sql.Array 对象。输入参数 parameterIndex 表示第几个参数，第一个参数是 1，第二个参数是 2，以此类推。输入参数 x 为映射到 SQL Array 值的 Array 对象。类似 setArray()的方法有很多，可以将这类方法归结为 setXxx()方法，Xxx 表示要设置的数据类型，如 setAsciiStream()、setBigDecimal()、setBinaryStream()、setBlob()、setBoolean()、setByte()、setBytes()、setCharacterStream()、setClob()、setDate()、setDouble()、setFloat()、setInt()和 setLong()等。当 SQL 语句中含有参数时，一定要根据这些参数的类型，先将这些参数使用不同的 setXxx()方法设定，然后才能执行 SQL 语句，否则会抛出 SQL 异常。

- ResultSet executeQuery() throws SQLException：在 PreparedStatement 对象中执行

SQL SELECT 语句，并返回该查询生成的 ResultSet 结果集对象。遍历结果集对象，就可以得到查询得到的所有记录结果。

- int executeUpdate() throws SQLException：在 PreparedStatement 对象中执行 SQL 语句。该语句必须是一个 SQL 数据操作语言(DML)语句，比如 INSERT、UPDATE 或 DELETE 语句；或者是无返回内容的 SQL 语句，比如 DDL 语句。该方法返回整型值，表示 SQL 数据操作语言语句影响的行数，对于无返回内容的 SQL 语句，返回 0。

(5) CallableStatement 接口

CallableStatement 接口为所有 DBMS 提供一种使用标准方式调用存储过程的方法。不同数据库使用不同编写存储过程的方式,在 JDBC 中使用 CallableStatement 对象调用存储过程。

JDBC API 提供一个存储过程 SQL 转义语法，该转义语法有两种形式，一种形式包含结果参数；另一种形式不包含结果参数。如果使用结果参数，则必须将其注册为 OUT 参数。其他参数可用于输入(IN 参数)、输出(OUT 参数)或同时用于二者(INOUT 参数)。参数是根据编号按顺序引用的，第一个参数的编号是 1。

在 JDBC 中调用存储过程的两种方式如下所示，方括号表示中间的内容是可选项：

```
{?= call <procedure-name>[(<arg1>,<arg2>, ...)]}
{call <procedure-name>[(<arg1>,<arg2>, ...)]}
```

通过调用 Connection 对象的 prepareCall()方法创建 CallableStatement 对象。

以下示例创建 CallableStatement 对象，用于调用存储过程 preparedProc，过程有两个参数，没有返回结果：

```
CallableStatement cstmt = con. prepareCall("{call preparedProc(?, ?)}");
```

其中，占位符 "?" 具体是 IN、OUT 还是 INOUT 参数，取决于存储过程的内部定义。

与传递参数到 PreparedStatement 对象一样，将 IN 参数传递给 CallableStatement 对象也通过调用 setXxx()方法完成，所传入参数的类型决定使用的 setXxx()方法。例如，可以使用 setDouble()方法传入 double 类型的参数值。

对于存储过程的 OUT 参数，需要在执行 CallableStatement 对象之前先注册每个 OUT 参数的 JDBC 类型。

注册 JDBC 类型是通过调用 registerOutParameter()方法完成的，根据参数类型的不同，有多个 registerOutParameter()方法可供调用，下面两个 registerOutParameter()方法较为常用。

- void registerOutParameter(int parameterIndex, int sqlType) throws SQLException：按参数顺序位置 parameterIndex 将 OUT 参数注册为 JDBC 类型 sqlType。输入参数 parameterIndex 为参数顺序位置，输入参数 sqlType 为 java.sql.Types 定义的 JDBC 类型代码。
- void registerOutParameter(String parameterName, int sqlType) throws SQLException：将参数名为 parameterName 的 OUT 参数注册为 JDBC 类型 sqlType。输入参数 parameterName 为参数名，而输入参数 sqlType 为 java.sql.Types 定义的 JDBC 类型代码。

存储过程执行完毕后，可调用 getXxx()方法获取参数值。

例如，如下代码片段先注册 OUT 参数，然后执行存储过程，最后获取 OUT 参数返回的值：

```
CallableStatement cstmt = con.prepareCall("{call preparedProc(?, ?)}");
cstmt.registerOutParameter(1, java.sql.Types.TINYINT);
cstmt.registerOutParameter(2, java.sql.Types.DEIMAL, 3);
cstmt.executeQuery();
byte x = cstmt.getByte(1);
java.math.BigDecimal n = cstmt.getBigDecimal(2, 3)
```

其中，第 3 行和第 6 行里的参数 3 是指小数点后带三位小数。

(6)　ResultSet 接口

ResultSet(结果集)是执行 SQL 查询语句返回结果的对象。ResultSet 对象包含一个指向当前数据行的光标。最初，将光标设置为第一行之前。next()方法将光标移动到下一行，该方法在 ResultSet 对象没有下一行时返回 false，因此可以在 while 循环中使用它，来遍历结果集。

例如，如下代码片段使用 while 循环遍历结果集：

```
String sql = "select * from EMPLOYEE";
PreparedStatement ps = con.peparedStatement(sql);
ResultSet rs = ps.executeQuery();
while(rs.next()) {
    long empnum = rs.getLong(1);   // 获取第一个字段
    String name = rs.getString("empname");   // 获取 EMPNAME 字段
}
```

在结果集中读取数据的方式是调用 getXxx()方法，该方法有两种形式，第一种形式的参数使用 int 类型表示列的索引编号(columnIndex，从 1 开始计数)；第二种形式的参数是列名字符串(columnLabel)。例如，getByte()方法有如下两种形式：

```
byte getByte(int columnIndex) throws SQLException
byte getByte(String columnLabel) throws SQLException
```

getXxx()方法返回对应的 Xxx 类型的值，方法有很多，如 getArray()、getAsciiStream()、getBigDecimal()、getBinaryStream()、getBlob()、getBoolean()、getBytes()、getCharacterStream()、getClob()等，具体可参见 API 文档。

我们已经知道，从 ResultSet 对象中的当前行获取列值的 getXxx()方法都有两种方式，既可以使用列的索引编号，也可以使用列名称获取列值。一般情况下，使用列索引较为高效。列从 1 开始编号，为了获得最大的可移植性，应该按从左到右的顺序读取每行中的结果集列，每列只能读取一次。如果使用列名称，则输入的列名称不区分大小写。使用列名称没有列索引高效，但也有自己的优点，若数据库表因插入列或删减列而造成目标列的索引编号发生改变，这时，使用列名称就不会受到影响，不需要为此而同步修改源代码。

按照其结果集类型、并发性和可保持性，可将结果集分为多个种类。结果集的不同种类是由创建 Statement(或 PreparedStatement)对象的语句决定的，调用 Connection 接口不带参数的 createStatement()方法创建的 Statement 对象执行得到的是基本的结果集。此外，还有如下两种 createStatement()方法：

```
Statement createStatement(int resultSetType, int resultSetConcurrency)
  throws SQLException
```

```
Statement createStatement(int resultSetType, int resultSetConcurrency,
  int resultSetHoldability) throws SQLException
```

其中，输入参数 resultSetType 有 3 种取值，输入参数 resultSetConcurrency 有两种取值，输入参数 resultSetHoldability 也有两种取值。下面分述这些取值的含义。

① 参数 resultSetType 用于设置 ResultSet 对象的类型是否可以卷动，取值如下。

- ResultSet.TYPE_FORWORD_ONLY：只可以向前移动(这是默认值)。
- ResultSet.TYPE_SCROLL_INSENSITIVE：可卷动。但是不受其他用户对数据库更改的影响。
- ResultSet.TYPE_SCROLL_SENSITIVE：可卷动。当其他用户更改数据库时这个记录也会改变。

② 参数 resultSetConcurrency 用于设置结果集对象是否可修改，取值如下。

- ResultSet.CONCUR_READ_ONLY：只读，不可更新(这是默认值)。
- ResultSet.CONCUR_UPDATABLE：可读、可更新。

③ 参数 resultSetHoldability 用于设置当修改提交时是否关闭结果集。正常情况下，如果使用 Statement 对象执行完一个查询，又去执行另一个查询，这时，就会关闭第一个查询的结果集。也就是说，所有的 Statement 对象的查询对应的结果集只有一个。在 JDBC 3.0 中，可以设置是否关闭结果集。resultSetHoldability 的取值如下。

- ResultSet.HOLD_CURSORS_OVER_COMMIT：修改提交时，不关闭结果集。
- ResultSet.CLOSE_CURSORS_AT_COMMIT：修改提交时，关闭结果集。

如果 JDBC 驱动程序不支持所调用的方法，或者不支持指定结果集类型、结果集并发性或结果集可保持性，会抛出 SQLFeatureNotSupportedException 异常。

PreparedStatement 对象的创建与 Statement 对象类似，不再赘述。

除前面讲述过的 next()方法外，ResultSet 接口还有很多移动光标的方法。

- boolean absolute(int row) throws SQLException：将光标移动到给定行号指定的绝对位置。
- void afterLast() throws SQLException：将光标移动到 ResultSet 对象的末尾，最后一行之后。
- void beforeFirst() throws SQLException：将光标移动到 ResultSet 对象的开头，第一行之前。
- boolean first() throws SQLException：将光标移动到 ResultSet 对象的第一行。
- boolean last() throws SQLException：将光标移动到 ResultSet 对象的最后一行。
- boolean next() throws SQLException：将光标从当前位置向后移一行。
- boolean previous() throws SQLException：将光标从当前位置向前移一行。
- boolean relative(int rows) throws SQLException：按相对位置移动光标，向前为正，向后为负。relative(0)有效，但是不改变光标的位置。

ResultSet 接口还包括一些获取当前光标位置的方法。

- int getRow() throws SQLException：获取当前行号。第一行为 1，第二行为 2，以此类推。
- int getType() throws SQLException：获取 ResultSet 对象的类型。类型由创建结果集

的 Statement 对象确定。

- int getConcurrency() throws SQLException：获取 ResultSet 对象的并发模式。
- boolean isAfterLast() throws SQLException：是否光标位于最后一行之后。
- boolean isBeforeFirst() throws SQLException：光标是否位于第一行之前。
- boolean isFirst() throws SQLException：光标是否位于第一行。

另外，当数据库发生改变时，ResultSet 接口提供如下方法刷新当前行：

```
void refreshRow() throws SQLException
```

用数据库中的最近值刷新当前行。

最后，如果数据集可更新，ResultSet 接口提供 updateXxx()方法更新当前行中的列值。

在可滚动的 ResultSet 对象中，可以向前或向后移动光标，将其置于绝对位置或相对于当前行的位置。例如，如下代码片段更新 ResultSet 对象 rs 第 5 行中的 NAME 列，然后调用 updateRow()方法更新数据库表：

```
rs.absolute(5);   // 将光标移动到 rs 对象的第 5 行
rs.updateString("NAME", "张三");  // 将第 5 行的 NAME 列修改为“张三”
rs.updateRow();   // 更新数据源的对应行
```

可更新的 ResultSet 对象具有一个特殊插入行，用于要插入行的暂存区域。例如，如下代码片段将光标移动到插入行，构建一个三列的行，并使用方法 insertRow 将其插入到 rs 和数据源表中：

```
rs.moveToInsertRow();   // 将光标移动到插入行
rs.updateString(1, "张三");  // 将插入行的第一列修改为“张三”
rs.updateInt(2, 35);    // 将第二列修改为 35
rs.updateBoolean(3, true); //将第 3 列修改为 true
rs.insertRow();
rs.moveToCurrentRow();
```

13.1.3　JDBC 编程

JDBC 编程须遵循一定的步骤，执行数据操纵语句 DML 的基本步骤如下：①加载 JDBC 驱动；②获取数据库连接对象；③创建 Statement 对象或 PreparedStatement 对象；④如果 PreparedStatement 对象有参数，设置其参数值；⑤执行 SQL 语句；⑥关闭 Statement 对象、PreparedStatement 对象和数据库连接。

下面按照自顶向下的思路讲解 JDBC 编程的过程。

(1) 程序结构

JDBC 编程一般都使用 try-catch-finally 语句结构，将清理资源的代码放到 finally 块中，这是因为不管执行是否成功，都需要释放占用的数据库资源。数据库连接的数量是有限的，程序员一定要保证在任何情况(包括出错)下都要及时地关闭数据库连接。

通常的 JDBC 程序结构如下所示：

```
Connection conn = null;
PreparedStatement stmt = null;
ResultSet rs=null;

try {
```

```
    // 加载数据库驱动
    Class.forName("com.mysql.jdbc.Driver ");

    // 获取数据库连接
    conn = DriverManager.getConnection("数据库 URL", "用户名", "密码");

    stmt = conn.prepareStatement("SQL 语句");
    rs = stmt.executeQuery();   // 或者 stmt.executeUpdate()
    // 如果执行查询，需要遍历查询结果
    if (rs.next()) {
        // 遍历结果集
    }
    rs.close();

} catch (Exception e) {
    // 处理异常
} finally {
    // 清理
    try {
        if (stmt != null)
            stmt.close();
        if (conn != null)
            conn.close();
    } catch (Exception fe) {
        // 处理异常
    }
}
```

通常都需要按照上述模板编写 JDBC 程序。

(2) 执行查询

执行查询主要分两个阶段：获取结果集，遍历结果集。

① 获取结果集

通过调用 Statement 或 PreparedStatement 对象的 executeQuery()方法，返回查询结果集。
假定 rs 为结果集对象，stmt 为 Statement 对象，如下语句返回结果集：

```
rs = stmt.executeQuery();
```

② 遍历结果集

一般使用 while 循环来遍历结果集，在循环体中调用结果集对象的 getXxx()方法，以获取当前光标指向记录的列值。

如下代码片段遍历结果集并在页面显示各行信息：

```
String name, gender;
Date birthday;
while (rs.next()) {
    empid = rs.getInt(1);
    name = rs.getString("name");
    gender = rs.getString("gender");
    birthday = rs.getDate("birthday");
    out.println(empid + ", " + name + ", " + gender + ", " + birthday + "<br />");
}
```

(3) 执行增、删、改

执行增、删、改的操作与执行查询类似，只不过需要调用 executeUpdate()方法，其返回值为影响的行数。

需要注意的是，如果开启事务，执行增删改操作一定要提交或回滚，这一点与查询不同，查询不影响数据，因此不需要提交或回滚。例如，如下代码片段展示在开启事务的条件下如何进行修改操作：

```
Connection con = null;
try {
    Class.forName("com.mysql.jdbc.Driver");
    con = DriverManager.getConnection("dburl", "user", "passwd");

    // 开启事务
    con.setAutoCommit(false);

    Statement stmt = con.createStatement();
    stmt.executeUpdate("任意的 UPDATE 语句");
    stmt.executeUpdate("任意的 UPDATE 语句");

    // 提交
    con.commit();
}
catch (Exception e) {
    // 发生错误, 回滚
    try {
        con.rollback();
    }
    catch (SQLException ignored) { }
}
finally {
    // 清理
    try {
        if (con != null) con.close();
    }
    catch (SQLException ignored) {}
}
```

13.1.4 实践出真知

1. JDBC 实践

用 Eclipse 新建一个名称为 "jdbcbasic" 的动态 Web 项目。

使用如代码清单 13.1 所示的 SQL 脚本新建数据库表，并添加一些测试记录。

代码清单 13.1 employee.sql

```
SET FOREIGN_KEY_CHECKS=0;

-- --------------------------
-- Table structure for `employee`
-- --------------------------
DROP TABLE IF EXISTS `employee`;
CREATE TABLE `employee` (
  `empid` int(11)  NOT NULL,
  `name` varchar(20)  NOT NULL,
  `gender` varchar(2)  NOT NULL,
  `birthday` date DEFAULT NULL,
  PRIMARY KEY (`empid`)
) ENGINE=InnoDB DEFAULT CHARSET=utf8;

-- --------------------------
```

```
-- Records of employee
-- ---------------------------
INSERT INTO `employee` VALUES ('1', '张三', '男', '1990-01-01');
INSERT INTO `employee` VALUES ('2', '李四', '女', '1992-02-03');
INSERT INTO `employee` VALUES ('3', '王五', '男', '1990-05-06');
```

新建一个测试 JDBC 的 Servlet，如代码清单 13.2 所示。代码主要完成创建数据库连接、测试数据库表的增删改查操作，以及可卷动和可更新的数据集的测试工作。

代码清单 13.2　TestJDBCServlet.java

```java
package com.jeelearning.servlet;

import java.io.IOException;
import java.io.PrintWriter;
import java.sql.Connection;
import java.sql.Date;
import java.sql.DriverManager;
import java.sql.ResultSet;
import java.sql.SQLException;
import java.sql.Statement;

import javax.servlet.ServletException;
import javax.servlet.annotation.WebServlet;
import javax.servlet.http.HttpServlet;
import javax.servlet.http.HttpServletRequest;
import javax.servlet.http.HttpServletResponse;

@WebServlet("/testJDBC")
public class TestJDBCServlet extends HttpServlet {
    private static final long serialVersionUID = 1L;

    protected void doGet(HttpServletRequest request,
      HttpServletResponse response) throws ServletException, IOException {
        Connection con = null;
        Statement stmt = null;
        ResultSet rs = null;

        // 设置编码方式
        response.setCharacterEncoding("UTF-8");
        response.setHeader("Content-type", "text/html;charset=UTF-8");
        PrintWriter out = response.getWriter();
        int effectedlines;

        try {
            // 加载数据库驱动
            Class.forName("com.mysql.jdbc.Driver");
            // 创建连接
            con = DriverManager.getConnection(
                    "jdbc:mysql://localhost:3306/jee", "jee", "jee");
            // 创建 Statement 对象
            stmt = con.createStatement();

            // 测试插入
            effectedlines = stmt.executeUpdate(
              "INSERT INTO employee VALUES ('4', '赵六', '男', '1993-08-01')");
            if (effectedlines == 1) {
                out.println("插入成功<br />");
            }
```

```
// 测试查询
rs = stmt.executeQuery("SELECT empid, name, gender, birthday FROM employee");
int empid;
String name, gender;
Date birthday;
while (rs.next()) {
    empid = rs.getInt(1);
    name = rs.getString("name");
    gender = rs.getString("gender");
    birthday = rs.getDate("birthday");
    out.println(empid + ", " + name + ", " + gender + ", "
            + birthday + "<br />");
}

// 测试修改
effectedlines =
    stmt.executeUpdate("UPDATE employee SET name = '王大侠' WHERE empid='4' ");
if (effectedlines == 1) {
    out.println("修改成功<br />");
}

// 测试删除
effectedlines =
    stmt.executeUpdate("DELETE FROM employee WHERE empid='4' ");
if (effectedlines == 1) {
    out.println("删除成功<br />");
}

// 测试结果集类型、结果集并发性
Statement stmt1 = con.createStatement(
        ResultSet.TYPE_SCROLL_INSENSITIVE,
        ResultSet.CONCUR_UPDATABLE);
rs = stmt1.executeQuery(
        "SELECT empid, name, gender, birthday FROM employee");
rs.absolute(1);
rs.updateString("name", "张三三");
rs.updateRow();

rs.moveToInsertRow();
rs.updateInt(1, 5);
rs.updateString(2, "钱七");
rs.updateString(3, "女");
rs.updateDate(4, Date.valueOf("1990-1-1"));
rs.insertRow();
rs.moveToCurrentRow();

rs.beforeFirst();
while (rs.next()) {
    empid = rs.getInt(1);
    name = rs.getString("name");
    gender = rs.getString("gender");
    birthday = rs.getDate("birthday");
    out.println(empid + ", " + name + ", " + gender + ", "
            + birthday + "<br />");
}

} catch (Exception e) {
    e.printStackTrace();
} finally {
    // 清理
```

```
        try {
            if (con != null)
                con.close();
        } catch (SQLException ignored) {}
        }
    }
}
```

项目运行结果如图 13.1 所示。

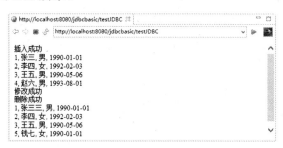

图 13.1　运行结果

2. MySQL 存储过程实践

存储过程执行速度快，通常用于性能要求较高的场合。

还是使用前面的 **jdbcbasic** 动态 Web 项目。首先建立一个 SQL 脚本，用于新建一个简单的存储过程，如代码清单 13.3 所示。

代码清单 13.3　simpleproc.sql

```sql
-- 删除存储过程
DROP PROCEDURE IF EXISTS proc_employee_count;

-- 创建存储过程
CREATE PROCEDURE proc_employee_count(OUT n INT)
BEGIN
    SELECT COUNT(*) INTO n FROM employee;
END;

-- MYSQL 调用存储过程
CALL proc_employee_count(@n);
```

在 MySQL 中执行该脚本，生成一个名称为 proc_employee_count 的存储过程。

下面演示如何在 Servlet 中使用存储过程，如代码清单 13.4 所示。

代码清单 13.4　TestProcServlet.java

```java
package com.jeelearning.servlet;

import java.io.IOException;
import java.io.PrintWriter;
import java.sql.CallableStatement;
import java.sql.Connection;
import java.sql.DriverManager;
import java.sql.SQLException;
import java.sql.Types;

import javax.servlet.ServletException;
import javax.servlet.annotation.WebServlet;
import javax.servlet.http.HttpServlet;
```

```java
import javax.servlet.http.HttpServletRequest;
import javax.servlet.http.HttpServletResponse;

@WebServlet("/testProc")
public class TestProcServlet extends HttpServlet {
    private static final long serialVersionUID = 1L;

    protected void doGet(HttpServletRequest request,
        HttpServletResponse response) throws ServletException, IOException {
        Connection con = null;
        CallableStatement cstmt = null;

        // 设置编码方式
        response.setCharacterEncoding("UTF-8");
        response.setHeader("Content-type", "text/html;charset=UTF-8");
        PrintWriter out = response.getWriter();

        try {
            // 加载数据库驱动
            Class.forName("com.mysql.jdbc.Driver");
            // 创建连接
            con = DriverManager.getConnection(
                    "jdbc:mysql://localhost:3306/jee", "jee", "jee");
            cstmt = con.prepareCall("{call proc_employee_count(?)}");

            // 设置输出参数
            cstmt.registerOutParameter(1, Types.INTEGER);

            // 执行存储过程
            cstmt.executeQuery();

            // 获取执行结果
            out.println(cstmt.getInt(1));

        } catch (Exception e) {
            e.printStackTrace();
        } finally {
            // 清理
            try {
                if (cstmt != null)
                    cstmt.close();
                if (con != null)
                    con.close();
            } catch (SQLException ignored) {}
        }
    }
}
```

执行该 Servlet，会在页面输出 employee 表的记录数。

13.1.5 有问必答

1. 既然 JDBC-ODBC 桥在速度上没有任何优势，为什么还要提供这类驱动？

答: 这主要有两个原因。第一个原因是存在遗留系统维护的问题。如果以前开发的系统使用 ODBC 驱动，而且需要新开发的系统在一定时间内原架构与新架构并存，这时可能需要使用 JDBC-ODBC 桥。第二个原因是有的数据库系统可能没有提供 JDBC 驱动程序，如 Access，这就迫使开发人员使用 JDBC-ODBC 桥。

2. 能不能多介绍一点事务的概念？

答： 数据库事务是数据库管理系统执行过程中的一个逻辑单位，由一个有限的数据库操作序列构成。事务必须具有 ACID 特性，ACID 是 Atomic(原子性)、Consistency(一致性)、Isolation(隔离性)和 Durability(持久性)的英文缩写。

(1) 原子性：指整个数据库事务是不可分割的工作单元。只有事务中所有的操作执行成功，才算整个事务成功；事务中的任何一个 SQL 语句执行失败，那么已经执行成功的 SQL 语句也必须撤消，数据库的状态应该回退到执行事务前的状态。

(2) 一致性：指数据库事务不能破坏关系数据的完整性及业务逻辑上的一致性。例如，对于银行转账事务，不管事务成功还是失败，应保证事务结束后两人的存款总额不变。

(3) 隔离性：指的是在并发环境中，当不同的事务同时操作相同的数据时，每个事务都有各自的完整数据空间。

(4) 持久性：指的是只要事务成功结束，它对数据库所做的更新就必须永久保存下来。即使发生系统崩溃，重新启动数据库系统后，数据库还能回复到事务成功结束时的状态。

事务的 ACID 特性是由关系数据库管理系统(RDBMS)来实现的。数据库管理系统采用日志来保证事务的原子性、一致性和持久性。日志记录了事务对数据库所做的更新，如果某个事务在执行过程中发生错误，就可以根据日志，撤消事务对数据库已做的更新，使数据库退回到执行事务前的初始状态。

3. 听说有一种 SQL 注入攻击，如何防止这类攻击？

答： SQL 注入攻击是发生在应用程序数据库层的安全漏洞。简而言之，是在输入的字符串中注入 SQL 指令，由于在设计不良的程序中忽略了检查，所以这些注入进去的指令就会被数据库服务器误认为是正常的 SQL 指令而运行，因此遭到破坏。

程序员的不良编程习惯往往是将系统暴露在 SQL 注入攻击风险下的罪魁祸首，如，使用字符串连接方式组装 SQL 指令，连接数据库时使用权限过大的账户，对用户输入的字符数不加限制，以及对用户输入的数据不进行任何潜在指令的检查等。因此，提升程序员的编程技术和安全意识是防止 SQL 注入攻击的最佳手段，另外，可以强制要求项目成员对表单输入进行检查并使用参数化查询来进行数据访问。

13.2　JDBC 进阶

本节主要讲述一些 JDBC 编程中的重要问题，如何使用数据库连接池、如何进行分页、如何存取二进制大对象。这些都是在实际开发中遇到的技术问题，需要熟练掌握，才能胜任开发工作。

13.2.1　数据库连接池

JDBC 编写的数据库应用程序的最大瓶颈是数据库连接，建立连接是一个耗费时间的活动，每次都需要花费很小一段时间，对于有限次数的数据库操作，或许感觉不出对系统的影响。但是，对于现代的 Web 应用，尤其是大型电子商务网站，动辄几百甚至数千人在线是很正常的事情。在这种情况下，频繁的数据库连接操作势必占用很多系统资源，降低网站的响应速度，影响系统的性能。

数据库连接池可以彻底改变这种状况。

(1)　数据库连接池的基本概念

可以认为，影响系统性能的主要根源之一就是对数据库连接资源的低效管理。

解决办法是采用数据库连接池技术，其核心思想就是连接复用。具体地说，数据库连接池的基本思想就是为数据库连接建立一个"缓冲池"。预先在池中放入一定数量的连接，当需要建立数据库连接时，只需从池中取出一个，使用完毕之后再放回去。这样，连接池中的连接可以得到高效的复用，避免了频繁建立和关闭数据库连接的开销。

在初始化数据库连接池时，就会创建一定数量的数据库连接并放到池中备用，该数量是由最小数据库连接数来指定的。无论是否使用这些数据库连接，连接池都会保证至少拥有那么多的连接。连接池还有最大连接数量的限制，限定数据库连接池能够占用的最大连接数量。当应用程序请求的连接数量超过连接池设定的最大连接数量时，就会将这些请求加入到等待队列中。

连接池的创建和管理由 Java EE 服务器负责，符合 Java EE 规范的服务器都提供了数据库连接池以及相应的配置管理手段。

与通过 DriverManager 获取连接对象一样，数据库连接池在配置时也需要提供数据库驱动类型、数据库 URL、数据库账号和密码，然后才能正常使用数据库连接池。当连接池配置成功后，Java EE 服务器启动时就会根据连接池配置自动创建数据库连接，并将连接放入连接池中，同时将配置数据源的 JNDI 名称注册到服务器内部的命名服务系统。

应用程序一般是通过命名服务系统查找到连接池的管理器，再获取数据库连接。如果数据源的 JNDI 名称为 jdbc/myDB，获取连接池连接的典型代码片段如下：

```
Context initCtx = new InitialContext();
Context envCtx = (Context)initCtx.lookup("java:comp/env");
DataSource ds = (DataSource)envCtx.lookup("jdbc/myDB");

Connection conn = ds.getConnection();
```

通过 JNDI 和 DataSource 获取数据库连接，比使用 DriverManager 的性能高出很多，因此，企业级 Web 开发大都采用连接池，开发人员也要熟悉连接池技术。

(2)　Tomcat 连接池的配置

很多 Web 应用都需要通过 JDBC 驱动访问数据库，以支持应用程序需要提供的功能。因此，Java EE 平台规范要求 Java EE 应用服务器提供相应的 DataSource 实现，该实现就是 JDBC 连接池。Tomcat 提供这一支持，因此，在 Tomcat 上开发的应用可以充分利用容器提供的连接池以优化系统的性能。

使用 Tomcat 提供的连接池的先决条件，是将 JDBC 驱动复制到 Tomcat 安装目录的 lib 子目录下，对于 MySQL，应该将 mysql-connector-java-x.x.x.jar 文件复制到 lib 目录中。这样，Tomcat 的 JNDI Resource Factory(资源工厂)以及 Web 项目都能够使用该驱动。

下面以实例形式介绍如何使用 JDBC 连接池。

新建一个名称为"jndidatasource"的动态 Web 项目。

Tomcat 采用 XML 配置文件配置数据库连接池，配置文件位于 Tomcat 安装目录的 conf 子目录下，名称为 context.xml。在该文件的<Context>元素下插入如代码清单 13.5 所示的内容。如果使用 Eclipse 进行开发，可以直接在 Project Explorer 下展开 Servers 项，找到 context.xml 文件，编辑该文件即可。

(代码清单) 13.5   context.xml

```
<Context ...>
    ...
    <Resource name="jdbc/MySQL" auth="Container" type="javax.sql.DataSource"
     maxTotal="100" maxIdle="30" maxWaitMillis="10000" username="jee"
     password="jee" driverClassName="com.mysql.jdbc.Driver"
     url="jdbc:mysql://localhost:3306/jee" />
    ...
</Context>
```

<Resource>元素里的属性是 Tomcat 数据源资源工厂类(org.apache.tomcat.dbcp.dbcp2. BasicDataSourceFactory)所需的配置属性。常用的属性含义如下。

- name：数据库连接池的 JNDI 注册名。
- auth：验证方式，Container 表示容器负责验证，另一可选项为 Application。
- type：数据库连接池的类型，默认为 javax.sql.DataSource 数据源。
- driverClassName：所使用的 JDBC 驱动的完整 Java 类名。
- username：数据库用户名。
- password：数据库用户密码。
- url：数据库的 URL。
- initialSize：连接池初始化时创建的连接数量，默认值为 0。
- maxTotal：从连接池同时可分配连接的最大数目，默认值为 8。
- minIdle：同时可在连接池中闲置连接的最低数量，默认值为 0。
- maxIdle：同时可在连接池中闲置连接的最大数目，默认值为 8。
- maxWaitMillis：当没有可用的连接时，在抛出异常之前，连接池需等待连接归还的最大毫秒数。默认值为-1(无限)。

下一步，修改/WEB-INF/web.xml 以声明要查找的数据源的 JNDI 名称。按照惯例，所有这些名称都应该解析为 jdbc 下的子上下文，也就是说，如果<res-ref-name>元素值为 jdbc/MySQL，需要在前面加上 java:comp/env，在 Java 代码中需要查找的完整 JNDI 名称就一定是 java:/comp/env/jdbc/MySQL。

在项目配置文件 web.xml 中，添加<resource-ref>元素，如代码清单 13.6 所示。

其中，<res-ref-name>元素指定资源名称，<res-type>元素为资源类型，<res-auth>元素为资源验证方式。这些元素值必须与代码清单 13.5 中的对应属性值一致。

(代码清单) 13.6   web.xml

```
<?xml version="1.0" encoding="UTF-8"?>
<web-app xmlns:xsi="http://www.w3.org/2001/XMLSchema-instance"
 xmlns="http://xmlns.jcp.org/xml/ns/javaee"
 xsi:schemaLocation="http://xmlns.jcp.org/xml/ns/javaee
 http://xmlns.jcp.org/xml/ns/javaee/web-app_3_1.xsd"
 id="WebApp_ID" version="3.1">
    <display-name>JNDI Datasource</display-name>
    <welcome-file-list>
        <welcome-file>index.html</welcome-file>
        <welcome-file>index.htm</welcome-file>
```

```
        <welcome-file>index.jsp</welcome-file>
    </welcome-file-list>
    <resource-ref>
        <description>DB Connection</description>
        <res-ref-name>jdbc/MySQL</res-ref-name>
        <res-type>javax.sql.DataSource</res-type>
        <res-auth>Container</res-auth>
    </resource-ref>
</web-app>
```

为了最大限度地减少冗余，最好专门用一个 Java 类的静态方法来获取数据库连接。避免获取数据库连接的代码散落在程序的各个角落，引起将来维护的麻烦。本示例新建一个 DBUtil 类，其静态方法 getConnection()专用于获取数据库连接，如代码清单 13.7 所示。

代码清单 13.7　DBUtil.java

```
package com.jeelearning.bean;

import java.sql.Connection;
import java.sql.SQLException;

import javax.naming.InitialContext;
import javax.naming.NamingException;
import javax.sql.DataSource;

public class DBUtil {

    public static Connection getConnection() throws NamingException,
      SQLException {
        Connection result = null;
        InitialContext ctx = new InitialContext();
        DataSource ds = (DataSource) ctx.lookup("java:/comp/env/jdbc/MySQL");
        result = ds.getConnection();
        return result;
    }
}
```

为了对连接池进行验证，编写如代码清单 13.8 所示的页面。代码中只需要一条语句 DBUtil.getConnection()就可以获取数据库连接，简化了编程工作。

代码清单 13.8　index.jsp

```
<%@ page language="java" contentType="text/html; charset=UTF-8"
  pageEncoding="UTF-8"%>
<%@ page import="java.sql.*,com.jeelearning.bean.DBUtil"%>
<!DOCTYPE html PUBLIC "-//W3C//DTD HTML 4.01 Transitional//EN"
  "http://www.w3.org/TR/html4/loose.dtd">
<html>
<head>
<meta http-equiv="Content-Type" content="text/html; charset=UTF-8">
<title>JNDI 数据源示例</title>
</head>
<body>
    <%
        Connection conn = null;
        Statement stmt = null;
        ResultSet rs = null;
        try {
            conn = DBUtil.getConnection();
            stmt = conn.createStatement();
```

```java
            rs = stmt.executeQuery("SELECT * from employee");

            // 遍历结果集
            while (rs.next()) {
                out.println(rs.getString(2) + ", ");
                out.println(rs.getString(3));
                out.println("<br />");
            }
        } catch (SQLException e) {
            ;
        } finally {
            // 清理
            if (stmt != null) {
                try {
                    stmt.close();
                } catch (SQLException e) {
                    ;
                }
            }
            if (conn != null) {
                try {
                    conn.close();
                } catch (SQLException e) {
                    ;
                }
            }
        }
    %>
</body>
</html>
```

Web 项目的运行结果如图 13.2 所示，满足设计要求。

图 13.2　index.jsp 的运行结果

13.2.2　分页

数据分页显示是实际开发中经常遇到的问题。在 Web 网站中的数据量往往很大，甚至达到千万条记录的量级。将如此大的数据一次全部显示在页面上，会造成服务器内存占用过多，数据传输和显示都很缓慢的问题。另外，在一个页面显示这么多数据也无法阅读。因此，需要采用分页显示技术将数据逐页显示，并实现前后翻页的功能。

分页的技术手段有多种，本章仅采用其中两种使用较多的分页技术，第一种分页技术采用游标定位，返回本页数据。这是一种简单的分页技术，先查询到所有的数据记录，然后使用游标定位到结果集中本页对应的起始记录，读取并返回本页的数据。这种方式的优点就是使用 JDBC 的功能，适用于所有的数据库；缺点是使用游标，读取数据时需要与数据库进行多次交互，速度有些慢。第二种分页技术是使用数据库专有的特殊 SQL 语句(比如 MySQL 的 limit，Oracle 的 rownum，SQL Server 的 top)，只返回特定记录的数据。这种方式的效率最高，但缺点也很明显，就是这些特殊的 SQL 语句只适用于特定数据库系统，不可移植。

下面用实例来说明如何进行分页。

用 Eclipse 新建一个名称为"jdbcpagination"的动态 Web 项目，然后在数据库中建立一个数据库表，表名为"employee"，有 empid、name、gender 和 birthday 四个字段，并添加一些记录，建表 SQL 语句可参见本书源代码中的 employee.sql 文件。employee 表对应的 POJO 如代码清单 13.9 所示，这只是一个简单的 Java Bean。

代码清单 13.9　Employee.java

```java
package com.jeelearning.dao;

import java.sql.Date;

public class Employee {
    private int empid;
    private String name;
    private String gender;
    private Date birthday;

    public Employee() {
        super();
    }

    public Employee(int empid, String name, String gender, Date birthday) {
        super();
        this.empid = empid;
        this.name = name;
        this.gender = gender;
        this.birthday = birthday;
    }

    public int getEmpid() {
        return empid;
    }
    public void setEmpid(int empid) {
        this.empid = empid;
    }
    public String getName() {
        return name;
    }
    public void setName(String name) {
        this.name = name;
    }
    public String getGender() {
        return gender;
    }
    public void setGender(String gender) {
        this.gender = gender;
    }
    public Date getBirthday() {
        return birthday;
    }
    public void setBirthday(Date birthday) {
        this.birthday = birthday;
    }
}
```

然后，建立一个分页的 JavaBean，如代码清单 13.10 所示。PagedEmployee 类有 3 个方法，getEmloyeeList()方法使用 MySQL 的特殊 SQL 语句返回当前页所要显示的记录；getEmloyeeListGeneral()方法使用游标完成与 getEmloyeeList()方法相同的功能；totalCount()方法返回数据库表记录总数。

代码清单 13.10　PagedEmployee.java

```java
package com.jeelearning.bean;

import java.sql.Connection;
import java.sql.PreparedStatement;
import java.sql.ResultSet;
import java.util.ArrayList;
import java.util.List;

import com.jeelearning.dao.Employee;
import com.jeelearning.util.DBUtil;

public class PagedEmployee {
    public List<Employee> getEmloyeeList(int start, int length) {
        Connection connection = null;
        PreparedStatement pstmt = null;
        ResultSet rs = null;
        String sql = "SELECT * FROM employee LIMIT ?, ?";
        List<Employee> result = new ArrayList<Employee>();
        try {
            connection = DBUtil.getConnection(); // 获取数据库连接
            pstmt = connection.prepareStatement(sql);
            pstmt.setInt(1, start);
            pstmt.setInt(2, length);
            rs = pstmt.executeQuery(); // 执行查询
            while (rs.next()) {
                Employee employee = new Employee();
                employee.setEmpid(rs.getInt("empid"));
                employee.setName(rs.getString("name"));
                employee.setGender(rs.getString("gender"));
                employee.setBirthday(rs.getDate("birthday"));
                result.add(employee);
            }
        } catch (Exception e) {
            e.printStackTrace();
        } finally {
            // 关闭连接
            if (connection != null) {
                try {
                    connection.close();
                } catch (Exception e) {}
            }
        }
        return result;
    }

    public List<Employee> getEmloyeeListGeneral(int start, int length) {
        Connection connection = null;
        PreparedStatement pstmt = null;
        ResultSet rs = null;
        String sql = "SELECT * FROM employee";
        List<Employee> result = new ArrayList<Employee>();
        try {
```

```
            connection = DBUtil.getConnection(); // 获取数据库连接
            pstmt = connection.prepareStatement(sql);
            rs = pstmt.executeQuery(); // 执行查询
            rs.absolute(start + 1);
            for (int i=0; i<length; i++) {
                Employee employee = new Employee();
                employee.setEmpid(rs.getInt("empid"));
                employee.setName(rs.getString("name"));
                employee.setGender(rs.getString("gender"));
                employee.setBirthday(rs.getDate("birthday"));
                result.add(employee);
                if (!rs.next()) {
                    break;
                }
            }
        } catch (Exception e) {
            e.printStackTrace();
        } finally {
            // 关闭连接
            if (connection != null) {
                try {
                    connection.close();
                } catch (Exception e) {}
            }
        }
        return result;
    }

    public int totalCount() {
        Connection connection = null;
        PreparedStatement pstmt = null;
        ResultSet rs = null;
        int result = 0;

        try {
            connection = DBUtil.getConnection(); // 获取数据库连接
            String sql = "SELECT COUNT(*) from employee";
            pstmt = connection.prepareStatement(sql);
            rs = pstmt.executeQuery(); // 执行查询
            if (rs.next()) {
                result = rs.getInt(1);
            }
        } catch (Exception e) {
            e.printStackTrace();
        } finally {
            // 关闭连接
            if (connection != null) {
                try {
                    connection.close();
                } catch (Exception e) {}
            }
        }
        return result;
    }
}
```

新建一个如代码清单 13.11 所示的 JSP 页面。使用 URL 查询字符串获取当前页，参数名称为 pageNumber。然后，计算出当前页开始的记录序号，调用 PagedEmployee 类的 getEmloyeeList()方法或 getEmloyeeListGeneral()方法来获取要显示的数据。最后查询得到数据库表的总记录条数，计算出总页数，以便实现翻页功能。

代码清单 13.11　index.jsp

```jsp
<%@ page language="java" contentType="text/html; charset=UTF-8"
 pageEncoding="UTF-8"%>
<%@ page import="com.jeelearning.bean.*, com.jeelearning.dao.*, java.util.List"%>
<!DOCTYPE html PUBLIC "-//W3C//DTD HTML 4.01 Transitional//EN"
 "http://www.w3.org/TR/html4/loose.dtd">
<html>
<head>
<meta http-equiv="Content-Type" content="text/html; charset=UTF-8">
<title>分页示例</title>
</head>
<body>
    <%
        String pageNumber = request.getParameter("pageNumber"); //显示第几页

        if (pageNumber == null || pageNumber.equals("")) {
            pageNumber = "1"; //默认显示第一页
        }
        int number = Integer.parseInt(pageNumber);
        int pageRecords = 3; //每页显示的数据条数

        int start = 0; //开始的记录序号

        start = (number - 1) * pageRecords;
        PagedEmployee dao = new PagedEmployee();
        List<Employee> employees = dao.getEmloyeeList(start, pageRecords);
        int count = dao.totalCount(); //总条数
        int total = count / pageRecords; //总页数
        // 调整总页数
        if (count%pageRecords != 0) {
            total++;
        }
    %>
    <table width='80%' border='1'>
        <tr bgcolor='blue'>
            <td width='10%'>编号</td>
            <td width='20%'>姓名</td>
            <td width='10%'>性别</td>
            <td width='40%'>生日</td>
        </tr>
        <%
            for (Employee emp : employees) {
        %>
        <tr>
            <td width='10%'><%=emp.getEmpid()%></td>
            <td width='20%'><%=emp.getName()%></td>
            <td width='10%'><%=emp.getGender()%></td>
            <td width='40%'><%=emp.getBirthday()%></td>
        </tr>
        <%
            }
        %>
    </table>
    <br /> 页码:
    <%
        for (int i=1; i<=total; i++) {
    %>
```

```
<a href="index.jsp?pageNumber=<%=i%>"><%=i%></a>  
<%
    }
%>

</body>
</html>
```

运行的分页效果如图 13.3 所示。

读者可自行将图 13.3 的 getEmloyeeList()方法更改为 getEmloyeeListGeneral()方法，测试使用游标分页的效果。

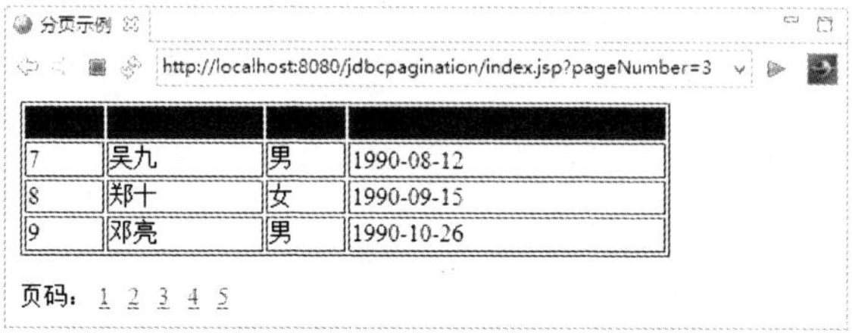

图 13.3　分页效果

13.2.3　二进制大对象

很多数据库都支持二进制大对象(Binary Large Object，BLOB)和字符大对象(Character Large Object，CLOB)类型，可以在数据库中存储图像、二进制对象或大文本等对象。

将这些大对象存放至数据库的最大好处，是能够统一管理，不需要同时管理文件系统和数据库表记录。缺点是存储超大文件之后，数据库的运行效率会受一些影响。折中的方式是将 BLOB 或 CLOB 与普通的字段分开，单独放到另一个表中，只有在需要时，才操作大对象所在的表。

MySQL 支持 4 种 BLOB 类型，区别在于最大的容量不同，其中，TinyBlob 类型最大 255 字节，Blob 类型最大 65KB，MediumBlob 类型最大 16MB，LongBlob 类型最大 4GB。

这里以实例形式讲解如何使用 MySQL 的 BLOB 类型。实例实现图像文件的上传，将上传的图像文件保存至数据库表的 BLOB 字段，然后读出并显示图像文件。

首先看上传文件的页面，这是一个静态 HTML 页面，如代码清单 13.12 所示。

在<input>标签中，使用 accept 属性可以限制上传文件的类型，其属性值为 image/*，指定只能上传图像文件。

代码清单 13.12　index.html

```
<html>
  <head>
    <title>文件上传</title>
      <meta http-equiv="Content-Type" content="text/html; charset=utf-8" />
  </head>
  <body>
    <form method="POST" action="upload" enctype="multipart/form-data" >
        选择上传文件：
        <input type="file" name="file" id="file" accept="image/*"/> <br/></br>
        <input type="submit" value="上传" name="upload" id="upload" />
    </form>
```

```
        </body>
</html>
```

上传文件的处理工作由一个 Servlet 完成，如代码清单 13.13 所示。

它的主要工作是获取上传的图像文件，使用 SQL INSERT 语句将图像文件插入数据库中，然后重定向到显示图像的页面。由于要将 BLOB 对象作为参数，只能调用 PreparedStatement 对象的 setBinaryStream()方法传入图像参数，该方法有 3 个输入参数，其中，第一个参数为参数序号；第二个参数为 java.io.InputStream 类型的大对象输入流；第三个参数为大对象的长度。

代码清单 13.13　FileUploadServlet.java

```java
package com.jeelearning.servlet;

import java.io.IOException;
import java.io.InputStream;
import java.io.OutputStream;
import java.io.PrintWriter;
import java.sql.Connection;
import java.sql.PreparedStatement;

import javax.servlet.ServletException;
import javax.servlet.annotation.MultipartConfig;
import javax.servlet.annotation.WebServlet;
import javax.servlet.http.HttpServlet;
import javax.servlet.http.HttpServletRequest;
import javax.servlet.http.HttpServletResponse;
import javax.servlet.http.Part;

import com.jeelearning.util.DBUtil;

@WebServlet(name = "FileUploadServlet", urlPatterns = {"/upload"})
@MultipartConfig
public class FileUploadServlet extends HttpServlet {

    private static final long serialVersionUID = 1L;

    protected void processRequest(HttpServletRequest request,
      HttpServletResponse response)
      throws ServletException, IOException {
        response.setContentType("text/html;charset=UTF-8");
        request.setCharacterEncoding("UTF-8");

        final Part filePart = request.getPart("file");
        final String fileName = getFileName(filePart);
        Connection conn = null;

        OutputStream out = null;
        InputStream filecontent = null;
        final PrintWriter writer = response.getWriter();

        try {
            conn = DBUtil.getConnection();
            conn.setAutoCommit(false);

            String sql = "INSERT INTO images (name, image) VALUES (?, ?)";
            PreparedStatement stmt = conn.prepareStatement(sql);
            stmt.setString(1, fileName);
```

```
                filecontent = filePart.getInputStream();

                stmt.setBinaryStream(2, filecontent, (int) filePart.getSize());
                stmt.execute();

                conn.commit();

                response.sendRedirect("dispimg.jsp");
        } catch (Exception e) {
            writer.println("<br/> 错误: " + e.getMessage());
        } finally {
        if (conn != null) {
            try {
                conn.close();
            } catch (Exception e) {}
        }
        if (out != null) {
            out.close();
        }
        if (filecontent != null) {
            filecontent.close();
        }
        if (writer != null) {
            writer.close();
        }
        }
    }

    private String getFileName(final Part part) {
        for (String content : part.getHeader("content-disposition").split(";")) {
            if (content.trim().startsWith("filename")) {
                String filename = content.substring(
                    content.lastIndexOf('\\') + 1).trim().replace("\"", "");
                return filename;
            }
        }
        return null;
    }

    protected void doGet(HttpServletRequest request, HttpServletResponse response)
      throws ServletException, IOException {
        processRequest(request, response);
    }

    protected void doPost(HttpServletRequest request, HttpServletResponse response)
      throws ServletException, IOException {
        processRequest(request, response);
    }
}
```

显示图像的页面由代码清单 13.14 所示的 dispimg.jsp 完成，使用 HTML 的<img>标签显示图像，src 属性引用从数据库中读取 BLOB 并显示的 Servlet 的 URL。

代码清单 13.14　dispimg.jsp

```
<%@ page language="java" contentType="text/html; charset=UTF-8"
 pageEncoding="UTF-8"%>
<!DOCTYPE html PUBLIC "-//W3C//DTD HTML 4.01 Transitional//EN"
 "http://www.w3.org/TR/html4/loose.dtd">
<html>
<head>
```

```
<meta http-equiv="Content-Type" content="text/html; charset=UTF-8">
<title>显示最后一张图片</title>
</head>
<body>
    <h5>最后一张图片</h5>
    <img src="getLastImage" />
</body>
</html>
```

读取 BLOB 并输出的工作由代码清单 13.15 所示的 Servlet 完成。

它通过 SQL SELECT 语句读取数据库表的记录，调用结果集的 getBinaryStream()方法读取 BLOB 字段的内容，最后输出到 ServletOutputStream 对象。

代码清单 13.15　ImageServlet.java

```java
package com.jeelearning.servlet;

import java.io.IOException;
import java.io.InputStream;
import java.sql.Connection;
import java.sql.PreparedStatement;
import java.sql.ResultSet;

import javax.servlet.ServletException;
import javax.servlet.ServletOutputStream;
import javax.servlet.annotation.WebServlet;
import javax.servlet.http.HttpServlet;
import javax.servlet.http.HttpServletRequest;
import javax.servlet.http.HttpServletResponse;

import com.jeelearning.util.DBUtil;

@WebServlet("/getLastImage")
public class ImageServlet extends HttpServlet {
    private static final long serialVersionUID = 1L;

    protected void doGet(HttpServletRequest request, HttpServletResponse response)
      throws ServletException, IOException {
        response.setContentType("image/jpeg");
        request.setCharacterEncoding("UTF-8");
        ServletOutputStream os = response.getOutputStream();

        Connection conn = null;
        try {
            conn = DBUtil.getConnection();
            String sql = "SELECT name, image FROM images ORDER BY id DESC";
            PreparedStatement stmt = conn.prepareStatement(sql);
            ResultSet rs = stmt.executeQuery();
            if (rs.next()) {
                // 没有用到
                @SuppressWarnings("unused")
                String name = rs.getString(1);

                byte[] buffer = new byte[1];
                InputStream is = rs.getBinaryStream(2);
                while (is.read(buffer) > 0) {
                    os.write(buffer);
                }
                os.flush();
            }

        } catch (Exception e) {
            e.printStackTrace();
```

```
    } finally {
        if (conn != null) {
            try {
                conn.close();
            } catch (Exception e) {}
        }
        if (os != null) {
            os.close();
        }
    }
}
```

运行该 Web 项目，首先浏览并选择上传的图像文件，如图 13.4 所示。

图 13.4　上传文件

上传图像文件之后，Servlet 会自动重定向到显示图像的页面，如图 13.5 所示。

图 13.5　显示上传的图像

13.2.4　有问必答

1. 了解基本概念后，觉得数据库连接池的确很好用。除了用 Java EE 服务器自带的连接池服务外，还可以用其他的连接池服务吗？

答： 可以的。很多"对象-关系"映射工具都提供数据库连接池，如 Hibernate 的 C3P0 连接池，Spring 的 DBCP 连接池等。

2. 分页技术很复杂，感觉掌握起来不容易，需要熟悉数据库底层技术。有捷径吗？

答： 如果对性能有要求，就要针对不同数据库系统采用不同的分页方式。但这一般不成问题，因为一个开发团队一般都使用固定的数据库系统，早就有队友把这项技术弄清楚了，只要复用即可。

3. 采用 BLOB 似乎还是没有直接保存至服务器上传目录好。如果文件太多，数据库服务器肯定很慢，对吧？

答： 如果文件很多很大，放在哪里都要付出代价。我们原来开发的 OA 系统就是采用上传目录，因为上传文件过多，用资源管理器打开上传文件目录都要花费数分钟的时间。

4. 我觉得数据库系统好差，我将一个很大的文件作为 BLOB 字段放到数据库表中，数据库系统文件一下增大了好多。等我把该条记录删除后，系统文件也不见减小。这是怎么回事？

答： 这是很正常的事。当删除或缩减记录行时，诸如 MySQL 等数据库系统并不会立刻回收那些被删除数据所占用的空间，而是等待新的数据来弥补这些空位。要知道，文件系统也是这样做的。就像每隔一段时间就要清理磁盘的原因一样，经常进行删除操作的数据库表也需要定期优化，整理碎片。例如，MySQL 提供 OPTIMIZE TABLE 语句来对表进行优化操作。

13.3　JDBC 替代品

JDBC 是一种访问关系数据库的标准 API，它能够连接数据库、执行结构化查询的 SQL 语句、获取查询结果。自 Java 1.1 版以来，JDBC 一直就是 Java 平台的组成部分。尽管目前仍然使用很广泛，但它已有逐渐被更强大的"对象-关系"映射(ORM)工具取代的趋势。

13.3.1　ORM 的基本概念

Java 应用可以使用 JDBC 来实现对象的持久化，持久化是应用系统的重要组成部分，绝大多数应用系统所操纵的数据都存储在数据库中。由于存储业务数据，数据库在应用系统中处在中心的位置，非常重要。数据需要持久化，以便计算机重新启动后还能找回数据，就像没有发生关机一样。

关系与诸如 Java 等面向对象编程语言不兼容。在 Java 的世界中，程序员操纵类的实例——对象，对象可以继承或引用另外的对象，面向对象的术语有具体类、抽象类、接口、标注、枚举、方法、属性等。而在关系的世界中，没有对象的概念，应用广泛的关系数据库有关系代数作为其坚实的数学基础，大多数时候利用关系数据库作为持久化引擎，将数据存储为由行和列组成的数据库表，表中的数据由主键标识，主键由具有唯一性约束的特殊字段组成，数据库表之间采用外键及关联表构成完整性约束。

由于诸如 Java 等面向对象编程语言与关系数据库不兼容，使用 JDBC 操纵关系数据库主要有如下两个缺陷：

- 程序代码中混杂 SQL 语句，使开发人员无法完全以面向对象的思维来编写程序。
- 如果程序代码中包含 SQL 语法错误，在编译阶段无法检查出这种错误，只有在运行时才能发现，因而增加了调试的难度。

现代 Web 应用开发流行使用 ORM 框架进行持久化。对象关系映射(Object Relational Mapping，ORM)是一种为了解决对象与关系不兼容现象的技术。简单地说，ORM 通过使用元数据来描述对象和数据库之间的映射关系，将 Java 程序中的对象自动持久化到关系数据库表中，其本质就是将数据从一种形式转换为另外一种形式。一般来说，就是将 Java 类名映射为数据库表名，将 Java 类的属性名映射为数据库表的字段名，从而将 Java 对象映射为数据库表的记录。

不同的 ORM 框架会提供自己的 API，通过调用这些 API，程序员能够以面向对象的思维来处理持久化问题，从而受到面向对象程序语言开发人员的欢迎。

13.3.2　Hibernate

(1)　Hibernate 简介

Hibernate 是一个开放源代码的对象关系映射框架，它对 JDBC 进行了非常轻量级的对象封装，使得 Java 程序员可以使用对象编程思维来操纵数据库。

Hibernate 可以应用在任何使用 JDBC 的场合，既可以在 Java 的客户端程序中使用，也可以在 Java EE Web 应用中使用。

Hibernate 提供了对象模型和关系模型之间的完整映射，它的主要功能如下。

①　实现了 ORM 的核心功能，能用面向对象的概念来处理关系数据库。

②　功能强大，运行效率较高，除提供对象关系映射，同时提供了对象查询语言 HQL，和一套 Criteria API 等功能。

③　独立的持久层框架，不与具体服务器相关。

④　能够支持绝大多数的关系数据库。

(2)　Hibernate 实例

本实例使用 Hibernate 实现一个简单的对数据库表的增、删、改、查操作。

用 Eclipse 新建一个名称为"Hibernate"的动态 Web 项目。将 Hibernate 所需的 JAR 文件复制到/WEB-INF/lib 目录中。

新建一个雇员的实体类，其定义如代码清单 13.16 所示。

代码清单 13.16　Employee.java

```java
package com.jeelearning.hibernate.hbm;

import java.util.Date;

public class Employee {
    /** 属性 */
    private Integer id;
    private String name;
    private String gender;
    private Date birthday;

    /** 默认构造函数 */
    public Employee() {
    }

    /** Getters 和 Setters */

    public Integer getId() {
        return id;
    }

    @SuppressWarnings("unused")
```

```java
    private void setId(Integer id) {
        this.id = id;
    }

    public String getName() {
        return name;
    }

    public void setName(String name) {
        this.name = name;
    }

    public String getGender() {
        return gender;
    }

    public void setGender(String gender) {
        this.gender = gender;
    }

    public Date getBirthday() {
        return birthday;
    }

    public void setBirthday(Date birthday) {
        this.birthday = birthday;
    }
}
```

Hibernate 通常通过 XML 配置文件来定义实体类与关系表的映射。在与 Employee.java 相同的包下新建一个 Employee.hbm.xml,描述雇员与数据库表的映射关系,如代码清单 13.17 所示。

代码清单 13.17   Employee.hbm.xml

```xml
<?xml version="1.0"?>

<!DOCTYPE hibernate-mapping PUBLIC
 "-//Hibernate/Hibernate Mapping DTD 3.0//EN"
 "http://www.hibernate.org/dtd/hibernate-mapping-3.0.dtd">

<hibernate-mapping package="com.jeelearning.hibernate.hbm">

    <class name="Employee" table="employee">
        <id name="id" column="empid" type="int">
            <generator class="increment" />
        </id>
        <property name="name" type="string" >
            <column name="name" length="20" not-null="true" unique="false" />
        </property>
        <property name="gender" type="string" >
            <column name="gender" length="2" not-null="true" unique="false" />
        </property>
        <property name="birthday" type="date" column="birthday" />
    </class>

</hibernate-mapping>
```

注意：Hibernate 可以采用类似 JPA 标注的方式，JPA 也可以采用类似 Hibernate 的 *.hbm.xml 的配置文件的方式。标注方式和 XML 配置文件这两种方式都能表达"对象-关系"

的映射关系。一般来说，JPA 更提倡使用标注方式，而似乎 Hibernate 的用户更倾向于 XML 配置文件。一些用户更喜欢使用标注，因为该方式更为简单。使用标注方式最大的优点就是不用同时维护 Java 文件和 XML 文件，不会因两处维护而造成混乱。但在某些特定情形下，可能需要选择 XML 映射文件方式，例如，维护遗留系统，原来的实体类没有源代码，无从添加 JPA 标注；另一情形是，用户的数据库系统还没有最终确定，当用户决定换成另一种数据库，要修改主键产生方式时，修改 XML 映射文件将会很容易，而且不用为此提供源代码。

在 Web 项目的 src 目录下新建一个 Hibernate 的配置文件，用于设置 Hibernate 连接数据库的参数及一些初始化参数，配置内容如代码清单 13.18 所示。

如果读者使用的数据库 URL 或数据库用户、密码与本书的设置有所不同，可以自行修改 hibernate.cfg.xml 文件。

代码清单 13.18　hibernate.cfg.xml

```xml
<?xml version='1.0' encoding='utf-8'?>
<!DOCTYPE hibernate-configuration PUBLIC
 "-//Hibernate/Hibernate Configuration DTD 3.0//EN"
 "http://www.hibernate.org/dtd/hibernate-configuration-3.0.dtd">

<hibernate-configuration>

  <session-factory>

    <!-- Database connection settings -->
    <property name="connection.driver_class">com.mysql.jdbc.Driver</property>
    <property name="connection.url">jdbc:mysql://localhost:3306/jee</property>
    <property name="connection.username">jee</property>
    <property name="connection.password">jee</property>

    <property name="connection.pool_size">1</property>
    <property name="dialect">org.hibernate.dialect.MySQL5Dialect</property>
    <property name="cache.provider_class">
        org.hibernate.cache.NoCacheProvider
    </property>
    <property name="show_sql">true</property>
    <property name="hbm2ddl.auto">create</property>

    <mapping resource="com/jeelearning/hibernate/hbm/Employee.hbm.xml"/>

  </session-factory>

</hibernate-configuration>
```

最后，新建一个供测试用的 Servlet，如代码清单 13.19 所示。

代码清单 13.19　TestHibernateServlet.java

```java
package com.jeelearning.servlet;

import java.io.IOException;
import java.io.PrintWriter;
import java.util.Date;
import java.util.GregorianCalendar;
import java.util.List;

import javax.servlet.ServletException;
```

```java
import javax.servlet.annotation.WebServlet;
import javax.servlet.http.HttpServlet;
import javax.servlet.http.HttpServletRequest;
import javax.servlet.http.HttpServletResponse;

import org.hibernate.Session;
import org.hibernate.SessionFactory;
import org.hibernate.cfg.Configuration;

import com.jeelearning.hibernate.hbm.Employee;

@WebServlet("/testHibernate")
public class TestHibernateServlet extends HttpServlet {
    private static final long serialVersionUID = 1L;

    protected void doGet(HttpServletRequest request,
      HttpServletResponse response) throws ServletException, IOException {
        // 设置编码方式
        response.setCharacterEncoding("UTF-8");
        response.setHeader("Content-type", "text/html;charset=UTF-8");
        PrintWriter out = response.getWriter();

        // 创建类 Employee 的实例
        Employee employee = new Employee();
        Integer eid;
        employee.setName("张三");
        employee.setGender("男");
        // 1990 年 1 月 1 日。GregorianCalendar 的月份从 0 开始，即 0 表示 1 月
        Date date = new GregorianCalendar(1990, 0, 1).getTime();
        employee.setBirthday(date);

        // 获取 SessionFactory 和 Session 对象
        // 从 hibernate.cfg.xml 获取配置信息
        SessionFactory sessionFactory =
          new Configuration().configure().buildSessionFactory();
        Session session = sessionFactory.openSession();

        // 将 Employee 持久化到数据库
        out.println("<h5>保存雇员实体</h5>");
        session.beginTransaction();
        session.save(employee);
        eid = employee.getId();
        out.println("保存的雇员 id：" + eid + "<br />");
        session.getTransaction().commit();

        // 采用 HQL 查询
        out.println("<h5>采用 HQL 查询</h5>");
        String sql = "FROM Employee e";
        @SuppressWarnings("unchecked")
        List<Employee> el = session.createQuery(sql).list();
        for (Employee emp : el) {
            out.println(
              "雇员 id：" + emp.getId() + "    姓名：" + emp.getName() + "<br />");
        }

        // 根据对象 OID 查询
        out.println("<h5>根据对象 OID 查询</h5>");
        Employee emp1 = (Employee) session.get(Employee.class, eid);
        out.println(
          "雇员 id：" + emp1.getId() + "    姓名：" + emp1.getName() + "<br />");
```

```
// 更改雇员实体
out.println("<h5>更改雇员实体</h5>");
emp1 = (Employee) session.get(Employee.class, eid);
out.println("原来的雇员姓名：" + emp1.getName() + "<br />");
session.beginTransaction();
employee.setName("李四");
session.getTransaction().commit();
emp1 = (Employee) session.get(Employee.class, eid);
out.println("现在的雇员姓名：" + emp1.getName() + "<br />");

// 删除雇员实体
out.println();
out.println("<h5>删除雇员实体</h5>");
session.beginTransaction();
session.delete(employee);
session.getTransaction().commit();
try {
    // 已经删除，不应该查询到
    emp1 = (Employee)session.get(Employee.class, eid);
    // 本句会抛出异常，不能打印
    out.println("删除后的雇员姓名：" + emp1.getName() + "<br />");
} catch (Exception ex) {}

session.close();
// 关闭 sessionFactory
if (sessionFactory != null) {
    sessionFactory.close();
}
    }
}
```

运行结果如图 13.6 所示。

图 13.6　TestHibernateServlet.java 的运行结果

13.3.3　JPA

(1) JPA 简介

JPA 的全称是 Java Persistence API，即 Java 持久化 API。它是自 Java EE 5 规范开始就提出的持久化接口。JPA 汇集了目前各类 Java 持久化方案的优点，主要目的是规范和简化

Java 对象的持久化接口。目前 Java EE 7 中的 JPA 版本为 2.1。

JPA 为 Java 开发人员提供了一种"对象-关联"映射工具来管理 Java 应用中的关系数据。主要是为了简化现有的持久化开发和整合 ORM 技术，试图改变现有的 Hibernate、TopLink、JDO 等 ORM 框架各自为营的局面。值得注意的是，JPA 是在充分吸收了现有 Hibernate、TopLink、JDO 等 ORM 框架的基础上发展而来的，具有易于使用，伸缩性强等优点。

引入新的 JPA "对象-关系"映射规范，主要出于以下两个原因：简化现有 Java EE 和 Java SE 应用的对象持久化的开发；希望通过整合 ORM 技术，实现标准化。

JPA 的总体思想与现有 Hibernate、TopLink、JDO 等 ORM 框架大体一致。总地来说，JPA 包括以下 3 个方面的技术。

- ORM 映射元数据：JPA 支持 XML 和标注两种元数据的形式，元数据描述对象和表之间的映射关系，框架根据这些信息将实体对象持久化到数据库表中。
- Java 持久化 API：用来操作实体对象，执行增删改查操作，框架在后台替我们完成所有的事情，开发者可以从繁琐的 JDBC 和 SQL 语句中解脱出来。
- 查询语言(JPQL)：这是持久化操作中很重要的一个方面，通过面向对象而非面向数据库的查询语言查询数据，避免程序的 SQL 语句紧密耦合。

JPA 是在充分吸收 Hibernate 等 ORM 框架的优点后发展起来的，青出于蓝而胜于蓝，具有如下优势。

① 标准化

JPA 是 JCP 组织发布的 Java EE 标准之一，因此任何声称符合 JPA 标准的框架都遵循同样的架构，提供相同的访问 API，这保证了基于 JPA 开发的企业应用只需经过少量的修改就能够在不同的 JPA 框架下运行。

② 对容器级特性的支持

JPA 框架支持大数据集、事务、并发等容器级事务，这使得 JPA 超越了简单持久化框架的局限，在企业应用中能发挥更大的作用。

③ 简单易用，集成方便

JPA 的主要目标之一，就是提供更加简单的编程模型。在 JPA 框架下创建实体与创建 Java 类一样简单，没有任何约束和限制，只需要使用 javax.persistence.Entity 进行标注即可；JPA 的框架和接口也都非常简单，没有太多特别的规则和设计模式的要求，开发者可以很容易地掌握。JPA 基于非侵入式原则设计，因此可以很容易地与其他框架或者容器集成。

④ 可媲美 JDBC 的查询能力

JPA 的查询语言是面向对象而非面向数据库的，它以面向对象的自然语法构造查询语句，可以看成是 Hibernate HQL 的等价物。JPA 定义了独特的 Java 持久化查询语言(Java Persistence Query Language，JPQL)，JPQL 是 EJB QL 的一种扩展，它是针对实体的一种查询语言，操作对象是实体，而不是关系数据库的表，而且能够支持批量更新和修改、JOIN、GROUP BY、HAVING 等通常只有 SQL 才能提供的高级查询特性，甚至还能支持子查询。

⑤ 支持面向对象的高级特性

JPA 中能够支持面向对象的高级特性，如类之间的继承、多态和类之间的复杂关系，这样的支持能够让开发者最大限度地使用面向对象的模型设计企业应用，而不需要自行处理这些特性在关系数据库中的持久化。

JPA 是一个标准规范，其目标之一是制定一个可以由很多供应商实现的 API，并且开发人员可以编码来实现该 API，而不是使用私有供应商特有的 API。因此开发人员只需使用供应商特有的 API 来获得 JPA 规范没有解决但应用程序中需要的功能。应当尽可能地使用 JPA API，但是，当需要供应商实现规范中没有提供的功能时，则使用供应商特有的 API。

　　总之，JPA 规范主要关注的仅是 API 的行为方面，而由各种实现完成大多数性能有关的调优。

　　(2)　JPA 实例

　　本实例使用 JPA 实现一个简单的数据库表的增、删、改、查操作。

　　用 Eclipse 新建一个名称为"JPA"的动态 Web 项目。由于 Hibernate 支持 JPA，因此将 Hibernate 所需的 JAR 文件复制到/WEB-INF/lib 目录中，具体参见源代码。

　　新建一个 JPA 实体文件，如代码清单 13.20 所示。

　　@Entity 标注表示 Employee 是一个 JPA 实体，该实体有 4 个属性，即 id、name、gender 和 birthday，分别表示雇员的标识、姓名、性别和出生日期。其中，@Id 标注表示主关键字，@GeneratedValue 标注表示自增字段，@Column 标注的 length 属性表示字段长度，nullable 属性表示是否为空，@Temporal(TemporalType.DATE)标注设置日期型字段。

代码清单 13.20　Employee.java

```java
package com.jeelearning.jpa.entity;

import java.util.Date;

import javax.persistence.Column;
import javax.persistence.Entity;
import javax.persistence.GeneratedValue;
import javax.persistence.Id;
import javax.persistence.Temporal;
import javax.persistence.TemporalType;

@Entity
public class Employee {
    /** 属性 */
    @Id
    @GeneratedValue
    private Integer id;
    @Column(length = 20, nullable=false)
    private String name;
    @Column(length = 2, nullable=false)
    private String gender;
    @Temporal(TemporalType.DATE)
    private Date birthday;

    /** 默认构造函数 */
    public Employee() {
    }

    /** Getters 和 Setters */

    public Integer getId() {
        return id;
    }

    public void setId(Integer id) {
```

```
        this.id = id;
    }

    public String getName() {
        return name;
    }

    public void setName(String name) {
        this.name = name;
    }

    public String getGender() {
        return gender;
    }

    public void setGender(String gender) {
        this.gender = gender;
    }

    public Date getBirthday() {
        return birthday;
    }

    public void setBirthday(Date birthday) {
        this.birthday = birthday;
    }
}
```

在 src 目录下新建一个 META-INF 子目录，并在该子目录中新建一个 persistence.xml
文件，文件内容如代码清单 13.21 所示。

可以注意到，这里设置的数据库 URL 为 jdbc:mysql://localhost:3306/jee，数据库用户和
密码都是 jee。读者可根据自己的实际情况进行设置。

代码清单 13.21 /META-INF/persistence.xml

```xml
<?xml version="1.0" encoding="UTF-8"?>
<persistence version="2.0"
 xmlns="http://java.sun.com/xml/ns/persistence"
 xmlns:xsi="http://www.w3.org/2001/XMLSchema-instance"
 xsi:schemaLocation="http://java.sun.com/xml/ns/persistence
 http://java.sun.com/xml/ns/persistence/persistence_2_0.xsd">

    <persistence-unit name="jpapu" transaction-type="RESOURCE_LOCAL">
        <provider>org.hibernate.ejb.HibernatePersistence</provider>
        <class>com.jeelearning.jpa.entity.Employee</class>
        <properties>
            <property name="hibernate.dialect"
              value="org.hibernate.dialect.MySQL5Dialect" />
            <property name="hibernate.connection.driver_class"
              value= "com.mysql.jdbc.Driver" />
            <property name="hibernate.connection.username" value="jee" />
            <property name="hibernate.connection.password" value="jee" />
            <property name="hibernate.connection.url"
              value="jdbc:mysql://localhost:3306/jee" />
            <property name="hibernate.hbm2ddl.auto" value="create" />
        </properties>
    </persistence-unit>

</persistence>
```

最后，新建一个供测试用的 Servlet，如代码清单 13.22 所示。

代码清单 13.22　TestJPAServlet.java

```java
package com.jeelearning.servlet;

import java.io.IOException;
import java.io.PrintWriter;
import java.util.Date;
import java.util.GregorianCalendar;
import java.util.List;

import javax.persistence.EntityManager;
import javax.persistence.EntityManagerFactory;
import javax.persistence.EntityTransaction;
import javax.persistence.Persistence;
import javax.persistence.Query;
import javax.servlet.ServletException;
import javax.servlet.annotation.WebServlet;
import javax.servlet.http.HttpServlet;
import javax.servlet.http.HttpServletRequest;
import javax.servlet.http.HttpServletResponse;

import com.jeelearning.jpa.entity.Employee;

@WebServlet("/testJPA")
public class TestJPAServlet extends HttpServlet {
    private static final long serialVersionUID = 1L;

    protected void doGet(HttpServletRequest request,
      HttpServletResponse response) throws ServletException, IOException {
        // 设置编码方式
        response.setCharacterEncoding("UTF-8");
        response.setHeader("Content-type", "text/html;charset=UTF-8");
        PrintWriter out = response.getWriter();

        // 创建 Employee 类的实例
        Employee employee = new Employee();
        Integer eid;
        employee.setName("张三");
        employee.setGender("男");
        // 1990 年 1 月 1 日。GregorianCalendar 的月份从 0 开始，即 0 表示 1 月
        Date date = new GregorianCalendar(1990, 0, 1).getTime();
        employee.setBirthday(date);

        // 获取实体管理器和事务
        EntityManagerFactory emf = Persistence.createEntityManagerFactory("jpapu");
        EntityManager em = emf.createEntityManager();
        EntityTransaction tx = em.getTransaction();

        // 将 Employee 持久化到数据库
        out.println("<h5>保存雇员实体</h5>");
        tx.begin();
        em.persist(employee);
        eid = employee.getId();
        out.println("保存的雇员 id: " + eid + "<br />");
        tx.commit();

        // 采用 JPQL 查询
        out.println("<h5>采用 JPQL 查询</h5>");
        String sql = "SELECT e FROM Employee e";
```

```
            Query query = em.createQuery(sql);
            @SuppressWarnings("unchecked")
            List<Employee> el = query.getResultList();
            for (Employee emp : el) {
                out.println("雇员id: " + emp.getId() + "    姓名: " + emp.getName() + "<br />");
            }

            // 根据主键查询
            out.println("<h5>根据主键查询</h5>");
            Employee emp1 = em.find(Employee.class, eid);
            out.println("雇员id: " + emp1.getId() + "    姓名: " + emp1.getName() + "<br />");

            // 更改雇员实体
            out.println("<h5>更改雇员实体</h5>");
            emp1 = em.find(Employee.class, eid);
            out.println("原来的雇员姓名: " + emp1.getName() + "<br />");
            tx.begin();
            employee.setName("李四");
            tx.commit();
            emp1 = em.find(Employee.class, eid);
            out.println("现在的雇员姓名: " + emp1.getName() + "<br />");

            // 删除雇员实体
            out.println("<h5>删除雇员实体</h5>");
            tx.begin();
            em.remove(employee);
            tx.commit();
            try {
                // 已经删除，不应该查询到
                emp1 = em.find(Employee.class, eid);
                // 本句会抛出异常，不能打印
                out.println("删除后的雇员姓名: " + emp1.getName() + "<br />");
            } catch (Exception ex) {}

            // 关闭实体管理器
            em.close();
            emf.close();
        }
    }
```

运行结果如图 13.7 所示。可以看到，使用 JPA 容易实现增删改查操作，不用过多关注 SQL 语句和数据库的知识。

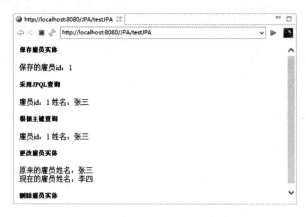

图 13.7   TestJPAServlet.java 的运行结果

对比代码清单 13.19 与代码清单 13.22，可以看到，JPA 与 Hibernate 有很多相似的地方。例如，JPA 的 EntityManagerFactory 与 Hibernate 的 SessionFactory 类似，JPA 的 EntityManager 与 Hibernate 的 Session 类似等。这也难怪，因为 JPA 本身就借鉴了很多 Hibernate 优秀的性能，但是 JPA 在标准化方面做得更好。

13.3.4 有问必答

1. JDBC 是否已经过时了？

答： 现在仍然还有很多项目在使用 JDBC，但已经有很多使用 JPA、Hibernate、JDO、iBatis 等 "对象-关系" 技术的成功案例，百花齐放，不能说哪种技术比其他的技术更为先进。可以明确的是，JPA、Hibernate 等技术更容易上手，也容易编写出一定质量的代码，使用 JDBC 更为基础，编写高质量的 JDBC 代码对程序员的要求相对较高。

2. JPA 是否会取代 Hibernate？

答： JPA 是为了简化现有的持久化开发以及整合 ORM 技术，力图改变现在 Hibernate、TopLink、JDO 等 ORM 框架各自为营的局面。JPA 是一个统一的框架，Hibernate 早就支持 JPA。JPA 是一个规范，有若干 JPA 的实现，Hibernate 是其中的一种。因此，JPA 与 Hibernate 不是对立的关系，而是标准与具体实现的关系，不存在谁取代谁的问题。

3. 什么是元数据？

答： 元数据是描述数据的数据，比如图书的目录数据。ORM 通过使用元数据来描述对象和数据库之间的映射关系，如表名、字段名、字段类型、关联等。

第 14 章　MVC 模式

　　开发 Java EE 应用需要各种组件，包括 JSP、Servlet、JSF 等表现层 Web 组件和 EJB、JavaBeans 等业务逻辑层组件。这些组件一起协同工作，在访问其他组件的同时，可能还提供服务，构成复杂的应用软件系统。因此，合理设计这些组件和系统架构，并进行优化，确保所构建的系统具有优良的性能和良好的可维护性，是开发软件系统的关键。

　　设计模式(Design Pattern)是一套被反复使用、多数人知晓的、经过分类编目的代码设计经验的总结。设计模式中的 MVC 模式是一种软件设计典范，用一种将业务逻辑、数据、界面显示分离的方法组织代码。Java Web 开发中经常使用 MVC 模式，熟练掌握 MVC 开发，有助于开发出高质量的 Web 应用程序。

14.1　MVC 模式概述

MVC 是英文 Model-View-Controller 的字首缩写，表示"模型-视图-控制器"模式。

MVC 是一种非常经典的设计模式，它将软件系统分为 3 个核心部件：Model(模型)、View(视图)、Controller(控制器)，如图 14.1 所示。

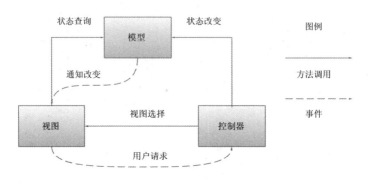

图 14.1　MVC 设计模式

MVC 应用程序总是由这 3 个部分组成的。事件导致控制器改变模型或视图，或者同时改变两者。只要控制器改变了模型的数据或者属性，所有依赖的视图都会自动更新。类似地，只要控制器改变了视图，视图会从潜在的模型中获取数据来刷新自己。

MVC 模式最早是由 Smalltalk 语言研究团队提出的，用在用户交互应用程序中。

14.1.1　MVC 设计思想

MVC 把一个应用的输入、处理、输出流程按照模型、视图和控制器的方式进行分离，将一个应用分成三个层次——模型层、视图层、控制层。

视图层代表用户交互界面，对于 Web 应用来说，可以概括为 HTML 界面，但有可能为 JSP、XHTML、XML 和 Servlet。随着应用的复杂度和规模的不断增大，界面处理也变得具有挑战性。一个应用有很多不同的视图，MVC 设计模式对于视图的处理仅限于对视图中数据的采集和处理，不包括对视图的业务流程的处理，业务流程交给模型进行处理。

例如，网上购物订单的视图只接受来自模型的数据并显示给用户，以及将用户的输入数据和请求传递给控制和模型。

模型层处理业务流程以及制定业务规则。模型接受视图请求的数据，并返回最终的处理结果。业务模型的设计是 MVC 的核心部分。EJB 模型就是一个典型的应用例子，它从应用技术实现的角度对模型做了进一步的划分，以便充分利用现有的组件，但它不能作为应用设计模型的框架。它仅仅告诉你按这种模型设计就可以利用某些技术组件，从而减少了技术难度。

模型层还有一个重要的组成部分——数据模型。数据模型主要指能够持久化的对象数据。比如，将订单保存到数据库，或从数据库获取订单。一般将数据模型单独列出，所有与数据库相关的操作只限制在该模型中。JPA、Hibernate 和 JDBC 都是完成数据模型持久化的工具。

控制层从用户接收请求，将模型与视图匹配在一起，共同完成用户的请求。控制层就是一个起控制作用的分发器，它掌控选择什么样的模型、选择什么样的视图，以及完成哪些用户请求。控制层并不做任何数据处理。

例如，用户点击一个链接，控制层接受请求后，并不处理业务信息，它只把用户的信息传递给模型，告诉模型做什么，选择符合要求的视图返回给用户。因此，一个模型可能对应多个视图，一个视图可能对应多个模型。

模型、视图与控制器的分离，使得一个模型可以具有多个显示视图。如果用户通过某个视图的控制器改变了模型的数据，所有其他依赖于这些数据的视图都应反映这些变化。因此，无论何时发生了何种数据变化，控制器都会将变化通知所有的视图，导致显示更新。

14.1.2 JSP Model1 和 Model2

在早期的 Web 应用中，JSP 一直采用脚本和 HTML 标签混杂的方式，JSP 文件不但要负责显示，还要负责业务逻辑以及控制网页转向。也就是说，JSP 是一个独立自主的、完成所有任务的模块，这导致 JSP 网页维护困难，主要体现在如下几个方面。

第一，JSP 文件中，HTML 代码与 Java 代码混杂，要求 JSP 的制作人员必须掌握两种技术，既要是网页设计者，又要是 Java 代码编写者。同时具备这两种才能的人很罕见。

第二，代码混杂还带了一个最大的问题——调试困难。有的时候 HTML 标签、Java 小脚本和 JavaScript 代码都集中在一个 JSP 文件中，导致文件异常臃肿庞大，使调试困难。

第三，难以维护。臃肿庞大文件的阅读起来非常困难，给系统的维护带来很多问题。

为了解决这个问题，早期的 JSP 规范提出了两种建立 Web 应用程序的方式，分别称作 JSP Model1 和 JSP Model2，它们的本质区别在于处理用户请求的位置不同。

下面分别介绍这两种模型。

(1) JSP Model1

Model1 体系如图 14.2 所示，JSP 页面独自负责处理用户请求并将处理结果返回给用户。JSP 既要负责业务流程控制，又要负责显示，同时充当视图和控制器角色，不能实现这两个模块的分离。Model1 的数据存取是由 JavaBeans 来完成的。

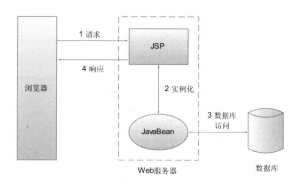

图 14.2 JSP Model1 体系结构

尽管 Model1 体系十分适合简单的 Web 应用程序的需要，但它却不能满足开发复杂的大型应用程序的要求。不加限制地使用 Model1，会导致大量的 Java 小脚本嵌入到 JSP 页面。

从根本上讲，Model1 会导致角色定义不清和职责分配不明，给项目的管理和维护带来很多的麻烦。

(2) JSP Model2

Model2 的体系结构如图 14.3 所示，这是一种让 JSP 与 Servlet 协同工作的方式，提供动态页面的访问服务。Model2 吸取 JSP 和 Servlet 两种技术各自的优点，使用 JSP 来实现表现层的功能，使用 Servlet 来完成控制器的复杂的处理任务。也就是说，Servlet 充当控制器的角色，负责处理用户请求，创建 JSP 页面要用到的 JavaBeans 对象，根据用户的请求选择合适的 JSP 页面返回给用户。需要注意的是，JSP 页面不需要业务处理的逻辑代码，它仅负责检索由 Servlet 创建的 JavaBeans 对象，从中提取动态内容插入视图的静态模板。Model2 清晰地实现了内容和表示的分离，明确了 Java 开发者与网页设计者的分工。

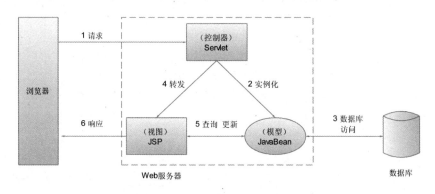

图 14.3　JSP Model2 体系结构

总之，Model1 更容易学习，以及快速实现简单系统，但不易扩展。由于 JSP 将太多的内容聚合在一起，随着应用复杂度的增长，它会变得很笨拙。Model2 可扩展性好一些，也允许专业人员编写应用的不同部分：Java 程序员编写模型和控制器，美工编写显示输出的 JSP 页面。

一般意义上的 MVC 模式就是指 Model2，MVC 模式实现了模型和视图的分离，提高了系统的灵活性和可复用性，这带来以下几个好处。

①　一个模型可以为多个视图提供不同的表现形式，能够为一个模型创建新的视图而无须重写模型。一旦模型的数据发生变化，模型将通知有关的视图，并刷新视图。

②　模型可复用。因为模型是独立于视图的，所以可以将模型独立地移植到新平台。例如，将窗口程序移植为 Web 应用，反之亦然。

③　提高开发效率。在开发表示层时，仅仅需要考虑如何布局好用户界面；设计模型时，仅仅需要考虑业务逻辑和数据模型。这样，能使不同的开发人员专注于实现特定的功能，提高开发效率。

14.1.3　有问必答

1. 似乎 Web 应用程序中应用 MVC 的难度较大？

答： 是的。MVC 模式出现较早，但在 Web 应用中，使用 MVC 还是有一定的难度。主要原因是，在早期的 Web 应用开发中，一直难以实现脚本和 HTML 的分离，业务逻辑代码和表示层数据往往混杂在一起，难以分离出独立的业务模型。就连后来随着 JSP 2.0 而制定的 JSTL，也提供 SQL 标签库和 XML 标签库，试图在页面中实现业务逻辑。基于历史的原因，还由于 MVC 强制性地限制使用某些"开发功能"，因此，肯定有一些程序开发人员对 MVC 抱有抵触情绪。

2. 我对 Model1 和 Model2 的概念还是很含糊，能简单讲一下吗？

答： 简单地说，Model1 就是 JSP + JavaBeans，不用框架。Model2 则根据需要选择使用 struts 或 JSF 等框架。

14.2　MVC 模式实践

本节从实践的角度介绍如何使用 MVC 模式。很多 Java EE 的实践者都知道、甚至读过一些 MVC 模式的介绍，了解一些 MVC 模式的概念，但却几乎无法说清楚到底什么是 MVC，更无法举例说明 MVC 与一般的开发模式有何不同。针对这些实际情况，本节首先使用 HTML、JavaBeans、Servlet 和 JSP 等简单技术介绍到底什么是 MVC，然后通过使用最多的 Struts 和 JSF 框架，说明这些框架实现 MVC 模式的原理。

14.2.1　微型 MVC

要具体了解什么是 MVC，最好的办法是通过自己动手完成一些简单实例，毕竟通过自己亲手实践得来的知识才觉得真切、更靠得住。

本实践的项目名称为 miniMVC，它是使用 HTML、JavaBeans、Servlet 和 JSP 等简单技术完成的一个非常简单的 Web 应用，其功能是通过一个表单收集用户的输入信息，然后对用户输入进行验证，并且调用一些简单业务逻辑进行处理，最后将处理结果输出到网页。这样一个处理流程是 Web 开发人员司空见惯的，流程简单，更有助于读者将注意力集中在 MVC 模式上，用 MVC 模式的思维来编码，无疑会大大提升自己的技术能力。

(1) miniMVC 版本一

用 Eclipse 新建一个名称为 miniMVC 的动态 Web 项目，在 WebContent 目录下新建一个如代码清单 14.1 所示的 HTML 文件，其用途是获取用户输入的姓名。

代码清单 14.1　getName1.html

```
<!DOCTYPE html>
<html>
<head>
<meta charset="UTF-8">
<title>Mini MVC 版本一</title>
</head>
<body>
    <form action="sayHello1.do" method="post">
        请输入姓名：<input type="text" name="userName" />
        <br>
        <input type="submit" value="提交" />
    </form>
</body>
</html>
```

求精要诀
Java EE编程开发案例精讲

然后新建一个如代码清单 14.2 所示的 Servlet，用以响应 getName1.html 的表单输入。

Servlet 的代码很简单，主要是获取用户的表单输入，然后验证用户的输入(不能为 null 或空字符串)，然后执行一个简单的业务逻辑，根据当时的时间输出对应的问候语。

代码清单 14.2　SayHello1.java

```java
package com.jeelearning.servlet;

import java.io.IOException;
import java.io.PrintWriter;
import java.util.Calendar;

import javax.servlet.ServletException;
import javax.servlet.annotation.WebServlet;
import javax.servlet.http.HttpServlet;
import javax.servlet.http.HttpServletRequest;
import javax.servlet.http.HttpServletResponse;

@WebServlet("/sayHello1.do")
public class SayHello1 extends HttpServlet {
    private static final long serialVersionUID = 1L;

    protected void doPost(HttpServletRequest request,
      HttpServletResponse response) throws ServletException, IOException {
        request.setCharacterEncoding("UTF-8");
        response.setCharacterEncoding("UTF-8");
        response.setHeader("Content-type", "text/html;charset=UTF-8");
        PrintWriter out = response.getWriter();
        String name = request.getParameter("userName");

        if(name == null || "".equals(name.trim())) {
            response.sendRedirect("getName1.html");
            return;
        }

        Calendar now = Calendar.getInstance();
        int hour = now.get(Calendar.HOUR_OF_DAY);
        if (hour < 12)    {
            out.println("早上好! " + name);
        } else if (hour < 18)   {
            out.println("下午好! " + name);
        } else {
            out.println("晚上好! " + name);
        }
    }
}
```

运行 Web 项目，在如图 14.4 所示的输入表单中输入姓名。

图 14.4　获取用户输入

单击"提交"按钮，得到如图 14.5 所示的问候语。

408

图 14.5　显示问候语

上述实验一点儿都没有带来惊奇，还有些无聊吧。

那就考考读者：这个版本到底是属于 Model1、Model2 还是其他什么的呢？

答案有些令人惊讶，这属于早期的 Web 应用。可能有读者不服气：那是针对 JSP 而言的，你这里是 Servlet 啊！

但是，应注意：Servlet 很容易改写为 JSP，毫不影响对这类 Web 应用性质的判定。如果改写为 JSP，不过是输出语句更容易些，不再采用 out.println() 的方式，而是采用 JSP 表达式、EL 表达式等方式；但控制语句就难了，大概只能采用 Java 小脚本。这时的 JSP 页面脚本和 HTML 混杂，是一个独立自主的、完成所有任务的模块。

(2)　miniMVC 版本二

在 MVC 中，模型几乎都位于应用的"后端"。对于大多数情形来说，模型只是一些常见的 Java 类，它们根本不知道会被 Servlet 调用。模型不应该与前端耦合过密，这样才可能将来复用。

在我们的 miniMVC 版本二中，做了一个小小的改进，把业务模型从 Servlet 中剥离出来，单独形成一个 HelloModel 类，如代码清单 14.3 所示。

该模型类只暴露一个 getGreeting() 方法，传入用户姓名作为参数，返回根据时间而变化的问候语。

代码清单 14.3　HelloModel.java

```java
package com.jeelearning.model;

import java.util.Calendar;

public class HelloModel {
    public String getGreeting(String name) {
        String result = null;
        Calendar now = Calendar.getInstance();
        int hour = now.get(Calendar.HOUR_OF_DAY);

        if (hour < 12)       {
            result = "早上好！" + name;
        } else if (hour < 18)  {
            result = "下午好！" + name;
        } else {
            result = "晚上好！" + name;
        }
        return result;
    }
}
```

剥离出业务模型之后，Servlet 充当的控制器变得较为简单，只需实例化 HelloModel 并调用 getGreeting() 方法并打印问候语即可，如代码清单 14.4 所示。但控制器还需要获取输入参数，验证用户输入，以及输出。

代码清单 14.4　SayHello2.java

```java
package com.jeelearning.servlet;

import java.io.IOException;
import java.io.PrintWriter;

import javax.servlet.ServletException;
import javax.servlet.annotation.WebServlet;
import javax.servlet.http.HttpServlet;
import javax.servlet.http.HttpServletRequest;
import javax.servlet.http.HttpServletResponse;

import com.jeelearning.model.HelloModel;

@WebServlet("/sayHello2.do")
public class SayHello2 extends HttpServlet {
    private static final long serialVersionUID = 1L;

    protected void doPost(HttpServletRequest request,
      HttpServletResponse response) throws ServletException, IOException {
        request.setCharacterEncoding("UTF-8");
        response.setCharacterEncoding("UTF-8");
        response.setHeader("Content-type", "text/html;charset=UTF-8");
        PrintWriter out = response.getWriter();
        String name = request.getParameter("userName");

        if(name==null || "".equals(name.trim())) {
            response.sendRedirect("getName2.html");
            return;
        }

        HelloModel hm = new HelloModel();
        out.println(hm.getGreeting(name));
    }
}
```

　　获取用户输入的表单 getName2.html 与代码清单 14.1 相似，只不过将<form>标签的
action 属性值改变为 sayHello2.do，因此没有必要列示整个代码。

　　聪明的读者也许已经猜出来了，这是 Model1。没错，这是 Model1。

　　虽然我们已经把业务逻辑部分分离出去了，但是，如果输出非常复杂的数据(例如，循
环输出复杂的表格)，Model1 的控制器仍然要承担比较繁重的工作。要知道，Servlet 很适合
编写复杂的逻辑代码，但不适合页面输出。页面输出是 JSP 的强项，只有 JSP 才适合输出
复杂的数据，而且 JSP 有所见即所得的可视化工具(如 Dreamweaver)，平面设计师用起来得
心应手，远非一大堆单调的 out.println()语句可以比拟。

　　让我们再次对模型进行改进。

　　(3)　miniMVC 版本三

　　版本三的 miniMVC 显然实现了 Model2。getName3.html 与代码清单 14.1 相似，将<form>
标签的 action 属性值改变为 sayHello3.do。还是使用代码清单 14.3 的 HelloModel 模型。

　　由于页面输出由 JSP 完成，控制器的代码又简单了许多。如代码清单 14.5 所示，为了
清晰地表述简化的力度，只是将原来的输出语句都注释起来。在末尾添加了 3 条语句，语
句 request.setAttribute()将要输出的数据放入到请求范围的 greeting 属性中，然后调用

RequestDispatcher 对象的 forward()方法将请求转发至输出 JSP 页面。

代码清单 14.5 SayHello3.java

```java
package com.jeelearning.servlet;

import java.io.IOException;
//import java.io.PrintWriter;

import javax.servlet.RequestDispatcher;
import javax.servlet.ServletException;
import javax.servlet.annotation.WebServlet;
import javax.servlet.http.HttpServlet;
import javax.servlet.http.HttpServletRequest;
import javax.servlet.http.HttpServletResponse;

import com.jeelearning.model.HelloModel;

@WebServlet("/sayHello3.do")
public class SayHello3 extends HttpServlet {
    private static final long serialVersionUID = 1L;

    protected void doPost(HttpServletRequest request,
      HttpServletResponse response) throws ServletException, IOException {
        request.setCharacterEncoding("UTF-8");
        response.setCharacterEncoding("UTF-8");
        // response.setHeader("Content-type", "text/html;charset=UTF-8");
        // PrintWriter out = response.getWriter();
        String name = request.getParameter("userName");

        if(name == null || "".equals(name.trim())) {
            response.sendRedirect("getName2.html");
            return;
        }

        HelloModel hm = new HelloModel();
        // out.println(hm.getGreeting(name));

        request.setAttribute("greeting", hm.getGreeting(name));

        RequestDispatcher view = request.getRequestDispatcher("sayHello3.jsp");
        view.forward(request, response);
    }
}
```

JSP 输出页面的功能非常简单，只需要从请求对象中获取要输出的数据，采用 Java 表达式或 EL 表达式或 JSTL 都可以输出，如代码清单 14.6 所示。

代码清单 14.6 sayHello3.jsp

```jsp
<%@ page language="java" contentType="text/html; charset=UTF-8"
  pageEncoding="UTF-8"%>
<!DOCTYPE html PUBLIC "-//W3C//DTD HTML 4.01 Transitional//EN"
  "http://www.w3.org/TR/html4/loose.dtd">
<html>
<head>
<meta http-equiv="Content-Type" content="text/html; charset=UTF-8">
<title>Mini MVC 版本三</title>
</head>
<body>
    <%= request.getAttribute("greeting") %>
```

```
</body>
</html>
```

也许有人会问：就这么一条输出语句，放在哪里有什么区别？用得着这么大动干戈吗？

思考一下真实的项目中庞大得可怕的输出数据，以及要求近乎苛刻的输出格式，如果都写成 out.println() 的形式，谁愿意来维护呢？

(4) MVC 再思考

至此，我们已经完成了三个版本的 MVC，模型越来越好，各个组件职责分明，分工明确。唯一的问题是：这样做是否就已经是 MVC 了？

先分析一下，miniMVC 版本一的表示层和业务逻辑都混合在一起，如果要将 UI 换成其他环境(如 Swing 窗口程序)肯定会有困难，这种设计是没法复用业务逻辑的。但 miniMVC 的版本二和版本三已经将业务逻辑进行剥离，其他 UI 也可以直接调用业务逻辑层的功能，已经实现了业务逻辑的复用。miniMVC 版本三甚至将输出任务分配给 JSP，这样，原来的 Servlet 成为控制器，业务逻辑 HelloModel 类成为模型，JSP 成为视图。近乎完美的设计。

且慢。一个表单请求对应一个 Servlet 控制器，如果系统规模稍微大一点，那么 Servlet 控制器的数量显然会增加很多。再来看看代码清单 14.5 的 SayHello3.java，功能无非是获取并验证用户的输入，调用业务模型，将结果转发到输出页面。如果说不容易复用后面的两项功能，那么第一项功能——获取并验证用户输入，肯定是多个 Servlet 控制器都需要完成的相似功能，完全可以由一个 Servlet 控制器承担。

由一个 Servlet 承担控制器肯定会带来很多好处，最大的好处是冗余代码少了，一旦要做一些改变(如添加一些安全功能)，只需要在一处更改，不需要在多处重复更改。但是，这也带来一个技术难题：编制这样一个适应各种情况的柔性的控制器对开发人员的技术要求提高了很多，普通的 Web 程序开发人员难以胜任这样的工作。幸运的是，很多软件厂商都投入很多人力物力开发出 MVC 架构的框架，如 Spring、Struts 和 JSF，使用这些框架无疑会大大提高软件开发的生产力。

14.2.2　Struts

Struts 是 Apache 软件基金会(Apache Software Foundation，ASF)赞助的一个开源项目。它最初是 Jakarta 项目中的一个子项目，在 2004 年 3 月成为 ASF 的顶级项目。Struts 通过采用 Java Servlet/JSP 技术，实现了基于 Java EE Web 应用的 MVC 设计模式的应用框架，是 MVC 经典设计模式中的一个经典产品。

(1) Struts 介绍

Struts 框架的主要架构设计和开发者是 Craig R. McClanahan。2000 年，Craig R. McClanahan 采用 MVC 设计模式开发出 Struts。后来，该框架产品一度被认为是最广泛、最流行的 Java Web 应用框架。

2006 年，WebWork 与 Struts 的 Java EE Web 框架的团体，决定合作共同开发一个新的、整合了 WebWork 与 Struts 优点，并且更加优雅、扩展性更强的框架，命名为"Struts 2"，原 Struts 的 1.x 版本产品称为"Struts 1"。Struts 项目并行提供与维护两个主要版本的框架产品——Struts 1 和 Struts 2。

在 2008 年 12 月，Struts 1 发布了最后一个正式版(1.3.10)，而 2013 年 4 月 5 日，Struts

开发组宣布终止 Struts 1 的软件开发周期。Struts 2 提供了 MVC 模式的一个清晰的实现，这一实现包含了很多参与对所有请求进行处理的关键组件，如拦截器、OGNL 表达式语言、堆栈。最新的 Struts 2 的版本是 2.3.20。

Struts 2 的下载地址为 http://struts.apache.org/download.cgi。

Struts 2 在国内非常流行，与 Spring、Hibernate 一起合称 SSH，也称为"SSH 三大框架"。国内电商、银行、运营商等诸多大型网站和为数众多的政府网站大多采用 Struts 2 架构。但是，原来的设计者 Craig R. McClanahan 离去负责 JSF 项目，导致 Struts 1 的开发维护"后继无人"，WebWork 与 Struts 的匆忙结合不能算完美，因而时常曝出 Struts2 的安全漏洞，2014 年 4 月，国内很多网站都转载了一篇标题为"Struts 2 安全漏洞频出，或因 Apache 底层代码编写不严谨"(http://www.chinaz.com/news/2014/0430/349723.shtml)的文章，给 Struts 的实践者当头棒喝。

尽管 Struts 2 在安全方面出了一些漏洞，希望 Struts 2 维护人员能够加倍努力，度过难关，更好地服务它的拥护者。

(2)　Struts 示例

下面通过一个简单的示例，来说明如何开发 Struts 应用。

在 Eclipse 下新建一个名称为"struts2example"的动态 Web 项目，然后将 asm-3.3.jar、asm-commons-3.3.jar 等 13 个 JAR 文件复制到/WebContent/WEB-INF/lib/目录下，如图 14.6 所示。另外，Struts 2 还支持标注，使用标注应加入 struts2-convention-plugin-2.3.16.3.jar。

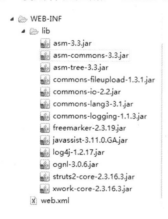

图 14.6　Struts 2 需要的 JAR 文件

其中，struts2-core-2.3.16.3.jar 文件是 Struts 2 框架的核心类库。xwork-core-2.3.16.3.jar 文件是 Command 模式框架，WebWork 和 Struts 2 都基于 xwork。ognl-3.0.6.jar 文件是对象图导航语言(Object Graph Navigation Language)，Struts 2 框架通过它来读写对象的属性。由于 Struts 2 的 UI 标签模板使用 FreeMarker 编写，需要包含 freemarker-2.3.19.jar 文件。commons-logging-1.1.3.jar 文件是日志包，Struts 2 框架使用该日志包来支持 Log4J 的日志记录。commons-fileupload-1.3.1.jar 文件是文件上传组件，2.1.6 版本后需要加入此文件。commons-io-2.2.jar 文件是上传文件依赖的 JAR 包。commons-lang-3-3.1.jar 文件是对 java.lang 包的增强。asm-3.3.jar 文件提供了字节码的读写功能，其他 JAR 包都是基于这个核心的扩展。asm-commons-3.3.jar 文件提供了基于事件的表现形式。asm-tree-3.3.jar 文件提供了基于

对象的表现形式。javassist-3.11.0.GA.jar 文件是代码生成工具，Struts 2 用它在运行时扩展 Java 类。

Struts 2 需要配置 web.xml 文件，配置如代码清单 14.7 所示，完成核心过滤器注册。

这里将整个应用的 URL 模式(/*)都交由 StrutsPrepareAndExecuteFilter 过滤器进行处理。该过滤器在实例化时，init()方法将会读取 class 路径下默认的配置文件 struts.xml，并存放在内存中。之后，Struts 2 对用户的每次请求都根据内存中的配置信息进行处理，而不再重新读取 struts.xml 文件。

代码清单 14.7　web.xml

```xml
<?xml version="1.0" encoding="UTF-8"?>
<web-app xmlns:xsi="http://www.w3.org/2001/XMLSchema-instance"
 xmlns="http://xmlns.jcp.org/xml/ns/javaee"
 xsi:schemaLocation="http://xmlns.jcp.org/xml/ns/javaee
 http://xmlns.jcp.org/xml/ns/javaee/web-app_3_1.xsd"
 id="WebApp_ID" version="3.1">

    <display-name>Struts 2 Web Application</display-name>
    <filter>
        <filter-name>struts2</filter-name>
        <filter-class>
            org.apache.struts2.dispatcher.ng.filter.StrutsPrepareAndExecuteFilter
        </filter-class>
    </filter>

    <filter-mapping>
        <filter-name>struts2</filter-name>
        <url-pattern>/*</url-pattern>
    </filter-mapping>

</web-app>
```

然后建立 JSP 视图文件。一共 3 个 JSP 文件，都放置在/WebContent/user/pages/目录下。

登录页面 login.jsp 如代码清单 14.8 所示，可以看到，Struts 2 在视图中主要使用 URI 为 "/struts-tags" 的标签库，本例使用的几个标签与 HTML 标签很类似。

代码清单 14.8　login.jsp

```jsp
<%@ page contentType="text/html; charset=UTF-8"%>
<%@ taglib prefix="s" uri="/struts-tags"%>
<html>
<head></head>
<body>

    <h1>Struts 2 示例</h1>

    <s:form action="Welcome">
        <s:textfield name="username" label="用户" />
        <s:password name="password" label="密码" />
        <s:submit value="登录" />
    </s:form>

</body>
</html>
```

登录成功后的欢迎页面为 welcome.jsp，如代码清单 14.9 所示。可以看出，该页面的功能就是显示欢迎信息，<s:property>标签访问 Action 值栈中的普通属性，这里是登录表单中输入的用户名。

代码清单 14.9　welcome.jsp

```jsp
<%@ page contentType="text/html; charset=UTF-8"%>
<%@ taglib prefix="s" uri="/struts-tags"%>
<html>
<head></head>
<body>

    <h1>Struts 2 示例</h1>

    <h4>
        <s:property value="greeting"/>
    </h4>

</body>
</html>
```

登录失败的页面为 failure.jsp，页面内容如代码清单 14.10 所示。页面显示错误信息，并提供返回超链接，跳转至登录页面。

代码清单 14.10　failure.jsp

```jsp
<%@ page contentType="text/html; charset=UTF-8"%>
<%@ taglib prefix="s" uri="/struts-tags"%>
<html>
<head></head>
<body>

    登录失败，错误的用户名或密码：
    <s:property value="username" />
    <br>
    <a href="<%=request.getContextPath()%>/user/Login">返回</a>

</body>
</html>
```

下一步建立 WelcomeUserAction 文件，如代码清单 14.11 所示。

Struts 2 提供规范，程序开发人员需要实现 Action 类，并重写 execute()方法，这里继承 ActionSupport 类是为了支持输入验证。WelcomeUserAction 类有 3 个属性，前两个属性 (username 和 password)与代码清单 14.8 中表单的两个输入框的 name 属性一一对应，且提供对应的 get 和 set 方法。当表单提交后，用户的输入会由 Struts 2 框架自动设置到 username 和 password 属性中，免去了开发人员手工编写程序获取用户输入数据的麻烦。greeting 属性是为了传递给视图(welcome.jsp)而设置的，使用标签<s:property value="greeting" />就可以输出问候语。可以注意到，该属性只有 get 方法，是一个只读属性。HelloModel 模型代码仍然使用代码清单 14.3，在 execute()方法中，将模型的结果返回给 greeting 属性。execute()方法的返回类型为 String，返回值表示下一步导航的页面，导航规则由 struts.xml 决定。

代码清单 14.11　WelcomeUserAction.java

```java
package com.jeelearning.action;

import com.jeelearning.model.HelloModel;
import com.opensymphony.xwork2.ActionSupport;
```

```java
public class WelcomeUserAction extends ActionSupport {
    private static final long serialVersionUID = 1L;

    private String username;
    private String password;
    private String greeting;

    // Struts 逻辑
    @Override
    public String execute() throws Exception {
        if ("struts2".equalsIgnoreCase(password)) {
            HelloModel hm = new HelloModel();
            greeting = hm.getGreeting(username);
            return "SUCCESS";
        } else {
            return "FAILURE";
        }
    }

    public String getUsername() {
        return username;
    }

    public String getPassword() {
        return password;
    }

    public void setPassword(String password) {
        this.password = password;
    }

    public void setUsername(String username) {
        this.username = username;
    }

    public String getGreeting() {
        return greeting;
    }
}
```

尽管 WelcomeUserAction.java 文件有些长，但逻辑清晰，get 和 set 方法都可以使用 Eclipse 等 IDE 自动生成，控制器的逻辑只需重点关注 execute()方法。

Struts 2 的输入验证有两种实现方式，一种是手工编写代码实现基本验证，另一种有特色的验证方式是基于 XML 配置文件实现。这里讲述如何使用 XML 文件进行验证。

验证 XML 文件必须和 Action 类放在同一个包下，验证 XML 文件名必须遵守命名规则，即"Action 类名" + "-validation.xml"，例如，这里的 Action 类名为 WelcomeUserAction，因此验证文件名必须是 WelcomeUserAction-validation.xml。

验证 XML 文件的内容如代码清单 14.12 所示。

其中，<validators>为根元素。<field>元素指定 Action 中要校验的属性，name 属性指定要验证的表单字段的名字。<field-validator>元素指定验证器，type 属性指定验证器类型。<message>子元素为验证失败后的提示信息，如果需要国际化，可以为 message 指定 key 属性。可见，验证的规则是：表单字段 username 和 password 都不能为空，否则显示错误信息。

代码清单 14.12　WelcomeUserAction-validation.xml

```xml
<?xml version="1.0" encoding="UTF-8"?>

<!DOCTYPE validators
  PUBLIC "-//Apache Struts//XWork Validator 1.0.3//EN"
  "http://struts.apache.org/dtds/xwork-validator-1.0.3.dtd">
<validators>
    <field name="username">
        <field-validator type="requiredstring">
            <message>用户名不能为空!</message>
        </field-validator>
    </field>
    <field name="password">
        <field-validator type="requiredstring">
            <message>密码不能为空!</message>
        </field-validator>
    </field>
</validators>
```

Struts 2 默认的配置文件为 struts.xml，该文件最终需要放在 WEB-INF/classes 目录下。在 Eclipse 环境中，只要把 struts.xml 放在 src 目录下，Eclipse 在编译项目时就会自动转存至所要求的位置。

本示例的 struts.xml 文件内容如代码清单 14.13 所示。

其中，<struts>为根元素。<package>为包元素，Struts 2 把各种 Action 分门别类地组织成不同的包，一个 struts.xml 文件可以有一个或多个包。每个<package>元素都必须有一个 name 属性。namespace 属性可选，默认值为 "/"。<package>元素通常要对 struts-default.xml 文件中定义的 struts-default 包进行扩展，这样，包里的所有动作就可以使用于 struts-default.xml 文件中的结果类型和拦截器。<action>是<package>元素的子元素，表示一个 Struts 请求。每个<action>都必须有一个 name 属性，该属性对应用户请求的 ServletPath。<action>元素的 class 属性可选，默认值为 com.opensymphony.xwork2.ActionSupport，如果配置了 class 属性，还可以使用 method 属性配置该类的一个动作方法，method 属性的默认值为 execute。<result>为<action>元素的子元素，它告诉 Struts 在完成动作后把控制权转交到哪里。<result>元素的 name 属性对应 Action 方法的返回值。由于动作方法可能返回不同的值，因此同一个<action>元素可以有多个<result>元素。<result>元素的 name 属性建立<result>和 Action 方法返回值之间的映射关系。<result name="input">配置验证出错转向的页面。

代码清单 14.13　struts.xml

```xml
<?xml version="1.0" encoding="UTF-8" ?>
<!DOCTYPE struts PUBLIC
  "-//Apache Software Foundation//DTD Struts Configuration 2.3//EN"
  "http://struts.apache.org/dtds/struts-2.3.dtd">

<struts>

    <package name="mypackage" namespace="/user" extends="struts-default">
        <action name="Login">
            <result>pages/login.jsp</result>
        </action>
        <action name="Welcome" class="com.jeelearning.action.WelcomeUserAction">
            <result name="SUCCESS">pages/welcome.jsp</result>
            <result name="FAILURE">pages/failure.jsp</result>
```

```
        <result name="input">pages/login.jsp</result>
      </action>
    </package>

</struts>
```

如果读者不熟悉 Struts 2，一定对上面冗长的表述很不耐烦。实际上，代码清单 14.13
制定的规则就是：如果请求为 Login，就返回 pages/login.jsp 页面；如果请求为 Welcome
(login.jsp 的表单 action)，则根据 WelcomeUserAction 的执行结果跳转到不同页面，即，如
果执行结果为 SUCCESS，则跳转到 pages/welcome.jsp；如果结果为 FAILURE，则跳转到
pages/failure.jsp；如果表单输入没有通过验证，则跳转到 pages/login.jsp 页面，要求用户重
新输入。

运行 Web 项目，在登录页面输入用户名和密码，密码应为"struts2"，如图 14.7 所示。

图 14.7　登录页面

单击"登录"按钮，如果密码正确，则页面显示欢迎信息，如图 14.8 所示。

图 14.8　正常登录

如果表单没输入任何值就单击"登录"按钮，不能通过验证 XML 文件的验证规则，会
返回输入表单页面，并显示错误信息，如图 14.9 所示。

图 14.9　输入验证不通过的提示信息

Struts 2 是一种基于 MVC 的 Web 应用框架，其控制器是 StrutsPrepareAndExecuteFilter，

该控制器实际上是一个过滤器，它在 Struts 2 核心包里已经实现，只需要在 web.xml 中配置。用户请求首先到达控制器，Struts 2 可以使用 XML 验证文件来验证用户的表单输入。

StrutsPrepareAndExecuteFilter 控制器根据用户提交的 URL 和 struts.xml 中的配置，来选择合适的动作(Action)，让该 Action 来处理用户的请求。

用户请求经过 StrutsPrepareAndExecuteFilter 之后，分发到了合适的动作 Action 对象。Action 负责把用户请求中的参数组装成合适的数据模型，并调用相应的业务逻辑进行真正的功能处理，获取下一个视图，展示所需要的数据。Struts 2 的 Action 实现了与 Servlet API 的解耦，Action 中不再需要直接去使用 HttpServletRequest 与 HttpServletResponse 等接口。因而使得 Action 的单元测试更加简单，少做很多重复的工作。

视图用来把动作中获取到的数据展现给用户。除 JSP 技术外，Struts 2 还支持多种数据呈现方式，如 FreeMarker、Velocity 等。

14.2.3 JSF

JSF 是 Java Server Faces 的英文字首缩写，它是一种新的 Java 框架，用于构建 Web 应用程序。JSF 提供一种以组件为中心的技术，为 Java Web 应用开发人员提供标准的开发接口、丰富可扩展的 UI 组件库、事件驱动模型等一整套 Web 应用框架。通过使用 Web 组件、捕获用户事件、执行验证、页面导航等技术，以简化 Web 用户界面的开发。

(1) JSF 介绍

JSF 技术规范组负责人是 Struts 1 的创始人 Craig R. McClanahan。

JSF 是编写网页的一种新方法，它极大地简化了网页开发。在 JSF 之前，网页开发和窗口开发是两回事，使用的技术基本不同。网页开发需要与 HTTP 请求、HTTP 响应等底层概念打交道，而 JSF 不同于以前的技术，JSF 封装和屏蔽了 HTTP 请求、HTTP 响应等底层技术细节，让程序员集中精力去处理业务逻辑。程序员不用再投入过多的精力去学习另一种完全不同的技术，只需用类似编写桌面应用的方式编写 Java Web 应用。在 JSF 世界里，没有 HTTP 请求、HTTP 响应等底层概念，取而代之的是 UI 组件、事件和事件处理程序这些程序员熟知的普通概念。

典型的 JSF 应用包含如下几个部分：

- 一系列的 Web 页面，页面上放置多个组件。
- 一系列的标签，用于将组件添加到 Web 页面。
- Web 部署描述文件 web.xml。
- 可选的一个或多个应用配置资源文件(如 faces-config.xml)，用于定义页面导航规则，以及配置 Beans 和其他定制对象。
- 可选的自定义对象，包括自定义组件、验证器、转换器和监听器等。
- 可选的自定义标签。

JSF 的体系结构如图 14.10 所示。

自 Java EE 6 开始，已经将 JSF 2.0 作为标准的用户接口组件框架。JSF 2.0 在配置上依赖很多约定。如果遵循 JSF 约定，并不需要编写很多的 XML 配置代码，在大多数情况下，甚至不需要编写任何配置代码。在 Servlet 3.0 中 web.xml 文件变得可选，也就是，无需编写一行 XML 配置代码，就可以编写完整的 Web 应用程序。同样道理，使用 JSF 2.0，不再强

制要求编写 web.xml 文件或 faces-config.xml 文件。JSF 大量使用标注，免去了在源代码和 XML 两处维护的麻烦，如果习惯原来的诸如 Beans、导航规则、验证器、转换器等的 XML 配置方式，可以按照原来的习惯使用 faces-config.xml 文件。

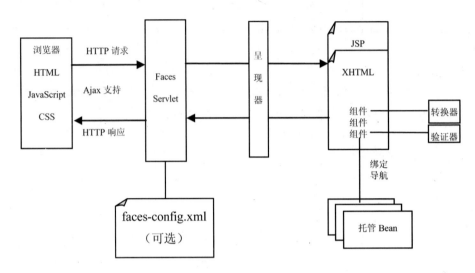

图 14.10　JSF 的体系结构

JSF 是 Java EE 的规范，JSF 将 MVC 设计模式集成到它的体系结构中，确保了应用程序具有更高的可维护性。JSF 引入了基于组件和事件驱动的开发模式，使开发人员可以使用类似于处理传统界面的方式来开发 Web 应用程序。最新的 JSF 2.3 规范于 2014 年 9 月启动，参见 https://jcp.org/en/jsr/detail?id=372。

由于 JSF 只是一个标准，有很多参考实现，Oracle 公司的参考实现是 Mojarra(项目，网址是 http://javaserverfaces.java.net，在该网址可以下载到最新的 Mojarra 2.2.8 实现。

更多的 JSF 资料可参考拙著《Java EE 企业级编程开发实例详解》，由清华大学出版社出版。

(2)　JSF 示例

在 Eclipse 下新建一个名称为 JSF2MVC 的动态 Web 项目。然后将下载的 javax.faces-2.2.8-03.jar 文件复制到 Web 项目的/WEB-INF/lib/目录下。

类似于 Struts 2 的 Action，JSF 使用托管 Bean 来处理应用程序的业务逻辑部分。本示例的托管 Bean 如代码清单 14.14 所示，其中，@ManagedBean 标注表明 UserBean 是一个 JSF 托管 Bean，@RequestScoped 标注指定托管 Bean 为请求范围。name 属性和 password 属性用于存放输入表单的两个输入字段的输入内容，这两个属性都有对应的 get 和 set 方法。greeting 属性用于存放 HelloModel 模型返回的问候语，只有对应的 get 方法，为只读属性。

doLogin()方法是 JSF 的动态导航动作方法，该方法响应命令按钮<h:commandButton action="#{userBean.doLogin}" value="登录">的点击事件，根据用户的不同输入，doLogin() 方法有两种返回值，返回字符串 welcome 表示跳转至 welcome.xhtml，返回 null 则表示因输入不正确而跳回到原输入页面。addMessage()方法可添加一些消息，视图中的<h:messages /> 标签可显示这些消息。

代码清单 14.14　UserBean.java

```java
package com.jeelearning.jsf;

import javax.faces.application.FacesMessage;
import javax.faces.bean.ManagedBean;
import javax.faces.bean.RequestScoped;
import javax.faces.context.FacesContext;

import com.jeelearning.model.HelloModel;

import java.io.Serializable;

@ManagedBean
@RequestScoped
public class UserBean implements Serializable {

    private static final long serialVersionUID = 1L;
    private String name;
    private String password;
    private String greeting;

    public String doLogin() {
        if ("jsf2".equalsIgnoreCase(password.trim())) {
            HelloModel hm = new HelloModel();
            greeting = hm.getGreeting(name);
            return "welcome";
        } else {
            FacesMessage facesMessage = new FacesMessage("密码不正确！");
            FacesContext.getCurrentInstance().addMessage(null, facesMessage);
            return null;
        }
    }

    public String getName() {
        return name;
    }

    public void setName(String name) {
        this.name = name;
    }

    public String getPassword() {
        return password;
    }

    public void setPassword(String password) {
        this.password = password;
    }

    public String getGreeting() {
        return greeting;
    }
}
```

　　代码清单 14.15 为登录页面代码。其中，<h:messages>标签用于显示信息。<h:outputText>标签的作用类似于 JSTL 的<c:out>标签，用于输出文本信息。<h:inputText>标签为单行文本输入标签，label 属性用于验证，让用户知道哪个字段的输入有何问题。value 属性的值是一个值绑定表达式，意味着该值与一个托管 Bean 的特性相绑定。本例中，该值绑定表达式是

"#{ userBean.name}",意思是与托管 userBean 的 name 特性相绑定。当用户输入这个文本字段的值,并提交表单时,就会更新托管 Bean 对应的属性。required 属性可选,其有效值为 true 或 false。如果设置为 true,说明该文本字段是必填字段,必须输入一些数据才能提交。嵌套在<h:inputField>标签内的<f:validateLength>标签验证文本输入框输入值的长度应该在规定的最大值和最小值之间,最大值和最小值分别由标签的 minimum 属性和 maximum 属性定义。如果用户的输入不能满足要求,在提交表单时,页面会显示验证错误信息。<h:inputSecret>标签为单行密码输入标签,其属性与<h:inputText>标签类似。

代码清单 14.15　login.xhtml

```
<!DOCTYPE html PUBLIC "-//W3C//DTD XHTML 1.0 Transitional//EN"
 "http://www.w3.org/TR/xhtml1/DTD/xhtml1-transitional.dtd">
<html xmlns="http://www.w3.org/1999/xhtml"
 xmlns:f="http://java.sun.com/jsf/core"
 xmlns:h="http://java.sun.com/jsf/html">
<h:head>
    <title>输入登录信息</title>
</h:head>
<h:body>
    <h:form>
        <h:messages style="color:red;margin:8px;" />
        <br />
        <h:outputText value="姓名: ">
        </h:outputText>
        <h:inputText label="Name" value="#{userBean.name}" required="true">
            <f:validateLength minimum="2" maximum="10">
            </f:validateLength>
        </h:inputText>
        <br />
        <h:outputText value="密码: ">
        </h:outputText>
        <h:inputSecret label="Password" value="#{userBean.password}" required="true">
            <f:validateLength minimum="3" maximum="8">
            </f:validateLength>
        </h:inputSecret>
        <br />
        <h:commandButton action="#{userBean.doLogin}" value="登录">
        </h:commandButton>
    </h:form>
</h:body>
</html>
```

可以看到,与 Struts 2 不同,JSF 的输入验证方式直接将验证器放在页面文件中,这种方式的好处是不必两处维护。另外,JSF 完全摒弃了 JSP 视图,使用 Facelets 作为 JSF 的视图技术。因此 JSF 页面的扩展名不是.jsp,而是.xhtml。

登录成功后的欢迎页面如代码清单 14.16 所示,代码很简单,只是显示问候语。

代码清单 14.16　welcome.xhtml

```
<!DOCTYPE html PUBLIC "-//W3C//DTD XHTML 1.0 Transitional//EN"
 "http://www.w3.org/TR/xhtml1/DTD/xhtml1-transitional.dtd">
<html xmlns="http://www.w3.org/1999/xhtml"
 xmlns:h="http://java.sun.com/jsf/html">
    <h:head>
        <title>欢迎页面</title>
    </h:head>
```

```
   <h:body>
       <h:outputText value="#{userBean.greeting}"></h:outputText>
   </h:body>
</html>
```

运行该 Web 项目，在输入表单中输入用户名和密码，密码必须为 jsf2，如图 14.11 所示。

图 14.11　输入表单

如果输入密码正确，单击"登录"按钮后，会自动跳转到如图 14.12 所示的欢迎页面。

图 14.12　欢迎页面

如果没有输入就单击"登录"按钮，JSF 验证不通过，会仍然留在本页面，并显示验证错误信息，如图 14.13 所示。

图 14.13　验证输入

如果密码输入的不是"jsf2"，提交后，会返回原输入页面，提示错误信息，要求用户重新输入，如图 14.14 所示。

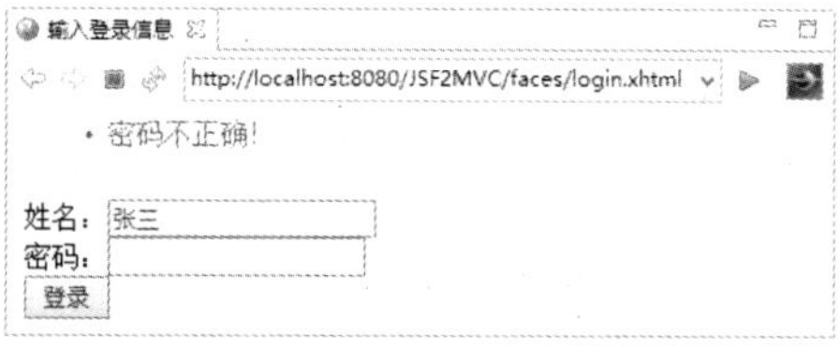

图 14.14　密码不正确

JSF 示例到此全部完成，下面讨论 JSF 与 MVC 的对应关系。

在 JSF 中，FacesServlet 是控制器，JSF 页面是视图，托管 Bean 是模型。

当用户请求 JSF 页面时，请求首先到达 FacesServlet，FacesServlet 是 JSF 使用的前端控

制器。与其他 Web 应用框架类似，JSF 使用 MVC 模式解耦视图和模型。控制器 Servlet 集中处理用户请求，更新模型并导航至合适的视图。

在 JSF 框架中，FacesServlet 是用户请求必须经过的控制器。FacesServlet 检查用户请求，使用托管 Bean 调用模型中的不同动作，托管 Bean 也是模型的一部分。JSF 用户接口组件表示视图层，JSF 提供非常丰富的视图组件。MVC 模式帮助拥有不同技能的开发人员根据技能来划分任务，使得可以并行开展 Web 项目的开发任务，例如，平面设计人员可以使用丰富的 UI 组件来构建 JSF 页面，与此同时，后端开发人员创建托管 Bean，编写业务逻辑代码。

14.2.4 有问必答

1. 既然 Struts 2 频出安全漏洞，为什么国内还有很多拥护者？

答： 这种现象有其历史的原因。学习和使用一种架构不容易，要精通更需花费若干年时间，即便后来发现有一些无法解决的问题，也很难放手。另外，还有人误导 Java EE 学习者，很多学习者学习很多年都不知道 SSH 根本不是 Java EE 规范。学习一个框架很难，选择须慎重。

2. 什么是框架？

答： 框架是一种相对固定的设计模式，对于大量典型的应用情形，框架给出了优秀的实现。一个好的框架可以让程序员专注于实现业务逻辑，并且把整个系统分成若干相互独立的层次，减少了构件的耦合性，所以应尽量在项目中使用框架，比如 Struts、JSF 等。

使用框架也有一些缺点。第一，框架有自己的一套规范，程序员必须遵循这种规范，因此上手较难；第二，框架既不可能十全十美，也不可能适应所有的应用场景。框架帮助你搭好程序的"骨架"，你可以添加需要的那部分内容，如果想修改"骨架"，那注定要以遗憾而告终。

3. 我没有 JSP 和 Servlet 的基础，可以直接学习 JSF 吗？

答： 应该没有问题。要知道，由 Oracle 公司发行的著名教程《The Java EE Tutorial》，自第 6 版(即 Java EE 6.0，该教程于 2009 年 12 月出版)开始，就已经在 Web 层(The Web Tier)部分的章节中剔除了 JSP 和 Servlet 的内容，直接介绍 JSF，证明直接学习 JSF 是可行的。

4. 我使用 JSF(或 Struts 2 或其他)框架，是否就说明我开发的 Web 应用使用了 MVC？

答： 这倒不好说。如果将大量业务逻辑交由 Action 处理，实际上还是没有把模型和控制器分离，不能算是 MVC。这样做的缺点是：不但降低了代码的可复用性，还使 Action 看起来冗长，降低了可读性。值得倡导的编程方式，是把大量的业务逻辑抽取出来，做成 JavaBeans 和 EJB 的形式，以便将来复用。

附录　源代码使用说明

1. 开发运行环境

(1) JDK 6.0 以上，推荐使用 JDK 7.0 或 8.0。

(2) MySQL 5.5 以上。

(3) Eclipse IDE for Java EE Developers，Version：Luna Release (4.4.0)。

2. 安装配置开发环境

详见本书的第 1 章。

3. 安装 Web 应用程序

(1) 从出版社网站或 QQ 群(245295017)下载源代码，出版社网址：

http://www.tup.com.cn

(2) 解压缩到硬盘目录。

(3) 将 Java EE 项目导入到 Eclipse IDE 中，具体步骤：从菜单栏中选择 File → Import… 命令，打开 Import 窗口，选择 General → Existing Projects into Workspace，如图 1 所示。单击 Next 按钮进入下一步，单击 Browse 按钮选择项目目录，勾选导入项目，如图 2 所示，单击 Finish 按钮进行导入。

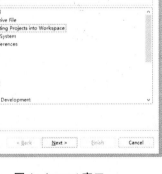

图 1 Import 窗口   图 2 选择导入项目

如果不用导入功能，也可以采用另外一种方案。先选择一个要研究的 Java EE 项目，然后用 Eclipse 新建一个同名的动态 Web 项目，将项目中的 src 目录和 WebContent 目录中的所有目录文件分别复制到 Eclipse Web 项目中的对应目录。

(4) 运行测试。

参 考 文 献

[1] Oracle. The Java EE 7 Tutorial, Release 7 for Java EE Platform. Oracle and/or its affiliates, 2013

[2] Bryan Basham, Kathy Sierra, Bert Bates. Head First Servlets and JSP, Second Edition. O'Reilly Media, Inc. 2008

[3] Giulio Zambon. Beginning JSP, JSF and Tomcat, Second Edition. Apress, Springer Science + Business Media New York, 2012

[4] Oracle. The Java EE 5 Tutorial For Sun Java System Application Server 9.1. Oracle and/or its affiliates, 2010